传世经典书丛
Eternal Classics

UNIX编程艺术

The Art of UNIX Programming

[美] Eric S. Raymond 著
姜宏 何源 蔡晓骏 译

電子工業出版社
Publishing House of Electronics Industry
北京•BEIJING

内 容 简 介

本书主要介绍了Unix系统领域中的设计和开发哲学、思想文化体系、原则与经验，由公认的Unix编程大师、开源运动领袖人物之一Eric S. Raymond倾力多年写作而成。包括Unix设计者在内的多位领域专家也为本书贡献了宝贵的内容。本书内容涉及社群文化、软件开发设计与实现，覆盖面广、内容深邃，完全展现了作者极其深厚的经验积累和领域智慧。

图书在版编目（CIP）数据

UNIX编程艺术 /（美）理曼德（Raymond,E.S.）著；姜宏，何源，蔡晓骏译. —北京：电子工业出版社，2012.8

（传世经典书丛）

书名原文：The Art of UNIX Programming

ISBN 978-7-121-17665-4

Ⅰ. ①U… Ⅱ. ①理… ②姜… ③何… ④蔡… Ⅲ. ①UNIX操作系统—程序设计 Ⅳ. ①TP316.81

中国版本图书馆CIP数据核字(2012)第161894号

策划编辑：张春雨
责任编辑：许　艳
印　　刷：三河市君旺印务有限公司
装　　订：三河市君旺印务有限公司
出版发行：电子工业出版社
　　　　　北京市海淀区万寿路173信箱　邮编　100036
开　　本：787×980　1/16　印张：35.25　字数：650千字
版　　次：2012年8月第1版
印　　次：2021年2月第19次印刷
定　　价：128.00元

凡所购买电子工业出版社图书有缺损问题，请向购买书店调换。若书店售缺，请与本社发行部联系，联系及邮购电话：（010）88254888，88258888。

质量投诉请发邮件至zlts@phei.com.cn，盗版侵权举报请发邮件至dbqq@phei.com.cn。

本书咨询联系方式：010-51260888-819，faq@phei.com.cn。

悦读上品 得乎益友

孔子云："取乎其上,得乎其中；取乎其中,得乎其下；取乎其下,则无所得矣"。

对于读书求知而言，这句古训教我们去读好书，最好是好书中的上品——经典书。其中，科技人员要读的技术书，因为直接关乎客观是非与生产效率，阅读选材本更应慎重。然而，随着技术图书品种的日益丰富，发现经典书越来越难，尤其对于涉世尚浅的新读者，更为不易，而他们又往往是最需要阅读、提升的重要群体。

所谓经典书，或说上品，是指选材精良、内容精练、讲述生动、外延丰盈、表现手法体贴入微的读品，它们会成为读者的知识和经验库中的重要组成部分，并且拥有从不断重读中汲取养分的空间。因此，选择阅读上品的问题便成了有效阅读的首要问题。当然，这不只是效率问题，上品促成的既是对某一种技术、思想的真正理解和掌握，同时又是一种感悟或享受，是一种愉悦。

与技术本身类似，经典 IT 技术书多来自国外。深厚的积累、良好的写作氛围，使一批大师为全球技术学习者留下了璀璨的智慧瑰宝。就在那个年代即将远去之时，无须回眸，也能感受到这一部部厚重而深邃的经典著作，在造福无数读者后从未蒙尘的熠熠光辉。而这些凝结众多当今国内技术中坚美妙记忆与绝佳体验的技术图书，虽然尚在国外图书市场上大放异彩，却已逐渐淡出国人的视线。最为遗憾的是，迟迟未有可以填补空缺的新书问世。而无可替代，不正是经典书被奉为圭臬的原因？

为了不让国内读者，尤其是即将步入技术生涯的新一代读者，就此错失这些滋养过先行者们的好书，以出版 IT 精品图书，满足技术人群需求为己任的我们，愿意承担这一使命。本次机遇惠顾了我们，让我们有机会携手权威的 Pearson 公司，精心推出"传世经典书丛"。

在我们眼中，"传世经典"的价值首先在于——既适合喜爱科技图书的读者，也符合专家们挑剔的标准。幸运的是，我们的确找到了这些堪称上品的佳作。丛书带给我们的幸运颇多，细数一下吧。

得以引荐大师著作

有恐思虑不周，我们大量参考了国外权威机构和网站的评选结果，并得到了 Pearson 的专业支持，又进一步对符合标准之图书的国内外口碑与销售情况进行细致分析，也听取了国内技术专家的宝贵建议，才有幸选出对国内读者最富有技术养分的大师上品。

向深邃的技术内涵致敬

中外技术环境存在差异，很多享誉国外的好书未必适用于国内读者；且技术与应用瞬息万变，很容易让人心生迷惘或疲于奔命。本丛书的图书遴选，注重打好思考方法与技术理念的根基，旨在帮助读者修炼内功，提升境界，将技术真正融入个人知识体系，从而可以一通百通，从容面对随时涌现的技术变化。

翻译与评注的双项选择

引进优秀外版著作，将其翻译为中文供国内读者阅读，较为有效与常见。但另有一些外语水平较高、喜好阅读原版的读者，苦于对技术理解不足，不能充分体会原文表述的精妙，需要有人指导与点拨。而一批本土技术精英经过长期经典熏陶及实践锤炼，已足以胜任这一工作。有鉴于此，本丛书在翻译版的同时推出融合英文原著与中文点评、注释的评注版，供不同志趣的读者自由选择。

承蒙国内一流译（注）者的扶持

优秀的英文原著最终转化为真正的上品，尚需跨越翻译鸿沟，外版图书的翻译质量一直屡遭国内读者诟病。评注版的增值与含金量，同样依赖于评注者的高卓才具。好在，本丛书得到了久经考验的权威译（注）者的认可和支持，首肯我们选用其佳作，或亲自参与评注工作。正是他们的参与保证了经典的品质，既再次为我们的选材把关，更提供了一流的中文表述。

期望带给读者良好的阅读体验

一本好书带给人的愉悦不止于知识收获，良好的阅读感受同样不可缺少，且对学业不无助益。为让读者收获与上品相称的体验，我们在图书装帧设计与选材用料上同样不敢轻率，惟愿送到读者手中的除了珠玑章句，还有舒适与熨帖的视觉感受。

所有参与丛书出版的人员，尽管能力有限，却无不心怀严谨之心与完美愿望。如果读者朋友能从潜心阅读这些上品中偶有获益，不啻为对我们工作的最佳褒奖。若有阅读感悟，敬请拨冗告知，以鼓励我们继续在这一道路上贡献绵薄之力。如有不周之处，也请不吝指教。

电子工业出版社博文视点

给 Ken Thompson 和 Dennis Ritchie，

你们激励了我。

译序

大多数译序是给作者说好话，顺便带动一下译本销量的，本篇是一个例外。

《The Art of UNIX Programming》，简称 TAOUP，作者 Eric S. Raymond，简称 ESR。这大概是计算机类书籍中很少见的一本课外读物。TCP/IP 编程之类典型 Unix 编程书中讲到的东西在这本书里面找不到，所以书里讲到的当然就是别的书里找不到的东西。读者也许需要有相当的 Unix 背景、或者长期钻研某个专题，才能体会到作者的弦外之音。ESR 作为老牌黑客信手拈来的典故，如果不是在 Unix 里面长期浸淫，大概很难有所共鸣，所以把这当作 Unix 的一部坊间史话倒也合适。

本书总结了历史上 Unix 众多成功的经验和失败的教训、经时间考验和临时搭救的编码策略、大众喜爱和小众受用的实用工具；一些被跨国界信仰地广泛接受，一些则在不同环境中各有见地。被 TAOUP 总结为失败的，也许恰恰是某些工程的保命神药；总结为成功的，也许正好是压垮另一些工程的最后一根稻草。情景各异而已。书是写给程序员看的，因此很多观点都太过技术味儿，比如所见即所得的编辑器不如手写标记的纯文本更直接——90%的人会想：这怎么可能？！

这本书是给读者增长见识的，很多案例分析不管结论如何，读者都可以从中见到红蓝两方的思维方式和行事方法，以及各方高手看待问题的角度。无论成功还是失败，都只是一念之间，而读者只需要体味出这些对自己过去的、手头的、未来的项目可以有何种借鉴，便已得其中三昧。

网络上关于 TAOUP 的书评甚多，正负反响各有不少，负面评价大体集中在认为作者视角较窄、对商业公司有偏见以及过分抬爱自己的 fetchmail 几方面。我个人的感觉，Unix、尤其是开源 Unix 上有太多好用的工具极欠雕琢，目标受众太过技术。ESR 并未回避这些，读者不妨多留意为数不多的痛切之笔。

本书翻译经历一年多的时间，之前我曾经约略翻过纸版，偶尔见到一些合我胃口的言论，于是心有灵犀认为这书不错；然而等到译到中途，便发现 ESR 实在是个美国愤青，这便是课外读物和工本教程给读者的不同感受了。翻译的过程对译者是精读的过程，但希望读者能用它打发堵车、候机、等人时的无聊时间，这书适合从任何一篇翻起。

翻译过程颇为艰辛：何蔡两位初译，由我统稿。书中寻章摘句之处，我们尽力将其还原。书名保持原文并给出译名，人名不译，专有名词给出原文，特意不加入任何译注。相关背景常识、翻译感受以及付梓后的任何问题，可以在中译版网页上与我们交流。这一年间，侯捷老师的推荐，周筠老师、方舟和兴璐两位编辑、何蔡二位给我的莫大帮助和宽容使得本书最终面世；身边诸位好友同事也不同程度地在各个技术方面给予指导和支持，尤其感谢 bz、主任、delphij、kola 几位。我的爱人王冰陪我加班，容忍我对程序的沉迷，给我心灵的温暖，是我翻译这本书的力量源泉。

KISS。

姜　宏
2005 年 12 月于北京

Contents

Part IV 391

List of Figures

List of Tables

List of Examples

序

Preface

Unix is not so much an operating system as an oral history.

与其说 Unix 是个操作系统，不如说是一部口述历史。

——Neal Stephenson

知识和专能差异巨大，凭借知识可以推断出该做什么，而专能让你甚至在无意之间，条件反射似的把事情做好。

这本书确实有关“知识”，但更着眼于“专能”。你将学到那些 Unix 专家们都不自知的 Unix 开发知识。少一点技术，多一些共享文化：显见和隐微的，直观和潜流的——这是本书和大多数 Unix 书籍不同的地方——不止于方法，更重乎理念。

理念于实用大有裨益，有太多设计不良的软件：体积臃肿，难于维护、移植和扩展——这些都是蹩脚设计的症候。我们希望本书的读者能品出什么是 Unix 所教示的良好设计。

本书分为四部分：场景、设计、工具和社群。第一部分（场景）涉及哲学和历史，为后续内容埋下伏笔。第二部分（设计）将 Unix 哲学的原理细分为有关设计与实现的、更专门的建议。第三部分（工具）着眼于 Unix 所提供的工具，可助你解决问题。第四部分（社群）则讲述人与人之间的事务与约定，而这正是 Unix 文化拥有高效能的原因。

这本书是关于共享文化的，我从未想像过独自完成它。你会发现正剧中包含数位 Unix 资深专家的客串演出，正是这些人塑造了 Unix 的习俗。本书曾有过公开大范围的审阅过程，这期间我邀请这些明星人士对书稿进行评审与研论。这些意见没有湮没在本书定稿中，而你可以在书中聆听到他们的真实声音：无论是为本书呐喊助阵、还是摇头反对。

本书中用到人称“我们”时，我并不是虚张声势，仅以此说明这是整个社群都清楚明了的事实。

因为本书着力传递文化，因此加入了很多野史和坊间传说，这在技术书中并不多见。希望你喜欢，这些东西其实是 Unix 程序员的教养。须弥不重，芥子不轻。我们希望以这种方式更好地讲述故事。了解 Unix 的由来和变迁，会培养你对 Unix 风格的直觉。

同样地，基于此，我们不打算使用回述历史的腔调。你会发现本书参考了众多时下信息。我们不希望给你一种错觉：书里说的都是亘古不变的终极真理。参考时下的信息这一做法，也提醒读者，三十年河东，三十年河西，眼前所见，也许过不了多久就会过时，而需要重新检省。

另外，本书不是 C 教程，不是 Unix 命令和 API 的手册，不是 sed/yacc/Perl/Python 的语言参考，也不是网络编程入门，更不是巨细靡遗的令人费解的 X 指南。本书也不打算带你巡游 Unix 内幕和体系。有很多其它的好书涵盖这些领域，本书会在适当的时候告诉你该看哪些。

在这些技术细节外，Unix 文化有一个未见诸笔端的行工传统，以熟练工的考量，它已经有几百万人年的发展[1]。本书即立足于这样一个信念：领会此传统，并将它的设计手法应用到手边，你将成为更好的程序员和设计师。

构成文化的是人，一直以来，获知文化的方式大约是口口相传、潜移默化。本书不打算取代人际的文化传播，但可以促进这一过程，使你能俯耳倾听他人的心声。

[1] 从 1969 到 2003 年，35 年时间可不算短。以这期间 Unix 站点数量的年度曲线计算，人们在 Unix 上耕作了约有 5000 万人年。

谁应该看这本书

如果你是个 Unix 编程老手，经常教导菜鸟，或者与人进行操作系统论战时无法阐明使用 Unix 方案所带来的好处时，可以看看这本书。

如果你是个 C、C++或者 Java 程序员，有其它操作系统的开发经验，现在轮到你开展一个 Unix 项目时，可以看看这本书。

如果你是个初级或者中级水平的 Unix 用户，但是没什么开发经验，想学习在 Unix 下如何高效地设计软件时，可以看看这本书。

如果你不在 Unix 下编程却发觉 Unix 的传统给你带来某种启迪，那你就对了，Unix 哲学适用于其它的操作系统。因此我们会花比其它 Unix 书籍更多的篇幅关注非 Unix 环境（特别是微软的操作系统）；当所用到工具或者案例可用于其它操作系统时，我们会告诉你。

如果你是一个系统架构师，正为通用市场或垂直应用准备平台方案或实现策略时可以看看这本书。本书将帮助你了解 Unix 作为开发平台的强大功能，以及开放源码这个 Unix 的传统所带来的开发方式。

如果你想学到 C 编程的细节或者想知道怎么用 Unix 内核 API，本书可能不适合你。Advanced Programming in theUnix Environment [Stevens92]是探究 Unix API 的经典名著；The Practice of Programming [Kernighan-Pike99]是每个 C 程序员的必读书目（任何语言的程序员都该看看这本书）。

如何使用这本书

这本书既重实践，更富理念；既包含警世格言，又不忘检点 Unix 开发中的特殊案例。在每个警句前后，都有生动实例阐明其由来，这些例子绝不来自小儿科式的示例程序，而均出自真实世界满眼所见的运行代码。

我们着力避免以大量代码或者规范文件来胡乱凑数，当然这么做会让本书的写作轻松许多（某些地方或许读起来也更轻松）。绝大多数编程书籍只授你以鱼，而本书避免这种做法，力求培养读者“探求事情何以如此”的感知力。

正由于此，本书会时常请你阅读代码与规范文档，它们中极少量的内容会附在书中，其余部分我们会在举例时告诉你如何从网上获取。

从这些范例中汲取养分，将有助你将所学原则消化变为庖丁之技。如果你能就着一部跑在 Unix 系统上的网页浏览器来读书，是再理想不过的了。任何 Unix 系统都适合，但是我们将要研究的案例大多都会预装在、或者可以从 Linux 系统上获得，书中会提示请你浏览或亲身感受它们。这些提示通常是按部就班的，跑开玩一会儿并不会打散整个讲述过程的连续性。

注意：我们虽力求，但无法给你打保票，声称我们所引用的 URLs 稳定可用。如果你发现某个引用连接已陈旧过时，来点常识，用你喜爱的搜索引擎来个短语搜索。如有可能，我们会在所引用的 URLs 附近给出如何搜索的提示。

大多数缩写形式会在首次出现时伴随其全称。为方便起见，我们在附录中提供了名词对照表。

交叉索引通常以作者名字为主导词。带编号的脚注是那些可能会扰乱你阅读正文，或者是易变的 URLs；也可能是旁征博引的战争故事或者笑话[2]。

为了使这本书不至于让非技术人员太过难读，我们邀请了一些非程序员试读，并指出一些晦涩但起贯穿作用的词汇。我们把那些编程老手不太会需要的名词解释也放在脚注中。

相关引文

一些 Unix 早期拓荒者的著名论文和书籍，比如 Kernighan 和 Pike 的《The Unix Programming Environment》[Kernighan-Pike84]就是其中佼佼者，被世人尊为圭臬。而今看来此书廉颇老矣，它没提到 Internet、万维网以及诸如 Perl、Tcl 和 Python 这些解释型语言的新秀。

写作本书的中途我们借鉴了 Mike Gancarz 的《The Unix Philosophy》[Gancarz]。这本书在它的覆盖范围内极其优秀，但是我们觉得需要更多内容才能反映出事情的全貌。尽管如此我们仍对此书作者心存感激，他愈发使我们知道最简单的 Unix 设计手法就是最持久耐用的。

[2] 这个特别的脚注献给 Terry Pratchett，他对脚注的用法简直是……绝了。

《The Pragmatic Programmer》[Hunt-Thomas]是一本关于良好设计的书，文风机智诙谐，它与本书相比，倾向于软件设计工艺的另一个层面（更注重编码，而少着墨于高层面的问题划分）。作者的哲学是其 Unix 领域耕耘的成果，也是本书内容极好的补充。

《The Practice of Programming》[Kernighan-Pike99]包含了一些与《The Pragmatic Programmer》共通的内容，但更钻入 Unix 传统的深处。

最后（明知道会激怒你），我们推荐《Zen Flesh, Zen Bones》[Reps-Senzaki]，一部重要的佛教禅宗本源的合集。对禅的引用书目遍布全书。我们将这些书目包含进来，是因为禅为表达某种想法提供了丰富的语汇，而在软件设计中却很难烂熟于心。信奉宗教的读者，请您不要把禅当成宗教，它是一种心灵鸡汤似的东西，纯净而没有神灵的干扰——此即是禅。

本书的习俗约定

术语“UNIX”技术上和法律上讲，是 The Open Group 的商标，并且应该仅限于那些通过 The Open Group 严格的“符合标准”认证的操作系统。本书中我们使用其较宽松的定义，即大多数程序员所指的，Bell 实验室 Unix 代码的后裔或旁支。在这个意义下，Linux（大多数例子都举自它）也算是一种 Unix。

本书也使用了 Unix 手册页（manual page）的传统，即以括号括起来的手册节号来标记 Unix 设施。通常用于强调一个 Unix 命令首次出现。比如“munger(1)”可解读为“munger 程序加入存在于你的系统中，其文档位于 Unix 手册页的第 1 节”。第 2 节是 C 的系统调用，第 3 节是 C 的库函数调用，第 5 节是文件格式与协议，第 8 节是系统管理工具。其它节号本书未曾用到，其定义在各个 Unix 系统各有不同。在你的 Unix 外壳提示符下输入 `man 1 man`（老式的 System VUnix 系统可能要输入 `man -s 1 man`）以获得更多信息。

有时我们会提及某个 Unix 程序（比如 *Emacs*），后面没有手册节号而且首字母大写。这意味这个名字代表一族 Unix 程序，其基本功能相同，而我们将讨论其通用特性。比如 *Emacs*，就包含了 *xemacs*。

本书很多地方我们同时给出了老式(old school)和新式(new school)解法。new-school 和 rap 音乐一样，开始于 1990 年前后。在这个含义下，我们往往把它与脚本语言、图形用户界面、开放源码的 Unix 和万维网联系起来。Old-school 指代 1990 年以前（特别是 1985 年以前）的世界：昂贵的共用计算机、专属的 Unix，shell 脚本和无所不在的 C。值得指出这些差异，机器越来越便宜，内存多了起来，这些有如暗流，渐渐影响着 Unix 编程的风格。

所用案例

很多编程书籍为证明某一观点而特地造出一个范例，你手中这本书不这么干。我们的案例研究均来自真实世界，在生产环境中工作已久。下面是一些主要案例：

cdrtools/xcdroast

这两个独立的项目通常被一并使用。`cdrtools` 是一组刻盘工具(用关键字“cdrtools”可以在网上找到）。`xcdroast` 是 cdrtools 的图型界面前端，其项目网站为 `<http://www.xcdroast.org/>`。

fetchmail

fetchmail 用于从远程邮件服务器上收信，支持 POP3 和 IMAP 邮箱协议。其主页为 `<http://www.catb.org/~esr/fetchmail>`，也可以用关键字“fetchmail”从网上找到。

GIMP

GIMP（GNU Image Manipulation Program，GNU 图像处理程序）是一个全特性的绘画和图像处理程序，可对多种图像格式进行复杂处理。其源码可从 GIMP 主页 `<http://www.gimp.org/>`获得（也可以通过关键字“GIMP”从网上搜到）。

mutt

mutt 邮件客户端是目前各类基于文本的邮件客户端程序中的翘楚，提供对 MIME（Multipurpose Internet Mail Extensions）、个人隐私辅助程序，如 PGP（Pretty Good Privacy）和 GPG（GNU Privacy Guard）等特性的绝佳支持。其源码和二进制可执行文件可以从 Mutt 项目主页`<http://www.mutt.org>`获得。

xmlto

xmlto 可将 DocBook 和其它 XML 文档以多种格式渲染输出，包括 HTML、纯文本

和 PostScript。其源码和文档可在 xmlto 主页<http://cyberelk.net/tim/xmlto/>获得。

为了将读者理解本书例子所要阅读的代码量降低到最小程度，我们尽量挑选那些可重复使用、并能体现多种不同设计原理和设计实践的案例。出于同样原因，很多示例来自于我本人的项目。我没想说这些例子最为恰当，只是我觉得它们对阐述我的观点非常有用。

作者致谢

各位客串贡献者（Ken Arnold, Steven M. Bellovin, Stuart Feldman, Jim Gettys, Steve Johnson, Brian Kernighan, David Korn, Mike Lesk, Doug McIlroy, Marshall Kirk McKusick, Keith Packard, Henry Spencer, 和 Ken Thompson）为本书增添极大价值。特别是 Doug McIlroy，给予本书恪尽职责、鞭辟入里的评注的同时，也展现了他早在 30 年前管理最原始的 Unix 研究组时鞠躬尽瘁的高风亮节。

我要对 Rob Landley 和我的妻子 Catherine Raymond 致以特别感谢，他们都不厌其烦地逐行对本书手稿进行审阅。Rob 的深富洞察力的细致评述激励我在最终稿中加入了一整章内容，他为本书的组织结构与取材范围奉献极多。如果把他所给予的改进意见落在笔端，那他无愧于本书的合著者。Cathy 代表读者中非技术人员的一群，如果那些非程序员读者觉得本书并不难读，那全是她的功劳。

写作的五年间，本书从不少人的讨论意见中获益良多。Mark M. Miller 使我对线程有了更深的认识。John Cowan 教给我不少接口设计方式，并起草了 wily 和 VM/CMS 的学习案例。Jef Raskin 告诉我 Rule of Least Surprise 的由来。UIUC System Architecture Group 对前几章给出的反馈弥足珍贵，What Unix Gets Wrong 和 Flexibility in Depth 两节是他们直接激励的结果。Russell J. Nelson 提供了 Bernstein chaining 的素材。第 3 章中 MVS 学习案例大部分的材料来自 Jay Maynard。Les Hatton 对语言一章给出很多有益建议，并促使我写成第 4 章中 Optimal Module Size 的部分内容。David A. Wheeler 贡献了很多发人深省的批评，以及一些学习案例（特别是在设计部分中）的素材。Russ Cox 帮助我进行了 Plan 9 的调查。Dennis Ritchie 纠正了我的一些错误的 C 历史观念。

成百上千的 Unix 程序员，人数太多以至于无法在此列出他们的名字，在 2003 年 1 月到 6 月间的公开审阅过程间给了我建议和评论。开放的同级复审这一过程让我觉得紧张刺激而回报极多。当然，任何最终书稿中残留的错误都是我自己的责任。

“把事情说透”的风格，以及其它一些考虑因素，是受到了“设计模式运动”的影响；说实话，我对到处堆砌 Unix 设计模式这种做法深不以为然。我对此运动的中心教条不敢苟同，并且没觉得把设计模式严格付诸实用有什么必要，也不想背上这种思想的包袱。尽管如此，我的行事方法仍然受到 Christopher Alexander 成果[3]（特别是《Timeless Way of Building》和《A Pattern Language》两文）的影响。Gang of Four 和他们的信徒为我展示了如何用 Alexander 的思想，站在较高层面上，抛去含混不清的对设计通则的空话，来谈论软件设计，这一点我心存感激，永志不忘。对设计模式有兴趣的读者可以看看这本书《Design Patterns: Elements of Reusable Object-Oriented Software [GangOfFour]》。

本书标题毫无疑问是借鉴了 Donald Knuth 的《The Art of Computer Programming》一书的书名。Knuth 和 Unix 传统文化没什么联系，但他影响了我们每一个人。

有先见之明和丰富想象力的编辑并不多，好在 Mark Taub 就是一个，他从并不看好的项目中发现了闪光点，并极富技巧地促成了这本书的写作。文字编辑中，文笔好而又能帮助别人提高文笔的就更少了，所幸 Mary Lou Nohr 是其中之一。Jerry Votta 的封面设计领会了我的意图，而且做得比我的想像还要漂亮。Addison-Wesley 的编辑们让审稿和出版这一过程不再枯燥无味，我天生怕被人管，但是他们仍然极力配合我，使得文字、版面、图片和市场工作都达到极高水准。

[3] 一篇对 Alexander 工作成果的肯定文章，包含其部分重要成果的在线连接，可以参考 Some Notes on Christopher Alexander <http://www.math.utsa.edu/sphere/salingar/Chris.text.html>一文。

Part Ⅰ
Context

1

哲学

Philosophy: Philosophy Matters

Those who do not understand Unix are condemned to reinvent it, poorly.

不懂 Unix 的人注定最终还要重复发明一个蹩脚的 Unix。

Usenet 签名, *1987* 年 *11* 月

—Henry Spencer

1.1 文化？什么文化

这是一本讲 Unix 编程的书，然而在这本书里，我们将反复提到“文化”、“艺术”以及“哲学”这些字眼。如果你不是程序员，或者对 Unix 涉水未深，这可能让你感觉很奇怪。但是 Unix 确实有它自己的文化；有独特的编程艺术；有一套影响深远的设计哲学。理解这些传统，会使你写出更好的软件，即使你是在非 Unix 平台上开发。

工程和设计的每个分支都有自己的技术文化。在大多数工程领域中，就一个专业人员的素养组成来说，有些不成文的行业素养具有与标准手册及教科书同等重要的地位（并且随着专业人员经验的日积月累，这些经验常常会比书本更重要）。资深工程师们在工作中会积累大量的隐性知识，他们用类似禅宗“教外别传”[译注[1]]的方式，通过言传身

[1] 教外别传。禅宗用语。不依文字、语言，直悟佛陀所悟之境界，即称为教外别传。又称单传。故禅宗又作别传宗，系教外别传宗之略称。据《祖庭事苑卷五怀禅师前》录载，禅宗传法诸祖亦以三藏教乘接引弟子，至达摩祖师时，始单传心印，破执显宗，即所谓教外别传，不立文字，直指人心，见性成佛。后四句英文为“A special transmission independent of the scriptures. Not founded on words or letters. By directly pointing to the mind. One’s nature is seen, enlightenment is attained”. —译者注

教传授给后辈。

软件工程算是此规则的一个例外：技术变革如此之快，软件环境日新月异，软件技术文化暂如朝露。然而，例外之中也有例外。确有极少数软件技术被证明经久耐用，足以演进为强势的技术文化、有鲜明特色的艺术和世代相传的设计哲学。

Unix 文化便是其一。互联网文化又是其一——或者，这两者在 21 世纪无可争议地合二为一。其实，从 1980 年代早期开始，Unix 和互联网便越来越难以分割，本书也无意强求区分。

1.2 Unix 的生命力

Unix 诞生于 1969 年，此后便一直应用于生产领域。按照计算机工业的标准，那已经是好几个地质纪年前的事了——比 PC 机、工作站、微处理器甚至视频显示终端都要早，与第一块半导体存储器是同一时代的古物。在现今所有分时系统中，也只有 IBM 的 VM/CMS 敢说它比 Unix 资格更老，但是 Unix 机器的服务时间却是 VM/CMS 的几十万倍；事实上，在 Unix 平台上完成的计算量可能比所有其它分时系统加起来的总和还要多。

Unix 比其它任何操作系统都更广泛地应用在各种机型上。从超级计算机到手持计算机到嵌入式网络设备，从工作站到服务器到 PC 机到微型计算机。Unix 所能支持的机器架构和奇特硬件可能比你随便抓取任何其它三种操作系统所能支持的总和还要多。

Unix 应用范围之广简直令人难以置信。没有哪一种操作系统能像 Unix 那样，能同时在作为研究工具、定制技术应用的友好宿主机、商用成品软件平台和互联网技术的重要部分等各个领域都大放异彩。

从 Unix 诞生之日起，各种信誓旦旦的预言就伴随着它，说 Unix 必将衰败，或者被其它操作系统挤出市场。可是在今天，化身为 Linux、BSD、Solaris、MacOS X 以及好几个其它变种的 Unix，却显得前所未有的强大。

> Robert Metcalf[以太网络的发明者]曾说过：如果将来有什么技术来取代以太网，那么这个取代物的名字还会叫“以太网”。因此以太网是永远不会消亡的（注[2]）。Unix 也多次经历了类似的转变。
>
> —Ken Thompson

[2] 事实上，以太网已经两次被不同的技术所取代，只是名字没有变。第一次是双绞线取代了同轴电缆，第二次是千兆以太网的出现。

至少，Unix 的一个核心技术——C 语言——已经在其它系统中植根。事实上，如果没有无处不在的 C 语言这个通用语言，还如何奢谈系统级软件工程。Unix 还引入了如今广泛采用的带目录节点的树形文件名字空间以及用于程序间通信的管道机制。

Unix 的生命力和适应力委实令人称奇。尽管其它技术如蜉蝣般生生灭灭，计算机性能成千倍增长，语言历经嬗变，业界规范多次变革——然而 Unix 依然巍然屹立，仍在运行，仍在创造价值，仍然能赢得这个星球上无数最优秀、最聪明的软件技术人员的忠诚。

性能—时间的指数曲线对软件开发过程所引发的结果，就是每过 18 个月，就有一半的知识会过时。Unix 并不承诺让你免遭此劫，只是让你的知识投资更趋稳定。因为不变的东西有很多：语言、系统调用、工具用法——它们积年不变，甚至可以用上数十载。而在其它操作系统中则无法预判什么东西会持久不变，有时候甚至整个操作系统都会被淘汰。在 Unix 中，持久性知识和短期性知识有着明显的区别，人们在一开始学习的时候，就能提前判断（命中率约有九成）要学的知识属于哪一类。这些便是 Unix 有众多忠实拥趸的原因。

Unix 的稳定和成功在很大程度上归功于它与生俱来的内在优势，归功于 Ken Thompson, Dennis Ritchie, Brian Kernighan, Doug McIroy, Rob Pike 和其他早期 Unix 开发者一开始就作出的设计决策。这些决策，连同设计哲学、编程艺术、技术文化一起，从 Unix 的婴儿期到今天的成长路程中，已经被反复证明是健康可靠的，而 Unix 才得以有今天的成功。

1.3 反对学习 Unix 文化的理由

Unix 的耐用性及其技术文化对于喜爱 Unix 的人们、以及技术史家来说肯定颇为有趣。但是，Unix 的本源用途——作为大中型计算机的通用分时系统，由于受到个人工作站的围剿，正迅速地退出舞台，隐入历史的迷雾之中。因而 Unix 究竟能否在目前被 Microsoft 主宰的主流商务桌面市场上取得成功，人们自然也存在着一定的疑问。

外行常常把 Unix 当作是教学用的玩具或者是黑客的沙盒而不屑一顾。有一本著名的抨击 Unix 的书——《Unix 反对者手册》（Unix Hater's Handbook）[Garfinkel]，几乎从 Unix 诞生时就一直奉行反对路线，将 Unix 的追随者描写成一群信奉邪教的怪人和失败者。AT&T、Sun、Novell，以及其他一些大型商业销售商和标准联盟在 Unix 定位和市场推广方面不断铸下的大错也已经成为经典笑柄。

即使在 Unix 世界里，Unix 的通用性也一直受到怀疑，摇摆在危崖边。在持怀疑态度的外行人眼中，Unix 很有用，不会消亡，只是登不了大雅之堂；注定只能是个小众的操作系统。

挫败这些怀疑者的不是别的，正是 Linux 和其它开源 Unix（如现代 BSD 各个变种）的崛起。Unix 文化是如此的有生命力，即使十几年的管理不善也丝毫未箝制它的勃勃生机。现在 Unix 社区自身已经重新控制了技术和市场，正快速而有效地解决着 Unix 的问题（第 20 章将有详述）。

1.4 Unix 之失

对于一个始于 1969 年的设计来说，在 Unix 设计中居然很难找到硬伤，这着实令人称奇。其它的选择不是没有，但是每一个这样的选择同样面临争论，无论是 Unix 爱好者，还是操作系统设计社群的人们。

Unix 文件在字节层次以上再无结构可言。文件删除了就没法恢复。Unix 的安全模型公认地太过原始。作业控制有欠精致。命名方式非常混乱。或许拥有文件系统本身就是一个错误。我们将在第 20 章讨论这些技术问题。

但是，也许 Unix 最持久的异议恰恰来自 Unix 哲学的一个特性，这一条特性是 X window 设计者首先明确提出的。X 致力于提供 一套“机制，而不是策略”，以支持一套极端通用的图形操作，从而把使用工具箱和界面的“观感”（策略）推后到应用层。Unix 其它系统级的服务也有类似的倾向：行为的最终逻辑被尽可能推后到使用端。Unix 用户可以在多种 shell 中进行选择。而 Unix 应用程序通常会提供很多的行为选项和令人眼花缭乱的定制功能。

这种倾向也反映出 Unix 的遗风：原本是为技术人员设计的操作系统；同时也表明设计的信念：最终用户永远比操作系统设计人员更清楚他们究竟需要什么。

> 贝尔实验室的 Dick Hamming[3]在 1950 年代便树立了此信条：尽管计算机稀缺昂贵，但是开放式的计算模式，即客户可以为系统写出自己的应用程序，这一点势在必行，因为“用错误的方式解决正确的问题总比用正确的方法解决错误的问题好”。
>
> —Doug McIlroy

然而这种选择机制而不是策略的代价是：当用户**“可以”**自己设置策略时，他们其实是“必须”自己设置策略。非技术型的终端用户常常会被 Unix 丰富的选项和接口风格搞得晕头转向，于是转而选择那些伪称能够给他们提供简洁性的操作系统。

只看眼前的话，Unix 的这种自由放纵主义风格会让它失去很多非技术型用户。但从长远考虑，最终你会发觉这个“错误”换来至关重要的优势：策略相对短寿，而机制才会长存。现今流行的界面观感常常会变成明日进化的死胡同（去问问那些使用已经过时的 X 工具包的用户，他们会有一肚子苦水倒给你！）。说来说去，只提供机制不提供方针的哲学能使 Unix 长久保鲜；而那些被束缚在一套方针或界面风格内的操作系统，也许早就从人们的视线中消失了。[4]

1.5 Unix 之得

最近 Linux 爆炸式的发展和 Internet 技术重要性的渐增，都给我们充足的理由来否定怀疑者的论断。其实，退一步说，就算怀疑者的断言正确，Unix 文化也同样值得研习，因为在有些方面，Unix 及其外围文化明显比任何竞争对手都出色。

1.5.1 开源软件

尽管“开源”这个术语和开源定义（the Open Source Definition）直到 1998 年才出现，但是自由共享源码的同僚严格复审的开发方式打从 Unix 诞生起就是其文化最具特色的部分。

---

[3] 对，就是创立“汉明距离”和“汉明码”的那位汉明（Hamming）。

[4] 注：X 的架构者之一 Jim Gettys（也为本书撰写了部分内容）鞭辟入里地揭示了 X 的自由放纵主义才使得它有如此成就。无论就其专门建议，还是对 Unix 理念的表述，这篇小文都极其值得一读。

最初十年中的 AT&T 原始 Unix，及其后来的主要变种 Berkeley Unix，通常都随源代码一起发布。下文要提到的 Unix 的优势，大多数也由此而来。

1.5.2 跨平台可移植性和开放标准

Unix 仍是唯一一个在不同种类的计算机、众多厂商、各种专用硬件上提供了一个一致的、文档齐全的应用程序接口（API）的操作系统。Unix 也是唯一一个从嵌入式芯片、手持设备到桌面机，从服务器到专门用于数值计算的怪兽级计算机以及数据库后端都腾挪有余的操作系统。

Unix API 几乎就可以作为编写真正可移植软件的硬件无关标准。难怪最初 IEEE 称之为 “可移植操作系统标准”（Portable Operating System Standard）的 POS 很快就被大家加了后缀变成了“POSIX” [译注：缩写为 POSIX 是为了读音更像 Unix]。 确实，只有称之为 Unix API 的等价物才能算是这种标准比较可信的模型。

其它操作系统只提供二进制代码的应用程序，并随其诞生环境的消亡而消亡，而 Unix 源码却是永生的。至少，永生在数十年不断维护翻修它们的 Unix 技术文化之中。

1.5.3 Internet 和万维网

美国国防部将第一版 TCP/IP 协议栈的开发合同交给一个 Unix 研发组就是因为考虑到 Unix 大部分是开放源码。除了 TCP/IP 之外, Unix 也已成为互联网服务提供商 (Internet Service Provider)行业不可或缺的核心技术之一。甚至在 1980 年代中期 TOPS 系列操作系统消亡之际, 大部分互联网服务器(实际上 PC 以上所有级别的机器)都依赖于 Unix。

在 Internet 市场上，Unix 甚至面对 Microsoft 可怕的行销大锤也毫发无伤。 虽然成型于 TOPS-10 的 TCP/IP 标准（互联网的基础） 在理论上可以与 Unix 分开, 但当应用在其它操作系统上时， 一直都饱受兼容性差、不稳定、bug 太多等问题的困扰。实际上，理论和规格说明人人都可以获取, 但是只有 Unix 世界中你才见得到这些稳固可靠的现实成果。[5]

[5] 别的操作系统通常已经复制或者沿袭了 Unix TCP/IP 的实现， 但是很遗憾，他们没学到 Unix 实现代码幕后的同像复审这个强力传统, 看看 RFC1025(*TCP and IP Bake Off*——“TCP/IP 不同实现大比拼”)就知道我是什么意思了。

互联网技术文化和 Unix 文化在 1980 年代早期开始汇合，现在已经共生共存，难以分割。万维网的设计——也就是互联网的现代面孔，从其祖先 ARPANET 所得到的，不比从 Unix 得到的更多。实际上,统一资源定位符 URL(Uniform Resource Locator)作为 Web 的核心概念，也是 Unix 中无处不在的统一文件名字空间概念的泛化。要作为一个有效的网络专家，对 Unix 及其文化的理解绝对是必不可少的。

1.5.4 开源社区

伴随早期 Unix 源码发布而形成的社群从未消亡——在 1990 年代早期互联网技术的爆炸式发展之后，这个社群新造就了整整一代的使用家用机的狂热黑客。

今天，Unix 社区是各种软件开发的强大支持组。 高质量的开源开发工具在 Unix 世界极为丰富(在本书中我们会讲到很多)。开源的 Unix 应用程序已经达到、或者超越它们专属同侪的高度[Fuzz]。整个 Unix 操作系统连同完整的工具包、基本的应用套件，都可以在互联网上免费获取。既然能够改编、重用、再造，节省自己 90%的工作量，为什么还要从零开始编码呢?

通过协作开发与代码复用路上艰辛的探索，才耕耘出代码共享的传统。不是在理论上，而是通过大量工程实践，才有了这些并非显而易见的设计规则：程序得以形成严丝合缝的工具套装，而不是应景的解决对策。本书的一个主要目的就是阐明这些原则。

今天, 方兴未艾的开源运动给 Unix 传统注入了新的血液、新的技术方法，同时也带来了新一代年轻而有才华的程序员。包括 Linux 操作系统以及共生的应用程序如 Apache、Mozilla 等开源项目已经使 Unix 传统在主流世界空前亮眼与成功。如今，在争相对未来计算基础设施进行定义的这场竞争中，开源运动似乎已经站在了胜利的边缘——新架构的核心正是运行在互联网上的 Unix 机器。

1.5.5 从头到脚的灵活性

许多操作系统自诩比起 Unix 来有多么的“现代”，用户界面又是多么的“友好”。它们漂亮外表的背后，却是以貌似精巧实则脆弱狭隘难用的编程接口，把用户和开发者禁锢在单一的界面方针下。在这样的操作系统中，完成设计者（指操作系统）预见的任务很容易，但如果要完成设计者没有预料到的任务，用户不是无计可施就是痛苦不堪。

相反，Unix 具有非常彻底的灵活性。Unix 提供众多的程序粘合手段，这意味着 Unix 基本工具箱的各种组件连纵开合后，将收到单个工具设计者无法想象的功效。

Unix 支持多种风格的程序界面（通常也因为给终端用户增加了明显的系统复杂度而被视为 Unix 的一个缺点），从而增加了它的灵活性；只管简单数据处理的程序而无需背上精巧图形界面的担子。

Unix 传统将重点放在尽力使各个程序接口相对小巧、简洁和正交——这也是另一个提高灵活性的方面。整个 Unix 系统，容易的事还是那么容易，困难的事呢，至少是有可能做到的。

1.5.6 Unix Hack 之趣

那些夸夸其谈 Unix 技术优越性的家伙一般不会提到 Unix 的终极法宝、它赖以成功的原因：Unix Hack 的趣味。

一些 Unix 的玩家有时羞于认同这一点，似乎这会破坏他们的正统形象。但是，确实如此，同 Unix 打交道，搞开发就是好玩；现在是，且一向如是。

并没有多少操作系统会被人们用“好玩”来描述。实际上，在其它操作系统下搞开发的摩擦和艰辛，就像是有人比喻的“把一头搁浅的死鲸推下海”[6]一样费力不讨好；或者，最客气的也就是“尚可容忍”、“不是太痛苦”之类形容词。与之成鲜明对比的是，在 Unix 世界里，操作系统以成就感而不是挫折感来回报人们的努力。Unix 下的程序员通常会把 Unix 当作一个积极有效的帮手，而不是把操作系统当作一个对手还非得用蛮力逼迫它干活。

这一点有着实实在在的重要经济意义。趣味性在 Unix 早期的历史中开启了一个良性循环。正是因为人们喜爱 Unix, 所以编制了更多的程序让它用起来更好， 而如今，连编制一个完整商用产品级的开源 Unix 操作系统都成了一项爱好。如果想知道这是多么惊人的伟绩，想想看你什么时候听说过谁为了好玩来临摹 OS/360 或者 VAX VMS 或者 Microsoft Windows 就行了。

从设计角度来说，趣味性也绝非无足轻重。对于程序员和开发人员来说，如果完成某项任务所需要付出的努力对他们是个挑战却又恰好还在力所能及的范围内，他们就会

[6] 语出 Stephen C. Johnson 对 IBM MVS TSO 机制发的牢骚，此人是 yacc 的作者。

觉得很有乐趣。因此，趣味性是一个峰值效率的标志。充满痛苦的开发环境只会浪费劳动力和创造力；这样的环境会在无形之中耗费大量时间、资金，还有机会。

就算 Unix 在其它各个方面都一无是处，Unix 的工程文化仍然值得学习，它使得开发过程充满乐趣。乐趣是一个符号，意味着效能、效率和高产。

1.5.7 Unix 的经验别处也可适用

在探索开发那些我们如今已经觉得理所当然的操作系统特性的过程中，Unix 程序员已经积累了几十年的经验。哪怕是非 Unix 的程序员也能够从这些经验中获益。好的设计原则和开发方法在 Unix 上实施相对容易，所以 Unix 是一个学习这些原则和方法的良好平台。

在其它操作系统下，要做到良好实践通常要相对困难一些，但是尽管如此，Unix 文化中的有益经验仍然可以借鉴。多数 Unix 代码(包括所有的过滤器、主要脚本语言和大多数代码生成器)都可以直接移植到任何只要支持 ANSI C 的操作系统中(原因在于 C 语言本身就是 Unix 的一项发明，而 ANSI C 程序库表述了相当大一部分的 Unix 服务)。

1.6 Unix 哲学基础

Unix 哲学起源于 Ken Thompson 早期关于如何设计一个服务接口简洁、小巧精干的操作系统的思考，随着 Unix 文化在学习如何尽可能发掘 Thompson 设计思想的过程中不断成长，同时一路上还从其它许多地方博采众长。

Unix 哲学说来不算是一种正规设计方法。它并不打算从计算机科学的理论高度来产生理论上完美的软件。那些毫无动力、松松垮垮而且薪水微薄的程序员们，能在短短期限内，如同神灵附体般造出稳定而新颖的软件——这只不过是经理人永远的梦呓罢了。

Unix 哲学（同其它工程领域的民间传统一样）是自下而上的，而不是自上而下的。Unix 哲学注重实效，立足于丰富的经验。你不会在正规方法学和标准中找到它，它更接近于隐性的半本能的知识，即 Unix 文化所传播的**专业经验**。它鼓励那种分清轻重缓急的感觉，以及怀疑一切的态度，并鼓励你以幽默达观的态度对待这些。

Unix 管道的发明人、Unix 传统的奠基人之一 Doug McIlroy 在[McIlroy78]中曾经说过：

（i）让每个程序就做好一件事。如果有新任务，就重新开始，不要往原程序中加入新功能而搞得复杂。

（ii）假定每个程序的输出都会成为另一个程序的输入，哪怕那个程序还是未知的。输出中不要有无关的信息干扰。避免使用严格的分栏格式和二进制格式输入。不要坚持使用交互式输入。

（iii）尽可能早地将设计和编译的软件投入试用，哪怕是操作系统也不例外，理想情况下，应该是在几星期内。对拙劣的代码别犹豫，扔掉重写。

（iv）优先使用工具而不是拙劣的帮助来减轻编程任务的负担。工欲善其事，必先利其器。

后来他这样总结道（引自《Unix 的四分之一世纪》（A Quarter Century of Unix [Salus]））：

Unix 哲学是这样的：一个程序只做一件事，并做好。程序要能协作。程序要能处理文本流，因为这是最通用的接口。

Rob Pike，最伟大的 C 语言大师之一，在《Notes on C Programming》中从另一个稍微不同的角度表述了 Unix 的哲学[Pike]：

原则 1：你无法断定程序会在什么地方耗费运行时间。瓶颈经常出现在想不到的地方，所以别急于胡乱找个地方改代码，除非你已经证实那儿就是瓶颈所在。

原则 2：估量。在你没对代码进行估量，特别是没找到最耗时的那部分之前，别去优化速度。

原则 3：花哨的算法在 n 很小时通常很慢，而 n 通常很小。花哨算法的常数复杂度很大。除非你确定 n 总是很大，否则不要用花哨算法（即使 n 很大，也优先考虑原则 2）。

原则 4：花哨的算法比简单算法更容易出 bug、更难实现。尽量使用简单的算法配合简单的数据结构。

原则 5：数据压倒一切。如果已经选择了正确的数据结构并且把一切都组织得井井有条，正确的算法也就不言自明。编程的核心是数据结构，而不是算法[7]。

---

[7] Pike 的原稿在这里补充了“（参考 Brooks p. 102.）”。引用是来自于 The Mythical Man－Month【Brooks】早期的版本；引语为“给我看流程图而不让我看（数据）表，我仍会茫然不解；如果给我看（数据）表，通常就不需要流程图了；数据表是够说明问题了。”

原则 6：没有原则 6。

Ken Thompson——Unix 最初版本的设计者和实现者，禅宗偈语般地对 Pike 的原则 4 作了强调：

拿不准就穷举。

Unix 哲学中更多的内容不是这些先哲们口头表述出来的，而是由他们所作的一切和 Unix 本身所作出的榜样体现出来的。从整体上来说，可以概括为以下几点：

1. 模块原则：使用简洁的接口拼合简单的部件。

2. 清晰原则：清晰胜于机巧。

3. 组合原则：设计时考虑拼接组合。

4. 分离原则：策略同机制分离，接口同引擎分离。

5. 简洁原则：设计要简洁，复杂度能低则低。

6. 吝啬原则：除非确无它法，不要编写庞大的程序。

7. 透明性原则：设计要可见，以便审查和调试。

8. 健壮原则：健壮源于透明与简洁。

9. 表示原则：把知识叠入数据以求逻辑质朴而健壮。

10. 通俗原则：接口设计避免标新立异。

11. 缄默原则：如果一个程序没什么好说的，就沉默。

12. 补救原则：出现异常时，马上退出并给出足够错误信息。

13. 经济原则：宁花机器一分，不花程序员一秒。

14. 生成原则：避免手工 hack，尽量编写程序去生成程序。

15. 优化原则：雕琢前先要有原型，跑之前先学会走。

16. 多样原则：决不相信所谓“不二法门”的断言。

17. 扩展原则：设计着眼未来，未来总比预想来得快。

如果刚开始接触 Unix，这些原则值得好好体味一番。谈软件工程的文章常常会推荐大部分的这些原则，但是大多数其它操作系统缺乏恰当的工具和传统将这些准则付诸实践，所以，多数的程序员还不能自始至终地贯彻这些原则。蹩脚的工具、糟糕的设计、过度的劳作和臃肿的代码对他们已经是家常便饭了；他们奇怪，Unix 的玩家有什么好烦的呢。

1.6.1 模块原则：使用简洁的接口拼合简单的部件

正如 Brian Kernighan 曾经说过的：“计算机编程的本质就是控制复杂度”[Kernighan-Plauger]。排错占用了大部分的开发时间，弄出一个拿得出手的可用系统，通常与其说出自才华横溢的设计成果，还不如说是跌跌撞撞的结果。

汇编语言、编译语言、流程图、过程化编程、结构化编程、所谓的人工智能、第四代编程语言、面向对象、以及软件开发的方法论，不计其数的解决之道被抛售者吹得神乎其神。但实际上这些都用处不大，原因恰恰在于它们“成功”地将程序的复杂度提升到了人脑几乎不能处理的地步。就像 Fred Brooks 的一句名言[Brooks]：没有万能药。

要编制复杂软件而又不至于一败涂地的唯一方法就是降低其整体复杂度——用清晰的接口把若干简单的模块组合成一个复杂软件。如此一来，多数问题只会局限于某个局部，那么就还有希望对局部进行改进而不至牵动全身。

1.6.2 清晰原则：清晰胜于机巧

维护如此重要而成本如此高昂；在写程序时，要想到你不是写给执行代码的计算机看的，而是给人——将来阅读维护源码的人，包括你自己——看的。

在 Unix 传统中，这个建议不仅意味着代码注释。良好的 Unix 实践同样信奉在选择算法和实现时就应该考虑到将来的可扩展性。而为了取得程序一丁点的性能提升就大幅度增加技术的复杂性和晦涩性，这个买卖做不得——这不仅仅是因为复杂的代码容易滋生 bug，也因为它会使日后的阅读和维护工作更加艰难。

相反，优雅而清晰的代码不仅不容易崩溃——而且更易于让后来的修改者立刻理解。这点非常重要，尤其是说不定若干年后回过头来修改这些代码的人可能恰恰就是你自己。

> 永远不要去吃力地解读一段晦涩的代码三次。第一次也许侥幸成功，但如果发现必须重新解读一遍——离第一次太久了，具体细节无从回想——那么你该注释代码了，这样第三次就相对不会那么痛苦了。
>
> —Henry Spencer

1.6.3 组合原则：设计时考虑拼接组合

如果程序彼此之间不能有效通信，那么软件就难免会陷入复杂度的泥淖。

在输入输出方面，Unix 传统极力提倡采用简单、文本化、面向流、设备无关的格式。在经典的 Unix 下，多数程序都尽可能采用简单过滤器的形式，即将一个输入的简单文本流处理为一个简单的文本流输出。

抛开世俗眼光，Unix 程序员偏爱这种做法并不是因为他们仇视图形用户界面，而是因为如果程序不采用简单的文本输入输出流，它们就极难衔接。

Unix 中，文本流之于工具，就如同在面向对象环境中的消息之于对象。文本流界面的简洁性加强了工具的封装性。而许多精致的进程间通讯方法，比如远程过程调用，都存在牵扯过多各程序间内部状态的倾向。

要想让程序具有组合性，就要使程序彼此独立。在文本流这一端的程序应该尽可能不要考虑文本流另一端的程序。将一端的程序替换为另一个截然不同的程序，而完全不惊扰另一端应该很容易做到。

GUI 可以是个好东西。有时竭尽所能也不可避免复杂的二进制数据格式。但是，在做一个 GUI 前，最好还是应该想想可不可以把复杂的交互程序跟干粗活的算法程序分离开，每个部分单独成为一块，然后用一个简单的命令流或者是应用协议将其组合在一起。

在构思精巧的数据传输格式前，有必要实地考察一下，是否能利用简单的文本数据格式；以一点点格式解析的代价，换得可以使用通用工具来构造或解读数据流的好处是值得的。

当程序无法自然地使用序列化、协议形式的接口时，正确的 Unix 设计至少是，把尽可能多的编程元素组织为一套定义良好的 API。这样，至少你可以通过链接调用应用程序，或者可以根据不同任务的需求粘合使用不同的接口。

（我们将在第 7 章详细讨论这些问题。）

1.6.4 分离原则：策略同机制分离，接口同引擎分离

在 Unix 之失的讨论中，我们谈到过 X 系统的设计者在设计中的基本抉择是实行“机制，而不是策略”这种做法——使 X 成为一个通用图形引擎，而将用户界面风格留给工具包或者系统的其它层次来决定。这一点得以证明是正确的，因为策略和机制是按照不同的时间尺度变化的，策略的变化要远远快于机制。GUI 工具包的观感时尚来去匆匆，而光栅操作和组合却是永恒的。

所以，把策略同机制揉成一团有两个负面影响：一来会使策略变得死板，难以适应用户需求的改变，二来也意味着任何策略的改变都极有可能动摇机制。

相反，将两者剥离，就有可能在探索新策略的时候不足以打破机制。另外，我们也可以更容易为机制写出较好的测试（因为策略太短命，不值得花太多精力在这上面）。

这条设计准则在 GUI 环境之外也被广泛应用。总而言之，这条准则告诉我们应该设法将接口和引擎剥离开来。

实现这种剥离的一个方法是，比如，将应用按照一个库来编写，这个库包含许多由内嵌脚本语言驱动的 C 服务程序，而至于整个应用的控制流程则用脚本来撰写而不是用 C 语言。这种模式的经典例子就是 Emacs 编辑器，它使用内嵌的脚本语言 Lisp 解释器来控制用 C 编写的编辑原语操作。我们会在第 11 章讨论这种设计风格。

另一个方法是将应用程序分成可以协作的前端和后端进程，通过套接字上层的专用应用协议进行通讯；我们会在第 5 章和第 7 章讨论这种设计。前端实现策略，后端实现

机制。比起仅用单个进程的整体实现方式来说，这种双端设计方式大大降低了整体复杂度，bug 有望减少，从而降低程序的寿命周期成本。

1.6.5 简洁原则：设计要简洁，复杂度能低则低

来自多方面的压力常常会让程序变得复杂（由此代价更高，bug 更多），其中一种压力就是来自技术上的虚荣心理。程序员们都很聪明，常常以能玩转复杂东西和耍弄抽象概念的能力为傲，这一点也无可厚非。但正因如此，他们常常会与同行们比试，看看谁能够鼓捣出最错综复杂的美妙事物。正如我们经常所见，他们的设计能力大大超出他们的实现和排错能力，结果便是代价高昂的废品。

> “错综复杂的美妙事物”听来自相矛盾。Unix 程序员相互比的是谁能够做到“简洁而漂亮”并以此为荣，这一点虽然只是隐含在这些规则之中，但还是很值得公开提出来强调一下。
>
> —Doug McIlroy

更为常见的是(至少在商业软件领域里)，过度的复杂性往往来自于项目的要求，而这些要求常常基于当月的推销热点，而不是基于顾客的需求和软件实际能够提供的功能。许多优秀的设计被市场推销所需要的大堆大堆“特性清单”扼杀——实际上，这些特性功能几乎从未用过。然后，恶性循环开始了：比别人花哨的方法就是把自己变得更花哨。很快，庞大臃肿变成了业界标准，每个人都在使用臃肿不堪、bug 极多的软件，连软件开发人员也不敢敝帚自珍。

无论以上哪种方式，最后每个人都是失败者。

要避免这些陷阱，唯一的方法就是鼓励另一种软件文化，以简洁为美，人人对庞大复杂的东西群起而攻之——这是一个非常看重简单解决方案的工程传统，总是设法将程序系统分解为几个能够协作的小部分，并本能地抵制任何用过多噱头来粉饰程序的企图。

这就有点 Unix 文化的意味了。

1.6.6 吝啬原则：除非确无它法，不要编写庞大的程序

“大”有两重含义：体积大，复杂程度高。程序大了，维护起来就困难。由于人们对花费了大量精力才做出来的东西难以割舍，结果导致在庞大的程序中把投资浪费在注定要失败或者并非最佳的方案上。

（我们会在第 13 章就软件的最佳大小进行更多的详细讨论。）

1.6.7 透明性原则：设计要可见，以便审查和调试

因为调试通常会占用四分之三甚至更多的开发时间，所以一开始就多做点工作以减少日后调试的工作量会很划算。一个特别有效的减少调试工作量的方法就是设计时充分考虑透明性和显见性。

软件系统的透明性是指你一眼就能够看出软件是在做什么以及怎样做的。显见性指程序带有监视和显示内部状态的功能，这样程序不仅能够运行良好，而且还可以看得出它以何种方式运行。

设计时如果充分考虑到这些要求会给整个项目全过程都带来好处。至少，调试选项的设置应该尽量不要在事后，而应该在设计之初便考虑进去。这是考虑到程序不但应该能够展示其正确性，也应该能够把原开发者解决问题的思维模型告诉后来者。

程序如果要展示其正确性，应该使用足够简单的输入输出格式，这样才能保证很容易地检验有效输入和正确输出之间的关系是否正确。

出于充分考虑透明性和显见性的目的，还应该提倡接口简洁，以方便其它程序对其进行操作——尤其是测试监视工具和调试脚本。

1.6.8 健壮原则：健壮源于透明与简洁

软件的健壮性指软件不仅能在正常情况下运行良好，而且在超出设计者设想的意外条件下也能够运行良好。

大多数软件禁不起磕碰，毛病很多，就是因为过于复杂，很难通盘考虑。如果不能够正确理解一个程序的逻辑，就不能确信其是否正确，也就不能在出错的时候修复它。

这也就带来了让程序健壮的方法，就是让程序的内部逻辑更易于理解。要做到这一点主要有两种方法：透明化和简洁化。

> 就健壮性而言，设计时要考虑到能承受极端大量的输入，这一点也很重要。这时牢记组合原则会很有益处；经不起其它一些程序产生的输入（例如，原始的 Unix C 编译器据说需要一些小小的升级才能处理好 Yacc 的输出）。当然，这其中涉及的一些形式对人类来说往往看起来没什么实际用处。比如，接受空的列表/字符串等等，即使在人们很少或者根本就不提供空字符串的地方也得如此，这可以避免在用机器生成输入时需要对这种情况进行特殊处理。
>
> —Henry Spencer

在有异常输入的情况下，保证软件健壮性的一个相当重要的策略就是避免在代码中出现特例。bug 通常隐藏在处理特例的代码以及处理不同特殊情况的交互操作部分的代码中。

上面我们曾说过，软件的透明性就是指一眼就能够看出来是怎么回事。如果“怎么回事”不算复杂，即人们不需要绞尽脑汁就能够推断出所有可能的情况，那么这个程序就是简洁的。程序越简洁，越透明，也就越健壮.

模块性（代码简朴，接口简洁）是组织程序以达到更简洁目的的一个方法。另外也有其它的方法可以得到简洁。接下来就是另一个。

1.6.9 表示原则：把知识叠入数据以求逻辑质朴而健壮

即使最简单的程序逻辑让人类来验证也很困难，但是就算是很复杂的数据，对人类来说，还是相对容易地就能够推导和建模的。不信可以试试比较一下，是五十个节点的指针树，还是五十行代码的流程图更清楚明了；或者，比较一下究竟用一个数组初始化器来表示转换表，还是用 switch 语句更清楚明了呢？可以看出，不同的方式在透明性和清晰性方面具有非常显著的差别。参见 Rob Pike 的原则 5。

数据要比编程逻辑更容易驾驭。所以接下来，如果要在复杂数据和复杂代码中选择一个，宁愿选择前者。更进一步：在设计中，你应该主动将代码的复杂度转移到数据之中去。

此种考量并非 Unix 社区的原创，但是许多 Unix 代码都显示受其影响。特别是 C 语言对指针使用控制的功能，促进了在内核以上各个编码层面上对动态修改引用结构。在结构中用非常简单的指针操作就能够完成的任务，在其它语言中，往往不得不用更复杂的过程才能完成。

（我们将在第 9 章再讨论这些技术。）

1.6.10 通俗原则：接口设计避免标新立异

（也就是众所周知的“最少惊奇原则”。）

最易用的程序就是用户需要学习新东西最少的程序——或者，换句话说，最易用的程序就是最切合用户已有知识的程序。

因此，接口设计应该避免毫无来由的标新立异和自作聪明。如果你编制一个计算器程序，‘+’应该永远表示加法。而设计接口的时候，尽量按照用户最可能熟悉的同样功能接口和相似应用程序来进行建模。

关注目标受众。他们也许是最终用户，也许是其他程序员，也许是系统管理员。对于这些不同的人群，最少惊奇的意义也不同。

关注传统惯例。Unix 世界形成了一套系统的惯例，比如配置和运行控制文件的格式，命令行开关等等。这些惯例的存在有个极好的理由：缓和学习曲线。应该学会并使用这些惯例。

（我们将在第 5 章和第 10 章讨论这些传统惯例。）

> 最小立异原则的另一面是避免表象相似而实际却略有不同。这会极端危险，因为表象相似往往导致人们产生错误的假定。所以最好让不同事物有明显区别，而不要看起来几乎一模一样。
>
> —Henry Spencer

1.6.11 缄默原则：如果一个程序没什么好说的，就保持沉默

Unix 中最古老最持久的设计原则之一就是：若程序没有什么特别之处可讲，就保持沉默。行为良好的程序应该默默工作，决不唠唠叨叨，碍手碍脚。沉默是金。

“沉默是金”这个原则的起始是源于 Unix 诞生时还没有视频显示器。在 1969 年的缓慢的打印终端，每一行多余的输出都会严重消耗用户的宝贵时间。现在，这种情况已不复存在，一切从简的这个优良传统流传至今。

> 我认为简洁是 Unix 程序的核心风格。一旦程序的输出成为另一个程序的输入，就很容易把需要的数据挑出来。站在人的角度上来说——重要信息不应该混杂在冗长的程序内部行为信息中。如果显示的信息都是重要的，那就不用找了。
>
> —Ken Arnold

设计良好的程序将用户的注意力视为有限的宝贵资源，只有在必要时才要求使用。

（我们将在第 11 章末尾进一步讨论缄默原则及其理由。）

1.6.12 补救原则：出现异常时，马上退出并给出足量错误信息

软件在发生错误的时候也应该与在正常操作的情况下一样，有透明的逻辑。最理想的情况当然是软件能够适应和应付非正常操作；而如果补救措施明明没有成功，却悄无声息地埋下崩溃的隐患，直到很久以后才显现出来，这就是最坏的一种情况。

因此，软件要尽可能从容地应付各种错误输入和自身的运行错误。但是，如果做不到这一点，就让程序尽可能以一种容易诊断错误的方式终止。

同时也请注意 Postel 的规定[8]：“宽容地收，谨慎地发”。Postel 谈的是网络服务程序，但是其含义可以广为适用。就算输入的数据很不规范，一个设计良好的程序也会尽量领会其中的意义，以尽量与别的程序协作；然后，要么响亮地倒塌，要么为工作链下一环的程序输出一个严谨干净正确的数据。

然而，也请注意这条警告：

> 最初 HTML 文档推荐“宽容地接受数据”，结果因为每一种浏览器都只接受规范中一个不同的超集，使我们一直倍感无奈。要宽容的应该是规范而不是它们的解释工具。
>
> —Doug McIlroy

[8] Jonathan Postel 是第一个互联网 RFC 系列标准的编纂者，也是互联网的主要架构者之一。网上有一个由 Postel 实验网络中心（Postel Center for Experimental Networking）维护的纪念网页 <http://www.postel.org/postel.html>。

McIlroy 要求我们在设计时要考虑宽容性，而不是用过分纵容的实现来补救标准的不足。否则，正如他所指出的一样，一不留神你会死得很难看。

1.6.13 经济原则：宁花机器一分，不花程序员一秒

在 Unix 早期的小型机时代，这一条观点还是相当激进的（那时机器要比现在慢得多也贵得多）。如今，随着技术的发展，开发公司和大多数用户（那些需要对核爆炸进行建模或处理三维电影动画的除外）都能够得到廉价的机器，所以这一准则的合理性就显然不用多说啦！

但不知何故，实践似乎还没完全跟上现实的步伐。如果我们在整个软件开发中很严格的遵循这条原则的话，大多数的应用场合都应该使用高一级的语言，如 Perl、Tcl、Python、Java、Lisp，甚至 shell——这些语言可以将程序员从自行管理内存的负担中解放出来（参见[Ravenbrook]）。

这种做法在 Unix 世界中已经开始施行，尽管 Unix 之外的大多数软件商仍坚持采用旧 Unix 学派的 C(或 C++)编码方法。本书会在后面详细讨论这个策略及其利弊权衡。

另一个可以显著节约程序员时间的方法是：教会机器如何做更多低层次的编程工作，这就引出了……

1.6.14 生成原则：避免手工 hack，尽量编写程序去生成程序

众所周知，人类很不善于干辛苦的细节工作。因此，程序中的任何手工 hacking 都是滋生错误和延误的温床。程序规格越简单越抽象，设计者就越容易做对。由程序生成代码几乎(在各个层次)总是比手写代码廉价并且更值得信赖。

我们都知道确实如此（毕竟这就是为什么会有编译器、解释器的原因），但我们却常常不去考虑其潜在的含义。对于代码生成器来说，需要手写的重复而麻木的高级语言代码，与机器码一样是可以批量生产的。当代码生成器能够提升抽象度时——即当生成器的说明性语句要比生成码简单时，使用代码生成器会很合算，而生成代码后就根本无需再费力地去手工处理了。

在 Unix 传统中，人们大量使用代码生成器使易于出错的细节工作自动化。Parser/Lexer 生成器就是其中的经典例子，而 makefile 生成器和 GUI 界面式的构建器（interface builder）则是新一代的例子。

（我们会在第 9 章讨论这些技术。）

1.6.15 优化原则：雕琢前先得有原型，跑之前先学会走

原型设计最基本的原则最初来自于 Kernighan 和 Plauger 所说的“90%的功能现在能实现，比 100%的功能永远实现不了强”。做好原型设计可以帮助你避免为蝇头小利而投入过多的时间。

由于略微不同的一些原因，Donald Knuth（程序设计领域中屈指可数的经典著作之一《计算机程序设计艺术》的作者）广为传播普及了这样的观点：“过早优化是万恶之源”[9]。他是对的。

还不知道瓶颈所在就匆忙进行优化，这可能是唯一一个比乱加功能更损害设计的错误。从畸形的代码到杂乱无章的数据布局，牺牲透明性和简洁性而片面追求速度、内存或者磁盘使用的后果随处可见。滋生无数 bug，耗费以百万计的人时——这点芝麻大的好处，远不能抵消后续排错所付出的代价。

经常令人不安的是，过早的局部优化实际上会妨碍全局优化（从而降低整体性能）。在整体设计中可以带来更多效益的修改常常会受到一个过早局部优化的干扰，结果，出来的产品既性能低劣又代码过于复杂。

在 Unix 世界里，有一个非常明确的悠久传统（例证之一是 Rob Pike 以上的评论，另一个是 Ken Thompson 关于穷举法的格言）：**先制作原型，再精雕细琢。优化之前先确保能用**。或者：先能走，再学跑。“极限编程”宗师 Kent Beck 从另一种不同的文化将这一点有效地扩展为：先求运行，再求正确，最后求快。

所有这些话的实质其实是一个意思：先给你的设计做个未优化的、运行缓慢、很耗内存但是正确的实现，然后进行系统地调整，寻找那些可以通过牺牲最小的局部简洁性而获得较大性能提升的地方。

[9] 完整的句子是这样的：“97%的时间里，我们不应考虑蝇头小利的效率提升：过早优化是万恶之源”。Knuth 自称这一观点来自 C. A. R. Hoare。

> 制作原型对于系统设计和优化同样重要——比起阅读一个冗长的规格说明，判断一个原型究竟是不是符合设想要容易得多。我记得 Bellcore 有一位开发经理，他在人们还没有谈论“快速原型化”和“敏捷开发”前好几年就反对所谓的“需求”文化。他从不提交冗长的规格说明，而是把一些 shell 脚本和 awk 代码结合在一起，使其基本能够完成所需要的任务，然后告诉客户派几个职员来使用这些原型，问他们是否喜欢。如果喜欢，他就会说“在多少多少个月之后，花多少多少的钱就可以获得一个商业版本”。他的估计往往很精确，但由于当时的文化，他还是输给了那些相信需求分析应该主导一切的同行。
>
> —Mike Lesk

借助原型化找出哪些功能不必实现，有助于对性能进行优化；那些不用写的代码显然无需优化。目前，最强大的优化工具恐怕就是 delete 键了。

> 我最有成效的一天就是扔掉了 1000 行代码。
>
> —Ken Thompson

（我们将在第 12 章对相关内容进行深一步讨论。）

1.6.16 多样原则：决不相信所谓“不二法门”的断言

即使最出色的软件也常常会受限于设计者的想象力。没有人能聪明到把所有东西都最优化，也不可能预想到软件所有可能的用途。设计一个僵化、封闭、不愿与外界沟通的软件，简直就是一种病态的傲慢。

因此，对于软件设计和实现来说，Unix 传统有一点很好，即从不相信任何所谓的“不二法门”。Unix 奉行的是广泛采用多种语言、开放的可扩展系统和用户定制机制。

1.6.17 扩展原则：设计着眼未来，未来总比预想快

如果说相信别人所宣称的“不二法门”是不明智的话，那么坚信自己的设计是“不二法门”简直就是愚蠢了。决不要认为自己找到了最终答案。因此，要为数据格式和代

码留下扩展的空间，否则，就会发现自己常常被原先的不明智选择捆住了手脚，因为你无法既要改变它们又要维持对原来的兼容性。

设计协议或是文件格式时，应使其具有充分的自描述性以便可以扩展。一直，总是，要么包含进一个版本号，要么采用独立、自描述的语句，按照可以随时插入新的、换掉旧的而不会搞乱格式读取代码的方法组织格式。Unix 经验告诉我们：稍微增加一点让数据部署具有自描述性的开销，就可以在无需破坏整体的情况下进行扩展，你的付出也就得到了成千倍的回报。

设计代码时，要有很好的组织，让将来的开发者增加新功能时无需拆毁或重建整个架构。当然这个原则并不是说你能随意增加根本用不上的功能，而是建议在编写代码时要考虑到将来的需要，使以后增加功能比较容易。程序接合部要灵活，在代码中加入“如果你需要……”的注释。有义务给之后使用和维护自己编写的代码的人做点好事。

也许将来就是你自己来维护代码，而在最近项目的压力之下你很可能把这些代码都遗忘了一半。所以，设计为将来着眼，节省的有可能就是自己的精力。

1.7 Unix 哲学之一言以蔽之

所有的 Unix 哲学浓缩为一条铁律，那就是各地编程大师们奉为圭臬的“KISS”原则：

Unix 提供了一个应用 KISS 原则的良好环境。本书的剩余部分将帮助你学习如何应用这个原则。

1.8 应用 Unix 哲学

这些富有哲理的原则决不是模糊笼统的泛泛之谈。在 Unix 世界中，这些原则都直接来自于实践，并形成了具体的规定，我们已经在上文中阐述了一些。以下列举的只是部分内容：

- 只要可行，一切都应该做成与来源和目标无关的过滤器。
- 数据流应尽可能文本化（这样可以使用标准工具来查看和过滤）。
- 数据库部署和应用协议应尽可能文本化（让人可以阅读和编辑）。
- 复杂的前端（用户界面）和后端应该泾渭分明。
- 如果可能，用 C 编写前，先用解释性语言搭建原型。
- 当且仅当只用一门语言编程会提高程序复杂度时，混用语言编程才比单一语言编程来得好。
- 宽收严发（对接收的东西要包容，对输出的东西要严格）。
- 过滤时，不需要丢弃的信息决不丢。
- 小就是美。在确保完成任务的基础上，程序功能尽可能少。

在本书的余下部分，我们会看到这些 Unix 的设计原则及其衍生的设计规则被反复运用于实践。毫不奇怪，这些往往与其它传统中最优秀的软件工程实践思想不谋而合。[10]

1.9 态度也要紧

看到该做的就去做——短期来看似乎是多做了，但从长期来看，这才是最佳捷径。如果不能确定什么是对的，那么就只做最少量的工作，确保任务完成就行，至少直到明白什么是对的。

[10] 我在本书准备工作的后期发现一个值得注意的例子就是 Butler Lampson 的《Hints for Computer System Design》[lampson]。这本书不仅通过显然是独立发现的形式表达了一系列的 Unix 格言，甚至还使用了许多同样的结语来进行阐述。

要良好的运用 Unix 哲学，你就应该不断追求卓越。你必须相信，软件设计是一门技艺，值得你付出所有的智慧、创造力和激情。否则，你的视线就不会超越那些简单、老套的设计和实现；你就会在应该思考的时候急急忙忙跑去编程。你就会在该无情删繁就简的时候反而把问题复杂化——然后你还会反过来奇怪你的代码怎么会那么臃肿、那么难以调试。

要良好地运用 Unix 哲学，你应该珍惜你的时间决不浪费。一旦某人已经解决了某个问题，就直接拿来利用，不要让骄傲或偏见拽住你又去重做一遍。永远不要蛮干；要多用巧劲，省下力气到需要的时候再用，好钢用在刀刃上。善用工具，尽可能将一切都自动化。

软件设计和实现应该是一门充满快乐的艺术，一种高水平的游戏。如果这种态度对你来说听起来有些荒谬，或者令你隐约感到有些困窘，那么请停下来，想一想，问问自己是不是已经把什么给遗忘了。如果只是为了赚钱或是打发时间，你为什么要搞软件设计而不是别的什么呢？你肯定曾经也认为软件设计值得你付出激情……

要良好地运用 Unix 哲学，你需要具备（或者找回）这种态度。你需要用心。你需要去游戏。你需要乐于探索。

我们希望你能带着这种态度来阅读本书的其它部分。或者，至少，我们希望本书能帮助你重拾这种态度。

2

历史——双流记

History: A Tale of Two Cultures

Those who cannot remember the past are condemned to repeat it.

忘记过去的人，注定要重蹈覆辙。

(The Life of Reason) (1905)

《理性生活》（1905 年）

—George Santayana

前事不忘，后事之师。Unix 的历史悠久且丰富多彩，许多内容仍然以坊间传说、猜想，以及（更常见的是）Unix 程序员集体记忆中的战争创伤等形式鲜活地留存着。本章我们将通过回顾 Unix 的历史来阐明如今的 Unix 文化为什么会呈现当前这种状态。

2.1 Unix 的起源及历史，1969—1995

小型实验原型系统的后继产品往往备受令人讨厌的“第二版效应”折磨。由于迫切希望把所有首次开发时遗漏的功能都添加进去，往往导致设计十分庞大、过于复杂。其实，还有一个因不常遇到而鲜为人知的“第三版效应”：有时候，在第二系统不堪自身重负而崩溃之后，有可能返璞归真，走上正道。

最初的 Unix 就是一个第三系统。Unix 的祖辈是小而简单的**兼容分时系统**（CTSS, Compatible Time-Sharing System），也算曾经实施过的分时系统的第一代或者第二代了（取决于不同的定义，具体我们在此不作讨论）。Unix 的父辈是颇具开拓性的 Multics 项目，该项目试图建立一个具备众多功能的“信息功用体/应用工具（information utility）”，能够很漂亮地支持大群用户对大型计算机的交互式分时使用。唉，Multics 最后因不堪自身重负而崩溃了。但 Unix 却正是从它的废墟中破壳而出的。

2.1.1 创世纪：1969—1971

Unix 于 1969 年诞生于贝尔实验室的计算机科学家 Ken Thompson 的头脑中。Thompson 曾经是 Multics 项目的研究人员，饱受当时几乎作为铁律而到处应用的原始批量计算的困扰。然而在六十年代晚期，分时系统还是个新鲜玩意儿。计算机科学家 John McCarthy（Lisp 语言的发明者[1]）几乎是在十年前才首次发表了分时系统的构想，而直到 Unix 诞生前七年的 1962 年才第一次真正部署使用，因此当时的分时系统尚处实验阶段，像喜怒无常的野兽，性能极不稳定。

那个时代计算机硬件的原始程度，恐怕亲历者现在也很难以记清。那时最强大的机器所拥有的计算能力和内存还不如现在一个普通的手机。[2]视频显示终端才刚刚起步，六年以后才得到广泛应用。最早分时系统的标准交互设备就是 ASR-33 电传打字机——一个又慢又响的设备，只能在大卷的黄色纸张上打印大写字母。Unix 命令简洁、少说多作的传统正是从 ASR-33 开始的。

当贝尔实验室（Bell Labs）从 Multics 研究联盟中退出时，Ken Thompson 带着从 Multics 激发的灵感——如何创建一个文件系统——留了下来。他甚至没能留下一台机器来玩自己编写的“星际旅行”，这是个科幻游戏——模拟驾驶一艘火箭在太阳系中遨游。Unix 就在一台废弃的 PDP－7 小型机[3]（图 2.1）上问世了。这台 PDP-7 成为了“星际旅行”的游戏平台和 Thompson 关于操作系统设计思路的试验场。

Unix 的完整起源故事可参见[Ritchie79]，这是从 Thompson 第一个合作者 Dennis Ritchie 的角度讲述的。Dennis Ritchie 后来以 Unix 的合作发明者和 C 语言的发明者而闻名于世。Dennis Ritchie、Doug McIlroy 和其他一些同事，已经习惯了 Multics 环境下的交互计算方式，不愿意放弃这一能力。Thompson 的 PDP-7 操作系统给了他们一条救生绳。

---

[1] McCarthy：1971 年图灵奖获得者，主要贡献在人工智能方面；The concept was first described publicly in early 1957 by Bob Bemer as part of an article in *Automatic Control Magazine*. The first project to implement a timesharing system was initiated by John McCarthy.

[2] Ken Thompson 让我知道，如今手机的随机存储器（RAM）容量比 PDP-7 的随机存储器和磁盘存储量的总和还要多；那个年代所谓“大磁盘”的容量也不过 1 兆字节。

[3] 网页<http://www.faqs.org/faqs/dec-faq/pdp8/>上有关于 PDP 计算机的常见问题解答（FAQ），对在历史上除此（对 Unix 诞生所作贡献）之外默默无闻的 PDP-7 做了一些说明。

图 2.1 PDP-7

Ritchie 评述道：“我们希望保留的不仅仅是一个良好的编程环境，还包括一种能够形成伙伴关系的系统。经验告诉我们，远程访问（remote-access）和分时系统支持的公用计算，其本质不是用终端机代替打孔机来输入程序，而是鼓励频繁的交流。”计算机不应仅被视为一种逻辑设备而更应视为社群的立足点，这种观念深入人心。ARPANET(现今 Internet 的直系祖先)也发明于 1969 年。“伙伴关系”这一旋律将一直鸣奏在 Unix 的后继历史中。

Thompson 和 Ritchie“星际旅行”的实现引起了关注。起先，PDP-7 的软件不得不在通用电气公司（GE）的大型机上交叉编译。Thompson 和 Ritchie 为支持游戏开发而在 PDP-7 上编制的实用程序成了 Unix 的核心——虽然直到 1970 年才产生 Unix 这个名字。最初的缩写是“UNICS”（单路信息与计算服务，Uniplexed Information and Computing Service），Ritchie 后来称之为“一个有点反叛 Multics 味道的双关语”，因为 Multics 是多路信息与计算服务（MULTiplexed Information and Computing Service）的英文缩写。

即使在最早期，PDP-7 Unix 已经拥有现今 Unix 的诸多共性，提供的编程环境也比当时读卡式批处理大型机的环境要舒服得多。Unix 几乎可以称得上第一个能让程序员直接坐在机器旁，飞快捕获稍纵即逝的灵感，并能一边编写一边测试的系统。Unix 的整个发展进程中都能吸引那些不堪忍受其它操作系统局限性的程序员自愿为它进行开发，这也一直是 Unix 不断拓展其能力的模式。这种模式早在贝尔实验室时就已确立了。

Unix 的轻装开发和方法上不拘一格的传统与生俱来。Multics 是项庞大的工程，硬件开发出来前必须编写几千页的技术说明书，而第一份跑起来的 Unix 代码只是在三个人头脑风暴了一把，然后由 Ken Thompson 花了两天时间来实现罢了——还是在一台破烂机器上完成的，而那个机器本来只作为一台“真正”计算机的图形终端！

Unix 的第一功，是 1971 年为贝尔实验室的专利部门进行“文字处理”的支持工作。首个 Unix 应用程序是 nroff(1)文本格式化程序的前身。这个项目也让他们名正言顺地购买了一台功能强大得多的 PDP-11 小型机。万幸的是，当时管理层还未意识到 Thompson 和其同事所编写的字处理系统就快孵化出一个操作系统。贝尔实验室并没有开发操作系统的计划——AT&T 加入 Multics 联盟正是为了避免自行开发一个操作系统。不管怎样，整个系统还是取得了令人振奋的成功。Unix 在贝尔实验室计算群落中的重要而永久地位由此确立，并且开创了 Unix 历史的下一个主旋律——与文档格式化、排版和通讯工具的紧密结合。1972 年版的手册宣称装机量达 10 台。

Doug McIlroy[McIlroy91]后来这样描述这个时代：“外界的压力和纯粹出于对技艺的荣誉感，促使人们在有了更好更多的初步思路后，去重写或抛开已有的大量代码。从来没听说什么职业竞争和势力范围保护：好东西太多了，没有人需要把这些创新占为己有。”但是直到四分之一世纪后，人们才真正体会到他的话的含义。

2.1.2 出埃及记：1971—1980

最初的 Unix 用汇编语言写成，应用程序用汇编语言和解释型语言 B 混和编写。B 语言的优点在于小巧，能在 PDP-7 上运行，但是作为系统编程语言还不够强大，所以 Dennis Ritchie 给它增加了数据类型和结构。C 语言从 1971 年起自 B 语言进化而来；1973 年，Thompson 和 Ritchie 成功地用新语言重写了整个 Unix 系统。这是一个大胆的举动——那时为了最大程度地利用硬件性能，系统编程都通过汇编器来完成。与此同时，可移植操作系统的概念几乎鲜为人知。1979 年，Ritchie 终于可以这么写了：“很肯定，Unix 的成功很大程度上源自其以高级语言作为表述方式所带来的可读性、可改性和可移植性”，虽然理想与现实此时尚有一线距离。

1974 年在《美国计算机通信》（*Communications of the ACM*）上发表的一篇论文中 [Ritchie－Thompson]第一次公开展示了 Unix。文中作者描述了 Unix 前所未有的简洁设计，并报告了 600 多例 Unix 应用——这些都是安装在即便按照那个年代的标准，性能都算很低的机器上，但是（正如 Ritchie 和 Thompson 所写）“性能的局限不仅成就了经济性，而且鼓励了设计的简约”。

CACM 论文发表后，全球各个研究实验室和大学都嚷着要亲身体验 Unix。根据 1958 年为解决反托拉斯案例达成的和解协议，AT&T（贝尔实验室的母公司）被禁止进入计算机相关的商业领域。所以，Unix 不能够成为一种商品。实际上，根据和解协议的规定，贝尔实验室必须将非电话业务的技术许可给任何提出要求的人。Ken Thompson 开始默默回应那些请求，将磁带和磁盘一包包地寄送出去——据传说，每包里都有一张字条，写着“love，ken”（爱你的，ken）。

这离个人机出现还有些年。那时候，不仅运行 Unix 所必须的硬件设备价格超出个人的承受范围，而且也没人敢奢望这种情况会在可预见的未来改变。因此，只有预算充足的大机构才用得起 Unix 机器：公司、高校、政府机构等。但是，对这些小型机的使用管制要比那些大型机少得多，因此，Unix 的发展迅速笼罩了一层反传统文化的氛围。在上世纪 70 年代早期，最早搞 Unix 编程的通常都是头发蓬乱的嬉皮士和准嬉皮士们。摆弄操作系统的乐趣对他们来说不仅意味着可以在计算机科学的前沿上纵情挥洒，而且在于可以去推翻伴随“大计算”的所有技术假定和商业实践：卡式打孔机、COBOL、商务套装、IBM 批处理大型机都成了看不上眼的过时事物；Unix 黑客们沉浸在同时编织未来和编写系统的狂欢中。

那些日子的兴奋从 Douglas Comer 的话语中可见一斑：“许多大学都对 Unix 作出过贡献。多伦多大学计算机系发明了 200dpi 的打印机/绘图仪，并且开发了用打印机模拟照相排版机的软件；耶鲁大学的计算机专家和学生们改进了 Unix 的 shell；普渡大学的电子工程系对 Unix 的性能作了重要改进，推出了支持大量用户的 Unix 版本；普渡大学还开发出了最早的 Unix 计算机网络之一；加州大学伯克利分校的学生开发了新 shell 和许多小型实用工具。1970 年代后期贝尔实验室发布 Unix V7 版本时，很显然，该系统解决了许多部门的运算问题，也综合了许多高校的创意。最终诞生了一个更强大的系统。思

想潮流开始了新一轮循环，从学术界流向工业实验室，然后又回到学术界，最后流向了不断增加的商业用户。” [Comer]

1972 年在 PDP－11 旁的 Ken（坐）和 Dennis（站）

现代 Unix 程序员公认的第一个完全意义上的 Unix 是 1979 年发布的 V7 版本[4]。第一代 Unix 用户群一年前就已形成。此时，Unix 用于支撑贝尔系统（Bell System）的所有操作[Hauben]，并且传播到高校中，甚至远至澳大利亚——在那里，John Lions 对 V6 版源码的注释[Lions]成了 Unix 内核的第一个正式文档。许多资深的 Unix 黑客仍然珍藏着一份拷贝。

> Lions 的书是地下出版界轰动一时的大事。由于侵犯版权等诸如此类的问题，该书不能在美国出版，所以大家就你拷给我、我拷给你。我也有一份拷贝，至少是第六手了。在那个时代，若没有 Lions 的书，你就当不成内核黑客。
>
> —Ken Arnold

[4]在网上可以浏览 V7 版本的手册 http://plan9.bell-labs.com/7thEdMan/index.html

Unix 产业也初露端倪。1978 年，第一个 Unix 公司（the Santa Cruz Operation，SCO）成立，同年售出第一个商用 C 编译器（Whitesmiths）。1980 年，西雅图一家还不起眼的软件公司——微软也加入到 Unix 游戏中，他们把 AT&T 版本移植到微机上，取名为 XENIX 来销售。但是微软把 Unix 作为一个产品的热情并没有持续多久（尽管直到 1990 年左右，微软的大部分内部开发工作都用的是 Unix）。

2.1.3 TCP/IP 和 Unix 内战：1980—1990

在 Unix 的发展过程中，加州大学伯克利分校很早就成为唯一最重要的学术热点。伯克利分校早在 1974 年就开始了对 Unix 的研究，而 Ken Thompson 利用 1975—1976 的年休在此教学，更对 Unix 的研究注入了强劲活力。1977 年，当时还默默无闻的伯克利毕业生 Bill Joy 管理的实验室发布了第一版 BSD。到 1980 年，伯克利分校成了为这个 Unix 变种积极作贡献的高校子网的核心。有关伯克利 Unix（包括 *vi*（1）编辑器）的创意和代码不断从伯克利反馈到贝尔实验室。

1980 年，国防部高级研究计划局（DARPA，Defense Advanced Research Projects Agency）需要请人在 Unix 环境下的 VAX 机上实现全新的 TCP/IP 协议栈。那时，运行 ARPANET 的 PDP－10 已处耆耆之年，而数据设备公司（DEC）可能被迫放弃 PDP－10 以支持 VAX 的种种迹象也空穴来风。DARPA 曾考虑和 DEC 公司签订实现 TCP/IP 的合同，但是因为担心 DEC 可能不太乐意改动他们的专有 VAX/VMS 操作系统[Libes－Ressler] 而打消了这个念头。最后，DARPA 选择了伯克利 Unix 作为平台——显然因为可以毫无阻碍地拿到它的源码[Leonard]。

伯克利计算机科学研究组当时拥有天时地利，还有最强大的开发工具；而 DARPA 的合同无疑成为 Unix 历史上自诞生以来最关键的转折点。

在 1983 年 TCP/IP 实现随 Berkeley4.2 版发布之前，Unix 对网络的支持一直是最薄弱的。早期的以太网实验不尽人意。贝尔实验室开发了一个难看但还能用的工具 UUCP（Unix to Unix Copy Program），可在普通电话线上通过调制解调器来传送软件。[5]UUCP 可以在分布很广的机器之间转发邮件，并且（在 1981 年 Usenet 发明后）支持 Usenet——一个分布式的电子公告牌系统，允许用户把文本信息传播到任何拥有电话线和 Unix 系统的机器上。

[5]当时，如果调制解调器的速度能达到 300 波特时，UUCP 跑得还是不错的。

尽管如此，已经意识到 ARPANET 光明前景的少数 Unix 用户感觉自己似乎陷在一潭死水中。没有 FTP，没有 telnet，只有限制重重的远程作业执行和慢得要死的连接。在 TCP/IP 诞生之前，Unix 和 Internet 文化尚未融合。Dennis Ritchie 将计算机视为“鼓励密切交流”的工具这一设想还只是围绕单机分时系统或同一计算中心的学术社群，并没有扩展到自 1970 年代中期开始 ARPA 用户群逐渐形成的一个分布全美的“网络国家”。早期 ARPANET 的用户对着自己蹩脚的硬件时，也只能想：凑合着用 Unix 吧。

有了 TCP/IP，一切都变了。ARPANET 和 Unix 文化自边缘开始融合，这种发展最终使两者都免遭灭亡。不过，首先还得经过炼狱，起因是两个毫不相干的灾难：微软的兴起和 AT&T 的拆分。

1981 年，微软同 IBM 就新型 IBM PC 达成了历史性交易。比尔·盖茨从西雅图计算机产品公司（SCP，Seattle Computer Products）买下了 QDOS（Quick and Dirty Operating System）。QDOS 是 SCP 公司的 Tim Paterson 花六个星期凑出来的 CP/M 翻版。盖茨对 Paterson 和 SCP 公司隐瞒了同 IBM 的交易，以五万美元的价格买下了所有版权。后来，盖茨又说服了 IBM 公司允许微软将 MS－DOS 从硬件中剥离出来单独出售。接下来的十年中，盖茨利用这个非他所写的程序变成了超级亿万富翁，而比首笔交易更加精明的商业策略更是让微软垄断了桌面计算机市场。作为产品的 XENIX 很快就弃而不用了，最终卖给了 SCO 公司。

那时，没什么人能看出微软会多么成功（或有多大破坏性）。因为 IBM PC－1 硬件条件不足以来运行 Unix，所以 Unix 人群几乎没注意这个产品（尽管，具有讽刺意味的是，DOS 2.0 光芒能盖过 CP/M，主要因为微软的合创者 Paul Allen 在 DOS 2.0 中融入了一些 Unix 的特征，包括子目录和管道等）。还有更有趣的事呢——比如说 1982 年 SUN 微系统公司的出世。

SUN 微系统公司的创立者 Bill Joy、Andreas Bechtolsheim 和 Vinod Khosla 打算制造出一种内置网络功能的 Unix 梦幻机器。他们综合了斯坦福大学设计的硬件和伯克利分校开发的 Unix，取得了辉煌的成功，开创了工作站产业。随着 Sun 公司越来越像传统商家而不再像一个无拘无束的新公司时，Unix 大树上的这根分支源码来源的树枝逐渐枯萎，然而当时并没有人在意这一点。伯克利分校仍然随同源码一起销售 BSD。一份 System III 源码许可证的官方价格为 4 万美元；贝尔实验室对非法流传贝尔 Unix 源码磁带的行为睁只眼闭只眼，各个高校也依然同贝尔实验室交换代码，看起来 Sun 公司对 Unix 的商业化似乎对它再好不过了。

C 语言也在 1982 年有望被选为 Unix 世界外的系统编程语言。仅仅只用了五年左右的时间，C 语言就几乎让机器码汇编语言完全失去了作用。到了九十年代早期，C 和 C++ 不仅统治了系统编程领域，而且成为应用编程的主流。到九十年代晚期，其他所有传统编译语言实际上都已经过时了。

1983 年，在 DEC 公司取消 PDP－10 的后继机型的“木星”（Jupiter）开发计划后，运行 Unix 的 VAX 机器开始代之成为主流的互联网机器，直到被 Sun 工作站取代。到 1985 年，尽管 DEC 极力抵抗，还是有 25%左右的 VAX 用上了 Unix。但是取消木星计划的长期效应并明显。更主要的是，MIT 人工智能实验室以 PDP－10 为中心的黑客文化的消亡激发了 Richard StallMan 开始编制 GNU——一个完全自由的 Unix 克隆版本。

到 1983 年，IBM PC 可使用不下六种的 Unix 通用操作系统：uNETix、Venix、Coherent、QNX、Idris 和运行在 Sritek PC 子板上的移植版本。但是 System V 和 BSD 版本仍然没有 Unix 移植——两个群体都悲观地认为 8086 微处理器不够强大，根本就没打算这么做。IBM PC 上的这些 Unix 通用操作系统无一取得显著的商业成功，但表明了市场迫切需求运行 Unix 的低价硬件，而主要厂商并不供应。个人用户谁也买不起，更何况源码许可证上还挂着 4 万美元的价签呢。

1983 年，美国司法部在针对 AT&T 的第二起反托拉斯诉讼中获胜，并拆分了贝尔系统。这时 Sun 公司（及其效仿者！）已经取得了成功。这次判决将 AT&T 从 1958 年的禁止将 Unix 产品化的和解协议中解脱了出来。AT&T 马上忙不迭地将 Unix System V 商业化——这一举措差点扼杀了 Unix。

> 确实如此。但他们的营销策略却将 Unix 推向了全球。
>
> —Ken Thompson

大多数 Unix 支持者都认为 AT&T 的拆分是个好消息。我们原以为，在拆分后的 AT&T、Sun 公司及效仿 Sun 的小公司中，我们看到了一个健康的 Unix 产业核心——利用基于低廉的 68000 芯片的工作站——能够挑战并最终打破压迫在计算机行业上的垄断者——IBM。

那时，没有人意识到，Unix 的产业化会破坏 Unix 源码的自由交流，而恰是后者滋养了 Unix 系统早期的活力。AT&T 只知道用保密从软件中获利，只会用集中控制模式开发商业产品，对源码散发严加防护。因为唯恐官司上身，非法交易的 Unix 源码也越来越乏人问津。来自高校的贡献随之开始枯竭。

更糟的是：刚刚进入 Unix 市场的几家大公司立马犯下了重大的战略性错误，其中之一就是试图通过产品差异化来寻求有利地位——这个策略导致了各种 Unix 接口的分歧，它抛弃了 Unix 的跨平台兼容性，造成了 Unix 市场分割。

另一个更微妙的错误就是以为个人计算机和微软不关 Unix 前景的事。Sun 微系统公司未能意识到，日用品化的个人机最终会无可避免地动摇其工作站市场的根基。AT&T 公司为了成为计算机行业执牛耳者，针对小型机和大型机采取了不同的策略，结果两个摊子都砸了。几家小公司试图在 PC 机上支持 Unix，但都资金不足，仅专注于将产品出售给开发者和工程师，从未关注微软所瞄准的商用和家庭市场。

事实上，AT&T 拆分后的数年内，Unix 社区却在忙着 Unix 大战的第一阶段——System V Unix 和 BSD Unix 之间的内部争吵。争吵分成不同的层面，有些属于技术层面（socket 对 stream，BSD tty 对 System V termio），有些则属于文化层面。分歧可以大致划分为长发派和短发派。程序员和技术人员往往与伯克利和 BSD 站在一边，而以商业为目标的人则倾向 AT&T 和 System V。长发派，重唱着十年前 Unix 早期的主题，喜欢自我标榜为企业帝国的叛逆者，比如一家小公司贴的海报那样，上面画着一个标着“BSD”的 X 翼星际战机快速飞离巨大的 AT&T 死星，后者在熊熊烈火中粉身碎骨。就这样，罗马在燃烧，而我们还在拉小提琴。

但是，AT&T 拆分当年发生的另一件事对 Unix 产生了更深远的影响。程序员兼语言学家 Larry Wall 发明了 *patch*（1）实用程序。Patch 程序是一个将 *diff*(1)生成的修改记录(changebar)写入基础文件的简单工具，这意味着 Unix 开发人员之间可通过传送补丁——代码的渐增变化——进行协作，而不必传送整个代码文件。这一点非常重要，不仅因为补丁要比整个文件小，更因为即使基础文件和补丁制作者拿到的版本之间变化很大，仍然可以很干净地应用补丁。运用这个工具，基于共有源码库的开发流可以分开、并行、最后合拢。*patch* 程序比其它任何单一工具都更能促进 Internet 上的协作开发——这种方式在 1990 年后让 Unix 获得新生。

1985 年，Intel 的第一枚 386 芯片下线。它具有用平面地址空间寻址 4G 内存的能力。笨拙的 8086 和 286 的段寻址旋即废弃。这是条大新闻，因为这意味着占据主导地位的 Intel 家族终于有了一款无需作出痛苦妥协就能运行 Unix 的微处理器。对 Sun 公司和其它工作站厂商来说，这真是不祥之兆，可惜它们并未觉察到。

同样在 1985 年，Richard Stallman 发表了 GNU 宣言(the GNU manifesto) [Stallman]，并发起了自由软件基金会（Free Software Foundation）。没有谁把他和他的 GNU 当回事，结果证明这是个大错误。同年，在一项与此不相干的开发行动中，X window 系统的创始人发布了 X window 的源码，而无需版税、约束和授权。这项决策的直接结果就是 X window 成为不同 Unix 厂商之间合作的安全中立区，并挫败了专属的竞争对手，成为了 Unix 的图形引擎。

以调解 System V 和 Berkeley API 为目标的严肃的标准化工作始于 1983 年，产生了 /usr/group 标准。随之为 1985 年 IEEE 支持的 POSIX 标准。这些标准描述了 BSD 和 SVR3（System V Release 3）调用的交集，综合了伯克利出色的信号处理和作业控制，以及 SVR3 的终端控制。所有后续的 Unix 标准其核心都加入了 POSIX，后续开发的各种 Unix 版本也严格遵循这个标准。后来的现代 Unix 核心 API 唯一主要的补充就是 BSD 套接字。

1986 年，前面提到的发明 *patch*(1)的 Larry Wall 开始开发 Perl 语言，后者是最先也最广泛使用的开源脚本语言。1987 年年初，GNU C 编译器的第一版问世，到 1987 年年底，GNU 工具包的核心部分——编辑器、编译器、调试器以及其它基本的开发工具——都已就位。同时，X window 系统也开始在相对低廉的工作站上露面了。这些因素都为 20 世纪 90 年代的 Unix 开源发展提供了利器。

同样是在 1986 年，PC 技术挣脱了 IBM 的掌控。IBM 仍然试图在产品系列上维持高**价格性能**比，更青睐高利润的大型机市场，所以在新的 PS/2 系列产品上拒用 386 而选择了较弱的 286。PS/2 系列为了杜绝仿冒而围绕一个专有总线结构进行设计，结果成了代价高昂的大败笔[6]。最积极进取的效仿者康柏（Compaq），发布了第一款 386 机器，靠这张牌打败了 IBM。虽然主频只有 16MHz，但是 386 也算能跑起来 Unix 了。这是第一款可以叫 Unix 机器的 PC。

这会儿已经能够想象 Stallman 的 GNU 项目可以和 386 机器配合而制造出 Unix 工作站，它比当时任何方案都要便宜一个数量级。奇怪的是，没人想到这步棋。来自小型机和工作站世界的大多数 Unix 程序员，依然鄙视廉价的 80x86 芯片，而钟情基于 68000 的高雅设计。尽管许多程序员都为 GNU 工程做出了贡献，但在 Unix 人群中，这个 GNU

[6] PS/2 毕竟还是在后来的 PC 机上留了一记——使鼠标成为标准外设，这也是为什么你机箱后面的鼠标接口会叫做“PS/2 端口”。

项目仍然被视为一个唐吉诃德式的狂想，短期内还无法实用。

Unix 社区从未丢弃叛逆气质。但是回头看来，我们几乎和 IBM 或者 AT&T 一样，对迫近我们的未来毫无所知。即使是数年前就开始对专有软件开展精神讨伐的 Richard Stallman 也未能真正理解 Unix 的产品化会对其所在社区有多大破坏力；他关心的是更抽象的长期论题。其余的人还一直企盼企业规则能有些精明的变化，从此市场分割、营销不利和战略漂忽不定等问题将不复存在，从而救赎回 Unix 拆分之前的世界。但是祸不单行。

很多人都知道 Ken Olsen（DEC 的 CEO）在 1988 年将 Unix 描绘成“蛇油”（骗人的万灵油）。从 1982 年起，DEC 就一直在销售其开发的用于 PDP-11 的 Unix 变种，但真正希望的却是将业务回到自己专有的 VMS 操作系统上来。DEC 和其它小型机厂商碰到了大麻烦，陷入 Sun 微系统公司和其它工作站厂商功能强劲、价格低廉的机器重重包围中。这些工作站大多运行的是 Unix。

但是 Unix 产业自身的问题却更为严峻。1988 年，AT&T 持有了 Sun 公司 20%的股份。作为 Unix 市场领军的这两家公司，终于开始清醒地认识到 PC、IBM 和微软构成的威胁，也终于认识到过去五年的争斗令他们几无所获。AT&T 和 Sun 的联盟以及以 POSIX 为核心的技术标准的发展，最终弥合了 System V 和 BSD Unix 之间的裂痕。但是，当二线商家（IBM、DEC、HP 等）创建开放软件基金会（Open Software Foundation）并结成盟友和以“Unix 国际”为代表的“AT&T/Sun 轴心”对抗时，Unix 内战的第二阶段开始了。更多回合的 Unix 与 Unix 三家的战斗随而爆发。

这段时间中，微软从家庭和小型商用市场赚了数十亿美元的钱，而争战不休的 Unix 各方却从未决意涉足这些市场。1990 年，Windows 3.0——来自微软总部 Redmond 发布的第一个成功的图形操作系统——巩固了微软的统治地位，为微软在九十年代荡平并最终垄断桌面应用市场创造了条件。

1989 年到 1993 年是 Unix 的中世纪。当时，似乎 Unix 社群所有的梦想都破灭了。相互争斗的战事已使专有 Unix 产业衰落得像个吵闹的肉店，无力振起挑战微软的雄心。大多数 Unix 编程者青睐的优雅的 Motorola 芯片也已经输给了 Intel 丑陋但廉价的处理器。GNU 项目没能开发出自由的 Unix 内核，尽管从 1985 年 GNU 就不断作出此承诺，其信用令人质疑。PC 技术被无情地商业化了。1970 年代的 Unix 黑客先锋们人近中年，步履开始蹒跚。硬件便宜了，但 Unix 还是太贵。我们幡然醒悟：过去的 IBM 垄断让位于现在的微软垄断，而微软设计糟糕的软件像浊流一样，围着我们越涨越高。

2.1.4 反击帝国：1991—1995

1990 年，William Jolitz 把 BSD 移植到了 386 机器上，这是黑暗中的第一缕曙光。1991 年起一系列杂志文章对此进行了报道。向 386 移植 BSD 的移植之所以可能，是由于伯克利黑客 Keith Bostic 一定程度上受 Stallman 影响，早在 1988 年他就开始努力从 BSD 码中清除 AT&T 专有代码。但是，Jolitz 在 1991 年年底退出 386-BSD 项目，并毁掉了自己的成果，使该项目受到严重打击。对于此事的起因众说纷纭，不过公认的一点是 Jolitz 希望将其代码以源码形式无限制地发布，因此当项目的企业赞助商选择了更专有的授权模式时，他火了。

1991 年 8 月，当时默默无闻的芬兰大学生 Linus Torvalds 宣布了 Linux 项目。据称 Torvalds 最主要的激励是学校里用的 Sun Unix 太贵了。Torvalds 还说，要是早知道有 BSD 项目，他就会加入 BSD 组而不是自己做一个。但是 386BSD 直到 1992 年早些时候才下线，而此时 Linux 第一版已经发布好几个月了。

不回头看，人们无法发现这两个项目的重要性。那时，即使在 Internet 黑客文化内部也没有多少人关注它们，遑论更广大的 Unix 社区。当时 Unix 社区还在盯着比 PC 机性能更强大的机器，仍试图把 Unix 的特有品质与软件业的常规专有模式扯到一起。

又过了两年，经历了 1993－1994 年的互联网大爆炸，Linux 和开源 BSD 的真正重要性才为整个 Unix 世界所了解。但不幸的是对 BSD 支持者来说，AT&T 对 BSDI（赞助 Jolitz 移植的创业公司）的诉讼消耗了大量时间，使一些关键的 Berkeley 开发者转向了 Linux。

> 代码抄袭和窃取商业秘密的行为从未被证实。他们花了两年的时间也没找到确凿的侵权代码。要不是 Novell 从 AT&T 买下了 USL、并达成协议，这场官司还会拖得更久。结果是从发布包中 18000 个组成文件中删掉了三个，对其它文件作了一些小修改。另外，伯克利大学也同意为约 70 个文件增加 USL 版权，但同时约定这些文件仍然可以自由重新分发。
>
> —Marshall Kirk McKusick

这项和解为开创了从专有控制下获取一个自由而完整可用的Unix的先河，但对BSD自身的影响却是灾难性的。当伯克利的计算机科学研究组于1992－1994年间被关闭时，情况更糟了；随后，BSD社区内的派系斗争又将BSD开发分割成三个方向间的竞争。结果，BSD这一脉在关键时刻落后于Linux，Unix社区的领先地位拱手让人。

与此前各种版本的Unix开发相比，Linux和BSD的开发相当不同。它们植根于互联网，依赖分布式开发和Larry Wall的*patch*(1)工具，通过email和Usenet新闻组招募开发者。因此，当互联网服务提供商（ISP）的业务于1993年因通信技术的变革和Internet骨干网的私有化（超出Unix历史范围，不述）而扩展时，Linux和BSD也得到了巨大的推动力。但对廉价互联网的需求却是由另一件事创造的：1991年万维网(WWW)的发明。万维网是互联网中的“杀手级应用”，图形用户界面技术对大量的非技术型最终用户有着不可抗拒的魅力。

互联网的大规模市场推广，既增加了潜在开发者的数量，又降低了分布式开发的处理成本，这些影响可从XFree86之类的项目上看出。XFree86利用Internet为中心的模式建立了一个比官方X联盟更有效的开发组织。1992年诞生的第一版XFree86赋予了Linux和BSD一直缺乏的图形用户界面引擎。下个十年里，XFree86将领导X的开发，X联盟越来越多的行为都是把源自XFree86社区的创新汇聚回X联盟产业赞助者中。

到1993年年末，Linux已经具备了Internet能力和X系统。整套GNU工具包从一开始就内置其中，以提供高质量的开发工具。除了GNU工具，Linux好像一个魅力聚宝盆，囊括了二十年来分散在十几种专有Unix平台上的开源软件之精华。尽管正式说来Linux内核还是测试版（0.99的水平），但稳定性已经让人刮目相看。Linux上软件之多、质量之高，已经达到一个产品级操作系统的水准。

在旧学派的Unix开发者中，一部分脑筋活络的人开始注意到，做了多年的平价Unix之梦从一个意想不到的方向悄然成真。它既不是来自AT&T，也不是来自Sun，或者任何一个传统厂商，也不是出于学术界有组织的工作成果。它就这样从Internet的石头缝中跳了出来，浑然天成，以令人惊奇的方式重新规划拼装了Unix的传统元素。

另一方面，商业运作继续进行。1992 年 AT&T 抛售了其手中 Sun 公司的股份，然后在 1993 年把 Unix 系统实验室（Unix Systems Laboratories）卖给了 Novell；Novell 又于 1994 年将 Unix 商标转手给 X/Open 标准组（X/open standards group）；同年 AT&T 和 Novell 加入了 OSF（开放软件基金会），Unix 之战尘埃落定。1995 年，SCO 从 Novell 手中买下了 UnixWare（以及最初 Unix 源码的权利）。1996 年，X/Open 和 OSF 合并，创立了一个大型 Unix 标准组。

但是，传统 Unix 厂商和他们战后的烂摊子看来确是越来越无关紧要了。Unix 社区的动作和精力都在转向 Linux、BSD 及开源开发者。1998 年，IBM、Intel 和 SCO 宣布启动蒙特里项目（the Moterey project），最后一次努力试图将所有现存的专有 Unix 整合成一个大系统，开发者和业内媒体坐看笑话。原地兜了三年的圈之后，此项目在 2001 年戛然而止。

2000 年 SCO 把 UnixWare 和原创的 Unix 源码包出售给了 Caldera——一家 Linux 发行商，整个产业变迁终告结束。但 1995 年后，Unix 的故事就成了开源运动的故事。故事还有一半没讲呢，我们要回到 1961 年，从互联网黑客文化的起源开始讲起。

2.2 黑客的起源和历史：1961—1995

Unix 传统是一种隐性的文化，不只是一书袋的技术窍门。这种传统传达着一个有关美和优秀设计的价值体系；里面有它的江湖和侠客。与 Unix 传统的历史交织在一起的则是另一种隐性文化，一种更难归别的文化。它也有自己的价值体系、江湖和侠客，部分与 Unix 文化交迭，部分源于它处。人们老是把这种文化称为“黑客文化”，从 1998 年起，这种文化已经很大程度上和计算机行业出版界所称的“开源运动”重合了。

Unix 传统、黑客文化以及开源运动间的关系微妙而复杂。三种隐性文化背后往往是同一群人，然而其间的关系并未因此而简化。但是，从 1990 年以来，Unix 的故事很大程度上成了开源世界的黑客们改变规则、从保守的专有 Unix 厂商手中夺取主动权的故事。因此，今天 Unix 身后的历史，有一半就是黑客的历史。

2.2.1 游戏在校园的林间：1961—1980

黑客文化的根源可以追溯到 1961 年，这一年 MIT 购买了第一台 PDP-1 小型机。PDP-1 是最早的一种交互式计算机，并且（不象其它机器）在那时并非天价，所以没有对它的使用做太多限时规定。因此 PDP-1 吸引了一帮好奇的学生。他们来自技术模型铁路俱乐部（TMRC，Tech Model Railroad Club），带着一种好玩的心态摆弄这台设备。**《黑客：计算机革命中的英雄》**(Hackers: Heroes of the Computer Revolution)[Levy]一书对这个俱乐部的早期情况作了有趣的描写。他们最著名的成就是“太空大战（SPACEWAR）”——一款宇宙飞船决斗游戏，灵感大概来自 *Lensman* 的星际故事《E.E.‘Doc’Smith》。[7]

TMRC 来实验的几个人后来是成了 MIT 人工智能实验室的核心成员，而这个实验室在六七十年代成为前沿计算机科学的世界级中心之一。这些人也把 TMRC 的行话和内部笑话带了进来，包括一种精巧（但无害）的恶作剧传统 “hacks”。人工智能实验室的程序员应该是第一群自称“hacker”的人。

1969 年后，MIT AI 实验室和斯坦福、Bolt Beranek & Newman 公司（BBN）、卡内基-梅隆大学（CMU：Carnegie-Mellon University）以及其它顶级计算机科学研究实验室通过早期的 ARPANET 联上了网。研究人员和学生第一次尝到了快速网络联接消除了地域限制的甜头，通过网络，远方的人通常比与身边少有来往的同事更容易合作和建立友谊。

实验性的 ARPANET 网上到处都是软件、点子、行话和大量幽默。一种类似共享文化的东西开始成形，其中最早、最持久的典型产物之一就是“术语文件（Jargon File）”，列举了 1973 年发源于斯坦福、1976 年后在 MIT 经过多次修订的共享行内名词，并一路收集了 CMU、耶鲁和其它 ARPANET 站点的行话。

从技术性而言，早期的黑客文化大都基于 PDP-10 小型机。下列已经成为历史的操作系统他们都用过：TOPS-10、TOPS-20、Multics、ITS 和 SAIL。他们利用汇编器和各种 Lisp 方言编程。PDP-10 的黑客们后来接手运行 ARPANET，因为别人不愿意干这件事。后来，他们成了互联网工程工作组（IETF，Internet Engineering Task Force）的创建骨干，并作为创始人，开创了通过 RFC(Requests For Comment)进行标准化的传统。

从社会性而言，他们年轻，天资过人，几乎全是男性，献身编程达到痴迷的地步，决不墨守成规——后来被人们唤做“极客(geek)”。他们往往也是头发蓬松的嬉皮士和准

---

[7] “SPACEWAR”和 Ken Thompson 的“Space Travel”毫不相干，除了都吸引科幻迷的共同点。

嬉皮士。他们有远见，把计算机看作构建社区的工具。他们读 Robert Heinlein 和 J.R.R. Tolkien 的书，参加复古协会（Society for Creative Anachronism），双关语说起来没完。抛开这些怪癖（也许正由于这些原因），他们中的许多人都跻身世界上最聪明的程序员之列。

他们**并不是** Unix 程序员。早期的 Unix 社群成员大部分来自院校、政府和商业研究实验室的同一帮“极客”，但是两种文化有明显的分野。其中之一就是我们前面已经谈到的早期 Unix 孱弱的网络能力。直到 1980 年后，才真正出现了基于 Unix 的 ARPANET 网络连接，之前一个人同时涉足两个阵营的情况并不多见。

协作式开发和源码共享是 Unix 程序员的法宝。然而，对于早期的 ARRPNET 黑客，这还不只是一种策略，它更像一种公众信仰，部分起源于“要么发表要么烂掉”的学术规则，并且（更极端地）几乎发展成为关于网络思想社区的夏尔丹式理想主义（Chardinist idealism）。这些黑客中最著名的 Richard M. Stallman 后来成了严守教义的苦行僧。

2.2.2 互联网大融合与自由软件运动：1981—1991

1983 年后，随着 BSD 植入了 TCP/IP，Unix 文化和 ARPANET 文化开始融合。既然两种文化都由同一类人（实际上，就有少数几位很有影响的人同属两种文化阵营）构成，一旦沟通环节到位，两种文化的融合就水到渠成。ARPANET 黑客学到了 C 语言，用起了管道、过滤器和 shell 之类的行话。Unix 程序员学到了 TCP/IP，也开始互称“黑客”。1983 年，木星项目的取消虽然葬送了 PDP-10 的前途，却加速了两种文化融合的进程。到 1987 年，这两种文化已经完全融合在一起，绝大多数黑客都用 C 编程，自如地使用源于 25 年前技术模型铁路俱乐部（TMRC）创造的行话。

（在 1979 年，我和 Unix 文化、ARPANET 文化都有密切联系，当时这种情况还很少见。到 1985 年，这就已经不稀奇了。1991 年我将以前的 ARPANET“术语文件”(Jargon File)扩展成《新黑客词典》（*New Hacker's Dictionary*）[Raymond96]，此时两种文化实际上已经融为一体。把生于 ARPANET、长于 Usenet 的“术语文件”作为这次融合的标志真是再恰当不过了。）

但是 TCP/IP 联网和行话并不是后 1980 黑客文化从其 ARPANET 根源继承的全部东西，还有 Richard M. StallMan 和他的精神革命。

Richard M. Stallman（他的登陆名 RMS 更为人熟知）早在 1970 年代晚期就已经证明他是当时最有能力的程序员之一。Emacs 编辑器就是他众多发明中的一项。对 RMS 来说，1983 年木星（Jupiter）项目的取消仅仅只是宣告了麻省理工学院人工智能实验室（MIT AI Lab）文化的最终解体。其实早在几年前随着实验室众多最优秀的成员纷纷离去，帮忙管理与之竞争的 Lisp 机器时，这种解体就已经开始了。RMS 觉得自己被逐出了黑客的伊甸园，他把这一切都归咎于专有软件。

1983 年，Stallman 创建了 GNU 项目，致力于编一个完全自由的操作系统。尽管 Stallman 既不是、也从来没有成为一个 Unix 程序员，但在后 1980 的大环境下，实现一个仿 Unix 操作系统成了他追求的明确战略目标。RMS 早期的捐助者大都是新踏入 Unix 土地的老牌 ARPANET 黑客，他们对代码共享的使命感甚至比那些有更多 Unix 背景的人强烈。

1985 年，RMS 发表了 GNU 宣言(the GNU Manifesto)。在宣言中，他有意从 1980 年之前的 ARPANET 黑客文化价值中创造出一种意识形态——包括前所未见的政治伦理主张、自成体系而极具特色的论述以及激进的改革计划。RMS 的目标是将后 1980 的松散黑客社群变成一台有组织的社会化机器以达到一个单纯的革命目标。也许他未意识到，他的言行与当年卡尔·马克思号召产业无产阶级反抗工作的努力如出一辙。

RMS 宣言引发的争论至今仍存于黑客文化中。他的纲要远不止于维护一个代码库，已经暗含了废除软件知识产权主张的精髓。为了追求这个目标，RMS 将“自由软件（free software）”这一术语大众化，这是将整个黑客文化的产品进行标识的首次尝试。他撰写了“通用公共许可证（General Public License , GPL）”，后者成了一个既充满号召力又颇具争议的焦点，具体原因我们将在 16 章研讨。读者可以去 GNU 站点 <http://www.gnu.org>了解 RMS 立场及自由软件基金会（Free Software Foundation）的更多情况。

“自由软件（free software）”这个术语既是一种描述，也是为黑客进行文化标识的一个尝试。从某个层次上说，这是相当成功的。在 RMS 之前，黑客文化中的人们彼此当作“同路人”，说着同样的行话，但没人费神去争辩 “黑客”是什么或者应该是什么。在他之后，黑客文化更加有自我意识。价值冲突（即使反对 RMS 的人也经常以他的方式说话）成为辩论中的常见特点。RMS，这个魅力超凡又颇具争议的人物本身已经成为了一个文化英雄，因此到 2000 年时，人们已经很难将他本人和他的传奇区分开来。《自由中的自由》（*Free as in Freedom*）[Williams]对他的刻画非常精彩。

RMS 的论点甚至影响了那些对其理论持怀疑态度的黑客的行为。1987 年，他说服了 BSD Unix 的管理者，让他们相信，将 AT&T 的专有代码清除出去、发布一个无限制的版本是个好主意。然而，尽管他花了不下十五年的苦功夫，后 1980 黑客文化却从未统一在他的理想之下。

其他黑客，更多出于实用角度而非思想观念的原因，重新认识到了开放式协作开发的价值。在八十年代后期离 Richard Stallman 位于 MIT 九楼办公室不远的几座楼里，X 开发组搞得红红火火。这个项目由一些 Unix 厂商资助，这些厂商此前一直为 X window 系统的控制权和知识产权争论不休，结果发现还不如向所有人自由开放。1987 至 1988 年间，X 的开发预示了一个极为庞大的分布式社群，后者将在五年后重新定义 Unix 的前沿方向。

> X 是首批由服务于全球各地不同组织的许多个人以团队形式开发的大规模开源项目之一。电子邮件使创意得以在这个群体中快速传播，问题由此得以快速解决，而开发者可以人尽其才。软件更新可以在数小时之内发送到位，使得每个节点在整个开发过程中步调一致。网络改变了软件的开发模式。
>
> —Keith Packard

X 开发者们不替 GNU 总计划帮腔，但也不唱反调。1995 年以前，GNU 计划最强烈的反对者是 BSD 开发者。BSD 开发者觉得自己编写自由发布和修改软件的年头比 RMS 宣言长得多，坚决抵制 GNU 自称的在历史性和思想性上的首创。他们尤其反对 GPL 的传染性或“病毒般”的特性，坚持 BSD 许可证比 GPL“更自由”，因为 BSD 对代码重用的限制要比 GPL 少。

尽管 RMS 的自由软件基金会已开发了整套软件工具包的绝大部分，但是未能开发出核心部件，因此形势对 RMS 仍然不利。GNU 项目创立十年了，GNU 内核仍是空中楼阁。尽管 Emacs 和 GCC 之类的单个工具被证明非常有用，但是没有内核的 GNU 既不能对专有 Unix 的霸权构成威胁，又不能有效抵抗日渐严重的微软垄断。

1995 年后，关于 RMS 思想体系的争论稍稍发生了变化。反对者的观点跟 Linus Torvalds 和本书作者越来越近。

2.2.3 Linux 和实用主义者的应对：1991—1998

即使在 HURD（GNU 内核）计划停转之时，新的希望还是出现了。1990 年代早期，价廉性优的 PC 机加上方便快捷的互联网，对寻找机会挑战自我的新生代年轻程序员是极大的诱惑。自由软件基金会编写的用户软件工具包铺平了一条摆脱高成本专有软件开发工具的前进道路。意识服从经济，而不是领导：一些新手加入了 RMS 的革命运动，高举 GPL 大旗，另一些人则更认同整体意义上的 Unix 传统，加入了反对 GPL 的阵营，但其他大部分人置身事外，一心编码。

Linus Torvalds 巧妙地跨越了 GPL 和反 GPL 的派别之争。他利用 GNU 工具包搭起了自创的 Linux 内核，用 GPL 的传染性质保护它，但拒绝认同 RMS 许可协议反映的思想体系计划。Torvalds 明确表示他认为自由软件通常更好，但他偶尔也用专有软件。即使在他自己的事业中，他也拒绝成为狂热分子。这一点极大地吸引了大多数黑客，他们虽然早就反感 RMS 的言辞，但他们的怀疑论一直缺个有影响力或者令人信服的代言人。

Torvalds 令人愉快的实用主义及灵活而低调的行事风格，促使黑客文化在 1993 至 1997 年间取得了一连串令人惊奇的胜利，不仅仅在技术上的成功，还让围绕 Linux 操作系统的发行、服务和支持产业有了坚实的开端。结果，他的名望和影响也一飞冲天。Torvalds 成为了互联网时代的英雄；到 1995 年为止，他只用了四年时间就在整个黑客文化界声名显赫，而 RMS 为此花了十五年，而且他还远远超过了 Stallman 向外界贩卖“自由软件”的记录。与 Torvalds 相比，RMS 的言辞渐渐显得既刺耳又无力。

1991 至 1995 年间，Linux 从概念型的 0.1 版本内核原型，发展成为能够在性能和特性上均堪媲美专有 Unix 的操作系统，并且在连续正常工作时间等重要统计数据上打败了这些 Unix 中的绝大部分。1995 年，Linux 找到了自己的杀手级应用——开源的 web 服务器 Apache。就像 Linux，Apache 出众地稳定和高效。很快，运行 Apache 的 Linux 机器成了全球 ISP 平台的首选。约 60%的网站选用 Apache，[8]轻松击败了另两个主要的专有型竞争对手。

[8]当月和以往的 web 服务器占有量数据可从 Netcraft 的 web 服务器月度调查（monthly Netcraft Web Server Survey）中获得。

Torvalds 未作的一件事就是提供新的思想体系——一套关于黑客行为的新理论基础或繁衍神话，以及一套吸引黑客文化圈内圈外人士的正面论述，以消弭 RMS 对知识产权的不友善。1997 年，当我试图探寻为什么 Linux 开发没有在几年前崩溃时，我偶然地填补了这个空白。我所发表论文[Raymond01]的技术结论归纳在本书第 19 章。对于这段历史梗概，只要看看第一条结论核心规则的冲击就够了："如果有足够多眼睛的关注，所有的 bug 都无处藏身"。

这段观察暗含了过去四分之一世纪在黑客文化中从未有人敢相信的东西：用这种方法做出的软件，不仅比我们专有竞争者的东西更优雅，而且更可靠、更好用。这个结果出乎意料地向"自由软件"的论述发起了直接挑战，而 Torvalds 本人从未有意于此。对于大多数黑客和几乎所有的非黑客而言，"用自由软件是因为它运行得更好"轻而易举地盖过了"用自由软件是因为所有软件都该是自由的"。

在我的论文中关于"大教堂"（集权、封闭、受控、保密）和"集市"（分权、公开、精细的同僚复审）两种开发模式的对比成为了新思潮的中心思想。从某种重要意义上来说，这仅仅是对 Unix 在拆分前根源的回归——McIlroy 在 1991 年阐述了同侪压力如何对 1970 年代早期 Unix 的发展产生了积极影响、Dennis Rithchie 在 1979 年对伙伴关系的反思，这是此两者的延续，并与早期 ARPANET 同侪评审的学术传统及其分布式精神社区的理想主义相得益彰。

1998 年初，这种新思潮促使网景公司（Netscape Communications）公布了其 Mozilla 浏览器的源码。媒体对此事件的关注促成了 Linux 在华尔街的上市，推动了 1999－2001 年间科技股的繁荣。事实证明，此事无论对黑客文化的历史还是对 Unix 的历史都是一个转折点。

2.3 开源运动：1998 年及之后

到 1998 年 Mozilla 源码公布的时候，黑客社区其实算是一个众多派系或部落的松散集合，包括了 Richard Stallman 的自由软件运动（Free Software Movement）、Linux 社区、Perl 社区、Apache 社区、BSD 社区、X 开发者、互联网工程工作组（IETF），还有至少一打以上的其它组织。这些派系相互交叠，一个开发者很可能同时隶属两个或更多组织。

一个部落的凝聚力可能来自他们维护的代码库，或是一个或多个有着超凡影响力的领导者，或是一门语言、一个开发工具，或是一个特定的软件许可，或是一种技术标准，或是基础结构某个部分的管理组织。各派系既论资排辈，也追逐当前的市场份额及认知度。因此，资格最老的大概要算 IETF，其历史可以连续追根溯源到 1969 年 ARPANET 的发源期；BSD 社区尽管市场安装数量要比 Linux 少得多，但是因为其传统可连续追溯到 1970 年代末，所以还是拥有相当高的声望；可追溯到 1980 年代初的 Stallman 的自由软件运动，无论从历史贡献，还是从作为几个最常用的软件工具维护者的角度，都足以令其跻身高级部落行列。

1995 年后，Linux 扮演了一个特殊的角色：既是社区内多数软件的统一平台，又是黑客中最被认可的品牌。Linux 社区随之显现了兼并其它亚部落的倾向——甚至包括争取并吸纳一些专有 Unix 相关的黑客派系。整个黑客文化开始凝聚在一个共同目标周围：尽力推动 Linux 和集市开发模式向前发展。

因为后 1980 黑客文化已经深深植根于 Unix，新目标成了 Unix 传统争取胜利的不成文纲要。黑客社区的许多高级领导人也都是 Unix 的老前辈，八十年代分拆后内战的伤痕犹在，他们将 Linux 作为实现 Unix 早期叛逆梦想的最后和最大的希望，而汇聚在 Linux 旗下。

Mozilla 源码的公布使各方意见更为集中。1998 年 3 月，为了深入研究共同目标和策略，召开了一次空前的社团重要领导人峰会，与会者几乎代表了所有的主要部落。这次会议为所有派系的共同开发方式确立了一个新标记——开源。

六个月之内，黑客社区中几乎所有部落都接受了用“开源”的新旗帜。IETF 和 BSD 开发组这种老团体更是把他们从过去到现在所作的东西都追加上了这一标记。实际上，到 2000 年，黑客文化不仅让“开源”这个辞令统一了当前实践和未来计划，而且也对自己的历史重新有了鲜活的认识。

Netscape 开放源码的宣告和 Linux 的新近崛起产生的激励效应远远超越了 Unix 社区和黑客文化。从 1995 年开始，所有阻拦在微软 Windows 滚滚巨轮前的各种平台（MacOS; Amiga; OS/2; DOS; CP/M;较弱小的专有 Unix；各类大型机小型机和过时的微型机操作系统）的开发者团结到了 Sun 微系统公司的 Java 语言周围。许多不满微软的 Windows 开发者也加入了 Java 阵营，希望至少能够和微软保持名义上的独立。但是 Sun 公司运作 Java 的几个层面都（我们将在第 14 章予以讨论）既拙劣又排斥他人。许多 Java 开发者喜欢上了开源运动中的新生事物，于是就像此前跟随 Netscape 加入 Java 一样，又跟随它加入了 Linux 和开源运动。

开源行动的积极分子热烈欢迎来自各个领域的移民潮。老一辈 Unix 人也开始认同新移民的梦想：不能只是被动忍受微软的垄断，而是要从微软手中夺回关键市场。开源社区成员们合力争取主流世界的认同，开始乐于同大公司结盟——这些公司，随着微软的绳索勒得越来越紧，也越来越害怕对自己的业务失去控制。

唯一的例外是 Richard Stallman 和自由软件运动。“开源”明显要用一个意识形态中性的公众标签来取代 Stallman 钟爱的“自由软件”。新标签无论对于历史上一贯反对“自由软件”的 BSD 黑客之类的团体，还是对于不愿在 GPL 是非之争中表态的人均能接受。Stallman 尝试着接受这个术语，但随后又以其未能代表其思想的核心为由而排斥它。从此，自由软件运动坚持同“开源”划清界限，这也许成了 2003 年黑客文化中最重大的政治分歧。

“开源”背后另一个（也是更重要的）意图是希望将黑客社区的方法以一种更亲和`市场、更少对抗性的方式介绍给外部世界（尤其是主流商用市场）。幸运的是，在这方面，它取得了绝对成功——这也重新激起了人们对其根源——Unix 传统——的兴趣。

2.4 Unix 的历史教训

在 Unix 历史中，最大的规律就是：距开源越近就越繁荣。任何将 Unix 专有化的企图，只能陷入停滞和衰败。

回顾过去，我们早该认识到这一点。1984 年至今，我们浪费了十年时间才学到这个教训。如果我们日后不思悔改，可能还得大吃苦头。

虽然我们在软件设计这个重要但狭窄的领域比其他人聪明，但这不能使我们摆脱对技术与经济相互作用影响的茫然，而这些就发生在我们的眼皮底下。即使 Unix 社区中最具洞察力、最具远见卓识的思想家，他们的眼光终究有限。对今后的教训就是：过度依赖任何一种技术或者商业模式都是错误的——相反，保持软件及其设计传统的的灵活性才是长存之道。

另一个教训是：别和低价而灵活的方案较劲。或者，换句话说，低档的硬件只要数量足够，就能爬上性能曲线而最终获胜。经济学家 Clayton Christensen 称之为“破坏性技术”，他在《创新者窘境》（The Innovator's Dilemma）[Christensen]一书中以磁盘驱动器、蒸汽挖土机和摩托车为例阐明了这种现象的发生。当小型机取代大型机、工作站和服务器取代小型机以及日用 Intel 机器又取代工作站和服务器时，我们也看到了这种现象。开源运动获得成功正是由于软件的大众化。Unix 要繁荣，就必须继续采用吸纳低价而灵活的方案的诀窍，而不是去反对它们。

最后，旧学派的 Unix 社区因采用了传统的公司组织、财务和市场等命令机制而最终未能实现“职业化”。只有痴迷的“极客”和具有创造力的怪人结成的反叛联盟才能把我们从愚蠢中拯救出来——他们接着教导我们，真正的专业和奉献精神，正是我们在屈服于世俗观念的“合理商业做法”之前的所作所为。

如何在 Unix 之外的软件技术领域借鉴这些经验教训，就作为一个简单的练习留给读者吧。

3

对比：Unix 哲学同其他哲学的比较

Contrasts: Comparing the Unix Philosophy with Others

If you have any trouble sounding condescending, find a Unix user to show you how it's done.
如果你不知道怎样表现得高人一等，找个 Unix 用户，让他做给你看。

Dilbert newsletter 3.0, 1994
呆伯通讯 3.0，1994 年
—Scott Adams

操作系统的设计，在明显和微妙两方面，造就了该系统下软件开发的风格。本书大部分内容描绘了此两者之间的联系：Unix 操作系统设计，以及由此发展出的编程设计哲学。为了便于对照，我们不妨把经典的 Unix 方式和其它主要操作系统的设计和编程习俗作一番比较。

3.1 操作系统的风格元素

开始讨论特定的操作系统之前，我们需要一个组织框架，来了解操作系统的设计是如何对编程风格产生或健康或病态的影响。

总的来说，与不同操作系统相关的设计和编程风格可以追溯出三个源头：（a）操作系统设计者的意图；（b）成本和编程环境的限制对设计的均衡影响；（c）文化随机漂移，传统无非就是先入为主。

即使我们承认每个操作系统社区中都存在文化随机漂移现象，那么去探究一下设计者的意图和成本及环境造成的局限也能揭示一些有趣的规律，帮助我们通过比对来更好地理解 Unix 风格。我们可以通过分析操作系统最重要的不同之处把这些规律明确化。

3.1.1 什么是操作系统的统一性理念

Unix 有几个统一性的理念或象征，并塑造了它的 API 及由此形成的开发风格。其中最重要的一点应当是“一切皆文件”模型及在此基础上建立的管道概念[1]。总的来说，任何特定操作系统的开发风格均受到系统设计者灌注其中的统一性理念的强烈影响——由系统工具和 API 塑造的模型将反渗到应用编程中。

相应地，将 Unix 和其他操作系统作比较时，最基本的问题是：这个操作系统存在对其开发有具有决定作用的统一性理念吗？如果有，它和 Unix 的统一性理念有何不同？

彻头彻尾的反 Unix 系统，就是没有任何统一性理念，胡乱堆砌起的一些唬人特性而已。

3.1.2 多任务能力

各种操作系统最基本的不同之处之一就是操作系统支持多进程并发的能力。最低端的操作系统（如 DOS 或 CP/M），基本上就是一个顺序的程序加载器，根本不具备多任务能力。这种操作系统在通用计算机上已经毫无竞争力。

再往上一个层次，操作系统可具有**协作式多任务**（*cooperative multitasking*）能力。这种系统能够支持多个进程，但是一个进程运行前必须等待前一个进程主动放弃占用处理器（这样一来，简单的编程错误就很容易将机器挂起）。这种操作系统风格是对一种

[1] 对没有 Unix 经验的读者来说，管道就是连接一个程序输出和另一个程序输入的通路。我们将在第 7 章讨论如何应用这个理念来帮助程序间的协作。

硬件的暂时性适应，这种硬件虽然功能强大到支持并行操作，但要么缺乏周期性时钟中断[2]，要么缺乏内存管理单元，或者两者都缺。这种系统也过时了，不再具有竞争力了。

Unix 系统拥有**抢先式多任务**（*preemptive multitasking*）能力。在 Unix 中，时间片由调度程序来分配，这个调度程序定期中断或抢断正在运行的进程而把控制权交给下一个进程。几乎所有的现代操作系统都支持抢占式调度。

注意，“多任务”跟“多用户”不是一回事。一个操作系统可以进行多任务处理而只支持单用户，在这种情况下，计算机支持的是单个控制台和多个后台进程。真正的多用户支持需要多个用户权限域，我们将在随后讨论内部边界时进一步讨论这个特性。

彻头彻尾的反 Unix 系统，就是绝无多任务处理能力——或者通过对进程管理增设诸多的规定、限制和特殊情况来削弱多任务能力——的一个废物。

3.1.3 协作进程

在 Unix 中，低价的进程生成和简便的进程间通讯（IPC Inter-Process Communication）使众多小工具、管道和过滤器组成一个均衡系统成为可能。我们将在第 7 章探讨这个均衡体系。在这里，我们需要指出代价高昂的进程生成和 IPC 会带来什么后果。

> 管道虽然在技术上容易发现，但影响却很大。进程是自主运算单元的统一性记号、而进程控制是可编程的——如果没有这些概念，那么管道技术就不可能这么简单。和 Multics 一样，Unix 的 shell（外壳）只是另外一个进程；进程控制并非受 JCL（作业控制语言）之赐。
>
> —Doug McIlroy

如果操作系统的进程生成代价昂贵，且/或进程控制非常困难、不灵活，后果通常是：

---

[2] 硬件的周期性时钟中断对分时系统来说就像心跳一样重要。时钟中断定义了单位时间片的大小，每发生一次中断，就是告诉系统可以转换到另一个任务了。在 2003 年，各种 Unix 通常将这个“心跳”设置为每秒 60 次或每秒 100 次。

- 编写怪物般巨大的单个程序成为更自然的编程方式。
- 很多策略必须在这些庞大程序中表述。这会助长使用 C++和诡谲的内部代码层级，而不是 C 和相对平坦的内部层级。
- 当进程间不得不进行通讯时，要么只能采用笨拙、低效、不安全的机制（比如临时文件），要么就得依赖太多彼此的实现细节，要么彼此需了解对方的太多实现细节。
- 广泛使用多线程来完成某些任务，而这些任务 Unix 只需用互通的多进程就能处理。
- 必须学习和使用异步 I/O。

这些就是操作系统环境的局限性所导致的常见风格缺陷（甚至应用程序编程中也一样）的实例。

管道和所有其他经典 Unix IPC 方法有一个精微的性质，就是要求把程序间的通讯简化到某一程度而促使功能分离。相反地，如果没有与管道等效的机制，则程序必须在完全相互了解对方内部细节的基础上设计程序，才能实现彼此间的合作。

一个操作系统，如果没有灵活的 IPC 和使用 IPC 的强大传统，程序间就得通过共享结构复杂的数据实现通讯。由于一旦有新的程序加入通讯圈，圈子里所有程序的通讯问题都必须重新解决，所以解决方案的复杂度与协作程序数量的平方成正比。更糟糕的是，其中任何一个程序的数据结构发生变化，都说不定会给其它程序带来什么隐蔽的 bug。

> Word、Excel、PowerPoint 和其他微软程序对彼此的内部具有“密切”——有些人可能称之为“杂乱”——的了解。在 Unix 中，一组程序设计时不仅要尽量考虑相互协作，而且要考虑和未知程序的协作。
>
> —Doug McIlroy

我们将在第 7 章再谈这个主题。

彻头彻尾的反 Unix 系统，就是让进程的生成代价高昂，让进程的控制困难而死板，让 IPC 可有可无，对它不予支持或支持很少。

3.1.4 内部边界

Unix 的准绳是：程序员最清楚一切。当你对自己的数据进行危险操作（例如执行 `rm -rf *.`）时，Unix 并不阻止你，也不会让你确认。另一方面，Unix 却小心避免你踩在别人的数据上。事实上，Unix 提倡设立多个帐户，每一个帐户具有专属、可能不同的权限，以保护用户不受行为不端程序的侵害[3]。系统程序通常都有自己的"伪用户(pseudo-user)帐号"，以访问专门的系统文件，而不需要无限制的（或者说超级用户的）访问权限。

Unix 至少设立了三层内部边界来防范恶意用户或有缺陷的程序。一层是内存管理：Unix 用硬件自身的内存管理单元（MMU）来保证各自的进程不会侵入到其它进程的内存地址空间。第二层是为多用户设置的真正权限组——普通用户（非 root 用户）的进程未经允许，就不能更改或者读取其他用户的文件。第三层是把涉及关键安全性的功能限制在尽可能小的可信代码块上。在 Unix 中，即使是 shell（系统命令解释器）也不是什么特权程序。

操作系统内部边界的稳定不仅是一个设计的抽象问题，它对系统安全性有着重要的实际影响。

彻头彻尾的反 Unix 系统，就是抛弃或回避内存管理，这样失控的进程就可以任意摧毁、搅乱或破坏掉其它正在运行的程序；弱化甚至不设置权限组，这样用户就可以轻而易举地修改他人的文件和系统的关键数据（例如，掌控了 Word 程序的宏病毒可以格式化硬盘）；依赖大量的代码，如整个 shell 和 GUI，这样任何代码的 bug 或对代码的成功攻击都可以威胁到整个系统。

3.1.5 文件属性和记录结构

Unix 文件既没有记录结构(record structure)也没有文件属性。在一些操作系统中，文件具有相关的记录结构：操作系统（或其服务程序库）通过固定长度的纪录，了解文件，或文本行终止符以及 CR/LF（回车/换行）是不是该作为单个逻辑字符读取。

在另一些操作系统中，文件和目录可以具备相关的名字/属性对——（例如）采用编外数据(out-of-band data)将文档文件同能够解读它的应用程序关联起来。（Unix 处理这种

[3] 现在时髦的术语是基于角色的安全策略（Role-Based Security）。

联系的典型方法是让应用程序识别“特征数”或是文件内的其它类型数据。）

操作系统级的记录结构通常只是一个优化手段，几乎只会使 API 和程序员的生活复杂化之外没别的用，还会助长不透明的面向记录的文件格式，使得文本编辑器之类的通用工具无法正确读取。

文件属性会很有用，但是（我们在第 20 章将发现）在面向字节流工具和管道的世界中，它可能引发一些棘手的语义问题。对文件属性的操作系统级支持会诱导程序员使用不透明的文件格式，让他们依靠文件属性将文件格式同对应的解读程序绑在一起。

彻头彻尾的反 Unix 系统，应用一套拙劣的记录结构，任何特定的工具能否像文件编写者希望的那样读懂文件，完全是靠运气。加入文件属性，并让系统依赖于这些文件属性，就无法通过查看文件内的数据来确定文件的语义。

3.1.6 二进制文件格式

如果你的操作系统使用二进制文件格式存放关键数据（如用户帐号记录），应用程序采用可读文本格式的传统就很可能无法形成。我们将在第 5 章详细解释为什么这是一个问题。现在只要注意，这种做法可能会带来以下后果就够了。

- 即使支持命令行接口、脚本和管道，也几乎无法形成过滤器。
- 数据文件只有通过专用工具才能访问。开发者的思维会以工具而非数据为中心。这样，不同版本的文件格式很难兼容。

彻头彻尾的反 Unix 系统，让所有文件格式都采用不透明的二进制格式，后者要用重量级的工具才能读取和编辑。

3.1.7 首选用户界面风格

我们将在第 11 章详细讨论**命令行界面**（CLI）和**图形用户界面**（GUI）的差异所产生的影响。操作系统的设计者把哪一种选作一般表现模式，将影响设计的许多方面——从进程调度、内存管理直到应用程序使用的**应用程序编程接口**（API）。

第一款 Macintosh 已经发布很多年了，不用说人们也会觉得操作系统的 GUI 没做好是个问题。Unix 的教训则相反：CLI 没做好是一个不太明显但同样严重的缺陷。

如果操作系统的 CLI 功能很弱或根本不存在，其后果会是：

- 程序设计不会考虑以未预料到的方式相互协作——因为无法这样设计。输出不能用作输入。
- 远程系统管理更难于实现，更难以使用，更强调网络。[4]
- 即便简单的非交互程序也将招致 GUI 开销或复杂的脚本接口。
- 服务器、守护程序和后台进程几乎无法写出，至少很难以优雅的方式写出。

彻头彻尾的反 Unix 系统，就是没有 CLI，没有脚本编程能力——或者，存在 CLI 不能驱动的重要功能。

3.1.8 目标受众

不同的操作系统设计是为了适应不同的目标受众。有的为后台工作设计，有的则设计成桌面系统。有的为技术用户而设计，有的则为最终用户设计。有的能在实时控制应用中单机工作，有的则为分时系统和普遍联网的环境设计。

一个重要的差异是客户端与服务器之分。“客户端”可以理解为：轻量，只支持单个用户，能够在小型机器上运行，随需开关机器，没有抢先式多任务处理，为低延迟作了优化，大量资源都用在花哨的用户界面上。“服务器”可以解释为：重量，能够连续运行，为吞吐量优化，完全抢占式多任务处理以处理多重会话。所有的操作系统最初都是服务器操作系统。客户端操作系统的概念仅在二十世纪七十年代后期随着价格不高、性能一般的 PC 硬件的出现才产生。客户端操作系统更关注用户的视觉体验，而不是 7*24 小时的连续正常运行。

---

[4] 微软重建 Hotmail 时认真考虑了这个问题。参见[BrooksD]。

所有这些变数都对开发风格产生影响。其中最明显的就是目标用户能够容忍的界面复杂的级别，以及如何在可感知复杂度和成本、性能等其它变数之间权衡轻重。人们常说，Unix 是程序员写给程序员的——这个目标用户群在界面复杂度的承受力方面是出了名的。

> 这与其说是一个目标不如说是一个结果。如果“用户”这个词带有“单纯得傻乎乎”的蔑视含义，我憎恨一个为“用户”设计的系统。
>
> —Ken Thompson

彻头彻尾的反 Unix 系统，就是一个自认为比你自己更懂你在干什么的操作系统，然后雪上加霜的是，它还做错了。

3.1.9 开发的门坎

区分操作系统的另一个重要尺度是纯用户转变为开发者的门坎高度。这里有两个重要的成本动因。一个是开发工具的金钱成本，另一个是成为一个熟练开发者的时间成本。有些开发文化还形成了一个社会性门坎，但这通常是背后的技术成本带来的结果，而不是根本原因。

昂贵的开发工具和复杂晦涩的 API 造就了小群的精英编程文化。在这种文化中，编程项目是大型而严肃的活动——为了证明所投资的软（人力）硬资本物有所值，这些工程必须如此。大型而严肃的工程常常产生大型、严肃的程序（而且，更常见的是，大型而昂贵的失败）。

廉价工具和简单接口支持的是轻松编程、玩家文化和开拓探索。编程项目可以很小（通常，正式的项目结构显然毫无必要），失败了也不是什么大灾难。这改变了人们开发代码的风格；尤其是，他们往往不会过分依赖已经失败的方法。

轻松编程往往会产生许多小程序和一个自我增强、不断扩展的知识社区。在廉价硬件的世界里，是否存在这样一个社区日益成为一个操作系统能否长寿的重要因素。

Unix 开创了轻松编程的先河。Unix 的众多首创之一就是将编译器和脚本工具放在默认安装中，可供所有用户使用，支持了一种跨越众多机器的玩家开发文化。在很多 Unix

下写代码的人并不认为自己在写代码——他们认为是在为普通任务的自动化编写脚本，或在定制环境。

彻头彻尾的反 Unix 系统，不可能进行轻松编程。

3.2 操作系统的比较

当我们将 Unix 和其他操作系统对比时，Unix 设计决策的逻辑就更清楚了。这里，我们只是纵览各种设计，对各操作系统技术特性的具体讨论请参考 OSData 网站。[5]

图 3.1 表明我们要纵览的各种分时系统之间的渊源关系。其它一些操作系统（灰色标记，不一定是分时系统）因脉络的关系也包括进来了。实线框里的系统仍旧存在。“出生”日期是指第一次发布的时间；[6] “死亡”日期通常指厂商终结系统的时间。

实线箭头表示存在起源关系或很强的设计影响（例如，后开发的系统 API 有意通过逆向工程以匹配先前的系统）；短画线表示重大的设计影响；点线表示微弱的设计影响。不是所有的起源关系被开发者认可；实际上，有些出于法律或企业策略的原因被官方否认，但在业界其实是公开的秘密。

“Unix”框包括所有的专有 Unix，包括 AT&T 版本和早期的伯克利版本。“Linux”框包括所有的开源 Unix（均在 1991 年开始）。这些开源 Unix 与早期的 Unix 有渊源关系，它建立在 1993 年诉讼协议后从 AT&T 专有控制下解放出来的代码的基础上。[7]

3.2.1 VMS

VMS 是一个专有操作系统，最初由数字设备公司（Digital Equipment Corporation）为 VAX 小型机开发。VMS 于 1978 年面世，是二十世纪八十年代和九十年代早期一个非常重要的产业化操作系统产品，无论在 Compaq 并购 DEC，还是 Hewlett-Packard 并购 Compaq 之后，这个系统一直得到了维护。直到 2003 年中期，这个产品仍在销售和支持，

[5] 参考 OSData 网站 <http://www.osdata.com/>.

[6] Multics 除外，它影响最大的时期是自技术规格公布的 1965 年到实际发布的 1969 年间。

[7] 这次诉讼的详细情况可以参考 Marshall Kirk McKusick 在 [OpenSources]中的论文。

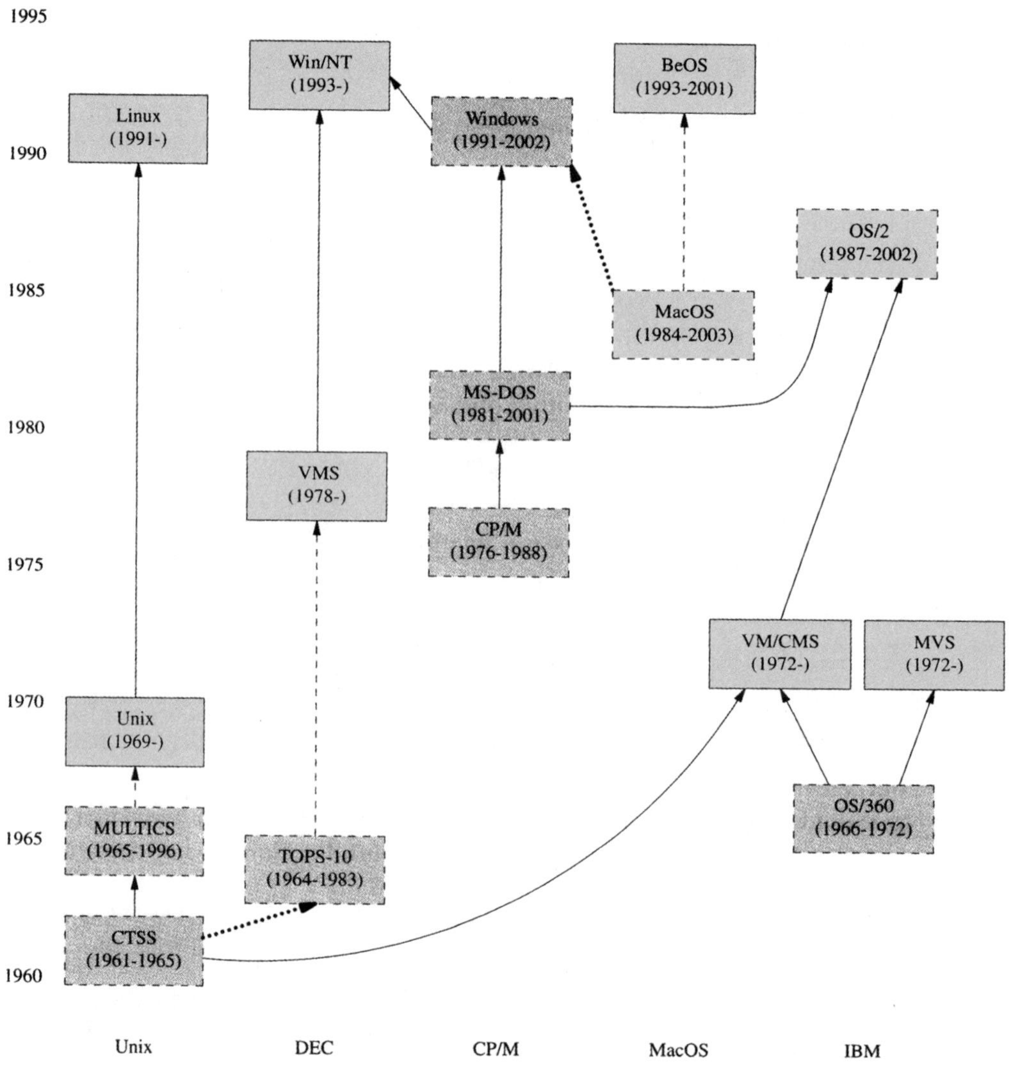

图 3.1 分时系统历史示意图

尽管今天已经没有多少人用它搞新的开发了[8]。在这里提出 VMS，是为了对比 Unix 和来自小型机时代的其它 CLI 操作系统。

VMS 具有完全抢占式多任务处理能力，但是进程生成的开销极为昂贵。VMS 文件系统有复杂的记录类型（但还不是记录属性）概念。这些特性造成了我们此前描述的后果，尤其（在 VMS 中）是程序庞大、个体臃肿的倾向。

VMS 的特点是具有长长的、可读的、类 COBOL 的系统命令和命令选项。它具有非常全面的在线帮助（针对的不是 API，而是可执行程序和命令行语法）。事实上，VMS 命令行界面及其帮助系统就代表了 VMS 的组织结构。尽管在该系统上已经具有翻新版的 X window，但冗长的 CLI 仍然对编程设计的风格产生了重要影响。主要可以理解为：

- 命令行功能的使用频率——要打的字越多，愿意用的人就越少。
- 程序的大小——人们希望少打字，因此想少用几个软件，于是将更多功能捆绑到大型程序中。
- 程序可接受选项的数量和类型——必须遵守帮助系统规定的语法限制。
- 帮助系统的易用性——很完备，但缺少辅助的搜索和查找工具，并且索引做得很差。这样不容易获取大量的知识，鼓励了专业化而阻碍了轻松编程。

VMS 的内部边界系统有口皆碑。它为真正的多用户操作而设计，完全利用硬件 MMU 来保护进程互不干扰。系统命令解释器具有优先权，但在另一方面，关键功能封装则做得相当不错。VMS 的安全漏洞一直都很罕见。

VMS 工具最初很贵，界面也很复杂。大卷大卷的 VMS 程序员文档只有纸张形式，因此要查找任何东西都既费时又费钱。这往往会阻碍探索性编程，降低人们对大型工具包的学习兴趣。直到几乎被厂商抛弃之后，VMS 才形成一种轻松编程和玩家文化，但这种文化并非很强。

和 Unix 一样，VMS 早就有了客户端/服务器的划分。作为一个通用分时系统，VMS

[8] 更多信息可以从 OpenVMS.org 网站<http://www.openvms.org>获得。

在它的时代是成功的。VMS 的目标受众基本是技术用户和大量应用软件的商业领域，这也意味着用户对其复杂度尚能容忍。

3.2.2 MacOS

Macintosh 操作系统是 1980 年代初由 Apple 公司设计的，灵感来自此前 Xerox 公司 Palo Alto 研究中心在 GUI 方面的开拓性工作。1984 年与 Macintosh 计算机一起面世。MacOS 经历过两场重大的设计变革，第三场正在酝酿中。第一次是从一次只支持一个应用程序转变到能够多任务协作处理多个应用程序（MultiFinder）；第二次是从 68000 处理器到 PowerPC 处理器的转变，既保留了 68K 应用程序的二进制向后兼容，又为 PowerPC 应用程序引入了高级共享库管理系统，代替了原来的 68K 基于陷阱指令的代码共享系统（trap instruction-based code sharing system）；第三次是在 MacOS X 中把 MacOS 设计理念和来自 Unix 的架构融合起来。如果没有特别指出，此处讨论仅限 OS-X 之前的版本。

MacOS 有一个不同于 Unix 的坚定统一性理念：Mac 界面方针（the Mac Interface Guidelines）。这些方针非常详细地说明了应用程序 GUI 的表现形式和行为模式。这些原则的一致性在很多重要方面影响了 Mac 用户的文化。不遵循这些原则、简单移植 DOS 或 Unix 程序的产品立即遭到了 Mac 用户的拒绝，在市场上一败涂地，而这并不罕见。

这些方针的主旨是：东西永远呆在你摆的地方。文档、目录和其它东西在桌面上都有固定的、系统不会弄乱的位置，重启后桌面依然保持原样。

Macintosh 的统一性理念非常强大，我们上面讨论过的其它设计方案要么受其影响，要么就无人问津。所有的程序都得有 GUI，根本没有 CLI。脚本的功能有倒是有，但绝对不像 Unix 中那样常用，很多 Mac 程序员根本就不去学习。MacOS 界面至上的 GUI 做法（被组织到单个的主事件循环中）导致了其薄弱的非抢占式的程序调度能力。这个弱程序调度器以及所有的 MultiFinder 应用程序都在单个大地址空间运行，这意味着使用分离的进程甚或线程来代替轮询是不现实的。

然而，MacOS 的应用程序并非总是庞然大物。系统的 GUI 支持代码，部分在硬件自带的 ROM 实现，部分在共享库中实现，通过事件接口同 MacOS 中的程序进行通信，这个接口从诞生起就一直相当稳定。这样，这种操作系统的设计提倡的是把应用引擎和 GUI 接口相对清晰地分离开来。

MacOS 也强烈支持把应用程序的元数据(如菜单结构)从引擎中隔离。MacOS 文件分“数据分支”(data fork)(Unix 风格的字节包，包含文档或程序代码)和“资源分支”(resource fork)(一套用户定义的文件属性)。Mac 应用程序通常是这样设计的，(比如)程序中使用的图像和声音存储在资源分支中，可以独立于应用程序码进行修改。

MacOS 系统的内部边界系统很弱。因为基于只有单个用户这样的固定设想，所以没有用户权限组。多任务处理是协作式的，不是抢占式的。所有的 MultiFinder 应用都在同一个地址空间运行，所以任何应用程序的不良代码都能破坏操作系统低层内核以外的任何部分。针对 MacOS 机器的安全攻击程序很容易编写，这个系统一直没遭到大规模攻击只是因为没人有兴趣罢了。

Mac 程序员和 Unix 程序员在设计上往往走截然相反的路，即，他们的设计是从界面向内进行，而不是从引擎向外进行（我们将在 20 章讨论这种方式的影响）。MacOS 的一切设计共同促成了这种做法。

Macintosh 的目标是作为是服务非技术终端用户的客户端操作系统，这就意味着用户对界面复杂度的容忍度很低。Macintosh 文化下的开发者于是非常非常擅长设计简洁的界面。

假设你已经有 Macintosh 机器，那么晋级为开发者的代价一向不高。因此，尽管界面相当复杂，Mac 很早也形成了一种浓厚的玩家文化。开发小工具、共享软件和用户支持软件的传统一直非常盛行。

经典的 MacOS 已经寿终正寝。MacOS 大多数功能已被引入 MacOS X，并同源自 Berkeley 传统的 Unix 架构结合在一起[9]。同时，像 Linux 这样的前沿 Unix 也开始从 MacOS 中借鉴一些理念，如文件属性（资源分支的泛化）。

3.2.3 OS/2

OS/2 是作为 IBM 命名为“ADOS” （Advanced DOS）的开发项目诞生的，也是想成为 DOS 4 的三个竞争者之一。那时，IBM 和微软在正式合作，为 PC 机开发下一代操作系统。OS/2 1.0 版本首发于 1987 年，为 286 机开发，并不成功。针对 386 的 2.0 版本发布于 1992 年，但那时 IBM 和微软联盟已经破裂。微软走向一个不同的（而且更赚钱的）方向——Windows 3.0。OS/2 虽然吸引了一小部分忠诚的拥趸，但从来没有吸引到足

[9] MacOS X 实际是两层专有代码（OpenStep 移植码和经典 Mac GUI）和开源 Unix 核心上(Darwin)的组合。

够多的开发者和用户。直到 1996 年后 IBM 把它纳入 Java 计划前，OS/2 在桌面市场一直排在 Macintosh 之后，位居第三。最新版本是 1996 年发布的 4.0 版本。那些早期的版本在嵌入式系统中找到了出路，时至 2003 年年中，还在全球众多银行自动柜员机上运行。

和 Unix 一样，OS/2 使用抢先式多任务处理，不能在没有 MMU 的机器上运行（早期版本使用 286 的内存分段来模拟 MMU）。跟 Unix 不同的是，OS/2 从来都不是一个多用户系统。虽然它的进程生成开销相对较低，但是 IPC 困难而脆弱。网络能力最初仅限于 LAN 协议，但后续版本也增加了 TCP/IP 协议栈。因为没有类似于 Unix 的服务守护程序，所以，OS/2 处理多功能网络的能力一直欠佳。

OS/2 既有 CLI 又有 GUI。OS/2 流传下来的亮点大多围绕它的桌面 Workplace Shell(WPS)。有一些技术从 AmigaOS Workbench[10]的开发者处授权得到。AmigaOS Workbench 是 GUI 桌面的先驱，直到 2003 年，在欧洲还拥有众多忠实的爱好者。这也是 OS/2 的能力超过 Unix（这一点尚有争论）的唯一设计领域。WPS（Workplace Shell）是一个干净、强大、面向对象的设计，具有易懂的行为特性和良好的可扩展性。几年后，OS/2 成为 Linux GNOME 工程的模型。

WPS 的类层次设计是 OS/2 的统一性理念之一。另一个统一性理念是多线程处理。OS/2 程序员大量使用线程，部分代替了对等进程间的 IPC，协作程序工具包传统也因此没能形成。

OS/2 的内部边界达到了单用户操作系统的预期。运行的进程互不干扰，内核空间也和用户空间互不干扰，但是没有了基于每用户的特权组。这意味着文件系统无法防范恶意代码。另一个结果是没有类似于起始目录的东西，应用程序的数据往往散布在整个系统中。

缺乏多用户能力所产生的进一步后果就是在用户空间不存在权限区别。这样，开发者往往只信任内核代码。Unix 中许多由用户态守护进程处理的系统任务在 OS/2 中只好塞进内核或 WPS，结果是两者都臃肿。

OS/2 有一种和二进制模式相对的文本模式（文本模式下 CR/LF 被读作单个的行结束符，在二进制模式下无此含义），但是没有其它的文件记录结构。OS/2 支持文件属性，效仿 Macintosh 风格，用文件属性来支持桌面持久性。系统数据库大都是二进制格式。

首选 UI 风格贯穿于 WPS。从人体工程学角度来说，WPS 的用户界面要强于 Windows，

---

[10] 作为对某些 Amiga 技术的回报，IBM 给予了 Commodore 公司 REXX 脚本语言的授权。此项交易详情请查询 http://www.os2bbs.com/os2news/OS2Warp.html。

虽然还没有达到 Macintosh 的标准（OS/2 最活跃的时段在经典 MacOS 的历史上处于早期）。与 Linux 和 Windows 一样，OS/2 的用户界面围绕多个独立的窗口任务组，而不是让运行的应用程序占据整个桌面。

OS/2 的目标对象是商业和非技术的最终用户，意味着对界面复杂度的容忍度较低。OS/2 既可用作客户端操作系统，也可用作文件和打印服务器。

在二十世纪九十年代初期，OS/2 社区的开发者开始转向受 Unix 启发、模仿 POSIX 接口的 EMX 环境。到二十世纪九十年代后期，已经有很多 Unix 软件被移植到 OS/2 上。

任何人都可以下载 EMX，包括 GNU 编译器集合以及其它开源开发工具。IBM 不时在 OS/2 开发包中发布系统文档，并被转载到了许多 BBS 和 FTP 站点上。正因为如此，到 1995 年，用户开发的 OS/2 软件的“Hobbes”FTP 档案已经超过了 1GB。一个崇尚小巧工具、探索编程和共享软件的强大传统形成了，即使 OS/2 自身已经被丢进了历史的垃圾箱，这个传统仍然还会长期拥有一批忠诚的追随者。

在 Windows 95 发布以后，OS/2 社区在微软的围剿和 IBM 的支援下，对 Java 的兴趣与日俱增。自 Netscape 在 1998 年初公开源码后，他们的方向又（陡然）转到了 Linux 上。

一个多任务处理、但单用户的操作系统到底能走多远？OS/2 是一个相当有趣的案例。从其得出的大部分结论都可以很好地运用到其它同类型操作系统中，尤其是 AmigaOS[11] 和 GEM[12]。直到 2003 年，大量的 OS/2 材料还可从网上获得，包括一些闪光的历史。[13]

---

11 AmigaOS 的主页<http://os.amiga.com/>

12 GEM 操作系统<http://www.geocities.com/SiliconValley/Vista/6148/gem.html>

13 例如，参考OS Voice <http://www.os2voice.org/>和OS/2 BBS.COM <http://www.os2bbs.com/>站点。

3.2.4 Windows NT

Windows NT（New Technology）是微软为高端个人用户和服务器设计的操作系统；发行的版本实际上有好几个，我们为了讨论方便把它们视为一个系统。自从 2000 年公布的 Windows ME 终结后，目前所有的 Window 操作系统都以 Window NT 为基础；Windows 2000 是 NT 5，Windows XP（本书写作时是 2003 年）是 NT 5.1。NT 起源自 VMS，很多重要特性与 VMS 相同。

NT 是逐步堆积而成的，缺乏对应于 Unix“一切皆文件”或 MacOS 桌面的统一性理念。由于它的核心技术没有扎根于一小群稳固的中枢观念中，[14]因此每过几年就会过时。每一代技术——DOS（1981），Windows 3.1（1992），Windows 95（1995），Windows NT 4（1996），Windows 2000（2000），Windows XP（2002）和 Windows Server 2003（2003）——随着旧方式被宣告过时而不再有良好支持，开发者必须以不同的方式从头学起。

下面是其它一些后果：

- GUI 功能与继承自 DOS 和 VMS 的残留命令行界面不能稳定共存。
- 套接字编程没有类似 Unix 那种“一切皆是文件句柄”的统一数据对象，因此在 Unix 中很简单的多道程序设计和网络应用到 NT 下则要牵涉更多基础性概念。

NT 的一些文件系统类型也有文件属性，但仅限用于为实现某些文件系统的访问控制列表，因此对开发风格不会产生太大影响。NT 也有文本和二进制这两种记录类型区别，时不时地讨人嫌（NT 和 OS/2 都从 DOS 那里继承了这个不良特性）。

尽管支持抢先式多任务处理，但进程生成却很昂贵——虽然比不上 VMS，但是（平均生成一个进程需要 0.1 秒左右）要比现在的 Unix 高出一个数量级。脚本功能薄弱，操作系统广泛使用二进制文件格式。除了此前我们总结过的，还有这些后果：

- 大多数程序都不能用脚本调用。程序间依赖复杂脆弱的远程过程调用（RPC）来通信，这是滋生 bug 的温床。

[14] 也许，会有人争辩说，所有微软操作系统的统一性理念是：“套牢客户”。

- 根本就不存在通用工具。没有专用软件就不可能读取或编辑文档和数据库。
- 随着时间的推移，CLI 越来越被忽略了，原因是环境稀缺。薄弱 CLI 引起的问题不仅没有得到改善，反而越来越糟糕。（Windows Server 2003 试图稍稍扭转这种趋势。）

Unix 的系统配置和用户配置数据分散存放在众多的 dotfiles(名字以“.”开头的文件)和系统数据文件中，而 NT 则集中存放在注册表中。以下后果贯穿于设计中：

- 注册表使得整个系统完全不具备正交性。应用程序的单点故障就会损毁注册表，经常使得整个操作系统无法使用、必须重装。
- **注册表蠕变**（*registry creep*）现象：随着注册表的膨胀，越来越大的存取开销拖慢了所有程序的运行。

互联网上的 NT 系统因易受各种蠕虫、病毒、损毁程序以及破解（crack）的攻击而臭名昭著。原因很多，但有一些是根本性的，最根本的就是：NT 的内部边界漏洞太多。

NT 有访问控制列表，可用于实现用户权限组管理，但许多遗留代码对此视而不见，而操作系统为了不破坏向后兼容性又允许这种现象的存在。在各个 GUI 客户端之间的消息通讯机制也没有安全控制[15]，如果加上的话，也会破坏向后兼容性。

虽然 NT 将要使用 MMU，出于性能方面的考虑，NT 3.5 后的版本将系统 GUI 和优先内核一起塞进了同一个地址空间。为了获得和 Unix 相近的速度，最新版本的 NT 甚至将 Web 服务器也塞进了内核空间。

由于这些内部边界漏洞产生的协合效应，要在 NT 上达到真正的安全实际上是不可能的[16]。如果入侵者随便作为什么用户把一段代码运行起来（例如，通过 Outlook email 宏功能），这段代码就可以通过窗口系统向其它任何运行的应用程序发送虚假信息。只要利用缓存溢出或 GUI 及 Web 服务器的缺口就可以控制整个系统。

---

[15] http://security.tombom.co.uk/shatter.html

[16] 实际上，微软已经于 2003 年 3 月公开承认 NT 系统的安全是不可靠的。参见 http://www.microsoft.com/technet/treeview/default.asp?url=/technet/security/bulletin/MS03-010.asp

因为 Windows 没有处理好程序库的版本控制问题，所以长期备受被称为“DLL 地狱 (DLL hell)”配置问题的折磨，在这个问题中，安装新程序可以任意升级（或降级）现有程序运行依赖的库文件。专用的应用程序库和厂商提供的系统库都存在这个问题：应用程序和特定版本的系统库一起发布非常普遍，一旦没有特定的系统库，应用程序就会无声无息地垮掉。[17]

从好的一面来看，NT 提供了足够的特性来支持 Cygwin。Cygwin 是一个在实用工具和 API 两个层次上实现 Unix 的兼容层，而且只有极少的特性损失[18]。Cygwin 允许 C 程序既可以使用 Unix API 又可以使用原生 API，许多为形势所迫不得不使用 Windows 的 Unix 黑客在 Windows 系统上安装的第一个程序就是 Cygwin。

NT 操作系统的目标用户主要是非技术型最终用户，意味着对界面复杂度的容忍度非常低。NT 既可作客户端又可作服务器。

在其历史早期，微软依靠第三方开发商提供应用软件。起初，微软还公布 Windows API 的完整文档，并保持其开发工具的低价格。但是，随着时间的推移、竞争者的相继倒下，微软转而青睐内部开发的战略，开始向外界隐藏 API，开发工具也越来越昂贵。早在 Windows 95 时期，微软就要求将保密协议作为购买专业级开发工具的一个条件。

围绕 DOS 和 Windows 早期版本形成的玩家文化和轻松开发文化已经足够壮大，即使在微软日益加强的排挤（包括为了把业余开发者非法化而设立的各种认证计划）下也足以自我维系。共享软件从未消亡，而在 2000 年后，迫于开源操作系统和 Java 的市场压力，微软的策略也略有转变。但是，随着时间的推移，供“专业”编程使用的 Windows 接口越来越复杂，将轻松（或严肃！）编程的门槛越抬越高。

这段历史的后果就是业余 NT 和职业 NT 开发者的设计风格存在尖锐的分歧——两个群体之间几乎不通气。尽管小型工具和共享软件的玩家文化非常活跃，但职业 NT 项目

---

[17] 在有处理库版本问题能力的.NET 开发框架发布后，DLL hell 问题有所缓解——但是直到 2003 年.NET 只随 NT 最高端的服务器版本提供。

[18] Cygwin 很大程度上符合“单一 Unix 规范”，但是要求直接硬件存取的程序会被上层的 Windows 内核限制。以太网卡就是出了名的问题多。

却往往产出庞然大物，甚至比那些 VMS 一样的“精英”操作系统还要臃肿。

Windows 下的 Unix 风格的 shell 功能、命令集和 API 函数库来自第三方，包括 UWIN、Interix 和开源 Cygwin。

3.2.5 BeOS

Be 公司作为一家硬件厂商成立于 1989 年，基于 PowerPC 芯片开发了颇具开拓精神的多处理机器。BeOS 操作系统是 Be 公司为给硬件增值而发明的一种新型、内置网络功能的操作系统模型，吸收了 Unix 和 MacOS 两个家族的经验教训，但又不和任何一个雷同。他们的努力造就了一个雅致、简洁、令人激动的设计，在其定位的多媒体平台这个角色上表现卓越。

BeOS 的统一性理念是“深入地线程化”、多媒体流和数据库形式的文件系统。BeOS 的设计目标是尽可能减少内核延迟，从而能非常适合实时处理大量数据，如音频和视频流。既然支持线程本地存储从而不需共享所有地址空间，BeOS 的“线程”实际上就是 Unix 术语中的轻量级进程。IPC 通过共享内存实现，快速而高效。

BeOS 采用的是 Unix 模型，在字节级以上没有文件结构。BeOS 和 MacOS 一样支持和使用文件属性。事实上，BeOS 文件系统就是一个数据库，可以按任意属性索引。

BeOS 借鉴 Unix 的设计是巧妙的内部边界设计。BeOS 充分应用了 MMU，而且有效地使各个运行进程互不干涉。虽然 BeOS 是个单用户操作系统（不用登录），但在文件系统和操作系统内部的其它地方都支持类似 Unix 的权限组。这些措施用于保护系统的关键文件免受不信任代码的侵袭：用 Unix 的术语来讲，就是用户在启动时作为匿名用户登录，另一个“用户”是 root。如果需要完整的多用户操作，其实对系统上层产生的变化也会很小，实际上确实存在一个 BeLogin 实用程序。

BeOS 倾向使用二进制文件格式和文件系统自带的数据库，而不使用类 Unix 的文本格式。

BeOS 的首选 UI 风格是 GUI，在界面设计上大量借鉴了 MacOS 的经验，但是完全支持 CLI 和脚本功能。BeOS 的命令行 shell 是移植自 Unix 最主要的开源 shell— *bash*(1)，通过 POSIX 兼容库运行。移植 Unix CLI 软件在设计上相当容易。Unix 模式的整套脚本、过滤器和守护进程的基础设施都到位了。

BeOS 的目标定位是作为一个专门针对近实时（near-real-time）多媒体处理（尤其是音频和视频操控）的客户端操作系统。BeOS 的目标受众包括技术和商业用户，这也意味着用户对界面复杂度的容忍度属中等。

BeOS 的开发门槛很低：尽管操作系统是专有的，但是开发工具并不贵，而且很容易获得整套文档。BeOS 项目起初部分为了通过 RISC 技术把 Intel 硬件拉下马，在互联网大爆炸后，继续往一个纯软件方向努力。在 1990 年代初 Linux 形成时期，BeOS 的战略家就已经一直关注着、而且也充分意识到一个庞大的轻松开发者团体的价值。事实上，他们成功地吸引了一批非常忠诚的追随者；到 2003 年，至少有五个以上的不同工程正在努力试图用开源复兴 BeOS。

不幸的是，BeOS 的经营战略却不像其技术设计那样精明。起初，BeOS 软件捆绑在专用硬件上，市场推广时对目标应用的说明也含混不清。后来（1998 年），BeOS 被移植到通用 PC 机上，更紧密关注多媒体应用，但是从未吸引到足够数量的应用和用户群。最后，到 2001 年，BeOS 死于微软的反竞争运动（2003 年仍在进行诉讼）和各种已具备多媒体功能的 Linux 的联合打击之下。

3.2.6 MVS

MVS（多重虚拟存储）是 IBM 大型计算机的旗舰操作系统，起源可以追溯到 OS/360。OS/360 诞生于 1960 年代中期，是 IBM 当时很新型的 System/360 计算机系统上向客户推荐的操作系统。今天 IBM 大型机操作系统的核心还保留着 OS/360 的后裔代码。虽然整个代码几乎都已经重写了，但是基本设计大多原样未动；向后兼容性被虔诚地保留了下来。这种兼容性甚至达到这种地步：即使历经三代结构升级，为 OS/360 编制的应用程序还能不加修改就在装有 MVS 的 64 位 z/系列大型机上运行。

在上述讨论过的所有操作系统中，MVS 是唯一可视为比 Unix 还要悠久的操作系统（不确定性在于随着时间的推移，MVS 究竟发展到了什么地步）。这个操作系统也是受 Unix 概念和技术影响最小的操作系统，因而代表了跟 Unix 反差最强烈的一种设计。MVS 的统一性理念是：一切皆批处理。系统的设计目标是尽可能最有效利用机器批处理巨大规模的数据，尽量减少与人类用户的交互。

原生的 MVS 终端（3270 系列）只能以块模式运行。用户通过屏幕修改终端的本地存储。用户按下发送键前主机不会产生任何中断。不可能实现 Unix 原始模式（raw mode）下那种字符层面上的交互。

TSO 是和 Unix 交互环境最近似的等价物，自身能力非常有限。对于系统其它部分来说，每个 TSO 用户都是模拟批作业。这个设施非常昂贵——太贵了，主要限于开发者和系统维护者使用。仅仅需要通过终端运行应用程序的普通用户几乎从不使用 TSO。相反，他们通过事务监视器工作。这是一种多用户应用服务器，可以进行协作式多任务处理并支持异步输入/输出。从效果上来说，每种事务监视器都是一个专用的分时插件（和运行 CGI 的 Web 服务器很像，但不完全一样）。

面向批处理体系所带来的另一个后果就是生成进程非常缓慢。I/O 系统有意用较高的准备成本（及其带来的延迟）来换取更好的吞吐能力。这些选择对于批处理操作来说非常适宜，但是对于交互响应来说却是致命的。可以预见，如今 TSO 用户将把几乎所有的时间都花在 ISPF（一个对话驱动的交互环境）上。除了启动一个 ISPF 实例外，程序员几乎不在原生的 TSO 上做任何事情。这避免了生成进程的开销，代价是引进了一个非常庞大的程序。这个程序，除了不会启动机房的咖啡壶，什么事都能做。

MVS 使用机器 MMU，进程有独立的地址空间，只能通过共享内存支持进程间通信，也有线程功能（MVS 称之为“子任务”），但用得很少，主要因为只有用汇编语言编写的程序才能方便地使用这个功能。与此相反，典型的批处理应用是由 JCL（Job Control Language，作业控制语言）粘合在一起的由重量级程序调用组成的短序列，也提供脚本功能，但却是出了名的困难和死板。每个作业里的程序通过临时文件通信；过滤器之类的东西几乎毫无用武之地。

每个文件都有记录格式，有时是隐式的（例如，JCL 的内联输入文件继承了穿孔卡做法，默认为 80 字节固定长度的记录格式），但更通常的情况是明确指定。许多系统配置文件都采用文本格式，但应用程序文件通常采用特定的二进制文件。一些检查文件的通用工具出于迫切需求才被开发出来，但这依然还是一个难以解决的问题。

文件系统的安全性在最初设计中根本未予考虑。然而，当人们发现安全性十分必要时，IBM 以一种颇具灵感的方式加了进去：他们规定了一套通用安全性 API，然后在处理每个文件存取请求前调用这个接口。结果是，产生了三种相互竞争的安全性程序包，各代表不同的设计理念——三种都相当好，在 1980 年到 2003 年中期始终没被攻破。这种多样性就允许用户安装时选择最适合实际安全策略的安全包。

网络功能也是后来才加进去的。网络连接和本地文件操作使用同一套接口的概念不存在；两者的编程接口相互独立而且区别很大。这的确帮助 TCP/IP 成为了首选网络协议，不着痕迹地挤掉了 IBM 原生的 SNA（System Network Architecture，系统网络体系）。在 2003 年，同一机器上两者都使用的情况虽然常见，但是 SNA 正在逐渐消亡。

除了在运行 MVS 的大企业内部，MVS 上的轻松编程几乎不存在。这主要不在于工具自身的成本，而在于环境的成本——在往计算机系统上扔进几百万美元后，每个月为编译器花费几百美元就是小钱了。然而，在这个社区内也存在一个繁荣的自由软件文化，主要是编程和系统管理工具。第一个计算机用户组，SHARE，就是 IBM 用户在 1955 年成立的，到今天也依然很兴旺。

考虑到架构上的巨大差别，MVS 是第一款符合单一 Unix 规范（Single Unix Specification）的非 System-V 操作系统，这件事非同寻常（但还是得看到，从 Unix 软件移植过来的软件往往碰到 ASCII 对 EBCDIC 字符集的麻烦）。从 TSO 启动 Unix shell 是可能的——Unix 文件系统专门设置成 MVS 数据集格式。MVS Unix 字符集是特殊 EBCDIC 代码页，交换了“新行”和“换行”（Unix 中的“换行”对 MVS 就是“新行”），但是系统调用却是在 MVS 内核上实现的实时系统调用。

随着开发环境的费用下降到爱好者能够承受的范围，公共领域的 MVS 版本（版本 3.8，始于 1979 年）拥有了一小群用户，人数虽少却在不断增长。这个系统及其开发工具和运行所用的仿真器，花一张 CD 的价钱就可以全部获得[19]。

MVS 的目标始终定位在后勤部门。和 VMS 和 Unix 一样，MVS 提前区分了服务器和客户端。后勤用户对界面复杂度不仅可以忍受，而且非常期待，因为他们愿意把昂贵的计算机资源尽可能花在需要处理的工作上而不是界面上。

3.2.7 VM/CMS

VM/CMS 是 IBM 另一个大型机操作系统。从历史来说，这是 Unix 的伯父；它们共同的祖先是 CTSS——由 MIT 于 1963 年间开发出来并在 IBM 7094 大型机上运行的一个系统。CTSS 开发组后来又去开发了 Multics，也就是 Unix 的直系祖先。IBM 在剑桥大学组建了一个开发团队，为 IBM 360/40——开发分时系统拥有分页 MMU[20]（在 IBM 系统上第一次）的改进型 360 系列机器。此后很多年，MIT 和 IBM 程序员一直保持交流。新

[19] http://www.cbttape.org/cdrom.htm

[20]要开发的机器和最初目标是开发定制微码的 40 系列，但是 40 机器不够强劲；生产部署转向了 360/67 系列。

系统拥有一个与 CTSS 非常类似的用户界面，备有名为 EXEC 的 shell 和大量的实用程序，与 Multics 及后来 Unix 使用的实用程序非常类似。

从另一层意义看来，VM/CMS 和 Unix 之间就像是游乐宫里的镜像。VM/CMS 系统的统一性理念是虚拟机，由 VM 组件提供，每台虚拟机看起来就和运行其上的物理机是一样的。它们都是抢先式多任务处理，要么运行单用户的操作系统 CMS，要么运行一个完整的多任务处理操作系统（如 MVS，Linux 或者 VM 自己）。虚拟机对应 Unix 的进程、后台程序和仿真器，它们之间的通信通过连接一个虚拟机的虚拟穿孔机和另一个虚拟机的虚拟读卡机来完成。另外，CMS 内提供了一个叫作“CMS 管道”的分层工具环境，直接取自 Unix 的管道模型，但在结构上已经扩展到可以支持多道输入和输出。

当虚拟机之间的通讯还没明确建立时，它们是完全隔绝的。操作系统具有和 MVS 一样的高可靠性、伸缩性和安全性，而且灵活性和易用性比 MVS 要好得多。另外，CMS 中类似内核的部分不需要得到 VM 组件的信任，对它的操控是完全隔离的。

尽管 CMS 是面向记录的，但这些记录实际上等价于 Unix 文本工具所用的行。CMS 的数据库更好地集成到 CMS 管道中，而 Unix 中的大多数数据库都独立于操作系统。近年来，CMS 已经扩展到完全支持单一 Unix 规范。

CMS 采用交互式和会话式 UI 风格，和 MVS 相差很远、但和 VMS、Unix 近似，大量使用一个叫 XEDIT 的全屏幕编辑器。

VM/CMS 出现在客户端/服务器的区分之前，现今和 IBM 模拟终端一起几乎完全作为服务器操作系统使用。在 Windows 主宰桌面市场之前，VM/CMS 不仅在 IBM 内部、而且也为大型机客户站点提供字处理服务和电子邮件服务——实际上，由于 VM 早就有提供成千上万用户的伸缩性，许多机器专门安装 VM 系统，只用它运行这些应用程序。

Rexx 脚本语言支持编程的风格和 shell、awk、perl 或 python 有几分相似。因此，轻松编程（特别是系统管理员的轻松编程）在 VM/CMS 上非常重要。由于允许自由流通，管理员通常更愿意在虚拟机上而不是直接在裸机上运行产品级 MVS，因此，人们很容易获得 CMS 并充分利用其灵活性（有一些 CMS 工具可允许访问 MVS 文件系统）。

VM/CMS 在 IBM 中的历史同 Unix 在数字设备公司（DEC，他们生产了首次运行 Unix 的硬件）中的历史惊人地相似。IBM 花了数年时间才明白自己的非正式分时系统的战略意义，与早期 Unix 社区行为非常类似的 VM/CMS 编程者社区就在那时兴起了。这些编程者分享想法和对系统的发现，最重要的是他们分享实用工具的源码。尽管 IBM 多次试图宣布 VM/CMS 结束，但这个社区——包括 IBM 自己的 MVS 系统开发者——坚持维持这个系统的存活。VM/CMS 甚至也经过和 Unix 同样的循环，从事实上的开源到闭源，再回到开源——只不过没有 Unix 开源那样彻底罢了。

然而，VM/CMS 所缺乏的是一个像 C 语言那样的东西。VM 和 CMS 都用汇编语言编写，而且一直如此。和 C 最像的是 PL/I 的各种删节版，IBM 用其进行系统编程，但从来没提供给客户。因此，尽管 360 系列已经升级到 370 系列、XA 系列，最后到现在的 z 系列，这个操作系统却仍然截止在最初架构的框框中。

自 2000 年以来，IBM 以前所未有的力度在大型机上推广 VM/CMS 系统——作为能同时容纳成千上万虚拟 Linux 机的手段。

3.2.8 Linux

Linux 由 Linus Torvalds 于 1991 年发明，是 1990 年后出现的新学派开源 Unix 阵营（也包括 FreeBSD、NetBSD、OpenBSD 和 Darwin）的领头羊，代表了整个阵营的设计方向。Linux 的技术趋势可视为整个阵营的典型。

Linux 并不含任何来自原始 Unix 源码树的代码，但却是一个依照 Unix 标准设计、行为像 Unix 的操作系统。在本书的其余部分，我们重点强调的是 Unix 和 Linux 的延续性。无论从技术还是从关键开发者两个方面看，这种延续性都极其紧密——但此处，我们的重点是介绍 Linux 正在前进的几个方向，这些也正是 Linux 开始与“经典”Unix 传统分道扬镳的标志。

Linux 社区的许多开发者和积极分子都有夺取足量桌面用户市场份额的雄心壮志。这就使 Linux 的目标受众比“旧学派”Unix 广泛得多，后者主要瞄准服务器和技术型工作站市场。这一点影响了 Linux 黑客设计软件的方式。

最明显的变化就是首选界面风格的转变。最初，设计 Unix 是为了在电传打字机和低速打印终端上使用。Unix 生涯的大多数时间被用在字符型视频显示终端上，没有图形和色彩能力。大多数 Unix 程序员仍然固执地坚持使用命令行，即使大型终端用户应用程序很早就已经移植到基于 X 的 GUI 中了。这种状况也一直体现在 Unix 操作系统及应用程序的设计中。

另一方面，Linux 的用户和开发者不断自我调整来消弭非技术用户对 CLI 的恐惧。他们比旧学派 Unix、甚至同时代专有 Unix 更看重 GUI 及其工具的开发。其它开源 Unix

也在发生同样变化，变化虽小，但意义深远。

贴近终端用户的愿望使得Linux开发者比专有Unix更注重系统安装的平稳性和软件发布问题。由此产生的结果就是Linux的二进制包系统远比专有Unix的类似系统复杂，所设计的界面（2003年只取得部分成功）更合乎非技术型用户的口味。

Linux社区比旧学派Unix社区更希望将他们的软件变成能够联接其它环境的通用渠道。因此，Linux的特色就是能支持其它操作系统特有文件系统格式的读（更常见的是）写以及联网方式。Linux也支持同一硬件上的多重启动，并在Linux自身的软件中进行模拟。Linux的长期目标是包容；Linux模拟的目的就是为了吸收[21]。

包容竞争者的目标加上贴近终端用户的动力，促使Linux开发者广泛吸收非Unix操作系统的设计理念，甚至到了使传统Unix显得十分孤立的地步。Linux应用程序采用Windows的.INI格式文件进行配置是一个小例子，我们将在第10章予以讨论。Linux 2.5采纳了扩展文件属性，加上其它一些特性，就可以模仿Macintosh的“资源分叉”语义。这也是写作本书时最近的一个重要例子。

> 但是，Linux给出“因为没安装对应的软件，所以打不开文件”这种Mac式诊断之时，就是Linux不再是Unix之日。
>
> —Doug McIlroy

其余的专有Unix（如Solaris、HP-UX、AIX等）都是为庞大IT预算设计的庞大产品。人们愿意掏钱努力优化，追求在高端的先进硬件上达到最大效能。因为很多Linux部件源自PC爱好者，所以强调用尽量少的资源做尽可能多的事。当专有Unix牺牲在低端硬件上的性能而专门为多处理器和服务器集群调优时，Linux核心开发者的选择很明确：不能为在高端硬件上获得最大性能收益，而在低端机器上增加复杂度和开销。

[21] Linux模拟并包容的策略与一些竞争者实施的收买并扩展的策略所产生的结果显著不同。对于初学者，Linix并不会为了把用户锁定到增强版上而丧失与被模拟物的兼容性。

事实上，不难理解 Linux 用户社区中相当一部分人要从过时了的硬件中榨取有用东西的做法，就像 1969 年 Ken Thompson 对 PDP-7 一样。因此，Linux 应用程序不得不始终保持瘦小精干的体态，而这是无法在专有 Unix 下的应用软件中体验到的。

这些趋向对 Unix 整体的发展产生了影响，我们将在第 20 章回顾这个话题。

3.3 种什么籽，得什么果

我们做过尝试，选择一个现在或者过去同 Unix 一争高下的分时系统进行比较，但似乎能入围者并不多。大多数（Multics、ITS、DTSS、TOPS-10、TOPS-20、MTS、GCOS、MPE 还有其它不下十几种）操作系统早已消亡，已渐渐从计算机领域的集体记忆中淡出。在我们已经讨论的操作系统中，VMS 和 OS/2 也已濒临死亡，而 MacOS 已经被 Unix 的派生系统所收纳。MVS 和 VM/CMS 仅仅局限于单一的专有大型机领域。只有独立于 Unix 传统外的 Microsoft Windows 系统还算是一个真正活着的竞争对手。

我们在第一章说明了 Unix 的优势，那当然是问题的部分答案；然而，把问题反换一下：究竟 Unix 竞争者的什么劣势让它们失败，其实更有说服力。

这些竞争对手最明显的通病是不可移植性。大部分 1980 年前的 Unix 竞争者都被拴到单个硬件平台上，随着这个硬件的消亡而消亡。为什么 VMS 可以坚持这么久？值得我们作为案例研究一个原因是：VMS 成功地从最初的 VAX 硬件移植到了 Alpha 处理器（2003 年正从 Alpha 移植到 Itanium 上）。MacOS 也在 1980 年代后期成功完成了从摩托罗拉 68000 到 PowerPC 芯片的迁跃。微软的 Windows 处在计算机商品化将通用计算机市场扁平化到单一 PC 文化的时期，真是生逢其时。

自 1980 年起，对于那些要么被 Unix 压倒要么已经先 Unix 而去的其它系统，不断重现的另一个特有弱点是：不具备良好的网络支持能力。

在一个网络无处不在的世界，即使为单个用户设计的系统也需要多用户能力（多种权限组）——因为如果不具备这一点，任何可能欺骗用户运行恶意代码的网络事务都将颠覆整个系统（Windows 宏病毒只是冰山一角）。如果不具备强大的多任务处理能力，操作系统同时处理网络传输和运行用户程序的能力将被削弱。操作系统还需要高效的 IPC，这样网络程序彼此能够通信，并且能够与用户的前台应用程序通信。

Windows 在这些领域具有严重缺陷却逃脱了惩罚，这仅仅因为它们在连网变得真正重要以前就形成了垄断地位，并拥有一群已经对机器经常崩溃和无数安全漏洞习以为常的用户。微软的这种地位并不稳定，Linux 阵营正是利用这一点成功地（于 2003 年）在服务器操作系统市场取得了重大突破。

在个人机刚刚进入全盛时期的 1980 年左右，操作系统设计者认为 Unix 和其它传统的分时系统笨重、麻烦、不适合单用户个人机这个美丽新世界，而弃之不理——根本不顾 GUI 接口往往要求改造多任务处理能力，来适应不同窗口及其部件的绑定执行线程的事实。青睐客户端操作系统的趋势非常强烈，服务器操作系统就像已经逝去的蒸汽机时代的遗物一样遭到冷落。

但是，正如 BeOS 设计者们所注意到的那样，如果不实现某些近似通用分时系统的东西，就无法满足普遍联网的要求。单用户客户端操作系统在互联网世界里不可能繁荣。

这个问题促使客户端操作系统和服务器操作系统重新汇到了一起。首先，互联网时代之前的 1980 年代晚期，人们首次尝试通过局域网进行点对点联网，这种尝试暴露了客户端操作系统设计模式的不足：网络中的数据必须放到集合点上才能实现共享，因此如果没有服务器就做不到这一点。同时，人们对 Macintosh 和 Windows 客户端操作系统的体验也抬高了客户所能容忍的最低用户体验质量的门坎。

到了 1990 年，随着非 Unix 分时系统模型的实际消亡，客户端操作系统设计者还是拿不出来多少可能解决这一挑战的方案。他们可以吸收 Unix（如 MacOS X 所做的），或通过一次一个补丁重复发明一些大致等价的功能（如 Windows），或试图重新发明整个世界（如 BeOS，但失败了）。但与此同时，各种开源 Unix 的类客户端能力不断增强，开始能够使用 GUI 并能在廉价的个人机上运行。

然而，这些压力在两类操作系统上并未达到上面描述所意味的那种对称。将服务器操作系统特性，如多用户优先权组和完全多任务处理，改装到客户端操作系统上非常困难，很可能打破对旧版本客户端的兼容性，而且通常做出的系统既脆弱又令人不满意，不稳定也不安全。另一方面，将 GUI 应用于服务器操作系统，所出现的问题却大部分可通过灵活处理和投入更廉价硬件资源得到解决。就像造房子一样，在坚实的地基上修理上层建筑当然要比更换地基而不破坏上层建筑来得容易。

除了拥有与生俱来的服务器操作系统体系优势外，Unix 一直不明确界定自己的目标受众。Unix 的设计者和实现者从不自认为已经完全清楚 Unix 的所有潜在用途。

因此，与之竞争的客户端操作系统把自己改造成服务器操作系统，Unix 比起来更有能力把自己改造成客户端操作系统。尽管 1990 年代 Unix 的复苏有多方面的技术和经济因素，但正是这一点，使 Unix 在前述所有操作系统设计风格的讨论中最为抢眼。

Part Ⅱ

Design

4

模块性：保持清晰，保持简洁

Modularity: Keeping It Clean, Keeping It Simple

There are two ways of constructing a software design. One is to make it so simple that there are obviously no deficiencies; the other is to make it so complicated that there are no obvious deficiencies. The first method is far more difficult.

软件设计有两种方式：一种是设计得极为简洁，没有看得到的缺陷；另一种是设计得极为复杂，有缺陷也看不出来。第一种方式的难度要大得多。

The Emperor's Old Clothes, CACM February 1981

《皇帝的旧衣》，CACM 1981 年 2 月

—C. A. R. Hoare

代码划分的方法有一个自然的层次体系，随着程序员必须面对的复杂度日益增加，这个体系也在演变中。一开始，一切都是一大块机器码。最早的过程语言首先引入了用子程序划分代码的概念。后来，我们发明了服务程序库，在多个程序间共享公用函数。再后来，我们发明了独立地址空间和可以相互通信的进程。今天，我们习以为常地把程序系统分布在通过成千上万英里的网络电缆连接的多台主机上。

Unix 的早期开发者也是软件模块化的先锋。在他们之前，模块化原则只是计算机科学的理论，还不是工程实践。在研究工程设计中模块经济性的《设计原理》（*Design Rules*）[Baldwin-Clark]这本探路性质的著作中，作者以计算机行业的发展为研究案例，并认为，

相对硬件而言，Unix 社区实际上第一个将模块分解法系统地应用到了生产软件中。毫无疑问，自从 19 世纪晚期人们采用标准螺纹以来，硬件的模块性就一直是工程技术的基石之一。

模块化原则在这里展开来说就是：要编写复杂软件又不至于一败涂地的唯一方法，就是用定义清晰的接口把若干简单模块组合起来，如此一来，多数问题只会出现在局部，那么还有希望对局部进行改进或优化，而不至于牵动全身。

相对其他程序员而言，Unix 程序员骨子里的传统是：更加笃信重视模块化、更注重正交性和紧凑性等问题。

> 早期的 Unix 程序员擅长模块化是因为他们被迫如此。操作系统就是一堆最复杂的代码。如果没有良好的架构，操作系统就会崩溃。在人们早期开发 Unix 时就犯过几次这种错，代码不得不全数报废。虽然大家可以把这些怪罪于早期的（非结构化）C 语言，但主要还是因为操作系统太复杂，太难编写。所以，我们既需要改进工具（如 C 语言的结构化），也需要养成使用工具的好习惯（如 Rob Pike 提出的编程原理），这样才能应对这种复杂性。
>
> —Ken Thompson

早期的 Unix 黑客为此在很多方面进行了艰苦的努力。1970 年的时候，函数调用开销昂贵，不是因为调用语句太复杂（PL/1.Algo），就是因为编译器牺牲了调用时间来优化其它因素，如快速内层循环（fast inner loops）。这样，代码往往就写成一大块。Ken 和其他早期 Unix 开发者知道模块化是个好东西，但是他们记得 PL/1 的经验，不愿意编写小函数，怕影响性能。

> Dennis Ritchie 告诉所有人 C 中的函数调用开销真的很小很小，极力倡导模块化。于是人人都开始编写小函数，搞模块化。然而几年后，我们发现在 PDP-11 中函数调用开销仍然昂贵，而 VAX 代码往往在“CALLS”指令上花费掉 50%的运行时间。Dennis 对我们撒了谎！但为时已晚，我们已经欲罢不能……
>
> —Steve Johnson

今天所有的编程者，无论是不是 Unix 下的程序员，都被教导要在程序的子程序层上进行模块化。有些人学会了在模块或抽象数据类型层上玩这一手，并称之为“良好的设计”。设计模式运动正在进行一项宏伟的努力，希望更进一步，找到成功的设计抽象原则，以组织大规模程序的结构。

将这些问题作一个更好的划分是一个有价值的目标，而且到处都可以找到有关模块划分的优秀方法。我们不期望太深入地涵盖与程序模块化相关的所有问题：首先，因为该论题本身就足够写整整一本（或好几本）书；其次，因为这是一本关于 *Unix* 编程艺术的书。

我们在此会更详细地分析 Unix 传统是如何教导我们遵循模块化原则的。本章中的例子仅限于进程单元内。我们将在第 7 章分析其它一些情形，那里，程序划分为几个协作进程是个不错的想法，我们还将讨论实现这种划分所采用的具体技术。

4.1 封装和最佳模块大小

模块化代码的首要特质就是封装。封装良好的模块不会过多向外部披露自身的细节，不会直接调用其它模块的实现码，也不会胡乱共享全局数据。模块之间通过应用程序编程接口（API）——一组严密、定义良好的程序调用和数据结构来通信。这就是模块化原则的内容。

API 在模块间扮演双重角色。在实现层面，作为模块之间的滞塞点（choke point），阻止各自的内部细节被相邻模块知晓；在设计层面，正是 API(而不是模块间的实现代码)真正定义了整个体系。

有一种很好的方式来验证 API 是否设计良好：如果试着用纯人类语言描述设计（不许摘录任何源代码），能否把事情说清楚？养成在编码前为 API 编写一段非正式书面描述的习惯，是一个非常好的办法。实际上，一些最有能力的开发者，一开始总是定义接口，然后编写简要注释，对其进行描述，最后才编写代码——因为编写注释的过程就阐明了代码必须达到的目的。这种描述能够帮助你组织思路，本身就是十分有用的模块说明，而且，最终你可能还想把这些说明做成路标文档（roadmap document），方便以后的人阅读代码。

模块分解得越彻底，每一块就越小，API 的定义也就越重要。全局复杂度和受 bug 影响的程度也会相应降低。软件系统应设计成由层次分明的嵌套模块组成，而且每个层面上的模块粒度应降至最低，计算机科学领域从二十世纪七十年代起就已经渐渐明白了这个道理（有[Parnas]之类文章为证）。

然而，也可能因过度划分造成模块太小。证据[hatton97]如下：绘制一张缺陷密度和模块大小关系图，发现曲线呈 U 形，凹面向上（见图 4.1）。跟中间大小的模块相比，模块过大或者过小都和更多的 bug 相关联。另一个观察这些同样数据的方法是，绘制每个模块的代码行数和 bug 的关系曲线图。曲线看上去大致成对数上升至平坦的“最佳点”（对应缺陷密度曲线中的最小值），然后按代码行数的平方上升（这正是人们根据 Brook 定律对整个曲线的直观预期）。[1]

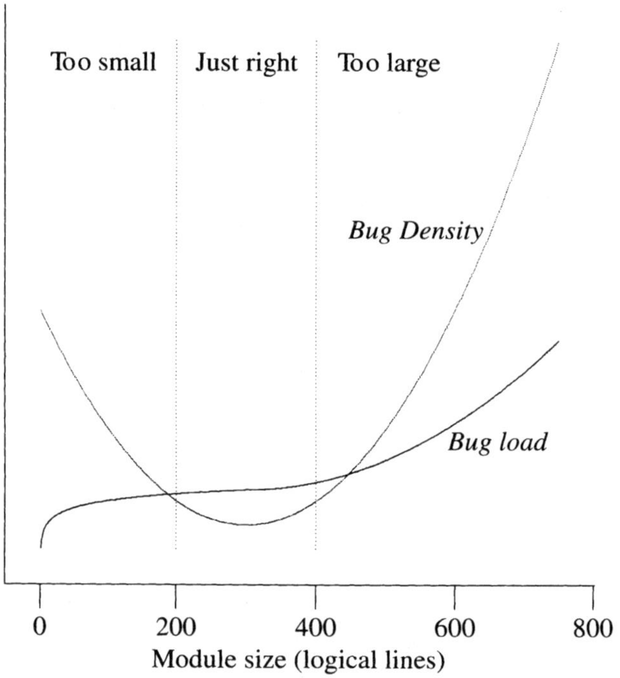

图 4.1 缺陷数量和缺陷密度与模块大小的定性曲线图

在模块很小时，bug 发生率也出乎意料地增多，这在大量以不同语言实现的各种系

[1] Brook 定律预言道：对一个已经延期的项目，增加程序员只会使该项目更加延期。更一般地，这个定律预言：项目成本和错误率按程序员人数的平方增长。

统中均是如此。Hatton 曾经提出过一个模型，将这种非线性同人类短期记忆的记忆块大小相比较[2]。这种非线性的另一种解释是，模块小时，几乎所有复杂度都在于接口；想要理解任何一部分代码前必须理解全部代码，因此阅读代码非常困难。我们将在第 7 章讨论程序划分的更高级形式；在那里，当组件进程规模更小以后，接口协议的复杂度也就决定了系统的整体复杂度。

用非数学术语来说，Hatton 的经验数据表明，假设其它所有因素（如程序员能力）都相同，200 到 400 之间逻辑行的代码是“最佳点”，可能的缺陷密度达到最小。这个大小与所使用的语言无关——这个结论有力支持了本书中其它地方提出的建议，即尽可能用最强大的语言和工具编程。当然，不能完全照搬这些具体数字。根据分析人员对逻辑行的理解以及其它偏好（比如注释是否剔除）的不同，代码行的统计方法会有较大差别。根据经验，Hatton 建议逻辑行与物理行之间为两倍的折算率，即最佳物理行数建议应在 400 至 800 行之间。

4.2 紧凑性和正交性

具有最佳尺寸的模块并不意味着代码有高质量。由于受到同样的人类认知限制，语言和 API（如程序库集和系统调用）也会产生 Hatton U 形曲线。

因此，在设计 API、命令集、协议以及其它让计算机工作的方法时，Unix 程序员已经学会了认真考虑另外两个特性：紧凑性和正交性。

4.2.1 紧凑性

紧凑性就是一个设计是否能装进人脑中的特性。测试软件紧凑性的一个很实用的好方法是：有经验的用户通常需要操作手册吗？如果不需要，那么这个设计（或者至少这个设计的涵盖正常用途的子集）就是紧凑的。

---

[2] 在 Hatton 的模型中，程序员可以短期记忆的最大模块大小的微小差别对其他的效率具有倍增效应。这可能是 Fred Brooks 等人对效率的数量级（甚至更大）变化规律研究所作的最重要贡献。

紧凑的软件工具和顺手的自然工具一样具有同样的优点：让人乐于使用，不会在你的想法和工作之间格格不入，使你工作起来更有成效——完全不像那些蹩脚的工具，用着别扭，甚至还会把你弄伤。

紧凑不等于“薄弱”。如果一个设计构建在易于理解且利于组合的抽象概念上，则这个系统能在具有非常强大、灵活的功能的同时保持紧凑。紧凑也不等同于“容易学习”：对于某些紧凑设计而言，在掌握其精妙的内在基础概念模型之前，要理解这个设计相当困难；但一旦理解了这个概念模型，整个视角就会改变，**紧凑**的奥妙也就十分简单了。对很多人来说，Lisp 语言就是这样一个经典的例子。

> 紧凑也不意味着“小巧”。即使一个设计良好的系统，对有经验的用户来说没什么特异之处、“一眼”就能看懂，但仍然可能包含很多部分。
>
> —Ken Arnold

极少有绝对意义上紧凑的软件设计，不过从宽松一些的意义上，许多软件设计还是相对紧凑的。他们有一个紧凑的工作集：一个功能子集，能够满足专家用户 80%以上的一般需求。实际上，这类设计通常只需要一个参考卡(reference card)或备忘单（cheat sheet），而不是一本手册。相对严格紧凑性而言，我们将此类设计称为**“半紧凑型”**。

也许最好还是用例子来阐明这个概念。Unix 系统调用 API 是半紧凑的，而 C 标准程序库无论如何都算不上是紧凑的。Unix 程序员很容易记住满足大多数应用编程（文件系统操作、信号和进程控制）的系统调用子集，但现代 Unix 上的 C 标准库却包括成百上千个条目，如数学函数等，一个程序员不可能把所有这些都记在脑中。

《魔数七，加二或减二：人类信息处理能力的局限性》（*The Magical Number Seven, Plus or Minus Two: Some Limits on Our Capacity for Processing Information*[Miller]）是认知心理学的基础性文章之一（顺带一句，这也正是美国本地电话号码只有七位的原因）。这篇文章表明，人类短期记忆能够容纳的不连续信息数就是七，加二或减二。这给了我们一个评测 API 紧凑性的很好的经验法则：编程者需要记忆的条目数大于七吗？如果大于七，则这个 API 不太可能算是严格紧凑的。

在 Unix 工具软件中，*make*（1）是紧凑的；*autoconf*（1）和 *automake*（1）则不是。在标记语言中，HTML 是半紧凑的，DocBook（我们将在第 18 章讨论这个文件标记语言）则不是。*man*（7）宏是紧凑的，*troff*（1）标记则不是。

在通用编程语言中，C 和 Python 是半紧凑的；Perl，java，Emacs Lisp，和 shell 则不是（尤其是严格的 shell 编程，要求你必须知道其他六个工具，如 *sed*（1）和 *awk*（1）

等）。C++是反紧凑性的——该语言的设计者已经承认，他根本不指望有哪个程序员能够完全理解 C++。

有些不具备紧凑性的设计具有足够的内部功能冗余，结果程序员通过选择某个工作的语言子集就能够搞出能满足 80%普通任务的紧凑方言。比如，Perl 就有这种伪紧凑性。此类设计存在一个固有的陷阱：当两个程序员试图就一个项目进行交流时，他们可能会发现，对工作子集的不同选择成了他们理解和修改代码的巨大障碍。

然而，不紧凑的设计也未必注定会灭亡或很糟糕。有些问题域简直是太复杂了，一个紧凑的设计不可能有如此跨度。有时，为了其它优势，如纯性能和适应范围等，也有必要牺牲紧凑性。troff 标记就是一个很好的例子，BSD 套接字 API 也是如此。把紧凑性作为优点来强调，并不是要求大家把紧凑性看作一个绝对要求，而是要像 Unix 程序员那样：合理对待紧凑性，设计中尽量考虑，决不随意抛弃。

4.2.2 正交性

正交性是有助于使复杂设计也能紧凑的最重要特性之一。在纯粹的正交设计中，任何操作均无副作用；每一个动作（无论是 API 调用、宏调用还是语言运算）只改变一件事，不会影响其它。无论你控制的是什么系统，改变每个属性的方法有且只有一个。

显示器就是正交控制的。你可以独立改变亮度而不影响对比度，而色彩平衡控制（如果有的话）也独立于前两个属性。想象一下，如果按亮度按钮会影响色彩平衡，这样的显示器调节起来会有多么困难：每次调节亮度之后还得调节色平衡进行补偿。更糟糕的是，如果对比度控制也影响色平衡，那么要改变对比度或色平衡同时保持另一个不变，你必须严格按照正确的方法同时调节两个旋钮。

非正交的软件设计不胜枚举。例如，代码中常见的一类设计错误出现在从某一（源）格式到另一（目标）格式进行数据读取和解析过程中。如果设计者想当然地认为源格式总是存储在某个磁盘文件中，那么他可能会编写一个打开和读取指定文件名的转换函数。但是，通常情况下，输入也完全有可能就是一个文件句柄。如果转换函数是正交设计的，例如，无需额外打开一个文件，那么以后当转换函数要处理来自标准输入、网络套接字或其它来源的数据流时，可能会省事一些。

人们通常认为 Doug McIlroy“只做好一件事”的忠告是针对简单性的建议。但是，这句话也暗含了对正交性至少同等程度的强调。

如果一个程序做好一件事之外，顺带还做其它事情的时候既不增加系统的复杂度也不会使系统更易产生 bug，就没什么问题。我们将在第 9 章检视一个名为 *ascii* 的程序，这个程序能打印 ASCII 字符的同名符，包括十六进制值、八进制值和二进制值；其副作用是可以对 0－255 范围内的数字进行快速进制转换。这第二个作用并不算违反正交性，因为所有支持该用途的特性全部是主功能所必需的，而且这样也没有增加程序文档化或维护的难度。

如果副作用扰乱了程序员或用户的思维模式，带来种种不便甚至可怕的结果（最好还是忘掉吧），这就是出现了非正交性问题。尤其在没有忘记这些副作用时，你总要被迫做额外工作来抑制或修正它们。

《程序员修炼之道》（*The Pragmatic Programmer*）[Hunt-Thomas]一书中对正交性以及如何达到正交性有精彩的讨论。正如该书所指出的，正交性缩短了测试和开发的时间，因为那种既不产生副作用也不依赖其它代码副作用的代码校验起来要容易得多——需要测试的情况组合要少得多。如果正交性代码出现问题，把它替换掉而不影响系统其余部分也很容易做到。最后，正交性代码更容易文档化和复用。

重构（*refactoring*）概念是作为“极限编程(Extreme Programming)”学派的一个明确思想首次出现的，跟正交性紧密相关。重构代码就是改变代码的结构和组织，而不改变其外在行为。当然，自从软件领域诞生之日起，软件工程师就一直在从事这项工作，给这种做法命名并把重构的一套技术方法确定下来，则非常有效地帮助了人们集中思路。因为重构概念与 Unix 设计传统关注的核心问题非常契合，所以 Unix 开发者很快就吸收了这一术语和它的思想[3]。

Unix 的基本 API 设计在正交性方面虽不完美，但也颇为成功。比如，我们理所当然地认为能够打开文件进行写入操作，而无需为此进行排他锁定。并不是所有的操作系统都如此优雅。老式（System III）的信号就不是正交的，因为信号接收的副作用是把信号处理器（signal handler）重置成缺省的“接收即崩溃”（die-on-receipt）。许多大幅修正也不是正交的，如 BSD 套接字 API，还有一些更大的修正也不是正交的，如 X window 系统的绘图库。

[3] 在这一概念的奠基性著作《重构》（*Refactoring*）[Fowler]一书中，作者差一点就道出了“重构的原则性目标就是提高正交性”的天机。但是由于缺少这个概念，他只能从几个不同的方向接近这个思想：比如消除重复代码和各种“坏味道”，大部分就是指一些违背正交性的做法。

但是，就整体而言，Unix API 是一个很好的例子：否则，将不仅不会、也不可能这么广泛地被其它操作系统上的 C 库效仿。所以，即便不是 Unix 程序员，Unix API 也值得学习，因为从中可以学到一些关于正交性的东西。

4.2.3 SPOT 原则

《程序员修炼之道》（*The Pragmatic Programmer*）针对一类特别重要的正交性明确提出了一条原则——“不要重复自身(Don't Repeat Yourself")”，意思是说：任何一个知识点在系统内都应当有一个**唯一**、明确、权威的表述。在本书中，我们更愿意根据 Brian Kernighan 的建议，把这个原则称为“真理的单点性（Single Point of Truth）”或者 SPOT 原则。

重复会导致前后矛盾、产生隐微问题的代码，原因是当你修改重复点时，往往只改变了一部分而并非全部。通常，这也意味着你对代码的组织没有想清楚。

常量、表和元数据只应该声明和初始化一次，并导入其它地方。无论何时，重复代码都是危险信号。复杂度是要花代价的，不要为此重复付出。

通常，可以通过**重构**去除重复代码；也就是说，更改代码的组织而不更改核心算法。有时重复数据好像无法避免，但碰到这种情况时，下面问题值得你思考：

- 如果代码中含有重复数据是因为在两个不同的地方必须使用两个不同的表现形式，能否写个函数、工具或代码生成程序，让其中一个由另一个生成，或两者都来自同一个来源？
- 如果文档重复了代码中的知识点，能否从部分代码中生成部分文档，或者反之，或者两者都来自同一个更高级的表现形式？
- 如果头文件和接口声明重复了实现代码中的知识点，是否可以找到一种方法，从代码中生成头文件和接口声明？

数据结构也存在类似的 SPOT 原则：“无垃圾，无混淆”（No junk, no confusion）。“无垃圾”是说数据结构（模型）应该最小化，比如，不要让数据结构太通用，居然还能表示不可能存在的情况。“无混淆”是指在真实世界中绝对明确清晰的状态在模型中也应该同样明确清晰。简言之，SPOT 原则就是提倡寻找一种数据结构，使得模型中的状态跟真实世界系统的状态能够一一对应。

更深入 Unix 传统一步，我们可以从 SPOT 原则得出以下推论：

- 是不是因为缓存了某个计算或查找的中间结果而复制了数据？仔细考虑一下，这是不是一种过早优化；陈旧的缓存（以及保持缓存同步所必需的代码层）是滋生 bug 的温床，而且如果（实际经常是）缓存管理的开销比预想的要高，甚至可能降低整体性能[4]。
- 如果有大量重复的样板代码，是不是可以用单一的更高层表现形式生成这些代码、然后通过提供不同的细调选项生成不同个例呢？

到此，读者应该能看出一个轮廓逐渐清晰的模式。

在 Unix 世界中，SPOT 原则作为一个统一性理念很少被明确提出过——但是 Unix 传统中 SPOT 原则在各种形式的代码生成器中充分体现。我们将在第 9 章讨论这些技法。

4.2.4 紧凑性和强单一中心

要提高设计的紧凑性，有一个精妙但强大的方法，就是围绕“解决一个定义明确的问题”的强核心算法组织设计，避免臆断和捏造。

> 形式化往往能极其明晰地阐述一项任务。如果一个程序员只认识到自己的部分任务属于计算机科学一些标准领域的问题——这儿来点深度优先搜索，那儿来点快速排序——是不够的。只有当任务的核心能够被形式化，能够建立起关于这项工作的明确模型时，才能产生最好的结果。当然，最终用户没有必要理解这个模型。统一核心的存在本身就给人很舒服的感觉，不会出现像在使用看似无所不能的瑞士军刀式程序中非常普遍的“他们到底为什么这样做”的情形。
>
> —Doug McIlroy

[4] 不良缓存的一个典型例子是 *csh*（1）`rehash` 指令。欲了解详情可键入 `man 1 csh`。另一个例子参见 12.4.3。

这是 Unix 传统中常常被忽视的一个优点。其实，Unix 许多非常有效的工具都是围绕某个单一强大算法直接转换的一个瘦包装器(thin wrapper)。

最清楚的例子也许就是 *diff*（1）——一个 Unix 用于报告相关文件不同之处的工具。这个工具及其搭档 *patch*（1）已经成为当代 Unix 网络分布式开发风格的核心。diff 的可贵性之一在于它很少标新立异。它既没有特殊情况，也没有令人痛苦的边界条件，因为它使用一个简单、从数学上看很可靠的序列比较方法。这导致了以下结果：

> 由于采用了数学模型和可靠的算法，Unix diff 和其仿效者形成鲜明的对比。首先，diff 的核心引擎小巧可靠，没有一行代码需要维护。其次，结果清晰一致，不会出现试探法可能带来的意外。
>
> —Doug McIlroy

这样，使用 diff 的人无需完全理解核心算法，就能对 diff 在任何给定条件下的行为形成一种直觉。在 Unix 中，其它通过强大核心算法达到这种特定清晰性的著名例子非常多：

- 通过模式匹配从文件中挑选文本行的 *grep*（1）实用程序是一个简单包装器，围绕正则表达式（regular-expression）模式的形式代数问题(参见 8.2.2 部分的讨论)。如果它没有这个一致的数学模型，它可能就会很像最古老的 Unix 中原始的 *glob*（1）设计，只是一堆无法组合在一起的专门通配符。
- 用于生成语法解析器的 *yacc*（1）实用程序是围绕 LR（1）语法形式理论的瘦包装器。它的搭档——词法分析生成器 *lex*（1），则是围绕不确定有限态自动机的瘦包装器。

以上这三个程序都极少出 bug，大家认为它们绝对理所当然地应该正确运行，而且它们也非常紧凑，程序员用起来得心应手。这些良好性能只有一部分归功于长期服务和频繁使用所产生的改进，绝大部分还是因为建立在强大且被证明为正确的算法核心上，它们从一开始就无需多少改进。

与形式法相对的是**试探法**——凭经验法则得出的解决方案，在概率上可能正确，但不一定总是正确。有时我们使用试探法是因为不可能找到绝对正确的解决方案。例如，想一想垃圾邮件过滤：一个算法上完美的垃圾邮件过滤器需要完全解决自然语言的理解问题。其它一些时候，我们使用试探法是因为所有已知的形式上正确的方法开销都贵得难以想象。虚拟内存管理就是这样一个例子：虽然确实存在接近完美的解决方案，但是它们需要的运行时间太长，以至其相比试探法所能获得的任何理论上的收益优势完全被抵消掉了。

试探法的问题在于这种方案会增生出大量特例和边界情况。通常情况下，当试探法失效，如果没什么其它方法的话，你必须采用某种恢复机制作为后备。复杂度一增加，所有常见的问题都会随之而来。为了折衷，一开始就要小心使用试探法。始终要记着问一问，如果试探法以增加代码复杂性为代价，根据会获得的性能来判断一下是否值得这么做——不要猜想可能产生的性能差异，在做出决定前应该实际衡量一下。

4.2.5 分离的价值

本书开头，我们引用了禅的“教外别传，不立文字”。这不仅是为了追求风格上的异国情调，而是因为 Unix 的核心概念一向都有清瘦如禅般的简洁性，在围绕这些核心概念发生的历史事件中如影随形，熠熠生辉。这种特性也反映在 Unix 的基础性著作中，如《C 程序设计语言》（*C Programming Language*）[Kernighan-Ritchiel]和向世人介绍 Unix 的 1974 年 CACM 论文。文中最常被人引用的一句话是这样的：“……限制不仅提倡了经济性，而且某种程度上提倡了设计的优雅”。要达到这种简洁性，尽量不要去想一种语言或操作系统最多能做多少事情，而是尽量去想这种语言或操作系统最少能做的事情——不是带着假想行动，而是从零开始（禅称为“初心”（beginner's mind）或者叫“虚心”(empty mind)）。

要达到紧凑、正交的的设计，就从零开始。禅教导我们：依附导致痛苦；软件设计的经验教导我们：依附于被人忽略的假定将导致非正交、不紧凑的设计，项目不是失败就是成为维护的梦魇。

禅授超然，可以得教化，去苦痛。Unix 传统也从产生设计问题的特定、偶然的情形讲授分离的价值。抽象、简化、归纳。因为我们编制软件是为了解决问题，所以我们不可能完全超然于问题之外——但是值得费点心思，看看可以抛弃多少先入之见，看看这样做能不能使设计变得更紧凑、更正交。这样做下来，代码复用经常由此变为可能。

关于 Unix 和禅的关系的笑话同样也是 Unix 传统中一个仍然鲜活的部分[5]。这绝非偶然。

[5] 要了解 Unix 和禅交融的最近例子，可参阅附录 D。

4.3 软件是多层的

一般来说，设计函数或对象的层次结构可以选择两个方向。选择何种方向、何时选择，对代码的分层有着深远的影响。

4.3.1 自顶向下和自底向上

一个方向是自底向上，从具体到抽象——从问题域中你确定要进行的具体操作开始，向上进行。例如，如果为一个磁盘驱动器设计固件，一些底层的原语可能包括“磁头移至物理块”、“读物理块”、“写物理块”、“开关驱动器 LED”等。

另一个方向是自顶向下，从抽象到具体——从最高层面描述整个项目的规格说明或应用逻辑开始，向下进行，直到各个具体操作。这样，如果要为一个能处理不同介质的大容量存储控制器设计软件，可以从抽象的操作开始，如“移到逻辑块”、“读逻辑块”、“写逻辑块”、“开关状态指示”等。这和以上命名方式类似的硬件层操作的不同之处在于，这些操作在设计时就考虑到要能在不同的物理设备间通用。

以上这两个例子可视为同一类硬件的两种设计方式。在这种情况下，你的选择无非是两者取其一：要么抽象化硬件（这样，对象封装了实际事物，程序只不过是针对这些事物的操控动作列表），要么围绕某个行为模型组织代码（然后在行为逻辑流中嵌入实际执行的硬件操控动作）。

许多不同的情形中都会出现类似的选择。设想你在编写 MIDI 音序器软件，可以围绕最顶层（音轨定序）或围绕最底层（切换音色或采样以及驱动波形发生器）组织代码。

有一个非常具体的方法可以考量二者的差异，那就是问问设计是围绕主事件循环（常常具备与其非常接近的高级应用逻辑）组织，还是围绕主循环可能调用的所有操作的服务库组织代码。自顶向下的设计者通常先考虑程序的主事件循环，以后才插入具体的事件。自底向上的设计者通常先考虑封装具体的任务，以后再按某种相关次序把这些东西粘合在一起。

如果要举一个更大的例子，可以考虑网页浏览器的设计。网页浏览器的顶层设计是对浏览器预期行为的规格说明：可以解析什么类型的 URL（`http:`，`ftp:`还是 `file:`），可以渲染哪些类型的图像，是否可以或者带哪些限制来支持 Java 或 Javascript 等等。与这个顶层意图相对应的实现层是浏览器的主事件循环；在每个周期内，这个循环等待、收集、分派用户的动作（例如点击网页链接或在某个域内键入字符）。

但是，网页浏览器要正常工作还必须调用大量域原语操作。其中一组跟建立连接、通过连接发送数据和接收响应有关。另一组则是浏览器将使用的 GUI 工具包操作。然而，可能还有第三组集合，即“将接收的 HTML 从文本转换为文档对象树”的解析机制。

从哪端开始设计相当重要，因为对端的层次很可能受到最初选择的限制。尤其是，如果程序完全自顶向下设计，你很可能发现自己陷入非常不舒服的境地，应用逻辑所需要的域原语和真正能实现的域原语无法匹配。另一方面，如果程序完全自底向上设计，很可能发现自己做了许多与应用逻辑无关的工作——或者，就像你想要造房子，却仅仅只设计了一堆砖头。

自从二十世纪六十年代有关结构化程序设计的论战后，编程新手往往被教导以“正确的方法是自顶向下”：逐步求精，在拥有具体的工作码前，先在抽象层面上规定程序要做些什么，然后用实现代码逐步填充。当以下三个条件都成立时，自顶向下不失为好方法：（a）能够精确预知程序的任务，（b）在实现过程中，程序规格不会发生重大变化，（c）在底层，有充分自由来选择程序完成任务的方式。

这些条件容易在相对接近最终用户和软件设计的较上层——应用软件编程——中得到满足。但即便如此，这些前提也常常满足不了。在用户界面经过最终用户测试前，别指望能提前知道什么算是字处理软件或绘图程序的“正确”行为方式。如果纯粹地自顶向下编程，常常产生在某些代码上的过度投资效应，这些代码因为接口没有通过实际检验而必须废弃或重做。

为了应对这种情况，出于自我保护，程序员尽量双管齐下——一方面以自顶向下的应用逻辑表达抽象规范，另一方面以函数或库来收集底层的域原语，这样，当高层设计变化时，这些域原语仍然可以重用。

Unix 程序员继承了一个居于系统程序设计核心的传统，在这一传统中，底层的原语是硬件层操作，后者特性固定且极其重要。因此，出于后天学得的本能，Unix 程序员更倾向于自底向上的编程方式。

无论是否是系统程序员，当你用一种探索的方式编程，想尽量领会你还没有完全理解的软件、硬件抑或真实世界的现象时，自底向上法看起来也会更有吸引力。它给你时间和空间去细化含糊的规范，同时也迎合了程序员身上人类通有的懒惰天性——当必须丢弃和重建代码时，与之相比，如果用自顶向下的设计，需要抛弃的代码往往更多。

因此实际代码往往是自顶向下和自底向上的综合产物。同一个项目中经常同时兼有自顶向下的代码和自底向上的代码。这就导致了“胶合层”的出现。

4.3.2 胶合层

当自顶向下和自底向上发生冲突时，其结果往往是一团糟。顶层的应用逻辑和底层的域原语集必须用胶合逻辑层来进行阻抗匹配（impedance match）。

Unix 程序员几十年的教训之一就是：胶合层是个挺讨厌的东西，必须尽可能薄，这一点极为重要。胶合层用来将东西粘在一起，但不应该用来隐藏各层的裂痕和不平整。

在网页浏览器这个例子中，胶合层包括渲染代码（rendering code），它使用 GUI 域原语将从发过来的 HTML 中解析出的文档对象绘制成平面的可视化表达——即显示缓冲区中的位图。渲染代码作为浏览器中最易产生 bug 的地方而臭名昭著。它的存在，是为了解决 HTML 解析（因为形式不良的标记太多了）和 GUI 工具包（可能未必具有真正需要的原语）中存在的问题。

网页浏览器的胶合层不仅要协调内部规范和域原语集，而且还要协调不同的外部规范：HTTP 标准化的网络行为、HTML 文档结构、各种图形和多媒体格式以及用户对 GUI 的行为预期。

一个容易产生 bug 的胶合层还不是设计所能遇到的最坏命运。如果设计者意识到胶合层的存在，并试图围绕自身的一套数据结构或对象把胶合层组织成一个中间层，结果却导致出现**两个**胶合层——一个在中间层之上，另一个在中间层之下。那些天资聪慧但经验不足的程序员特别容易掉进这种陷阱；他们将每种类别（应用逻辑、中间层和域原语集）的基本集都做得很好，就像教科书上的例子一样漂亮，结果却因为整合这些漂亮代码所需的多个胶合层越来越厚，而最终在其中苦苦挣扎。

薄胶合层原则可以看作是分离原则的升华。策略（应用逻辑）应该与机制（域原语集）清晰地分离。如果有许多代码既不属于策略又不属于机制，就很有可能除了增加系统的整体复杂度之外，没有任何其它用处。

4.3.3 实例分析：被视为薄胶合层的C语言

C语言本身就是一个体现薄粘合层有效性的良好例子。

上个世纪九十年代后期，Gerrit Blaauw 和 Fred Brooks 在《计算机体系：概念和演化》（*Computer Architecture: Concepts and Evolution*）[BlaauwBrooks] 一书中提出，每一代计算机的体系结构，从早期的大型机到小型机、工作站再到PC，都在趋近同一种形式。技术年代越靠后，设计越接近 Blaauw 和 Brooks 所称的“经典体系”：二进制表示、平面地址空间、内存和运行期存储（寄存器）的区分、通用寄存器、定长字节的地址解析、双地址指令、高位字节优先[6]以及大小一致为4位或6位整数倍（6位系列现在已经不存在了）的数据类型。

Thompson 和 Ritchie 将C语言设计成一种结构汇编程序，可为理想化的处理器和存储器体系服务，他们期望这种体系能有效建立在大多数普通计算机上。幸运的是，他们的理想化处理器模型机是 PDP-11——一款设计非常成熟、优雅的小型机，非常接近 Blaauw & Brook 的经典体系。凭借敏锐的判断力，Thompson 和 Rithcie 拒绝在其语言中加入 PDP-11 不匹配的少数特性（比如低位优先字节序）中的绝大多数[7]。

PDP-11 成为接下来几代微处理器架构的重要模型。结果证明，C语言的基本抽象相当优美地反映出了经典体系。这样，C 语言一开始就非常适合微处理器，而且随着硬件更紧密地向经典架构靠拢，C 语言不仅没有随其假设的过时而失去价值，反而更加适合微处理器了。这种硬件向经典体系会聚的非常著名的例子就是：1985 年后 Intel 的 386 机器用平面存储地址空间代替了 286 糟糕的分段内存寻址。跟 286 相比，纯C语言实际上*更适合* 386。

计算机架构的实验性时代在二十世纪八十年代中期结束，同期，C 语言（和近亲后代 C++）作为通用程序设计语言所向无敌，两者在时间上并非巧合。C 语言，作为经典

[6] 高位字节优先(*big-endian*)和低位字节优先(*little-endian*)术语指比特在机器字内解析顺序的架构选择。虽然没有规范的位置，但你在网上搜索“On Holy Wars and a Plea for Peace”，会找到有关这个论题的一篇经典而有趣的文章。

[7] 人们普遍以为自增自减符特性被C语言采用是因为它们代表了 PDP-11 的机器指令，这其实没有根据。按照 Dennis Ritchie 的说法，在 PDP-11 出现之前，这些操作符就在前辈B语言中出现了。

体系之上一个薄而灵活的胶合层，在经过了 20 年后，现在看来似乎可以算是其定位的结构汇编程序中的最佳设计。除了紧凑、正交和分离（与最初设计时的机器架构分离），C 语言还拥有我们将在第 6 章讨论的透明性这一重要特性。C 语言之后的少数语言设计(是否比 C 语言更好还有待证明)，为了不被 C 语言所吞并，不得不进行大的改动（比如引进垃圾收集功能等），以和 C 语言保持功能上的足够距离。

这段历史很值得回味和了解，因为 C 语言向我们展示了一个清晰、简洁的最简化设计能够多么强大。如果 Thompson 和 Ritchie 当初没有这么明智，他们设计的语言也许能完成更多任务，但要依赖更强的前提，永远都无法满意地从原始的硬件平台移植出去，也必将随着外部世界的改变而消亡。但相反的是，C 语言一直生机勃勃——而 Thompson 和 Ritchie 所树立的榜样从此影响了 Unix 的开发风格。正如法国作家、冒险家、艺术家和航空工程师安东尼·德·圣埃克苏佩里（Antoine de Saint-Exupéry）在论飞机设计时所说的：*"La perfection est atteinte non quand il ne reste rien à ajouter, mais quand il ne reste rien à enlever"*（完美之道，不在无可增加，而在无可删减）。

Ritchie 和 Thompson 坚信该格言。即便当早期 Unix 软件所受的种种资源限制得到缓解之后很久，他们仍努力使 C 语言成为尽可能薄的“硬件之上的胶合层”。

> 以前每当我要求在 C 语言中加一些特别奢侈的功能时，Dennis 就对我说，“如果你需要 PL/1，你知道到哪里去找”。他不必和那些说着：“但我们需要在销售材料中加一个卖点”的销售人员打交道。
>
> —Mike Lesk

在标准化之前最好先有个有效的参考实现，C 语言的历史在这方面教了我们一课。我们将在第 17 章讨论 C 语言和 Unix 标准的发展时再谈这个话题。

4.4 程序库

Unix 编程风格强调模块性和定义良好的 API，它所产生的影响之一就是：强烈倾向于把程序分解成由胶合层连接的库集合，特别是共享库（在 Windows 和其它操作系统下叫做“动态连接库”（DLL）。

如果谨慎而聪明地处理设计，那么常常可以将程序划分开来，一个是用户界面处理的主要部分（策略），另一个是服务例程的集合（机制），中间不带任何胶合层。当程序要进行图形图像、网络协议包、硬件接口控制块等多种数据结构的具体操作处理时，这种方法特别合适。《可复用库架构的守则和方法》（*The Discipline and Method Architecture for Reusable Libraries*）[Vo]一书中收集了Unix传统中关于体系的一些不错的通用性建议，尤其适合这种程序库的资源管理。

在Unix下，通常是清晰地划分出这种层次，并把服务程序集中在一个库中并单独文档化。在这样的程序中，前端专门解决用户界面和高层协议的问题。如果设计更仔细一些，可以将原始的前端分离出来，用适于不同用途的其它部件代替。通过实例研究，你还会发现其它一些优势。

这捎带引起了一个小问题。在Unix世界里，作为“程序库”发布的库必须携带练习程序（exerciser program）。

> API应该随程序一起提供，反之亦然。如果一个API必须要编写C语言代码来使用，考虑到C代码不能方便地从命令行调用，则这个API学习和使用起来就更困难。反之，如果接口唯一开放、文档化的形式是程序，而无法方便地从C程序中调用这些接口，也会非常痛苦——例如，老版本Linux中的*route*（1）。
>
> —Henry Spencer

除了学习起来更容易外，库的练习程序常常可以作为优秀的测试框架。因此，有经验的Unix程序员并不仅仅把这些练习程序看作是为库使用者提供便利，也会认为代码应已经过很好的测试。

库分层的一个重要形式是**插件**，即拥有一套已知入口、可在启动以后动态从入口处载入来执行特定任务的库。这种模式必须将调用程序作为文档详备的服务库组织起来，以使得插件可以回调。

4.4.1 实例分析：GIMP插件

GIMP（GNU图像处理程序，GNU Image Manipulation program）是一个由交互方式GUI驱动的图形图像编辑器。但是GIMP被做成了一个图像处理和辅助程序的库，由一个相对较薄的控制层代码调用。驱动码知道 GUI，但不直接知道图像格式；反过来，程序库程序知道图像格式和图像操作，但不知道 GUI。

这个库层次已经文档化了（而且，实际上已作为“libgimp”发布，供其它程序使用）。这意味着 C 程序写成的所谓“插件”可以由 GIMP 动态载入，然后调用该库进行图像处理，实际上掌握了和 GUI 同一级别的控制权（参见图 4.2）。

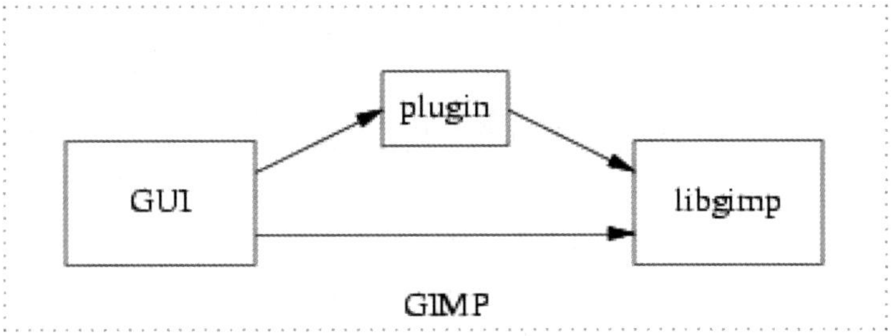

图 4.2 载入插件的 GIMP 中调用和被调用关系图

插件可用来完成多种专用转换，如色图调整（colormap hacking）、模糊和去斑；可用于读写非 GIMP 自带的文件格式；也可用于扩展功能，如编辑动画和窗口管理器主题；通过在 GIMP 内核中编写图像调整逻辑脚本，还可实现其他多种图像调整处理的自动化。万维网中有各种 GIMP 插件的注册中心。

虽然大多数 GIMP 插件都是小巧简单的 C 程序，但是也有可能编制一个插件让库 API 能被脚本语言调用。我们将在第 11 章分析“多价程序”模式时讨论这种可能性。

4.5 Unix 和面向对象语言

1980 年代中期起，大多数新的语言设计都已自带了对**“面向对象”**（OO）编程的支持。回想一下，在面向对象的编程中，作用于具体数据结构的函数和数据一起被封装在可视为单元的一个对象中。相反，非 OO 语言中的模块使数据和作用于该数据的函数的联系变得相当无规律，而且模块间还经常互相泄漏数据或内部细节。

OO 设计理念的价值最初在图形系统、图形用户界面和某些仿真程序中被认可。使大家惊讶并逐渐失望的是，很难发现 OO 设计在这些领域以外还有多少显著优点。其中原因值得我们去探究一番。

在 Unix 的模块化传统和围绕 OO 语言发展起来的使用模式之间，存在着某些紧张对立的关系。Unix 程序员一直比其他程序员对 OO 更持怀疑态度，原因之一就源于**多样性原则**。OO 经常被过分推崇为解决软件复杂性问题的唯一正确办法。但是，还有其它一些原因，这些原因值得我们在第 14 章讨论具体 OO（面向对象）语言之前作为背景问题加以探讨，这也将有助于我们对 Unix 的一些非 OO 编程风格特征有更深刻的认识。

前面我们提到，Unix 的模块化传统就是薄胶合层原则，也就是说，硬件和程序顶层对象之间的抽象层越少越好。这部分是因为 C 语言的影响。在 C 语言中模仿真正的对象很费力。正因为这样，堆砌抽象层是一件非常累人的事。这样，C 语言中的对象层次倾向于比较平坦和透明。即使 Unix 程序员使用其它语言，他们也愿意继续沿用 Unix 模型教给他们的薄胶合/浅分层风格。

OO 语言使抽象变得很容易——也许是太容易了。OO 语言鼓励“具有厚重的胶合和复杂层次”的体系。当问题域真的很复杂、确实需要大量抽象时，这可能是好事，但如果编码员到头来用复杂的办法来做简单的事情——仅仅是为他们能够这样做，结果便适得其反。

所有的 OO 语言都显示出某种使程序员陷入过度分层陷阱的倾向。对象框架和对象浏览器并不能代替良好的设计和文档，但却常常被混为一谈。过多的层次破坏了透明性：我们很难看清这些层次，无法在头脑中理清代码到底是怎样运行的。简洁、清晰和透明原则统统被破坏了，结果代码中充满了晦涩的 bug，始终存在维护问题。

可能正是因为许多编程课程都把厚重的软件分层作为实现表达原则的方法来教授，这种趋势还在恶化。根据这种观点，拥有很多类就等于在数据中嵌入了很多知识。问题在于，胶合层中的“智能数据”却经常不代表任何程序处理的自然实体——仅仅只是胶合物而已。（这种现象的一个确定标志就是抽象子类或混入(mix-in's)类的不断扩散。）

OO 抽象的另一个副作用就是程序往往丧失了优化的机会。例如，$a + a + a + a$ 可以用 $a * 4$ 来表示，如果 a 是整数，也可以表示成 $a << 2$。但是如果构建了一个类并重新定义了操作符，就根本没什么东西可表明运算操作的交换律、分配律和结合律。既然不能查看对象内部，就不可能知道两个等价表达式中哪一个更有效。这本身并不是在新项目

中避免使用 OO 技法的正当理由，那样只会导致过早优化。但这却是在把非 OO 代码转换为类层次之前需要三思而后行的原因。

Unix 程序员往往对这些问题有本能的直觉。在 Unix 下，OO 语言没能代替非 OO 的主力语言，如 C、Perl（其实有 OO 功能，但用得不多）和 shell 等，这种直觉似乎也是原因之一。跟其它正统领域相比，Unix 世界对 OO 语言的批判更直接了当；Unix 程序员知道什么时候不该用 OO；就算用 OO，他们也尽可能保持对象设计的整洁清晰。正如《网络风格的元素》（*The Elements of Networking Style*）一书的作者在另一个略有不同的背景下所说的[Padlipshy]: “如果你知道自己在做什么，三层就足够了；但如果你不知道自己在做什么，十七层也没用。”

OO 在其取得成功的领域（GUI、仿真和图形）之所以能成功，主要原因之一可能是因为在这些领域里很难弄错类型的本体问题。例如，在 GUI 和图形系统中，类和可操作的可见对象之间有相当自然的映射关系。如果你发现增加的类和所显示的对象没有明显对应关系，那么很容易就会注意到胶合层太厚了。

Unix 风格程序设计所面临的主要挑战就是如何将分离法的优点（将问题从原始的场景中简化、归纳）同代码和设计的薄胶合、浅平透层次结构的优点相结合。

我们将在第 14 章探讨面向对象的语言时继续讨论并应用以上一些观点。

4.6 模块式编码

模块性体现在良好的代码中，但首先来自良好的设计。在编写代码时，问问自己以下这些问题，可能会有助于提高代码的模块性：

- 有多少全局变量？全局变量对模块化是毒药，很容易使各模块轻率、混乱地互相泄漏信息[8]。
- 单个模块的大小是否在 Hatton 的“最佳范围”内？如果回答是“不，很多都超过”的话，就可能产生长期的维护问题。知道自己的“最佳范围”是多少吗？知道与你合作的其他程序员的最佳范围是多少吗？如果不知道，最好保守点儿，坚持 Hatton 最佳范围的下限。

[8] 全局变量同时也意味着代码不能重入；也就是说，同一进程的多个实例可能彼此干涉。

- 模块内的单个函数是不是太大了？与其说这是一个行数计算问题，还不如说是一个内部复杂性问题。如果不能用一句话来简单描述一个函数与其调用程序之间的约定，这个函数可能太大了[9]。

> 就我个人而言，如果局部变量太多，我倾向于拆分子程序。另一个办法是看代码行是否存在（太多）缩进。我几乎从来不看代码长度。
>
> —Ken Thompson

- 代码是不是有内部 API——即可作为单元向其他人描述的函数调用集和数据结构集，并且每一个单元都封装了某一层次的函数，不受其它代码的影响？好的 API 应是意义清楚，不用看具体如何实现就能够理解的。对此有一个经典的测试方法：通过电话向另一个程序员描述。如果说不清楚，API 很可能就是太复杂，设计太糟糕了。

- API 的入口点是不是超过七个？有没有哪个类有七个以上的方法？数据结构的成员是不是超过七个？

- 整个项目中每个模块的入口点数量如何分布[10]？是不是不均匀？有很多入口点的模块真的需要这么多入口点吗？模块复杂性往往和入口点数量的平方成正比——这也是简单 API 优于复杂 API 的另一个原因。

你可能会发现，如果把以上这些问题和第 6 章关于透明性和可见性问题的清单加以比较，将颇有启发性。

[9] 很多年前，我从 Kernighan 和 Plauger 的《编程风格的元素》（*The Elements of Programming Style*）一书中学到一个非常有用的原则，就是在函数原型之后立即写一行注释。每个函数都这样，决无例外。

[10] 收集这种信息有一个简便的方法，就是分析 *etags*（1）或 *ctags*（1）等工具程序生成的标记文件。

5

文本化：好协议产生好实践

Textuality: Good Protocols Make Good Practice

It's a well-known fact that computing devices such as the abacus were invented thousands of years ago. But it's not well known that the first use of a common computer protocol occurred in the Old Testament. This, of course, was when Moses aborted the Egyptians' process with a control-sea.

众所周知，人类几千年前就已经发明了算盘之类的计算设备。但很少有人知道，人类第一次使用通用计算机协议是在《旧约》中——当时摩西用控制海中止了埃及人的进程。

rec.arts.comics，1992年2月

—Tom Galloway

我们将在本章分析 Unix 传统所教导的两种不同而又紧密相关的设计：设计将应用数据存储在永久存储器中的文件格式，和在协作程序中（可能会通过网络）传递数据和命令的应用协议。

这两种设计的共通之处在于：两者都与内存数据结构的序列化有关。对于计算机程序的内部操作而言，一个复杂数据结构最简便的表达就是所有字段都用机器自带的数据格式（如整数的二进制补码）来表示，而所有指针都是实际的存储地址（相对于名称引

用而言）。但是这些表示法并不适合数据的存储和传输；数据结构的存储地址一旦离开存储器就毫无意义，发送未经处理的原生数据格式又会因为不同机器采用不同约定（如高位字节序对低位字节序，或32位对64位）而产生传输数据的互用问题（interoperability）。

为了便于数据的传输和存储，像链表这样的数据结构，其可遍历的准空间部署需要平整化或序列化成字节流表达，以便日后能从这个表达中恢复数据结构。序列化（保存）操作有时也称为**列集**（*marshaling*），其反向操作（载入）称为**散集**（*unmarshaling*）。这些术语通常使用在面向对象的语言中，如 C++, Python 或者 Java 中对对象的操作，但同样可用于其它一些操作，如图形编辑器将图形文件载入内存并在修改后存盘。

C 和 C++程序员要维护的代码中，进行列集和散集操作的特别代码占了很大比例——即便所选择的序列化表达很简单，如二进制结构的转储（非 Unix 环境下的一种通用技巧）也是如此。Python 和 Java 等现代语言往往内置了散集和列集函数，可应用于任何对象或代表对象的字节流，大大减少了工作量。

但是由于种种原因，这些天真的方法常常不尽人意，原因既包括我们上面提到的机器间的互用问题，也包括对其它工具不透明这一负面特征。如果应用程序是网络协议，出于经济性考虑，可能会要求内部数据结构（比如携带源地址和目标地址的信息）不是序列化成单个的大型数据包(blob)，而是序列化成接收设备可拒绝的一系列尝试性处理事务或信息（这样一来，如果目的地址无效，则较大的整块信息就会被拒收）。

互用性、透明性、可扩展性和存储/事务处理的经济性——这些都是设计文件格式和应用协议时需要考虑的重要方面。互用性和透明性要求我们在此类设计中要重点考虑数据表达的清晰问题，而不是首先考虑实现的方便性和可能达到的最高性能。既然二进制协议很难扩展和干净地抽取子集，可扩展性当然也青睐文本化协议。事务处理的经济性有时则会提出相反的要求——但我们应看到，首先考虑这个标准就是一种过早优化，不这么做往往是明智选择。

最后，我们必须注意数据文件格式与常用于设置 Unix 程序启动选项的运行控制文件之间的区别。最根本的区别是（偶尔也有例外，如 GNU Emacs 的配置接口）程序通常不修改自己的运行控制文件——信息流是单向的，从启动时的文件读取流向应用程序的设置。相反，数据文件格式的属性同命名资源联系在一起，应用程序既可能读也可能写。

配置文件通常都可以手工编辑，体积很小，而数据文件通常由程序生成，多大都有可能。

历史上，Unix 对这两种表达采用过相关但又不同的约定。第 10 章将论述控制文件的各种约定；本章仅论述数据文件的约定。

5.1 文本化的重要性

管道和套接字既可以传输文本也可以传输二进制数据。但是，我们将在第 7 章看到的例子却都是文本化的，理由非常充分：那就是我们在第 1 章引用的 Doug McIlroy 的建议。文本流是非常有用的通用格式，因为人无需专门工具就可以很容易地读写和编辑文本流，这些格式是透明的（或可以设计成透明的）。

同时，正是文本流的限制帮助了强化封装：因为文本流不鼓励内容丰富、编码结构密集的复杂表达，也不提倡程序互相干涉内部状态。我们在第 7 章结尾部分讨论 RPC 时继续这个话题。

当你很想设计一个复杂的二进制文件格式，或一个复杂的二进制应用协议时，通常，明智的做法是躺下来等待这种感觉过去。如果担心性能问题，就在应用协议之上或之下的某个层面上压缩文本协议流，最终产生的设计会比二进制协议更干净，性能可能也更好（文本压缩起来更好、更快）。

> Unix 历史上有一个二进制格式的反面教材，那就是设备无关的 *troff* 程序读取设备信息二进制文件的方式，当时可能出于速度方面的考虑。最初的实现以一种不太可移植的方法从文本描述中生成该二进制文件。为了能在新机器上快速移植 *ditroff* 而避免重新编写二进制文件的麻烦，我把它剥离了出来，只让 *ditroff* 读取文本文件。读取文件的代码经过精心编制，速度的损失可以忽略不计。
>
> —Henry Spencer

设计一个文本协议往往可以为系统的未来省不少力气。一个具体原因就是格式本身不能表示数字域的范围。二进制格式通常指定了给定值的分配位数，要扩展位数非常困难。例如，IPv4 的地址是 32 位的，要将地址位数扩展到 128 位（如 IPv6）就需要进行大修补[1]。相反，如果在文本格式中需要更大的值，直接写就是了。也许某个特定程序不能接受那个范围内的值，但是跟修改存储在格式中的所有数据相比，修改这个程序通常要容易得多。

使用二进制协议的唯一正当理由是：如果要处理大批量的数据集，因而确实关注能否在介质上获得最大位密度，或是非常关心将数据转化为芯片核心结构所必须的时间或指令开销。大图像和多媒体数据的格式有时可以算是前者的例子，对延时有严格要求的网络协议有时则可以算是后者的例子。

> SMTP 或类 HTTP 的文本协议存在的问题则相反。这些协议往往占据昂贵的带宽资源，解析速度很慢。最小的 X 请求是 4 个字节：最小的 HTTP 请求大约是 100 个字节。X 请求，包括已摊销的传输成本，100 条指令的数量级就可执行了；一度，一位 Apache [Web 服务器]开发者自豪地声称他们已经精简到了 7000 条指令。对图形而言，输出时带宽就是一切；硬件设计已使得图形卡母线成为如今限制小操作的**唯一**瓶颈，因此，如果协议不想成为更糟糕的瓶颈，最好设计得非常紧凑。这是极端情况。
>
> —Jim Gettys

这些问题在 X 以及其它极端情况下也存在——比如，为支持特大图形而设计图形文件格式，但却往往只是另一种过早优化热。文本格式的位密度未必一定比二进制格式低多少；毕竟，它们还是用了八位字节中的七位。一旦你需要生成测试加载、或需要检查程序生成的格式实例并想弄明白个中究竟，本来无需解析文本所带来的收益往往马上就全部损失殆尽。

另外，设计紧凑二进制格式的思路往往不能够兼顾干净扩展的要求。X 的设计者就有这方面的教训：

> 从目前的 X 框架来看，我们确实没有设计出足够好的结构，使得对协议微小的扩展仍会对它造成影响；当然，有时我们可以做到这一点，但如果有一个更好的框架会更好。
>
> —Jim Gettys

[1] 传说一些早期的飞机订票系统对乘客人数只分配一个字节。随着第一架载客超过 255 名的波音 747 投入使用，可以想象这些系统碰到了多少麻烦。

当认为找到一种极端情况，有足够理由使用二进制文件格式或协议时，需仔细考虑扩展性，并在设计中为以后发展留出余地。

5.1.1 实例分析：Unix 口令文件格式

在许多操作系统中，验证用户登录并开始用户会话所必需的用户数据都是不透明的二进制数据库。相反，在 Unix 中，这种数据是文本文件，采用一行一条、字段用冒号分隔的记录格式。

例 5.1 是几行随机选择的文件行：

例 5.1 口令文件实例

```
games:*:12:100:games:/usr/games:
gopher:*:13:30:gopher:/usr/lib/gopher-data:
ftp:*:14:50:FTP User:/home/ftp:
esr:0SmFuPnH5JlNs:23:23:Eric S. Raymond:/home/esr:
nobody:*:99:99:Nobody:/:
```

即使不知道字段的语义，我们也能发现这些数据在二进制格式中很难压缩得更紧。要达到冒号分隔符的功能至少需要相同的空间（通常是字节数或 NUL）。每个用户的记录要么需要终止符（不太可能比一个新行符更短），要么很浪费地补齐到定长。

如果知道数据的实际语义，则通过二进制编码节省空间的实际可能性几乎不存在。数字形式的用户 ID（第三）和组 ID（第四）字段都是整数，这样，大多数机器上的一个二进制表达至少需要 4 个字节，比文本格式表达 999 以下数字所需要的长度更长。不过，让我们暂且忽略这些，假设是最佳情形，即数字域在 0 到 255 范围内。

我们可以压缩数字域（第三字段和第四字段），把这些数字域的位长缩小到用单字节表示，口令字符串（第二字段）采用 8 位编码。在本例中，这样可以节省 8%左右的空间。

这 8%的假定低效率却带给我们很多好处：可以避免武断地限制数字域范围，可以使我们能够使用自己选择的任何老式文本编辑器修改口令文件，而无需编制专用工具来编辑二进制文件（虽然在口令文件这个例子本身，我们需要对并发编辑特别小心），而且

还让我们能够用 *grep*（1）这样的文本流工具对用户帐号信息进行特别的搜索、过滤和报告。

我们的确要十分小心，不要在任何文本字段中嵌入冒号。良好的做法应该是这样：告诉文件先用换码符嵌入冒号再写代码，然后告诉文件读取代码对其解释。对此，Unix 传统偏爱使用反斜杠。

通过字段位置而不是明确的标记来传达结构信息使得这种格式的读写都很轻松，但是有些死板。如果一个键所关联的属性集要发生改动，那么以下描述的标记格式可能是更好的选择。

既然一般情况下很少读取[2]，也不经常修改，所以经济性不是口令文件一开始就要考虑的主要因素。既然文件中的不同数据（特别是用户 ID 和组 ID）不会从原始机器上搬移出去，互用性也不是问题。因此很明显，对口令文件而言，遵循透明性原则才是正确的选择。

5.1.2 实例分析：.newsrc 格式

Usenet 新闻是一个全球性分布式公告牌系统（BBS），比今天的 P2P 网络要早 20 年。它使用的信息格式与 RFC 822 电子邮件信息格式非常相似，只不过不是直接发送给个人接受者，而是发给主题组。所有在入网站点上张贴的文章先转发到登记为友邻的站点上，最终发送到整个网内的所有站点。

几乎所有的 Usenet 读者都理解`.newsrc`文件，该文件记录了使用者已经阅读过哪些信息。尽管该文件名字很像一个运行控制文件，但不仅启动时要读取该文件，而且通常在新闻阅读器运行结束时还要更新该文件。自 1980 年左右出现第一个新闻阅读器以

[2] 口令文件通常在每个用户对话的登录阶段才读一次，之后 *ls*（1）之类的实用程序为了将数字用户 ID 和组 ID 映射成名称才偶尔读取这些口令文件。

后，.newsrc 格式就固定了下来。例 5.2 是.newsrc 文件中具有代表性的一段代码。

例 5.2 .newsrc 实例

```
rec.arts.sf.misc! 1-14774,14786,14789
rec.arts.sf.reviews! 1-2534
rec.arts.sf.written: 1-876513
news.answers! 1-199359,213516,215735
news.announce.newusers! 1-4399
news.newusers.questions! 1-645661
news.groups.questions! 1-32676
news.software.readers! 1-95504,137265,137274,140059,140091,140117
alt.test! 1-1441498
```

每行都为以第一个字段为名的新闻组设置属性。新闻组名称之后紧跟一个字符，表明文件对应的用户目前是否订阅了该组；冒号表示订阅，惊叹号表示没有订阅。其余部分是一系列逗号分隔的文章编号或文章编号范围，表明用户已经阅读过哪些文章。

非 Unix 程序员也许会自然而然地去试图设计一个快速二进制格式，其中每个新闻组的状态采用固定的长二进制记录或由一系列内含长度字段的自描述二进制信息包来表示。这种二进制表示的要点在于：在成对字长字段内用二进制数据来表示范围，目的是避免启动时解析所有范围表达式的开销。

这种布局也许读写都能比文本格式快，但是会产生其它问题。固定记录长度这种简单的实现会造成人为限制新闻组名称的长度，（更严重的是）限制已读文章数量范围的最大值。用一种更复杂的二进制包格式可避免这种长度限制，但用户无法自行查看或编辑——而当需要重新设置某个新闻组中的某个已读状态字段时，这种能力非常有用。而且，这种格式还不一定能移植到其它类型的机器上。

最初的新闻阅读器设计者舍经济性而取透明性和可操作性。当然，反过来从经济性角度来考虑，这种取舍也不无道理。由于.newsrc 文件有可能变得很大，某些新型阅读器（GNOME 的 Pan 阅读器）就使用对速度优化的专用格式来避免启动等待。但对其他实现者而言，文本表达在 1980 年看起来就是很好的折衷方案，而且随着机器速度的提高和存储器价格的下降，这种选择现在愈发显得明智。

5.1.3 实例分析：PNG 图形文件格式

PNG（可移植网络图形）是位图图形的一种文件格式。PNG 更像 GIF，而不像 JPEG，其不同之处在于采用了无损压缩，并为艺术线条(line art)和图标而不是照片图像的应用程序进行了优化。高质量的文档和开源参考库可从其站点<http://www.libpng.org/pub/png/>上获得。

PNG 格式是二进制文件格式中一个经过周密设计的优秀例子。既然图形文件包含了大量的数据，如果像素数据用文本格式来存储的话，尺寸和网络下载时间都会显著提高，因此二进制格式非常合适。传输经济性是要考虑的主要问题，透明性则牺牲了[3]。但是，设计者对互用性非常谨慎：PNG 格式指定了字节顺序、整数的字长、优先顺序，和（但缺少）字段间的填充。

PNG 文件由一系列字节块(chunk)构成，每个都是自描述格式，以块类型名和块长度开头。由于这种组织形式，PNG 不需要版本号。随时都可以增加新的块类型；块类型名称中的第一个字母告知使用 PNG 的软件当前块是否可被安全忽略。

PNG 文件头同样值得研究。它设计得非常聪明，能使各种常见的文件损坏情况（如 7 位传输连接，或 CR 字符和 LF 字符的损坏）很容易被发现。

PNG 标准精确全面，编写得非常好，可以作为如何撰写文件格式标准的范例来使用。

5.2 数据文件元格式

数据文件元格式是一套句法和词法约定，这套约定或者已经正式标准化，或者已经通过实践得到了充分的确定，已有标准服务库来处理列集和散集操作。

Unix 已经形成或采纳了适合多种应用程序的不同元格式。尽可能使用这些元格式（而不是标新立异自己的格式）是个好习惯。第一个好处是使用服务库可以避免编写大量的用户解析代码和生成代码。但最重要的好处还是开发者甚至很多用户都能立即认出这些格式，有亲切感，这就减少了学习新程序的磨合成本（friction cost）。

在以下讨论中，当我们说到“传统 Unix 工具”时，我们指 *grep*（1）、*sed*（1）、*awk*（1）和 *cut*（1）这些文本搜索和变换工具的组合。对以上工具所提倡的面向行格式的解析，Perl 和其他脚本语言通常自带支持功能。

以下就是一些可以作为典范使用的标准格式。

[3] 别搞错，PNG 格式支持另一种透明性——透明像素。

5.2.1 DSV 风格

DSV 代表“*Delimiter-Separated Values*(**分隔符分隔值**)”。我们在文本元格式引用的第一个例子/etc/passwd 文件就是一个使用冒号作为值分隔符的 DSV 格式。在 Unix 中，对字段值可能包含空格的 DSV 格式，冒号是默认的分隔符。

/etc/passwd 格式（每个记录一行，字段用冒号分隔）是 Unix 中非常传统的格式，经常用于处理表列数据。其它经典的例子包括描述安全组的/etc/group 文件和在操作系统不同运行级别中控制 Unix 服务程序启动和关闭的/etc/inittab 文件。

这种风格的数据文件一般应通过反斜杠（\）转义符支持在数据域中包含冒号。更为普遍的是，读取这种文件的代码可通过忽略反斜线转义的换行符支持连续记录，并且允许通过 C 风格的反斜杠转义符嵌入非打印字符数据。

当数据为列表、名称（在首字段）为关键字、而且记录通常很短（少于 80 个字符）时，这种格式最适用。这种格式和传统的 Unix 工具配合得很好。

有时候也可以看到冒号以外的字段分隔符，如管道字符“|”，甚至用 ASCII NUL。Unix 的旧学派做法偏爱 TAB，这可在 *cut*（1）和 *paste*（1）的默认设置中反映出来。但随着格式设计者逐渐意识到，TAB 和 SPACE 在视觉上无法区别而引起了很多令人恼火的小麻烦，这种做法也逐渐改变了。

这种格式之于 Unix，就像 CSV（逗号分隔值）格式之于 Unix 世界外的 Microsoft Windows 和其它操作系统。Unix 中很少用到以逗号分隔字段、双引号用来转义逗号、没有连续行的 CSV 格式。

事实上，Microsoft 版 CSV 是一个如何设计文本文件格式的典型反面例子。问题首先出现在字段正好含有分隔字符（在这种情况下是逗号）的情况中。Unix 的方法是简单的用反斜杠转义分隔符，用双反斜杠表示反斜杠字面值。在解析文件时，这种设计只要检查一种特殊情况（转义符），发现转义符时只要一个操作（解析跟在转义符后的字符）。后者不仅方便了分隔符的处理，而且还能自由处理转义符和新行符。CSV 则相反，如果字段值中存在分隔符，就将整个字段值包括在双引号内。如果字段值包含双引号，整个字段值也得包括在双引号内，字段中的单个双引号需要重复两遍才能表明自己并不结束整个字段。

到处使用特殊情况所带来的不良结果是双重的。首先，分析程序的复杂度（以及 bug 的易发性）提高了。其次，由于格式规定既复杂又不明确，不同实现对边缘情况的处理也不同。有时，通过在一行的最后一个字段前使用双引号来支持连续行——但只有部分产品这么做！在微软自己的应用软件，有时甚至是同一个应用程序的不同版本之间（Excel 就是最明显的例子），CSV 文件都存在不兼容的情况。

5.2.2 RFC 822 格式

RFC 822 格式源自互联网电子邮件信息采用的文本格式；（在被 RFC 2822 取代前）RFC 822 一直是描述这种格式的主要互联网 RFC。MIME（多用途网际邮件扩充协议，Multipurpose Internet Mail Extension）提供了在 RFC 822 格式信息中嵌入类型化二进制数据的方法（在网上搜索以上这些名称的任何一个都可以找到相关标准）。

在这种元格式中，记录属性每行存放一个，以类似邮件头字段名的标记命名，用冒号后接空白作为结束。字段名不得包含空格；通常用横线代替空格。该行的其余部分都是属性值，除了结尾的空格和换行。以 tab（制表符）或 whitespace（空格符）开始的物理行被解释为当前逻辑行的延续。空行可能被解释为记录的结束，也可能表明接下来是非结构化的文本。

在 Unix 中，对那些带属性的或任何与电子邮件类似的信息，这都是传统而且首选的文本元格式。一般来说，这种格式非常适合具有不同字段集合而字段中数据层次又扁平（没有递归或树形结构）的记录。

Usenet 使用的就是这种格式，万维网使用的 HTTP 1.1（以及后续版本）也使用这种格式。这种格式非常便于人工编辑。在属性搜索上，传统的 Unix 搜索工具仍能使用，只不过寻找记录边界要比“每行一个记录”的格式要多费些周折。

RFC 822 格式的一个弱点是，当一个文件中有不止一个 RFC 822 信息或记录时，记录边界可能不太明显——可怜的死脑筋的计算机如何知道一条信息的非结构化正文结束，而下一个记录头开始的地方在哪里呢？历史上已经存在过好几个不同的分隔邮箱中信息的约定。每条信息的第一行以字符串“`From`”和发送者信息开头的这种最古老、受到最广泛支持的方法并不适合其它类型的记录；这种方法也要求转义信息文本行以“`From`”开头（通常用“>”）——这种做法经常引起混淆。

有些邮件系统使用那些不太可能出现在信息中的控制符作为分隔行，如连续使用几个 ASCII 01（control-A）字符。MIME 标准通过在邮件头中包含一个确定的信息长度避开了这个问题，但这是一个不太稳妥的解决方案，一旦对信息进行了手工编辑，这种解决方案很容易出问题。更好的解决方案参见本章下面描述的 record-jar 风格。

看看自己的电子邮箱就可以找到 RFC 822 格式的例子。

5.2.3 Cookie-Jar 格式

Cookie-jar 格式是*fortune*（1）程序为随机引用数据库而使用的一种格式。这种格式很适用记录只是一堆非结构化文本的情况。这种格式简单使用跟随%%的新行符（或者有时只有一个%）作为记录分隔符。例 5.3 是来自电子邮件签名引用文件的部分例行。

例 5.3 fortune 文件实例

```
"Among the many misdeeds of British rule in India, history will look
upon the Act depriving a whole nation of arms as the blackest."
       -- Mohandas Gandhi, "An Autobiography", pg 446
%
The people of the various provinces are strictly forbidden to have
in their possession any swords, short swords, bows, spears, firearms,
or other types of arms. The possession of unnecessary implements
makes difficult the collection of taxes and dues and tends to foment
uprisings.
       -- Toyotomi Hideyoshi, dictator of Japan, August 1588
%
"One of the ordinary modes, by which tyrants accomplish their
purposes without resistance, is, by disarming the people, and making
it an offense to keep arms."
       -- Supreme Court Justice Joseph Story, 1840
```

寻找记录分隔符时接受%后的空格是个好做法，有助于解决人为编辑的错误。更好的做法就是使用%%，并忽略从%%到行结束处的所有文本。

> cookie-jar 分隔符最初是“%%\n”。我当时希望找个能比“%”更显眼的东西。事实上，任何“%%”之后的内容都作注释处理（至少我是这样写的）。
>
> —Ken Arnold

简单的 cookie-jar 格式适用于词以上结构没有自然顺序，而且结构不易区别的文本段，或适用于搜索关键字而不是文本上下文的文本段。

5.2.4 Record-Jar 格式

cookie-jar 记录分隔符和 RFC 822 记录元格式结合得非常好，产生一种我们称之为“record-jar”的格式。如果文本格式要支持显式字段数目可变的多重记录，众望所归的方法就是采用例 5.4 类似的格式。

例 5.4 以 record-jar 格式表达的三颗行星基本数据

```
Planet: Mercury
Orbital-Radius: 57,910,000 km
Diameter: 4,880 km
Mass: 3.30e23 kg
%%
Planet: Venus
Orbital-Radius: 108,200,000 km
Diameter: 12,103.6 km
Mass: 4.869e24 kg
%%
Planet: Earth
Orbital-Radius: 149,600,000 km
Diameter: 12,756.3 km
Mass: 5.972e24 kg
Moons: Luna
```

当然，记录分隔符也可以是一个空行，但是由“%%\n”构成的一行更为清晰，也不大可能在编辑时无意产生(两个可打印字符比一个好，因为这样不可能由单个笔误引起)。在类似这样的格式中，直接忽略空行是个不错的办法。

如果记录中含有部分非结构化文本，record-jar 格式就非常接近邮箱格式。在这种情况下，关键有一个定义良好的转义分隔符的方法，这样分隔符才能出现在文本中；否则，读取记录的程序总有一天会卡在形式不良文本部分上。本书指出了和字节填充（本章后面部分将有描述）类似的一些技巧。

Record-jar 格式适合于那些类似 DSV 文件、但又有可变字段数目而且可能伴随无结构文本的字段属性关系集合。

5.2.5 XML

XML 语法类似于 HTML，非常简单——尖括号括起的（<>）标签和“&”记号引导字面值序列。它几乎和纯文本标记一样简单，但又能表达递归嵌套的数据结构。XML 只是一种低级的语法，需要文档类型定义（例如 XHTML）和相关的应用逻辑赋予其语义。

XML 非常适合复杂的数据格式（旧学派 Unix 传统会为此使用类似 RFC 822 的节格式），尽管对简单的数据来说未免有些大材小用。它尤其适合那些 RFC 822 元格式不太好处理、有复杂递归或嵌套数据结构的格式。对这种格式的详细介绍，可参见《XML in a Nutshell》一书[Harold-Means]。

> 设计文本格式最难处理的问题是引句(quoting)、空格符和其它低级语法细节。用户文件格式常常因为语法结构上的轻微错误而不能跟类似格式匹配。使用 XML 之类的标准格式，可以由标准程序库来校验并解析，解决了这些问题中的绝大部分。
>
> —Keith Packard

例 5.5 是一个基于 XML 的配置文件简单实例。它是 Linux 下随开源 KDE office suite（套装办公软件）发布的 *kdeprint* 工具的一部分，描述了从图像转换到 PostScript 的过滤操作选项，以及如何将它们映射成过滤器命令行参数。另一个有益示例请参见第 8 章对 *Glade* 的讨论。

XML 的一个优势在于经常无需知道数据语义，仅通过语法检查就能发现形式不良、损坏或错误生成的数据。

XML 最严重的问题是无法很好和传统的 Unix 工具协作。读取 XML 格式的软件需要 XML 解析器，这就意味着需要庞大复杂的程序。同样，XML 本身也相当庞大，要在所有的标记中找到数据很困难。

XML 占据明显优势的应用领域是文档文件的标记格式（我们将在第 18 章予以更详细的讨论）。在大块纯文本中，此类文件的标记往往比较稀疏，因此 Unix 传统工具仍能出色完成简单的文本搜索和转换。

例 5.5 XML 实例

```
<?xml version="1.0"?>
<kprintfilter name="imagetops">
   <filtercommand
        data="imagetops %filterargs %filterinput %filteroutput" />
   <filterargs>
      <filterarg name="center"
              description="Image centering"
              format="-nocenter" type="bool" default="true">
         <value name="true" description="Yes" />
         <value name="false" description="No" />
      </filterarg>
      <filterarg name="turn"
              description="Image rotation"
              format="-%value" type="list" default="auto">
         <value name="auto" description="Automatic" />
         <value name="noturn" description="None" />
         <value name="turn" description="90 deg" />
      </filterarg>
      <filterarg name="scale"
              description="Image scale"
              format="-scale %value"
              type="float"
                  min="0.0" max="1.0" default="1.000" />
      <filterarg name="dpi"
              description="Image resolution"
              format="-dpi %value"
              type="int" min="72" max="1200" default="300" />
   </filterargs>
   <filterinput>
      <filterarg name="file" format="%in" />
      <filterarg name="pipe" format="" />
   </filterinput>
   <filteroutput>
      <filterarg name="file" format="> %out" />
      <filterarg name="pipe" format="" />
   </filteroutput>
</kprintfilter>
```

这些领域间有一个很有趣的沟通桥梁，就是 PYX 格式——面向行的 XML 转换，可由传统的 Unix 面向行文本工具进行修改，然后再无损转换成 XML。在网上搜索“Pyxie”

即可找到相关资源。xmltk 工具包则采取相反办法，提供类似 *grep*（1）和 *sort*（1）的面向流工具来过滤 XML 文档；在网上搜索“xmltk”即可找到。

选择 XML 可以简化问题，也可能使问题复杂化。对它的大肆吹捧很多，但不要不加批判地采用或拒绝，否则就会成为时尚的牺牲品。请谨慎选择，牢记 KISS 原则。

5.2.6 Windows INI 格式

许多微软的 Windows 程序都使用类似例 5.6 的文本数据格式。这个例子将名为 `account`、`directory`、`numeric_id` 和 `developer` 的可选资源和名为 `python`、`sng`、`fetchmail` 和 `py-howto` 的项目关联在一起。如果某个指定的输入项没有提供值，则 DEFAULT 输入项将提供相应值。

例 5.6 .INI 文件实例

```
[DEFAULT]
account = esr

[python]
directory = /home/esr/cvs/python/
developer = 1

[sng]
directory = /home/esr/WWW/sng/
numeric_id = 1012
developer = 1

[fetchmail]
numeric_id = 18364

[py-howto]
account = eric
directory = /home/esr/cvs/py-howto/
developer = 1
```

这种风格的数据文件格式并不是 Unix 自带的，但在 Windows 影响下，一些 Linux 程序（特别是 Samba，一种在 Linux 系统上获取 Windows 文件共享的工具套件）也开始支持这种格式。这种格式可读性好，设计得不错，但和 XML 一样，不能与 *grep*（1）或常规 Unix 脚本工具很好地配合使用。

如果数据围绕指定的记录或部分能够自然分成“名称-属性对”两层组织结构，.INI 格式非常适用。但这种格式并不适合数据存在完全递归树形结构的情况（XML 更适合）；而对于简单的名称-值关系列表，这种格式又是大材小用（这时应使用 DSV 格式）。

5.2.7 Unix 文本文件格式的约定

Unix 关于文本数据格式应该怎样的传统由来已久。这些约定大多来源于我们刚刚讨论过的 Unix 标准元格式中的一个或多个格式。若非确有特殊原因，最好还是遵循这些约定。

我们将在第 10 章讨论程序运行控制文件使用的一套不同约定。但大家应该注意，以下一些原则（尤其在词法级别上，字符如何组合成标记的规则）也同样适用这套约定。

- **如果可能，以新行符结束的每一行只存一个记录。**这样用文本流工具提取记录就非常容易。为了和其它操作系统交换数据，最好让文件格式的解析器不受行结束符是 LF 还是 CR-LF 的影响。在这种格式中，习惯上忽略结尾的空白，以防范常见的编辑错误。

- **如果可能，每行不超过 80 个字符。**这样使格式可以在普通尺寸的终端视窗上浏览。如果很多记录一定要超过 80 个字符，考虑使用分节格式(stanza format)（见下文）。

- **使用“#”引入注释。**能在数据文件中嵌入注解和说明会非常好。最好是把它们作为文件结构的一部分，便可被知道这种格式的工具保存下来。对于解析时不保存的说明，惯例上采用“#”作为起始字符。

- **支持反斜杠约定。**支持嵌入不可打印控制字符的最自然方法，就是解析 C 语言风格的反斜杠转义——`\n` 表示新行，`\r` 表示回车，`\t` 表示制表符，`\b` 表示退格，`\f` 表示走纸，`\e` 表示 ASCII escape（27），`\nnn` 或`\onnn` 或`\0nnn` 表示八进制值为 `nnn` 的字符，`\xnn` 表示十六进制值为 `nn` 的字符，`\dnnn` 表示十进制值为 `nnn` 的字符，\\表示实际意义上的反斜杠。还有一个较新但也应当遵守的约定是使用`\unnn` 表示十六进制的 Unicode 字面值。

- **在每行一条记录的格式中，使用冒号或任何连续的空白作为字段分隔符。**冒号约定似乎起源于 Unix 的口令文件。如果某个字段必须包含分隔符，使用反斜杠前缀进行转义。

- **不要过分区别 tab 和 whitespace**。否则，当用户编辑器的 tab 设置不同时，会产生很多令人头痛的麻烦。这条原则是治愈头痛的良方。况且，一般来说，眼睛很难区别 tab 和 whitespace。仅使用 tab 作为分隔符尤其容易产生问题；相反，允许使用连续的 tab 和空格作为分隔符却非常有效。

- **优先选用十六进制而不是八进制**。和三位的八进制数字相比，两位或四位的十六进制数字更容易直观地与字节以及今天的 32 位和 64 位字对应起来；而且，效率也或多或少高一点。强调该准则是因为 *od*（1）等一些较老的 Unix 工具违反了这条准则，这是较老的 PDP 小型机的机器语言指令字段大小所产生的历史遗留问题。

- **对于复杂的记录，使用“节(stanza)”格式：一个记录若有多行，就使用`%%\n`或`%\n`作为记录分隔符**。在人们肉眼检查文件时，这种分隔符是非常有用而且直观的边界标志。

- **在节格式中，要么每行一个记录字段，要么让记录格式和 RFC 822 电子邮件头类似，用冒号终止的字段名关键字作为引导字段**。当字段经常空缺或者超过 80 个字符，或者当记录很稀疏时（如经常有空字段），适用第二种方案。

- **在节格式中，支持连续行**。解释文件时，或者抛弃空格符之后的反斜杠，或者将空格符之后的新行符解释为单个空格；这样，一个很长的逻辑行就能够折叠成多个很短（容易编辑！）的物理行。在这些格式中，习惯上忽略结尾的空格，可防范常见的编辑错误。

- **要么包含一个版本号，要么将格式设计成相互独立的自描述字节块**。哪怕只存在一丁点格式发生改变或扩展的可能性，也要包含一个版本号，这样代码才能够有条件地在所有版本上正确运行。换句话说，将格式设计成自描述字节块，无需立即破坏旧代码就可以增加新的块类型。

- **注意浮点数取整问题**。由于所用转换库质量的不同，浮点数从二进制格式转换成文本格式再转换回二进制格式时可能会有精度损失。如果列集/散集的结构中包含浮点数，应该从两个方向都测试一下转换。如果看上去任何一个方向的转换都可能存在取整误差，做好将浮点字段作为未处理的二进制格式或字符串编码形式转储的准备。如果在 C 语言或调用了 C printf/scanf 的语言中编程，C99 的`%a` 指示符可以解决这个问题。

- **不要仅对文件的一部分进行压缩或二进制编码**。见下文……

5.2.8 文件压缩的利弊

许多现代的 Unix 项目，如 OpenOffice.org 和 AbiWord，现在都使用 *zip*（1）或 *gzip*（1）压缩的 XML 作为数据文件格式。压缩的 XML 综合了空间经济性和文本格式的一些优势——尤其是避免了二进制格式常常必须要为那些特定情况下（如特殊选项或超大范围）可能用不到的信息分配空间的问题。但目前对此还存在争论，也正是这种争论引发了本章讨论的一些主要折衷方案。

一方面，实验表明，经过压缩的 XML 文件通常比 Microsoft Word 自带的二进制文件格式明显要小，虽然大家可能认为二进制文件占用的空间更小。原因同 Unix“就做好一件事”的基本哲学原理有关。创建一个简单的工具来做好压缩，要比仅对文件某些部分进行特别压缩更有效，原因在于，压缩工具可以扫描所有数据，然后找到信息中的**所有**重复部分进行压缩。

同时，将表现形式的设计和具体压缩的方法分离，将来就可能只要对实际文件解析做最少量修改便可以使用不同的压缩方法——或许根本就不需要任何修改。

从另一方面来看，压缩确实在某种程度上损害了透明性。尽管人可以根据上下文推测解开压缩文件是否会看到有用的东西，但是直到 2003 年中期，*file*（1）之类的工具仍然还无法看穿这个“包装层”。

可能有人会提倡那些没有这么结构化的压缩格式——比方说，不要 *zip*（1）提供的内部结构和自识别头部块，直接用 *gzip*（1）压缩 XML 数据。尽管使用类似 *zip*（1）的格式能解决识别问题，但对于用比较简单脚本语言编写的程序来说，解码这些文件会相当棘手。

这些解决方案中的任何一种（纯文本，纯二进制或压缩文本）都可能是最佳方案，具体取决于对存储经济性、可显性或让浏览工具编写起来尽可能简单等问题的权衡考虑。上述讨论并非要鼓吹哪一种方法比其它方法更好，而是就如何考虑清楚各种选择方案和设计出折中方案提出一些建议。

人们一直说，真正的 Unix 式解决方案也许是用 *file*（1）透过压缩看文件前缀——如果不行，就围绕 *file*（1）写一个 shell 脚本，对压缩内容执行 *gunzip*（1）再看。

5.3 应用协议设计

我们将在第 7 章讨论“将复杂应用程序划分成几个协作进程、通过应用程序专用命令集或协议通信”的优点。所有将数据文件格式设计成文本格式的好理由同样适用于应用程序专用协议的设计。

如果应用协议是文本式的，而且仅凭肉眼就能很容易地分析，那么很多好事情就更容易实现了。事务转存更容易解释。测试负载也更容易编写。

服务器进程通常由 *inetd*（8）之类的统一控制程序(harness programs)调用，其方式是服务器程序从标准输入中接收命令，然后将响应发送到标准输出。我们将会在第 11 章更详细地描述这种“CLI 服务器”模式。

CLI 服务器的命令集是为达到简洁性而设计的，这种服务器程序有一个可贵的特性，就是测试人员能够直接向服务器进程键入命令来探知软件的工作情况。

另一个需要牢记在心的问题是端对端（end-to-end）设计守则。每一个协议设计者都应该读一读经典的《系统设计中的端对端论》（*End-to-End Arguments in System Design*）[Saltzer]。人们经常会严肃地对究竟协议栈哪一层应该处理安全和认证之类的功能提出问题。这篇文章为如何考虑这个问题提供了一些很好的概念性手段。除此以外，还有第三个问题，就是为获得良好的性能而设计应用协议。我们将在第 12 章更详细讨论这个问题。

1980 年以前，互联网应用协议的设计传统一直独立于 Unix 发展[4]。但自那以后，这些传统已经完全融入了 Unix 实践。

下面我们将研究三个使用最广泛，也是被广大互联网 hacker 看作典范的应用协议实例：SMTP、POP3 和 IMAP，来说明互联网的风格。这三个协议分别致力于邮件传输（和万维网一起构成网络最重要的两个应用）的不同方面，而所涉及的问题（传输消息、设置远程状态、报告错误状态）对非电子邮件应用协议也颇具普遍意义，并且通常也可采用类似的技巧来处理。

[4] 互联网协议的行结束符通常是 CR-LF，而不是 Unix 的单 LF，这就是这段前 Unix 历史的遗留痕迹。

5.3.1 实例分析：SMTP，一个简单的套接字协议

例 5.7 是 RFC 2821 描述的 SMTP 协议（简单邮件传送协议）中的一个处理实例。在这个例子中，*C:* 行由发送邮件的邮件传输代理（MTA）发送，*S:* 行由接收邮件的 MTA 返回。*用斜体字*强调的是注释，并非事务处理的实际部分。

例 5.7 SMTP 会话实例

```
C: <client connects to service port 25>
C: HELO snark.thyrsus.com     sending host identifies self （发送主机鉴别消息）
S: 250 OK Hello snark, glad to meet you  receiver acknowledges （接收方确认）
C: MAIL FROM: <esr@thyrsus.com>      identify sending user （鉴别发送用户）
S: 250 <esr@thyrsus.com>... Sender ok  receiver acknowledges （接收方确认）
C: RCPT TO: cor@cpmy.com             identify target user （鉴别发送目标用户）
S: 250 root... Recipient ok            receiver acknowledges （接收方确认）
C: DATA
S: 354 Enter mail, end with "." on a line by itself
C: Scratch called.  He wants to share
C: a room with us at Balticon.
C: .                                 end of multiline send  （多行发送结束）
S: 250 WAA01865 Message accepted for delivery
C: QUIT                              sender signs off （发送方退出）
S: 221 cpmy.com closing connection      receiver disconnects （接收方断线）
C: <client hangs up>
```

邮件就是这样在互联网机器上传输的。注意以下特征：请求的命令参数格式，应答由状态码和紧接其后的指示信息构成，以及“DATA”命令的有效数据部分以一个只有单个“.”的行结束。

SMTP 是互联网上仍在使用的最古老的两三个应用协议之一。这个协议简单有效，经受住了时间的考验。我们在这里重点指出的几个特征，也经常在互联网其它协议中出现。如果说设计良好的互联网应用协议有个原型的话，那么这个原型一定是 SMTP。

5.3.2 实例分析：POP3，邮局协议

另一个经典的互联网协议是 POP3，即邮局协议(Post Office Protocol)。这个协议也用于邮件传输，但是 SMTP 是邮件发送者启动事务处理的“推（push）”协议，而 POP3

是邮件接收者启动事务处理的“拉（pull）”协议。不连续访问互联网的用户（如拨号连接）可以让他们的邮件存在一个邮箱机器上，然后使用 POP3 连接将邮件通过网线接收到自己的电脑上。

例 5.8 是 POP3 会话的一个例子。其中，*C:* 行由客户端发送，*S:* 行由邮件服务器端发送。可以看它到跟 SMTP 有很多相似之处。这个协议也是文本协议，也是面向行的，发送的有效消息部分由单点行加上行终止符结束，甚至使用同一个退出命令——QUIT。如同 SMTP，每次客户端操作都经过回复行确认，回复行以状态码开头，其中包括了可供人眼识别的提示信息。

例 5.8　POP3 会话实例

```
C: <client connects to service port 110>
S: +OK POP3 server ready <1896.6971@mailgate.dobbs.org>
C: USER bob
S: +OK bob
C: PASS redqueen
S: +OK bob's maildrop has 2 messages (320 octets)
C: STAT
S: +OK 2 320
C: LIST
S: +OK 2 messages (320 octets)
S: 1 120
S: 2 200
S: .
C: RETR 1
S: +OK 120 octets
S: <the POP3 server sends the text of message 1>
S: .
C: DELE 1
S: +OK message 1 deleted
C: RETR 2
S: +OK 200 octets
S: <the POP3 server sends the text of message 2>
S: .
C: DELE 2
S: +OK message 2 deleted
C: QUIT
S: +OK dewey POP3 server signing off (maildrop empty)
C: <client hangs up>
```

与 SMTP 有一些不同之处，最明显的区别是 POP3 使用状态标记，而不是像 SMTP 那样使用 3 位数字的状态码。当然，请求的语义也不同。但是两者的族谱相似性（本章稍后讨论通用互联网元协议时会对此详细说明）很明显。

5.3.3 实例分析：IMAP，互联网消息访问协议

为了完整展示互联网应用协议的三剑客，我们最后再看看 IMAP——另一个设计风格略有不同的邮局协议。请看例 5.9；跟前面一样，*C:* 行由客户端发送，*S:* 行由邮件服务器发送。用*斜体字*强调的是注释，并非事务处理的实际部分。

例 5.9 IMAP 会话实例

```
C: <client connects to service port 143>
S: * OK example.com IMAP4rev1 v12.264 server ready
C: A0001 USER "frobozz" "xyzzy"
S: * OK User frobozz authenticated
C: A0002 SELECT INBOX
S: * 1 EXISTS
S: * 1 RECENT
S: * FLAGS (\Answered \Flagged \Deleted \Draft \Seen)
S: * OK [UNSEEN 1] first unseen message in /var/spool/mail/esr
S: A0002 OK [READ-WRITE] SELECT completed
C: A0003 FETCH 1 RFC822.SIZE        Get message sizes （获得消息大小）
S: * 1 FETCH (RFC822.SIZE 2545)
S: A0003 OK FETCH completed
C: A0004 FETCH 1 BODY[HEADER]     Get first message header（获得第一条消息头）
S: * 1 FETCH (RFC822.HEADER {1425}
<server sends 1425 octets of message payload>
S: )
S: A0004 OK FETCH completed
C: A0005 FETCH 1 BODY[TEXT]        Get first message body （获得第一条消息体）
S: * 1 FETCH (BODY[TEXT] {1120}
<server sends 1120 octets of message payload>
S: )
S: * 1 FETCH (FLAGS (\Recent \Seen))
S: A0005 OK FETCH completed
C: A0006 LOGOUT
S: * BYE example.com IMAP4rev1 server terminating connection
S: A0006 OK LOGOUT completed
C: <client hangs up>
```

IMAP 对有效载荷部分的分隔方法略有不同，它不是用一个点号来结束，而是将有效载荷的长度直接放在有效载荷之前发送。这稍稍增加了服务器的负担（消息必须提前完成组合，无法在初始化后流转），但使客户端工作更容易了——客户端可以提前知道需要分配多少存储空间作为整个处理消息的缓冲区。

同时，应注意，每个响应都标上了由请求提供的序列标签，本例中这个标签的形式为 A000n，但客户端也可以在这个位置上生成任何其它标记。这个特性使 IMAP 命令无需等待响应就可以流向服务器端；然后客户端的状态机就能够在数据回来时直接解析响应和有效数据载荷。这样可以减少等待时间。

IMAP（为取代 POP3 协议而设计）是一个成熟而强大的互联网应用协议的优秀设计典范，值得学习和效仿。

5.4 应用协议元格式

就像数据文件元格式是为了简化存储的序列化操作而发展出来一样，应用协议元格式是为了简化网络间事务处理的序列化操作而发展出来的。但在这种情况中采取的折衷略有不同：因为网络带宽要比存储昂贵得多，所以需更加重视事务处理的经济性。尽管如此，文本格式的透明性和互用性优势仍然十分显著，所以大多数设计者还是抵制住了牺牲可读性来优化性能的诱惑。

5.4.1 经典的互联网应用元协议

Marshall Rose 的 RFC 3117《论应用协议的设计》（*On the Design of Application Protocols*）[5]很好地概括了互联网应用协议设计中的种种问题。它明确了我们在分析 SMTP、POP 和 IMAP 时所注意到的一些经典互联网协议的描述手段（trope），并对其进行了具启发意义的分类。推荐大家一读。

经典的互联网元协议是文本格式，使用单行请求和响应，但有效数据载荷可以多行。有效数据载荷要么是 8 位组数据作为前导，要么以“\r\n”行作为结束符。在后一种情况下，有效数据载荷在字节上已被补齐；所有以句点“.”开始的行前面需要另加一个句

[5] 从<ftp://ftp.rfc-editor.org/in-notes/rfc3117.txt>处参阅 RFC3117。

点，接收方既负责识别结束符又负责去除补齐字节。应答行由状态码和后接人可识别的消息构成。

这种经典风格的关键优势是可以随时扩展。解析器和状态机框架无需太多修改就能够适应新的请求，而且代码也容易编写，使其可以解析未知请求并返回错误信息或直接忽略这些未知请求。SMTP、POP3 和 IMAP 在使用过程中都经历了相当频繁的小扩展，互用性问题极少。相比之下，那些设计比较简单的二进制协议，却以不耐用而臭名昭著。

5.4.2 作为通用应用协议的 HTTP

自从万维网在 1993 年左右吸引到足量用户以来，应用协议的设计者已经越来越倾向于在 HTTP 上构建专用协议，并使用网页服务器作为通用服务平台。

这是一种可行的方案，因为在事务层上，HTTP 非常简单和通用。HTTP 请求采用类似 RFC-822/MIME 格式的消息：通常，消息头包含识别和认证信息，第一行是对通用资源指示符（URI）指定的某个资源的方法调用。最重要的方法是 GET（获取资源）、PUT（修改资源）和 POST（将数据发送给某个表单或后端进程）。URI 最重要的形式是 URL，即统一资源定位符（Uniform Resource Locator）。URL 通过服务类型、主机名称和在主机上的位置对资源进行识别。HTTP 响应只是一种 RFC-822/MIME 消息，可以包含由客户端解释的任意内容。

网页服务器处理 HTTP 的传输和请求多路复合层，同时也处理标准的服务类型，如 http 和 ftp。要编写可以处理自定义服务类型的网页服务器插件相对比较容易，也很容易分派 URI 格式的其它元素。

除了避免很多底层细节之外，这种方法也意味着应用协议可以通过标准的 HTTP 服务端口，不需要自身的 TCP/IP 服务端口。这成为一个非常显著的优势：大多数防火墙都开放 80 端口，而试图穿透其它端口则可能遇到技术上和政治上的困难。

风险也伴随这种优势而来：这意味着网页服务器和插件会越变越复杂，任何这些代码的破解都可能带来巨大的安全问题。要隔离并关闭出问题的服务也可能会更加困难。通常此时就要在安全和便利间做出折衷。

RFC 3205《论使用 HTTP 作为底层》（*On the Use of HTTP As a Substrate*）[6]向正在考虑将 HTTP 作为应用协议底层使用的人提出了很好的设计建议，文中还总结了各种权衡方案和所涉及的问题。

5.4.2.1 实例分析：CDDB/freedb.org 数据库

音频 CD 由一序列称为 CDDA-WAV 的数字格式音轨组成。在一般计算机拥有足够速度和声音处理能力来实时解码之前几年，音频 CD 是为让简单消费型电子产品能够播放而设计的。正因为如此，它没有提供相应的格式来记录甚至非常简单的一些元信息，如唱片专辑和歌曲音轨标题等。但是现代计算机中的 CD 播放器需要这些信息，这样用户可以整理和编辑播放列表。

连上互联网，网上有（至少两个）资料库可提供根据 CD 上音轨长度表计算出的散列码与艺术家/专辑名/音轨名之间的对应记录。最初的一个资料库是 cddb.org，但另一个名为 freedb.org 的站点也许现在资料更完整，用的人也更多。随着新 CD 的不断推出，这两个站点都依靠用户来完成更新数据库的巨大任务。当 CDDB 决定将用户提供的所有信息都收为专有后，作为开发者的反抗，freedb.org 发展了起来。

对这些服务的查询本可以作为基于 TCP/IP 的自定义应用协议来实现，但是那样就要求采取以下步骤，如给它分配一个新的 TCP/IP 端口号，还要为它费力地从成千上万的防火墙上争取到通路。为了避免这些麻烦，该服务基于 HTTP 作为简单的 CGI 查询来实现（就好像 CD 的散列码是用户通过在网页上填表提供的）。

由于作了这种选择，所有现行各种编程语言的 HTTP 和 Web 访问程序库的基础代码都可以支持数据库的查询和更新。结果，在 CD 播放器中增加这样的支持功能几乎不费吹灰之力，而实际上现在每款 CD 播放软件都知道如何使用这些功能。

5.4.2.2 实例分析：互联网打印协议

互联网打印协议（IPP，Internet Printing Protocol）是一个非常成功、被广泛采用的网络访问打印机控制标准。指向 RFC 的链接、各种实现和大量的其它相关材料都可以在 IETF 的打印机工作组站点<http://www.pwg.org/ipp/>获得。

IPP 使用 HTTP 1.1 作为传输层。所有的 IPP 请求都通过 HTTP POST 方法调用发送；响应是普通的 HTTP 响应。（《互联网打印协议模型和结构基本原理》（*Rationale for the Structure of the Model and Protocol for the Internet Printing Protocol*），RFC 2568 的 4.2 节

---

[6] 参见 RFC 3205<http://www.faqs.org/rfcs/rfc3205.html>。

很好解释了做出这种选择的理由，值得正在考虑编写新应用协议的所有人员研究）。

在软件方面，HTTP 1.1 得到了广泛应用。HTPP 1.1 已经解决了许多传输层问题，不然，这些问题将使协议的设计者和实现者无法集中精力解决打印的域语义问题。HTTP 1.1 能够很干净地进行扩展，因此 IPP 还有足够的发展空间。人们非常熟悉处理 POST 请求的 CGI 编程模型，开发工具也很丰富。

大多数具有网络能力的打印机已经内置了网页服务器，因为这是能人工远程查询打印机状态的一个自然的方法。这样，向打印机固件增加 IPP 服务的额外成本并不是很高。（这一点也适用于许许多多具有网络能力的硬件，包括自动售货机、自动咖啡机[7]和自动澡盆！）

基于 HTTP 的 IPP 协议的唯一严重缺点就是协议完全由客户端的请求来驱动。这样，模型中就不存在可供打印机向客户返回异步报警信息的余地（然而，聪明的客户可以运行一个很小的 HTTP 服务程序，来接收打印机发送的 HTTP 请求格式报警信息）。

5.4.3 BEEP：块可扩展交换协议

BEEP（原先叫 BXXP）是一种通用协议，对于通用底层这一角色来说和 HTTP 一样具有竞争力。之所以说竞争，是因为目前为止还没有一个制定较完善的元协议非常适合真正的对等网（P2P）应用，不像客户端-服务器应用——HTTP 在这一领域游刃有余。访问<http://www.beepcore.org/beepcore/docs/sl-beep.jsp>项目网站可以找到有关标准以及数种语言的开源实现。

BEEP 的特点是既支持客户端/服务器模式，又支持对等网模式（peer-to-peer）。协议作者们对 BEEP 协议和支持库进行了良好设计。这样，只要选取正确组件就能省去很多杂务，如数据编码、流控、堵塞(congestion)处理、端对端加密支持和用多路传输组成长应答等。

从内部而言，BEEP 用户端(peer)之间相互交换自描述二进制包序列，后者与 PNG 中字节块类型非常相像。跟经典的互联网协议或 HTTP 相比，BEEP 设计对经济性的强调高于透明性，当数据量非常大时可能是更好的选择。BEEP 也避免了 HTTP 所有请求都

[7] 参见 RFC 2324 <http://www.ietf.org/rfc/rfc2324.txt> 和 RFC 2325 <http://www.ietf.org/rfc/rfc2325.txt>。

必须由客户端发起的问题：在服务器端需要向客户端异步返回状态信息的情况下，BEEP 协议会更好。

到 2003 年年中，BEEP 仍然是一项新兴技术，只有几个演示项目。但是 BEEP 论文是非常不错的关于设计最佳协议的分析材料；即使 BEEP 本身无法得到广泛采用，这些论文仍然具有相当重要的指导价值。

5.4.4 XML-RPC，SOAP 和 Jabber

应用协议设计的一种发展趋势是在 MIME 中使用 XML 来架构请求和有效数据载荷。BEEP 用户端使用这种格式进行信道协商。有三个重要协议始终采用 XML 路线，包括 XML-RPC，用于远程过程调用的 SOAP（Simple Object Access Protocol，简单对象访问协议）和用于即时消息和在线状态报告（instant messaging and presence）的 Jabber。这三个协议都基于 XML 文档。

XML-RPC 非常具有 Unix 精神（其作者宣称在二十世纪七十年代通过阅读原始的 Unix 源码学会了编程）。它着意追求最简化，但是仍然非常强大，对于绝大多数专为传送布尔/整数/浮点/字符串标量数据类型的各种 RPC 应用提供一种方法，使它们能够以一种轻量、易于理解和监控的方式来完成任务。XML-RPC 类型实体比文本流丰富，但仍然简单而具有移植性，可被有效地用于检查接口复杂性。它有很多开源实现。XML-RPC 主页<http://www.xmlrpc.com/>做得不错，提供了规格书和多个开源实现。

SOAP 是一个较重量级的 RPC 协议，数据类型更为丰富，包括数组和类似 C 的结构。这个协议受到了 XML-RPC 的启发，但一直被批评为过分追求“第二系统效应”设计的受害者，这么说不无道理。直到 2003 年中，SOAP 标准还在制定当中，但是在 Apache 上的试验版实现一直紧跟其设计草案。大家可以很容易地在网上搜索到 Perl、Python、Tcl 和 Java 中的开源客户端模块。W3C 规范的草案可从<http://www.w3.org/TR/SOAP/>获得。

作为远程过程调用方法的 XML-RPC 和 SOAP 都会带来某种风险，我们将在第 7 章结尾部分予以讨论。

Jabber 是一个为支持即时消息和在线状态报告而设计的对等协议。Jabber 作为应用协议的有趣之处在于：它支持 XML 表单和随时更新文档（live document）的输送。规格说明、文档和开源实现都可以通过 Jabber 软件基金会的站点〈http://www.jabber.org/about/overview.html〉获得。

6

透明性：来点儿光

Transparency: Let There Be Light

Beauty is more important in computing than anywhere else in technology because software is so complicated. Beauty is the ultimate defense against complexity.

美在计算科学中的地位，要比在其它任何技术中的地位都重要，因为软件是太复杂了。美是抵御复杂的终极武器。

Machine Beauty ：Elegance and the Heart of Technology（1998）

《机器美学：优雅和技术本质》（1998 年）

—David Gelernter

我们在前一章讨论了把数据格式和应用协议进行文本化的重要性，这种方式的表达容易让人分析和参与，使一些设计品质得以提升，虽然 Unix 传统非常重视这些品质，但很少（如果有的话）明确谈论过，那就是：透明性和可显性。

如果没有阴暗的角落和隐藏的深度，软件系统就是透明的。透明性是一种被动品质。如果实际上能预测到程序行为的全部或大部分情况，并能建立简单的心理模型，这个程序就是透明的，因为可以看透机器究竟在干什么。

如果软件系统所包含的功能是为了帮助人们对软件建立正确的“做什么、怎样做”的心理模型而设计，这个软件系统就是可显的。因此，举例来说，对用户而言，良好的文档有助于提高可显性；对程序员而言，良好的变量和函数名有助于提高可显性。可显性是一种主动品质。在软件中要达到这一点，仅仅做到不晦涩是不够的，还必须尽力做到有帮助[1]。

透明性和可显性对用户和软件开发人员都很重要。但是重要性体现在不同的方面。用户喜欢 UI 中的这些特性，是因为这意味着学习曲线比较平缓。当人们说 UI“直观”时，很大程度上是指 UI 的透明性和可显性；剩下一部分则来源于最小立异原则。我们将在第 11 章更深入分析这些使用户界面舒适而有效的特性。

软件开发者喜欢代码本身（用户不可见部分）的这些品质，因为他们经常需要对代码有很好理解后才能进行修改和调试。同时，如果程序的设计使内部数据流程非常容易理解，则这个程序更不可能因设计者没有注意到的不良交互而崩溃，更可能优雅地向前发展（包括适应新维护者接手的变化）。

透明性是本章引言 David Gelernter 所说的“美”的主要构成部分。Unix 程序员借鉴了数学家的说法，经常使用更明确的术语“优雅”来表达 Gelernter 所说的品质。优雅是力量与简洁的结合。优雅的代码事半功倍；优雅的代码不仅正确，而且显然正确；优雅的代码不仅将算法传达给计算机，同时也把见解和信心传递给阅读代码的人。通过追求代码的优雅，我们能够编写更好的代码。学习编写透明的代码是学习如何编写优雅代码的第一关，很难的一关——而关注代码的可显性则帮助我们学习如何编写透明的代码。优雅的代码既透明又可显。

通过两个极端例子来辨别透明性和可显性之间的差别可能会更容易些。Linux 的内核源码相当透明（相对其行为的内在复杂性而言），但根本不具备可显性——要获得必要的知识以便融入代码中并理解开发者的惯用语相当困难，而一旦做到，一切便豁然开朗[2]。另一方面，Emacs Lisp 库是可显的，但却不透明。要获得足够的知识来领会一件事很容易，但要理解整个系统却相当困难。

---

[1] 一位有经济头脑的朋友评论：“可显性降低进入门槛；透明性则减少代码中的存在成本。”

[2] Linux 内核在可显性上做了很多努力，包括 Linux 内核源码 tarball 中的 Documentation 子目录和相当多的教程网站和指导书籍。这些努力比起内核变化的速度来说远远不够，文档还将长期落后。

我们将在本章分析 Unix 设计的几个特性，这些特性不仅提高了用户界面的透明性和可显性，而且还提高了用户通常无法看见部分的透明性和可显性。我们将逐步提出可以应用到编码和开发实践中的几个有用原则。以后，我们将在第 19 章看看好的发布工程实践（如编写一个内容恰当的 README 文档）如何能够让源码和设计一样具备可显性。

如果需要足够的理由，来回答这些品质为什么很重要，请记住：编写透明、可显的系统而节省的精力，将来完全可能就是自己的财富。

6.1 研究实例

本书的通常做法是将实例分析贯穿在基本原理中。但我们在本章首先将分析几个展示透明性和可显性的 Unix 设计，在介绍全部实例后才尝试从中总结经验。本章后半部分的每个分析点都要用到这些实例，这种编排方式会避免在论述中引用读者还没有见到的实例。

6.1.1 实例分析：*audacity*

首先，我们看一看 UI 设计中展示透明性的一个例子。这就是 *audacity*，运行在 Unix 系统、Mac OS 和 Windows 上开源的声音文件编辑器。源码、可下载的二进制文件、文档和屏幕截图可以在该项目的站点<http://audacity.sourceforge.net/>处获得。

这个程序支持对音频采样的剪切、粘贴和编辑操作，支持多声道编辑和混音。UI 部分相当简洁：*audacity* 窗口显示声音波形图，可以剪切和粘贴波形图。对波形图的操作在实施的同时直接反映在音频采样中。

多音轨编辑通过尽可能简单的方式支持：屏幕按空间关系显示每条音轨，既表达了各条音轨的同期性，又很容易检查匹配特性。可以用鼠标左右拖动音轨来改变各条音轨的相对时间。

这个 UI 有几个特性非常优秀并且值得效仿：以不同颜色区分了大而直观且可点击的操作按钮，提供了撤销命令，免除了许多尝试风险，音量控制滑杆使得柔度/响度在形状上一眼便可认出。

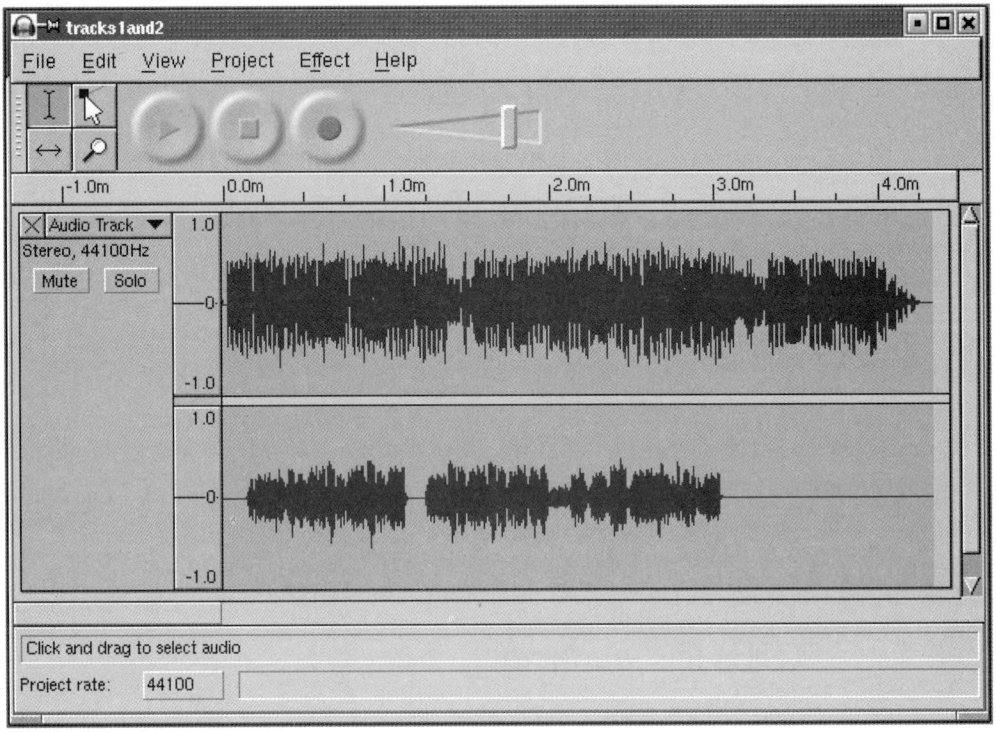

图 6.1 *audacity* 软件的屏幕截图

但这些都是细节。这个程序的最主要优点在于它具有非常透明、自然的用户界面，在用户和声音文件之间尽可能少地设置障碍。

6.1.2 实例分析：*fetchmail* 的-v 选项

fetchmail 是一个网络网关程序，主要目的是在 POP3 或 IMAP 的远程邮件协议和互联网自带的 SMTP 协议之间进行转换，从而进行电子邮件交换。在采用 SLIP（串行线路接口协议）或 PPP 偶尔（端到端协议）连接到 ISP（互联网服务商）的 Unix 机器中，*fetchmail* 使用非常广泛，占据了互联网邮件业务量相当可观的一个部分。

fetchmail 的命令行选项不少于 60 个（正如本书后面所提出，这可能太多了），还有不是在命令行而是在运行控制文件中进行设置的其它选项。在所有这些选项中，最重要的一个选项——目前为止——是-v，即详细(verbose)选项。

当使用-v 选项时，*fetchmail* 将发生的每一单 POP、IMAP 和 SMTP 处理都转储到标准输出设备中。开发者真正能够实时看到远程邮件服务器及邮件传输程序的协议处理代码。用户可以发送附有错误报告的会话记录。例 6.1 是一段典型的记录。

例 6.1 *fetchmail* 的-v 记录实例

```
fetchmail: 6.1.0 querying hurkle.thyrsus.com (protocol IMAP)
      at Mon, 09 Dec 2002 08:41:37 -0500 (EST): poll started
fetchmail: running ssh %h /usr/sbin/imapd
      (host hurkle.thyrsus.com service imap)
fetchmail: IMAP< * PREAUTH [42.42.1.0] IMAP4rev1 v12.264 server ready
fetchmail: IMAP> A0001 CAPABILITY
fetchmail: IMAP< * CAPABILITY IMAP4 IMAP4REV1 NAMESPACE IDLE SCAN
      SORT MAILBOX-REFERRALS LOGIN-REFERRALS AUTH=LOGIN
      THREAD=ORDEREDSUBJECT
fetchmail: IMAP< A0001 OK CAPABILITY completed
fetchmail: IMAP> A0002 SELECT "INBOX"
fetchmail: IMAP< * 2 EXISTS
fetchmail: IMAP< * 1 RECENT
fetchmail: IMAP< * OK [UIDVALIDITY 1039260713] UID validity status
fetchmail: IMAP< * OK [UIDNEXT 23982] Predicted next UID
fetchmail: IMAP< * FLAGS (\Answered \Flagged \Deleted \Draft \Seen)
fetchmail: IMAP< * OK [PERMANENTFLAGS
       (\* \Answered \Flagged \Deleted \Draft \Seen)]
       Permanent flags
fetchmail: IMAP< * OK [UNSEEN 2] first unseen in /var/spool/mail/esr
fetchmail: IMAP< A0002 OK [READ-WRITE] SELECT completed
fetchmail: IMAP> A0003 EXPUNGE
fetchmail: IMAP< A0003 OK Mailbox checkpointed, no messages expunged
fetchmail: IMAP> A0004 SEARCH UNSEEN
fetchmail: IMAP< * SEARCH 2
fetchmail: IMAP< A0004 OK SEARCH completed
2 messages (1 seen) for esr at hurkle.thyrsus.com.
fetchmail: IMAP> A0005 FETCH 1:2 RFC822.SIZE
fetchmail: IMAP< * 1 FETCH (RFC822.SIZE 2545)
fetchmail: IMAP< * 2 FETCH (RFC822.SIZE 8328)
fetchmail: IMAP< A0005 OK FETCH completed
skipping message esr@hurkle.thyrsus.com:1 (2545 octets) not flushed
fetchmail: IMAP> A0006 FETCH 2 RFC822.HEADER
fetchmail: IMAP< * 2 FETCH (RFC822.HEADER {1586}
reading message esr@hurkle.thyrsus.com:2 of 2 (1586 header octets)
fetchmail: SMTP< 220 snark.thyrsus.com ESMTP Sendmail 8.12.5/8.12.5;
       Mon, 9 Dec
2002 08:41:41 -0500
```

```
fetchmail: SMTP> EHLO localhost
fetchmail: SMTP< 250-snark.thyrsus.com
       Hello localhost [127.0.0.1], pleased to meet you
fetchmail: SMTP< 250-ENHANCEDSTATUSCODES
fetchmail: SMTP< 250-8BITMIME
fetchmail: SMTP< 250-SIZE
fetchmail: SMTP> MAIL FROM:<mutt-dev-owner@mutt.org> SIZE=8328
fetchmail: SMTP< 250 2.1.0 <mutt-dev-owner@mutt.org>... Sender ok
fetchmail: SMTP> RCPT TO:<esr@localhost>
fetchmail: SMTP< 250 2.1.5 <esr@localhost>... Recipient ok
fetchmail: SMTP> DATA
fetchmail: SMTP< 354 Enter mail, end with "." on a line by itself
#
fetchmail: IMAP< )
fetchmail: IMAP< A0006 OK FETCH completed
fetchmail: IMAP> A0007 FETCH 2 BODY.PEEK[TEXT]
fetchmail: IMAP< * 2 FETCH (BODY[TEXT] {6742}
 (6742 body octets) ********************.**************************.
********************************.************************.***********
**********.**********************.***************
fetchmail: IMAP< )
fetchmail: IMAP< A0007 OK FETCH completed
fetchmail: SMTP>. (EOM)
fetchmail: SMTP< 250 2.0.0 gB9ffWo08245 Message accepted for delivery
 flushed
fetchmail: IMAP> A0008 STORE 2 +FLAGS (\Seen \Deleted)
fetchmail: IMAP< * 2 FETCH (FLAGS (\Recent \Seen \Deleted))
fetchmail: IMAP< A0008 OK STORE completed
fetchmail: IMAP> A0009 EXPUNGE
fetchmail: IMAP< * 2 EXPUNGE
fetchmail: IMAP< * 1 EXISTS
fetchmail: IMAP< * 0 RECENT
fetchmail: IMAP< A0009 OK Expunged 1 messages
fetchmail: IMAP> A0010 LOGOUT
fetchmail: IMAP< * BYE hurkle IMAP4rev1 server terminating connection
fetchmail: IMAP< A0010 OK LOGOUT completed
fetchmail: 6.1.0 querying hurkle.thyrsus.com (protocol IMAP)
       at Mon, 09 Dec 2002 08:41:42 -0500: poll completed
fetchmail: SMTP> QUIT
fetchmail: SMTP< 221 2.0.0 snark.thyrsus.com closing connection
fetchmail: normal termination, status 0
```

-v 选项使得*fethcmail*的行为具有可显性（可以让人看见协议交换过程），这非常有用。我认为这一点相当重要，所以编写了专门代码，在-v 处理转储中遮住用户口令，这样，人们无需记住编辑其中的敏感信息就可以传阅或寄出。

这被证明是一个不错的决定。在八成以上的错误报告中，一个懂行的人只要看一下对话记录，几秒内就可以进行诊断。在*fetchmail*邮件列表中有不少懂行的人——事实上，由于大多数 bug 都非常容易诊断，很少需要我亲自处理。

多年来，*fetchmail*已经赢得了“防弹程序”的美名。*fetchmail*也可能发生配置错误，但很少彻底无法工作。如果怀疑这归功于十之八九的 bug 都能迅速被发现这一事实，那我打赌你错了。

我们可以从这个例子中学到些东西。教训是：不要让调试工具仅仅成为一种事后追加或者用过就束之高阁的东西。它们是通往代码的窗口：不要只在墙上凿出粗糙的洞，要修整这些洞并装上窗。如果打算让代码一直可被维护，就始终必须让光照进去。

6.1.3 实例分析：GCC

GCC，即现代大多数 Unix 都使用的 GNU C 编译器，也许是关于透明性更好的工程实例。GCC 由一系列处理阶段组成，并由一个驱动程序将其紧密结合在一起。它们是：预处理器、解析器、代码生成器、汇编器和链接器。

前三个阶段都接受可读文本格式的输入，然后输出可读的文本格式（汇编器必须输出而链接器必须输入二进制格式，这一点从定义便可理解）。运用 *gcc*（1）驱动程序的不同命令行选项不仅可以看到 C 预处理之后、汇编生成之后和目标码生成之后的各个结果，而且可以监控解析进程和代码生成进程中的许多中间步骤的结果。

> 这完全就是第一款（PDP-11）C 编译器 cc 的结构。
>
> —Ken Thompson

这种组织有很多好处，其中对 GCC 特别重要的一个好处体现在回归测试中[3]。

---

[3] 回归测试是一种检测软件修改后是否引入 bug 的方法。方法是对于处在修改变动期的软件，根据某些固定的测试输入，定期检查软件的输出是不是跟先前获得并已知（或假定）正确的输出快照一致。

因为各个中间格式的大部分都是文本格式，在回归测试中，对中间结果使用简单的文本diff操作就可以发现并分析结果是否偏离预期结果；没必要使用专门的转储-分析工具，这些工具完全可能隐藏自身的bug，而且无论怎样都意味着额外增加维护负担。

这个例子揭示的设计模式是驱动程序应该具备监控开关，这些监控开关仅仅（但足够了）揭示组件间的文本数据流。如同*fetchmail*的-v选项一样，这些选项也不是事后追加，而是为了可显性才设计进来的。

6.1.4 实例分析：*kmail*

*kmail*是随KDE环境一起发布的GUI邮件阅读程序。*kmail*的用户界面非常优雅，设计得很好，包括很多优良特性，如自动显示MIME multipart内嵌图像和支持PGP密钥加密/解密等。对最终用户相当友好——我心爱但不懂技术的妻子就喜欢使用它。

许多邮件用户代理只是向可显性做了个姿态，用一个命令来切换显示邮件头的所有信息，而不是显示From（发件人）和Subject（主题）等选择性信息。但*kmail*的用户界面在这个方向上走得更远。

*kmail*运行时在窗口底部的单行子窗口显示状态通知，青灰色的背景上显示小字体文字，很明显是模仿了Netscape/Mozilla的状态栏。例如，打开一个邮箱，状态栏显示邮件总数和未读邮件数。这个视觉显示并不突兀；可以不理会这些通知信息，但如果希望的话又很容易注意到它们。

*kmail*的GUI是很好的用户界面设计。这个GUI内容翔实但并不令人分心；它宣扬了我们在第11章引证的理由，即让Unix工具正常运行的最好策略是在大部分时间里沉默。*kmail*设计者在借鉴浏览器状态栏的外观和感觉方面显示了良好的品味。

但是，在你检查为什么信件无法发出时才会领会*kmail*开发者的品味。如果在发送过程中仔细观察，可以发现SMTP和远端邮件传输处理每一行都在进行的同时，也回显在*kmail*状态栏上。

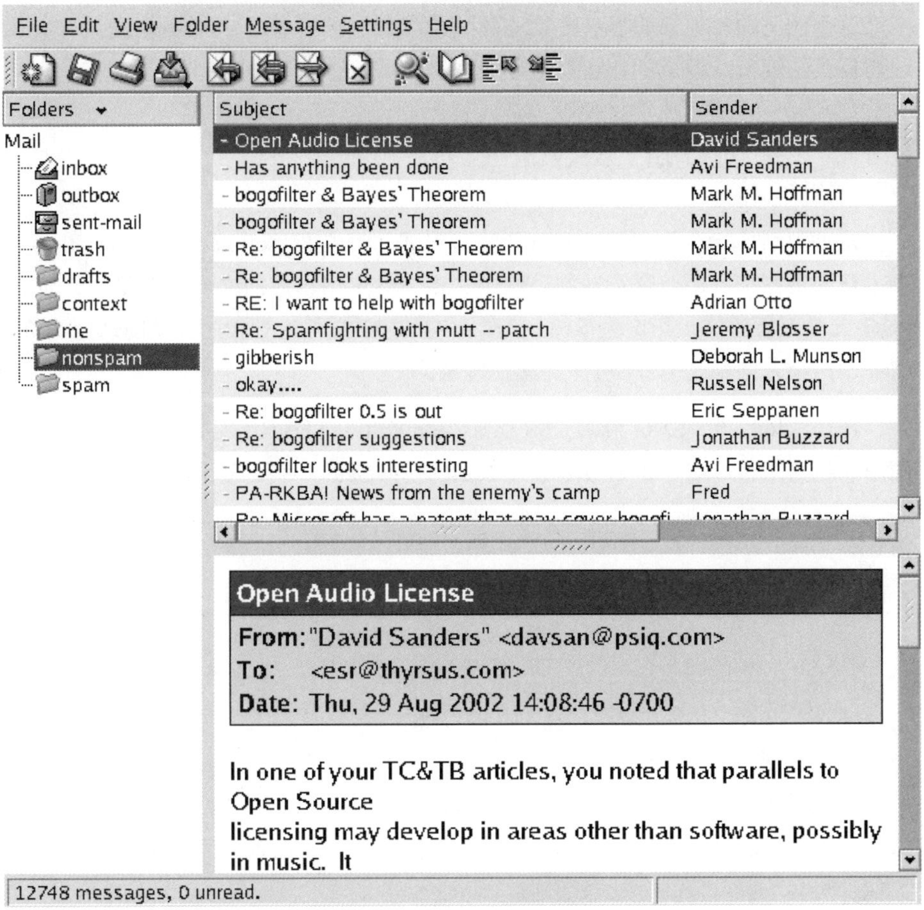

图 6.2 *kmail* 屏幕截图

kmail 开发者巧妙地避开了一个陷阱，这个陷阱经常让类似 *kmail* 的 GUI 程序故障检测员极端痛苦。和 *kmail* 目标相同的大多数设计者常常完全压制这些信息，生怕这些信息会吓着假想中的邻居阿姨 Tillie，逼她回头去用华丽庸俗又伪装简洁的 Windows 机器。

相反，他们为透明性而设计——既显示了事务处理信息，又很容易让人视而不见。通过恰当的表现形式，他们成功满足了 Tillie 阿姨和解决她计算机问题的“极客”（geeky）侄子 Melvin。这招很聪明，其它 GUI 界面能够也应该效仿之。

当然，最后，这些可视化信息对 Tillie 阿姨也非常有用，因为这意味着 Melvin 在解决她的电子邮件问题时，不大可能在挫折面前举手服输。

这个例子的教训很明显：让UI沉默只做对了一半。真正的聪明是找到一个方法，可以访问具体细节，但又不让它们太显眼。

6.1.5 实例分析：SNG

sng 程序在PNG图形格式及其纯文本形式（SNG即Scriptable Network Graphics，可脚本化网络图形）之间进行转换，这个文本表达可用普通的文本编辑器检查和修改。对PNG文件运行程序，可产生SNG文件；对SNG文件运行程序，又能恢复等价的PNG文件。两个方向都是100%可靠的无损转换。

在语法风格上，SNG很像CSS（Cascading Style Sheets，层叠样式表），另一种控制图形表达的语言，这至少朝最小立异原则的方向摆了一个姿态。以下是一个测试实例：

例6.2 SNG实例

```
#SNG: This is a synthetic SNG test file

# Our first test is a paletted (type 3) image.
IHDR: {
 width: 16;
 height: 19;
 bitdepth: 8;
 using color: palette;
 with interlace;
}

# Sample bit depth chunk
sBIT: {
  red: 8;
  green: 8;
  blue: 8;
}

# An example palette: three colors, one of which
# we will render transparent
PLTE: {
   (0,     0, 255)
   (255,   0,   0)
   "dark slate gray",
}

# Suggested palette
```

```
sPLT {
  name: "A random suggested palette";
  depth: 8;
  (0,    0, 255), 255, 7;
  (255,  0,   0), 255, 5;
  ( 70, 70,  70), 255, 3;
}

# The viewer will actually use this...
IMAGE: {
  pixels base64
2222222222222222
2222222222222222
0000001111100000
0000011111110000
0000111001111000
0001110000111100
0001110000111100
0000110001111000
0000000011110000
0000000111100000
0000001111000000
0000001111000000
0000000000000000
0000000110000000
0000001111000000
0000001111000000
0000000110000000
2222222222222222
2222222222222222
}

tEXt: {    # Ordinary text chunk
  keyword: "Title";
  text: "Sample SNG script";
}

# Test file ends here
```

关键在于，通用图形编辑程序不一定支持各种难懂的 PNG 块类型，这种手段使用户可以对其编辑。无需编写专用代码来迎合 PNG 二进制格式，用户只要将图像转换成纯文本表达，对之进行编辑，最后再转换回图像。另一个可能的应用是使图像可以被版本控制：在大多数版本控制系统中，文本文件要比二进制文件容易处理得多；对 SNG 表现形式进行 diff 操作，产生的信息也将是有价值的。

然而，此处的收获不仅仅是节省了编写专用代码来处理二进制 PNG 文件的时间。*sng* 程序的代码本身并不特别透明，但是通过让 PNG 的全部内容可显，提高了程序中较大系统的透明性。

6.1.6 实例分析：Terminfo 数据库

Terminfo 数据库是视频显示终端的描述集。每一条记录描述了在终端屏幕上执行的不同操作的转义序列，例如插入行或删除行、删除光标位置到行尾或屏幕末端的全部内容、开始或结束反相、下划线和闪烁等屏幕高亮显示。

terminfo 数据库主要由 *curses*（3）库使用。这些构成了我们将在第 11 章讨论的“roguelike”式接口风格的基础，也构成了 *mutt*（1）、*lynx*（1）和 *slrn*（1）等广泛使用程序的基础。尽管在当今位图显示器上运行的 *xterm*（1）之类的终端仿真器，所具备的能力都是以 ANSI X3.64 标准终端以及由来已久的 VT100 终端能力为基础，而作了一些小变化，但其中一些变化足以使将 ANSI 能力硬塞进应用程序成为一个糟糕的想法。terminfo 也值得研究，因为在管理其它没有标准方式报告自己能力的外设硬件时经常产生问题，这些问题和 terminfo 所解决的问题在逻辑上非常相似。

terminfo 的设计得益于使用更早期名为 termcap 的能力格式的经验。termcap 描述的数据库以文本格式存放在`/etc/termcap`大文件中；尽管这个格式已经过时，但是每个 Unix 系统几乎肯定包含了一份拷贝。

通常，用来查找终端类型记录的关键字是环境变量 TERM，就本实例分析而言，这个环境变量似乎是魔术般设置好的[4]。使用 terminfo（或 termcap）的应用程序在启动时会有小小的延时：当 *curses*（3）库自身初始化时，它必须查询 TERM 的对应记录并将其载入内存。

使用 termcap 的经验表明，启动延迟主要由解析终端能力的表达文本所要求的时间决定。因此，terminfo 的记录是二进制结构转储，列集和散集的速度能够更快一些。整个数据库有一个主文本格式，即 terminfo 能力文件。该文件（或单个记录）可以使用

[4] 事实上，TERM 是系统在登录时设置的。对串行线上的实际终端而言，从 tty（电传打字机终端）行到 TERM 值的映射在启动时由系统配置文件进行设置。视 Unix 版本不同，具体情况也不同。*xterm* (1)之类的终端仿真器自己设置这个变量。

terminfo 编译器 *tic*（1）编译成二进制形式；二进制记录可以由 *infocmp*（1）反编译成可编辑的文本格式。

从表面上看，这个设计与我们在第 5 章给出的反对二进制缓存的建议矛盾，但实际上它是个极端例子，这里，采用二进制是个好策略。对主文本的编辑很少——实际上，Unix 通常带着预编译过的 terminfo 数据库一起发布，主文本主要作为文档使用。这样，通常可能影响这种方法的同步性和不一致性问题几乎从未发生过。

terminfo 的设计者本可以用另一种方法来优化速度，包含二进制条目的整个数据库本可以放入某种大而晦涩的数据库文件中。事实上，他们实际采取的方法更聪明而且更符合 Unix 精神。Terminfo 记录存放在一个目录层次结构中，在现代 Unix 上通常放在 `/ur/share/terminfo` 下。请查阅一下 *terminfo*（5）的手册页来找到在你系统中的位置。

如果访问 terminfo 目录，可以看到由单个可打印字符命名的子目录。每个子目录下存放以该字符开始的终端类型的记录。这种结构旨在避免在很大的目录中进行线性查找。在更现代的 Unix 文件系统中，为了优化快速查找而以 B-tree 或其它结构来表达目录，子目录就不需要了。

> 我发现，即使在相当现代的 Unix 上，将一个大目录分拆成子目录也能显著提高性能。在一台运行 DEC Unix 的新型 DEC Alpha 机器上，为一所大型教育机构制作的授权用户数据库有好几万个文件（子目录名由名字的首字母和尾字母构成——比如，“Johnson”可能在目录“j_n”中——在我们的测试中最管用。使用头两个字母就没这么好，因为许多系统生成的名字要到结尾才不同）。这也许就是说复杂的目录索引仍然没有它应该表现的那样达标……但即使如此，也使得无需它就能运行良好的结构要比需要它才能运行的结构更具备可移植性。
>
> —Henry Spencer

这样，打开一个 terminfo 记录的开销就是两个文件系统查找操作和一个文件打开操作。但既然从大数据库找到同一个记录本来就需要对数据库进行一个查找操作和一个打开操作，terminfo 结构的增量成本最多也就是一个文件系统的查找操作。事实上，比这个还要低——只是一个文件系统查找操作和大数据库所使用的任何检索方法之间的成本差。这可能微不足道，并且在每个应用程序启动时只进行一次也可以容忍。

terminfo 本身使用文件系统作为一个简单的层级数据库。这种偷懒相当具有建设性，符合经济性原则和透明性原则。这意味着对文件系统进行浏览、检查和修改的所有普通工具都可以用于对 terminfo 数据库进行浏览、检查和修改；无需编写和调试专用工具（用于打包和解包单个记录的 *tic*（1）和 *infocmp*（1）工具除外）。这也意味着要加速数据库的访问就得要加速文件系统本身，知道这一点可以使更多应用程序受益，而不仅仅是 *curses*（3）的用户。

这种结构还有另外一种优点，但在 terminfo 例子中没有展示出来：你开始使用 Unix 的授权机制而不用自己编写带来额外 bug 的访问控制层。这也是采纳而不是对抗 Unix“一切皆文件”基本原则的结果。

terminfo 目录的布局在大多数 Unix 文件系统上都很浪费空间。每条目长度通常在 400～1400 字节之间，但是文件系统通常为每一个非空磁盘文件至少分配 4k 的空间。出于选择压缩二进制格式的同一个原因，即为了把 terminfo 使用的程序的启动延时降到最小，设计者接受了这个代价。同一价格所能买到的磁盘容量已经猛增了一千倍，更能证明这个决定的正确。

比较这种格式和 Microcsoft Windows 的注册表文件所用的格式很有启发意义。注册表是 Windows 本身及应用程序都使用的属性数据库。所有注册记录都存放在一个大文件中。注册记录既包含文本也包含二进制数据，需要专用的编辑工具。别的不说，这种“一个大文件”的方法还导致了臭名昭著的“注册表蠕变”现象；平均访问时间随着新记录的加入而无限上升。因为系统没有提供标准 API 来编辑注册表，应用程序本身使用专用代码编辑注册表，使得注册表极易受损，甚至能够锁定整个系统。

使用 Unix 文件系统作为数据库是一种策略，对数据库要求简单的其它应用程序可以效仿并从中受益。不这样做的充分理由通常与性能问题无关，更可能的情形是数据库关键字不太适合做文件名。无论如何，这是在原型设计时非常有用的一种很好的快速编程方法。

6.1.7 实例分析：Freeciv 数据文件

Freeciv 是一款受到 Sid Meier 经典的 *Civilization II* 启发而制作的开源策略游戏。在该游戏中，每个玩家从一群到处流浪的新石器游牧民开始缔造一个文明。玩家的文明可以探索并拓殖世界，参与战争，从事贸易和研究先进技术。有些玩家实际上可能是人工智能；和这些电脑玩家玩单机游戏很有挑战性。如果谁统治了整个世界，或者第一个研制出先进技术从而获得宇宙飞船飞往半人马座阿尔法星（Alpha Centauri），谁就是游戏的胜利者。源码和文档可以在<http://www.freeciv.org/>处获得。

我们还会在第 7 章把 Freeciv 这个策略游戏作为客户端/服务器划分的一个例子提出，在这个游戏里，服务器维持共享状态而客户端专注 GUI 表现。但是这个游戏还有另外一个值得注意的体系特征：游戏的大部分固定数据，没有编入服务器的代码中，而是在属性登记表中说明，由游戏服务器在启动时读取。

这个游戏的登记表文件以文本数据文件的格式编写，把文本串（相关的文字和数字属性）放到游戏服务器各个重要数据（比如民族和装备类型）的内部列表中。微语言(minilanguage)具有包含(include)指令，所以游戏数据可以划分为许多语意单元（不同的文件），每一个都可以独立编辑。这个设计方案得到了充分贯彻，根本不需要改动服务器代码，只要简单地在数据文件中进行声明就可以定义新的民族和装备。

Freeciv 服务器的启动解析过程有一个非常有趣的特性，它与 Unix 的两个设计原则有些冲突，因此值得进一步关注。服务器会忽略它不知道如何使用的属性名。这使得可能在不中断启动解析的前提下对服务器还没有使用的属性进行声明。这意味着游戏数据（策略）的开发和服务器引擎（机制）的开发可以干干净净地分离出来。另一方面，这也意味着启动解析不会理会属性名简单的拼写错误。这种不声不响的“不作为”似乎违反了补救原则。

要解决这个冲突，应注意：**使用**登记表数据是服务器的工作，但是仔细检查数据的任务可以移交给另一个程序，每次修改登记表时，由编辑人员运行这个程序。Unix 的解决方案可以是一个独立的审核程序，后者分析可以机读的规则集格式规范说明，或服务器源码来确定程序使用的属性集，并解析 Freeciv 的登记表来确定程序提供的属性集，然后准备一份差异报告[5]。

所有 Freeciv 数据文件的聚合在功能上类似于 Windows 注册表，甚至使用和注册表文本部分类似的语法。但是，我们所注意到的 Windows 注册表蠕变和损坏问题在这里并没有发生，原因是没有程序（在 Freeciv 套件内部和外部）**写入**这些文件。这是一个只能由游戏维护者编辑的只读登记表。

---

[5] 在 Unix 下，此类验证程序的老祖宗是 *lint*——一个从 C 编译器独立出来的 C 代码校验器。尽管 GCC 已经吸收了其功能，但是老一辈的 Unix 人仍然倾向于把运行验证器的进程称之为“linting”，这个名字也在一些公用程序中保留了下来，如 *xmllint*。

图 6.3 Freeciv 游戏的主窗口

对数据文件解析的性能影响已经降到了最低，因为对每个文件而言，解析操作只有在客户端或服务器端启动时执行一次。

6.2 为透明性和可显性而设计

要为透明性和可显性而设计，就必须运用各种计策来保持代码的简洁，也必须专注代码同其他人交流的方式。在“这个设计能行吗？”之后要提出的头几个问题就是“别人能读懂这个设计吗？这个设计优雅吗？”我们希望，此时大家已经很清楚，这些问题不是废话，优雅不是一种奢侈。在人类对软件的反映中，这些品质对于减少软件 bug 和提高软件长期维护性是最基本的。

6.2.1 透明性之禅

从本章目前为止，已经研究过的例子展现出来的一种模式是：要追求代码的透明，最有效的方法很简单，就是不要在具体操作的代码上叠放太多的抽象层。

在第 4 章讲述分离价值的部分，我们建议对引起设计问题的特殊、意外的情况进行抽象、简化和概括，并尽量从中分离出来。如何抽象的建议同我们在这里提出的不要过度抽象的建议实际上并不矛盾，因为摆脱假设和忘记正在解决的问题并不一样。这也是我们提出要保持薄胶合层建议时的部分用意所在。

禅的一个主要教导是，通常我们都透过源于欲望的偏见和成见的迷雾观察世界。要开悟，我们必须遵循禅的教导，不仅要“去欲望，少依恋”，还要“如实见”——不要让偏见和成见蒙住了眼。

这是给软件设计者的一个非常好的实用建议，也是 Unix 做极简主义者的经典建议的部分隐含意义。软件设计者都是聪明人，可对其处理的应用域形成概念（抽象）。他们把围绕这些概念编写的软件组织起来。然后，调试时，他们经常发现很难透过这些概念弄明白到底发生了什么。

任何禅宗大师都能马上认出这个问题，笑曰“麻三斤”，或许还会好好地敲一下学生[6]。有意识地为透明性而设计，即是在暗处解决透明性。

我们在第 4 章批评了面向对象的编程，对于 1990 年代在 OO 福音下成长起来的编程者，可能是危言耸听。面向对象的设计并非必然是过度复杂的设计，但我们却发现事实往往如此。太多的 OO 设计就像是意大利空心粉一样，把 “is-a”和“have-a”的关系弄得一团糟，或者以厚胶合层为特征，在这个胶合层中，许多对象的存在似乎只不过是为在陡峭的抽象金字塔上占个位置罢了。这些设计都不透明，它们（臭名昭著地）晦涩难懂并且难以调试。

正如我们在前面所注意到的那样，Unix 程序员是最早提倡模块化的狂热分子，但又往往以比较平和的方式处理这个问题。保持薄胶合层也是其中的一个部分；更普遍的是，

[6] 参考“无门关洞山三斤”的公案[Mumon]。

Unix 传统教导我们不要垒高台，要用设计简单而透明的算法和数据结构紧贴基面。

和禅宗一样，优秀 Unix 代码的简洁依赖于严格自律和高水平技艺，这两者乍看未必会看得出来。透明性是项辛苦的工作，但值得我们努力追求，而且并不为附庸风雅。和禅宗不一样的是，软件需要调试——而且通常在整个使用期都需要不断的维护、向前移植和改写。因此，透明性不仅是一种美学意义上的成功；更是一种胜利，反映在软件整个生命周期上，意味着更低的成本。

6.2.2 为透明性和可显性而编码

透明性和可显性同模块性一样，主要是设计的特性而不是代码的特性。仅仅做对一些底层风格要素，如清晰且统一的代码缩进，或具有良好的变量命名约定，是不够的。这些特性更多与代码中不易硬性规定的特性有关。以下这些问题需要好好思考：

- 程序调用层次中最大的静态深度是多少？也就是说，不考虑递归，为了建立心理模型来理解代码的操作，人们将要调用多少层？提示：如果大于四，就要当心。
- 代码是否具有强大、明显的不变性质[7]？不变性质帮助人们推演代码和发现有问题的情况。
- 每个 API 中的各个函数调用是否正交？或者是否存在太多的特征标志(magic flags)和模式位，使得一个调用要完成多个任务？完全避免模式标志会导致混乱的 API，里面包括太多几乎一模一样的函数，但是频繁使用模式标志更容易产生错误（很多易忘并且易混的模式标记）。
- 是否存在一些顺手可用的关键数据结构或全局唯一的记录器(scoreboard)，捕获了系统的高层级状态？这个状态是否容易被形象化和检验，还是分布在数目众多的各个全局变量或对象中，而难以找到？

[7] 不变性质是指一个软件设计中各个操作都保持不变的特性。例如，在大多数数据库中，两个记录的关键字不能相同，这就是不变性。在正确处理字符串的 C 程序中，从各个字符串函数退出时，每一个串缓冲区都必须包含终止符 NUL 字节。在一个库存系统中，没有哪部分的总数量可以小于零。

- 程序的数据结构或分类和它们所代表的外部实体之间，是否存在清晰的一对一映射？
- 是否容易找到给定函数的代码部分？不仅单个函数、模块，还有整个代码，需要花多少精力才能读懂？
- 代码增加了特殊情况还是避免了特殊情况？每一个特殊情况可能对任何其它特殊情况产生影响；所有隐含的冲突都是 bug 滋生的温床。然而更重要的是，特殊情况使得代码更难理解。
- 代码中有多少个 magic number（意义含糊的常量）？通过审查是否很容易查出实现代码中的限制（比如关键缓冲区的大小）？

代码能简单最好。但是如果代码很好地解决了上述问题，则代码也可以复杂，而且不会对维护人员造成认知负担。

读者会发现，把以上这些问题和第 4 章模块性列出的问题作比较将很有启发性。

6.2.3 透明性和避免过度保护

程序员经常建造过分精细的抽象城堡，这一倾向的近亲是过度保护底层细节。尽管在程序的正常操作模式中隐藏这些细节并不是不良作法（*fetchmail* 的-v 选项的缺省被关闭），但这些细节必须能够找到。隐藏细节和无法访问细节有着重要区别。

不能展示其行为的程序使故障检测困难得多。所以，经验丰富的 Unix 用户实际上把调试和探测开关的存在视为良好程序的标志，不存在则认为程序可能有问题。不存在表明开发者不是经验不足就是粗心大意；存在则表明开发者很聪明，遵循了透明性原则。

在针对最终用户编写的 GUI 应用中，如邮件阅读器，过度保护的诱惑特别强烈。Unix 开发者对 GUI 界面比较冷淡的原因之一是，在设计者仓促完成的每个看起来“用户友好”的 GUI 界面中，都令必须解决用户问题的人感到无从下手而非常沮丧——或者，确切地说，在设计者预想的狭窄范围以外，与界面的交互令人感到相当不透明。

更糟的是，对自身在做什么的不透明程序常常夹有很多假定，在设计者没有预计到的使用场合，程序不是无法工作，就是非常不稳定，或者两者皆有。表面光鲜但一压即垮的工具是没有长远价值的。

Unix 传统大力倡导具有灵活性的程序，以适应更广的使用范围和排错情形，包括当用户表明愿意处理时，有能力给用户提供尽可能多的状态和活动信息。这对排错非常有用；对于培养更聪明、更独立自主的用户也很有用。

6.2.4 透明性和可编辑的表现形式

以上这些例子所展现的另一个主题是一些程序的价值，这些程序可以把不易实现透明性的定义域问题转换为容易实现透明性的定义域问题。Audacity、*sng*（1）和 *tic*（1）/*infocmp*（1）程序对都有这种特性。它们所处理的对象无法手工处理或容易阅读；音频文件不是可视的对象，尽管 PNG 格式表达的图像可视，复杂的 PNG 标注块并不可视。以上这三个程序都将二进制文件格式的处理转换成人们可以更容易运用日常生活中获得的直觉和能力来解决的问题。

所有这些例子都遵循的一个原则，即把表现形式的损失降到最小——实际上，这些转换都是可逆、无损的。这个特性非常重要，即使没有明确提出 100%忠实的应用需求，这个特性也值得实现。这给潜在用户以不断尝试而不会损坏数据的信心。

第 5 章讨论的数据文件格式文本化的所有优点同样适用于 *sng*（1）、*infocmp*（1）和其同类程序所生成的文本格式。*sng*（1）的一个重要应用是通过脚本自动生成 PNG 标注——因为 *sng*（1）的存在，这类脚本更容易编写。

无论何时碰到涉及编辑某类复杂二进制对象的设计问题，Unix 传统都提倡首先考虑，是否能够编写一个类似于 *sng*（1）或 *tic*（1）/*infocmp*（1）组的工具，以便能够在可编辑的文本格式和二进制格式之间来回进行无损转换。对于这类程序还没有确定的术语，但我们姑且称之为**文本化器**（*textualizer*）。

如果二进制对象是动态生成的，或者非常大，那么用文本化器转化所有状态可能不实际或根本不可能。在这种情况下，对应的任务是编写一个浏览器。这方面的范例是 *fsdb*（1），即不同版本的 Unix 都支持的文件系统调试器；Linux 上的对应程序是 *debugfs*（1）。另外两个例子是浏览 PostgreSQL 数据库的 *psql*（1），用于在配置 SAMBA 的 Linux 机器上查询 Windows 文件共享的 *smbclient*（1）。这五个程序都是简单的 CLI 程序，可由脚本和测试工具来驱动。

至少以下四个理由表明编写文本化器或浏览器非常值得一试：

- 可以获得良好的学习经验。也许还有其它好方法来认识所处理对象的结构，但是没有哪一个方法明显比这个好。
- 有能力将结构内容转储，以供审查和调试。因为这样的工具方便了转储操作，所以可以经常进行。得到的信息越多，就可能获得更多认识。
- 有能力轻松生成测试负载和特例。这意味着更有可能探测到对象状态空间的死角——并且更容易把相关软件用垮，所以可在用户用垮它之前将其修补好。
- 可以获得可复用的代码。如果编写浏览器/文本化器时很小心，并且保持 CLI 解释器和列集/散列库的分离，就会发现代码可以在实际的应用程序中得到复用。

完成这些后，很可能发现，把文本化器/浏览器作为引擎使用就可以应用“接口和引擎分离”模式（参考第 11 章）。可以受益于这种模式的各种好处。

> 让文本化器甚至能够对损坏的二进制对象进行读写操作，尽管很难，但值得去做。第一，可以对压力测试软件生成受损测试用例；第二，可以让紧急修复更容易。也许很难处理对象结构已经混乱的情况，但至少应该处理结构内容无意义的情况，例如，可以用十六进制表达无意义的值，然后把十六进制转换回无意义的值。
>
> —Henry Spencer

6.2.5 透明性、故障诊断和故障恢复

透明性还有一个与简化调试有关的好处，就是 bug 发作时，透明的系统更容易实施恢复措施——而且，经常是，首先更能抵抗 bug 的破坏。

对比 terminfo 数据库和 Windows 注册表，我们发现注册表出名地容易受到错误代码的破坏。这可能会使整个系统都无法使用。即使系统没有瘫痪，但如果破坏本身干扰了专用的注册表编辑工具，恢复工作就会很困难。

我们的 Unix 实例表明，为透明性设计可以防止这类问题的发生。因为 terminfo 数据库不是单一的大文件，修补一条 terminfo 记录不会使整个 terminfo 数据集都不能用。像 termcap 这样纯文本化的单一大文件格式的解析通常都使用（与二进制结构转储的块读取不同）可以从单点错误恢复的方法。SNG 文件中的语法错误人工就可以解决，不需要专用编辑器，那些专用编辑器可能拒绝载入受损的 PNG 图像。

回到 *kmail* 案例，这个程序使得故障诊断更加容易是因为遵循了补救原则：SMTP 错误信息太扰人，这就非常有用。根本不必解析 *kmail* 自身产生的混乱信息层来了解同 SMTP 服务器的交互情况。所需做的一切就是到该去的地方查看，因为 *kmail* **就**是透明的，而且不抛弃错误状态的信息（SMTP 本身也是文本化的，并且在其事务处理中包括人可读的状态信息，这也很有用）。

像文本化器和浏览器这样的可显性工具使得故障诊断更加容易。我们已经接触过其中一个原因：它们简化了系统状态的检查。但还有另外一个同样起作用的效应；数据的文本化版本往往具备有用的冗余（比如使用空白进行可视化的分隔或成为清楚的解析分隔符）。这些的出现不仅便于人类阅读，而且还让程序更能抵御微小失误造成的不可挽回的破坏作用。PNG 文件的受损块很少能够恢复，但是人有识别和从上下文推导的能力，能够修复等价的 SNG 格式。

再一次，健壮原则就非常清楚了。简洁加上透明，降低了费用，缓解了每个人的压力，让人们从中解放出来，更多地投入到新问题中，而不是总为旧错误擦屁股。

6.3 为可维护性而设计

如果作者以外的其他人能够顺利地理解和修改软件，则这个软件就是可维护的。可维护性不仅要求代码能够运行；还要求代码能够遵循清晰原则，并且和人以及计算机成功沟通。

对于什么有助于生成可维护的代码，Unix 程序员有许多隐性知识，原因是 Unix 有许多可以追溯到几十年前的源码。基于我们在第 17 章将要讨论的原因，Unix 程序员学到了一种品性，就是宁愿抛弃、重建代码也不愿修补那些蹩脚的代码（参见第 1 章 Rob Pike 对此的考量）。这样，那些顶住了数十年发展压力而留存下来的任何源码都经历了可维护性的考验。这些古老、成功、构建良好的项目和可维护代码一起成为 Unix 社区实践的好榜样。

在评价工具以供使用时，Unix 程序员——特别是开源世界的 Unix 程序员——学会提出的一个问题是："代码是活代码、睡代码还是死代码？"活代码周围存在一个非常活跃的开发社团。睡代码之所以"睡着"，经常是因为对作者而言，维护代码的痛苦超过了代码本身的效用。死代码则是睡得太久，重新实现一段等价代码更容易。如果希望让代码成为活代码，则最有效的时间花费方法之一就是投入精力使代码具备可维护性（并以此吸引未来的维护者）。

为了透明性和可显性而设计的代码已经朝着可维护性的目标前进了很多。但是我们从本章所举的实例项目中还能观察到其它一些值得效仿的实践。

一个非常重要的实践就是应用清晰原则：选择简单的算法。在第 1 章，我们引用了 Ken Thompson 的话："拿不准，用穷举"。Thompson 完全明白复杂算法的代价——不仅在于开始实现时更容易出 bug，而且更在于维护者要完全理解这些算法更困难。

另一个重要的实践是要包含开发者手册(hacker's guide)。在发布源码的同时包含指导文档，简略地描述代码的关键数据结构和算法，这种做法永远得到高度认可。实际上，跟编写最终用户文档相比，Unix 程序员常常更善于编写开发者手册。

开源社区已经抓住并且细述了这个习惯。除了能给未来的维护者提出建议之外，开源项目的开发者指南也是为了便于临时贡献者增加功能和修改 bug 而设计的。随 *fetchmail* 一起发布的 Design Notes (设计笔记)文件就是其中的代表。Linux 内核源码实际上也包括很多这样的文档。

我们将在第 19 章描述 Unix 开发者为了让源码发布便于校验和编译执行码所形成的一些约定。这些实践也促进了代码的可维护性。

7

多道程序设计：分离进程为独立的功能

Multiprogramming: Separating Processes to Separate Function

If we believe in data structures, we must believe in independent (hence simultaneous) processing. For why else would we collect items within a structure? Why do we tolerate languages that give us the one without the other?

如果我们相信数据结构，我们就必须相信独立的（因而是并发的）处理方式。我们还会为了其它原因在结构内收集数据吗？为什么我们要容忍那些只给其一不给其二的语言？

Epigrams in Programming, in ACM SIGPLAN (Vol 17 #9, 1982)

《编程隽言》，ACM SIGPLAN（1982 17 卷 9#）

—Alan Perlis

Unix 最具特点的程序模块化技法就是将大型程序分解成多个协作进程。这在 Unix 世界中通常叫做“多处理”，但在本书中我们将恢复使用老的术语“多道程序设计”，以避免和多处理器的硬件实现相混淆。

多道程序设计是设计中的荒蛮之地，几乎没有好的实践方针。许多程序员尽管精于判断如何将代码分解成子过程(subroutine)，然而最终还是编写出单个庞然大物般的单进程程序，而这些程序往往失败在自身的内部复杂度之上。

无论在协作进程还是在同一进程的协作子过程层面上，Unix 设计风格都运用“做单件事并做好”的方法，强调用定义良好的进程间通信或共享文件来连通小型进程。因此，Unix 操作系统提倡把程序分解成更简单的子进程，并专注考虑这些子进程间的接口。这至少可通过以下三种方法来实现：

- 降低进程生成的开销。
- 提供方法（shellout[shell 执行模块]、I/O 重定向、管道、消息传递和套接字）简化进程间通信。
- 提倡使用能由管道和套接字传递的简单、透明的文本数据格式。

平价的进程生成和简单的进程控制对能否以 Unix 风格编程起着关键作用。在 VAX VMS 之类的操作系统中，启动进程开销极大、速度缓慢并且需要特别的权限，因此人们别无选择，必须编制单个庞然大物般的程序。幸运的是，Unix 家族操作系统的倾向一直是减轻而不是加重 *fork*（2）的开销。特别是 Linux，尤擅此道，使得进程生成要比许多其它操作系统的线程生成还要快[1]。

历史上，shell 编程的经历鼓励了许多 Unix 程序员从多个协作进程的角度思考问题。创建由管道连接的多进程组，在后台或前台运行，或者在后台和前台都运行，相对来讲，在 shell 中较容易实现。

在本章剩余部分，我们将分析廉价进程生成的含义，并讨论如何及何时应用管道、套接字和其他进程间通信（IPC）方法将设计划分成协作进程（再下面一章，我们将对接口设计应用同样的功能分离原理）。

尽管将程序划分成协作进程带来了全局复杂度降低的好处，但代价是我们必须更多地关注在进程间传递信息和命令的协议设计（在所有种类的软件系统中，接口都是 bug 聚集之地）。

我们在第 5 章分析了这个设计问题的底层——如何统筹透明、灵活、可扩展的应用协议。但是还存在另一个而且是更高一层的设计问题，我们当时冒失地忽略了。这就是为通信各方设计状态机的问题。

给定模型，如 SMTP、BEEP 或 XML-RPC，则在应用协议语法中运用良好的风格并不难。真正的挑战不是协议语法而是**协议逻辑**——设计一个协议，既有充分的表达能力

---

[1] 例如，参考《Linux 下提高空闲任务的上下文切换性能》（Improving Context Switching Performance of Idle Tasks under Linux）[Appleton]引用的结果。

又有防范死锁的能力。几乎同样重要的是，协议必须**看得出**很有表现力并可防范死锁；也就是说人们必须能够在头脑中尝试对通信程序的行为建模并验证其正确性。

因此，我们的讨论将着眼于那种可以很自然地运用于各种进程间通信的协议逻辑。

7.1 从性能调整中分离复杂度控制

然而，首先，我们必须排除一些分神之事。我们的讨论**并非**关于利用并发性提升性能。在开发出可以把全局复杂度降至最低程度的干净体系之前，关注性能问题便是过早优化——万恶之源（详细讨论参见第 12 章）。

一个密切相关的干扰话题是线程(也就是，共用同一存储地址空间的多个并发进程)。使用线程是为了调整性能。为了避免长时间分散注意力，我们将在本章结束时更详细讨论线程。总的来说，线程不是降低而是提高了全局复杂度，因此，除非万不得已，尽量避免使用线程。

而说说模块化原则，则不算跑题；它能使你的程序——和你的生活——更轻松。进程分解的所有理由，都是我们在第 4 章提出的模块划分缘由的延续。

另一个把程序划分成多个协作进程的重要原因是为了更强的安全性。在 Unix 下，必须由普通用户运行的程序，如果又必须拥有对安全性至关重要的系统资源的写访问权限，可以通过一个叫*setuid bit*的特性获得[2]。可执行文件是可以拥有 setuid bit 的最小代码单元；因此，必须信任 setuid 可执行程序中的每一行代码（然而，写得好的 setuid 程序首先完成所有需要特权的行为，剩下的时间则把权限交还给用户级）。

通常，一个 setuid 程序只在一个或很少几个操作中需要特权。常常可以把这样的程序划分成两个协作进程，小进程需要 setuid，大的则不需要。当我们能够这样做时，只须

[2] setuid 程序并不以调用该程序的用户权限运行，而是以可执行文件拥有者的权限来运行。这个特性可以用来对口令文件等不允许非系统管理员直接修改的文件实施受限的、程序控制的访问权管理。

信任较小程序的代码。Unix 比竞争对手拥有更好的安全记录，很大一部分就是因为这种划分和委托在 Unix 中是可行的[3]。

7.2 Unix IPC 方法的分类

和单进程程序体系一样，最简的就是最好的。本章剩余部分将大致按照编程技术复杂度由低到高的顺序介绍各种 IPC 技法。在使用更晚出现、更复杂的技法前，应该通过实证——用原型和基准检测结果——所有更早出现、更简单的技法都不管用。经常，你会把自己吓一跳。

7.2.1 把任务转给专门程序

廉价的进程生成使程序间的协作变为可能，其中最简单的形式就是一个程序调用另一个程序来完成专门任务。被调用的程序经常通过 *system*（3）的调用被指定为一个 Unix Shell 命令，因此这通常称做对被调用程序“*shell out*”（外壳执行）。被调用的程序在运行完毕之前接管用户的键盘和显示，退出后，调用程序重新控制键盘和显示并继续运行[4]。因为在被调用程序的执行过程中，调用程序并不与之通讯，所以协议设计在这种协作类型中并不成问题，除非从调用程序可能向被调用程序传递命令行参数以改变其行为这层微不足道的意义上来说。

经典的 Unix shellout 实例是在邮件或新闻组程序中调用文本编辑器。Unix 的传统中，不要求使用常规文本编辑输入的程序捆绑专门用途的编辑器。相反，允许用户在需要编辑时指定自选的文本编辑器以供调用。

专门程序通常借由文件系统与父进程进行通信，方法是在指定位置读取或修改文件；编辑器或邮件器的 shellout 就是这样工作的。

这种模式的常见变形是专门程序可以接受标准输入，用 C 库的 `popen(…,"w")` 或作为 shell 脚本的一部分进行调用。或者专门程序也可以有标准输出，用 `popen(…, "r")` 或作为 shell 脚本的部分加以调用（如果它既从标准输入读入又向标准输出写出，则可以通过批量方式完成，即完成全部读操作之后才进行写操作）。通常不把这种子进程称为

---

[3] 也就是，按在互联网上每台机器多长时间内会被攻陷来衡量而得出的更好记录。

[4] shellout 编程的一个常见错误是子进程运行时忘记在父进程中阻塞信号。如果不对此防范，进入子进程的中断可能会对父进程造成不期望的副作用。

shellout；目前还没有一个标准术语称呼这个子进程，但完全可以称其为“bolt-on”（栓合）。

这些情态的要点在于专门程序在运行时并不需要跟父进程交流。只有在任意一方（主进程或从进程）接受了另外一个程序的输入，还必须能够对此解析这个意义上来说，它们之间才存在关联协议。

7.2.1.1 实例分析：*mutt* 邮件用户代理

mutt 邮件用户代理是现代 Unix 邮件程序中最重要设计传统的典型。它有一个简单的面向屏幕的界面，使用单键命令来浏览和读取邮件。

使用 *mutt* 撰写邮件（以地址为命令行参数进行调用或使用回复命令）时，它检查进程环境变量 `EDITOR`，然后生成一个临时文件名。环境变量“`EDITOR`”（编辑器）的值作为命令调用，并以临时文件名为参数[5]。当命令终止时，mutt 恢复控制运行，并认定临时文件包含的文本就是所要的邮件正文。

几乎所有的 Unix 邮件和网络新闻撰写程序都遵循同样的约定。正是因此，创作程序的实现者可以不必编写上百个截然不同的编辑器，用户也不必学习上百个不同的界面。相反，用户可以使用最喜欢的编辑器。

这种策略的重要变形通过 shell 调用一个小型代理程序，让其向正在运行的大程序实例，如编辑器或网页浏览器等传递专门任务。这样，通常已经在 X 显示上运行 *emacs* 实例的开发者可以设置 **`EDITOR=emacsclient`**，当需要在 *mutt* 中编辑时，在 *emacs* 编辑一块缓存。这样做的目的并不是真正要节省内存或其它资源，而是为了让用户能够把所有的编辑动作统一到单独的 *emacs* 进程中（这样一来，举例来说，在不同缓存间进行剪切和粘贴操作时可以捎带诸如字体高亮等 *emacs* 的内部状态信息）。

7.2.2 管道、重定向和过滤器

继 Ken Thompson 和 Dennis Ritchie 之后，对早期 Unix 影响最重要的人大概非 Doug McIlroy 莫属。他发明的**管道**结构始终闪现在 Unix 设计中，促进了“做单件事并做好”

[5] 实际上，上述过程有点过分简化了。完整部分请参考第 10 章关于 `EDITOR` 和 `VISUAL` 的讨论。

哲学的萌发，并且引发了 Unix 设计中绝大多数后续 IPC 方法的诞生（尤其是用于网络的套接字抽象概念）。

管道依赖这样的约定，即每个程序一开始（至少）有两个 I/O 数据流可用：标准输入和标准输出（文件描述符数字分别为 0 和 1）。许多程序都可写作过滤器，从标准输入顺序读数据，并且只向标准输出写数据。

通常，这些数据流分别和用户的键盘和显示器相连接。但是 Unix shell 普遍支持**重定向**操作，可以把这些标准输入输出流连接到文件。举例来说，键入：

```
ls > foo
```

把列目录命令 *ls*（1）的输出写入到名为“foo”的文件中。另一方面，键入：

```
wc < foo
```

将令字数统计程序 *wc*（1）以文件“foo”为输入，然后把字符数/字数/行数发送到标准输出。

管道操作把一个程序的标准输出连接到另一个程序的标准输入。用这种方式连接起来的一系列程序被称为管线。如果我们键入：

```
ls | wc
```

我们可以看到当前目录列表的字符数/字数/行数（在这种情况下，只有行数有真正意义）。

> 一个讨人喜欢的管道线是"**bc | speak**"——一个能说话的桌面计算器。这个计算器知道 1×10^{63} 以下数字的叫法。
>
> —Doug McIlroy

管道线中所有阶段的程序是并发运行的，注意到这一点很重要。每一段等待前一段的输出作为输入，但在下一段能够运行前没有哪个段必须退出。这个特性在我们接下来分析管道系统的交互作用时非常重要，例如把某个命令的超长输出发送给 *more*（1）。

人们很容易低估管道和重定向的组合能力。《作为第四代语言的 Unix Shell》（*Unix Shell As a 4GL*）[Schaffer-Wolf]是一个很有启发意义的例子，该书指出，以这些功能为框架，组合一些简单实用程序，就可以创建和操控简单文本表格形式的关系数据库。

管道的主要缺点是单向性。管道线的成员除了终止外（在这种情况下，前一阶段的程序会在下一个写操作时得到 **SIGPIPE** 信号）不可能回传控制信息。因此，传输数据的协议简化为接受端的输入格式。

目前为止，我们已经讨论了 shell 创建的匿名管道。还有一种变种，叫做“命名管道”，是一种特殊的文件。如果两个程序打开这个文件，一个读取，另一个写入，则命名管道扮演两者间的配接器。命名管道已经成了老古董；在使用中，大部分已经被我们下面将要讨论的命名套接字取代了（有关这个老古董的更多细节，参考以下 System V IPC 的讨论）。

7.2.2.1 实例分析：为分页程序建立管道

管线有很多用处。举一个例子来说，Unix 的进程列举程序 *ps*（1）在标准输出上列举进程时，并不关心长列表在用户的滚屏速度太快会造成用户无法看清。Unix 还有另外一个程序 *more*（1），它按屏幕大小显示标准输入，每次满屏显示后等待用户按键显示下一满屏。

这样，如果用户键入“**ps | more**”，把 *ps*（1）的输出管道连接至 *more*（1）的输入，则每次按键后可以继续显示一整屏的进程列表。

如此组合程序的能力极为有用。但此处真正的成果并不是这个漂亮的组合，而是由于管道和 *more*（1）两者的存在，其它程序可以变得更简单一些。管道意味着 *ls*（1）（以及其它写标准输出的程序）之类的程序无需开发自己的分页程序——我们得以从一个到处都是内置分页程序（自然，每个分页程序都有不同的观感）的世界中解救出来。这就避免了代码的臃肿，降低了全局复杂度。

一个额外好处是，如果需要定制分页程序行为，可以只在一个地方、改变一个程序就行了。确实，可以存在多个分页程序，并且这些分页程序对每一个写标准输出的应用程序都非常有用。

实际上，这确实已经发生了。现代 Unix 中，*more*（1）基本上已被 *less*（1）取代。*less*（1）对显示的文件增加了向后滚屏的能力，不再只能向前滚屏[6]。因为 *less*（1）独立于使用它的程序，所以只需在 shell 中简单地将“less”指定“more”的 alias，把环境变量 PAGER（分页器）设置成“less”（参考第 10 章），然后就可以在所有正确编写的 Unix 程序中享受到更好分页程序所带来的全部好处了。

[6] *less*（1）的手册页解释说，这个名字遵循了“Less is more”（少即是多）。

7.2.2.2 实例分析：制作单词表

一个更加有趣的例子是通过管道相连的程序来协作完成某种数据变换。在没有这么灵活的环境中，要实现这点就必须定制代码。

考虑以下管线：

```
tr -c '[:alnum:]' '[\n*]' | sort -iu | grep -v '^[0-9]*$'
```

第一个命令把标准输入中非字母和数字的字符在标准输出上转换为新行。第二个命令对标准输入的行进行排序，对于所有重复的相邻行只保留一个，然后把排好序的数据写到标准输出。第三个命令去掉所有只含数字的行。合起来，这些操作把标准输入的文本生成了经过排序的单词表送到标准输出。

7.2.2.3 实例分析：*pic2graph*

程序 *pic2graph* 的 shell 源码和自由软件基金会的 *groff* 文本格式化工具套件一起发布。它把用 PIC 语言编制的图表转换为位图图像。例 7.1 展示了这个代码核心部分的管线。

例 7.1 pic2grah 管线

```
(echo ".EQ"; echo $eqndelim; echo ".EN"; echo ".PS";cat;echo ".PE")|\
    groff -e -p $groffpic_opts -Tps >${tmp}.ps \
    && convert -crop 0x0 $convert_opts ${tmp}.ps ${tmp}.${format} \
    && cat ${tmp}.${format}
```

pic2graph（1）实现展示了仅仅依靠调用现有工具的管线能够完成多少任务。管线首先把其输入揉制成适当的形式，然后将其传入 *groff*（1）以生成 PostScript，最后从 PostScript 转换成位图。它对用户隐藏了所有细节，用户只看到 PIC 源从一端进入，另一端产生了可包含在网页中的位图。

这是一个有趣的例子，因为它说明了管道和过滤器怎样使程序适应非预期的用法。解释 PIC 的程序 *pic*（1），最初只是为了在排版文档中嵌入图表设计的。在包含 *pic*（1）程序的一套工具中，绝大多数程序都行将过时。但是 PIC 在新用法中仍然十分便利，比如描述内嵌在 HTML 中的图表等。把 *pic*（1）的输出转换为更现代格式所需要的全部机制，可以由 *pic2graph*（1）这类工具捆绑在一起，所以它也获得了新生。

作为微型语言的例子，我们将在第 8 章进一步分析 *pic*（1）。

7.2.2.4 实例分析：*bc*（1）和 *dc*（1）

开始于版本 7 的经典 Unix 工具包包括一对计算器程序：*dc*（1）程序是一个简单的计算器程序，从标准输入端接受逆波兰标记法（RPN）的文本行，并向标准输出发送计算结果；*bc*（1）程序接受类似传统代数记数法的更加复杂的中缀表示法，它同样具备设置和读取变量并为复杂公式定义函数的能力。

尽管 *bc*（1）目前的 GNU 实现版本不依赖其它程序，其经典版本却通过管道把命令传递给 *dc*（1）。在这种分工中，*bc*（1）完成变量代入和函数展开，并将中缀表示法转换为逆波兰表示法——但实际上本身并不完成计算，相反，把输入表达式转换成 RPN 形式传递给 *dc*（1），由 *dc*（1）来完成计算。

这种功能分离具有明显的优势。它意味着用户可以选择自己喜欢的表示法，却无需重复实现任意精度的数字计算逻辑（这有点需要技巧）。组合中的每一个程序都没有任何需要选择表示法的程序复杂。这两个程序既可以独立调试，也可以独立建模。

我们将在第 8 章从专门领域的微型语言这个略有不同的角度再次分析这些程序。

7.2.2.5 反例分析：为什么 *fetchmail* 不是管线

按照 Unix 的界定，*fetchmail* 是个令人不舒服的庞大程序，选项繁多。想想邮件传输的工作方式，有人可能想把它分解成一个管线。暂且假设它已被分解成这几个程序：一对从 POP3 和 IMAP 站点获取邮件的读取程序，一个本地的 SMTP 队列放置器(injector)。管线应该能够传递 Unix 信箱格式。当前复杂的 *fetchmail* 配置完全可以由包含命令行的 shell 脚本来取代，甚至还可以在管道线中插入过滤器来拦截垃圾邮件。

```
#!/bin/sh
imap jrandom@imap.ccil.org | spamblocker | smtp jrandom
imap jrandom@imap.netaxs.com | smtp jrandom
# pop ed@pop.tems.com | smtp jrandom
```

这可能会非常优雅，非常 Unix 化。不幸的是，这行不通。我们在早些时候已经简略谈到了其中的原因：管线是单向的。

取信程序（imap 或 pop）必须要完成的一件事是决定应否为已取回的每一条消息发送一个删除请求。在 *fechmail* 目前的结构中，它可以延迟向 POP 或 IMAP 服务器发送删除请求，直到得知本地 SMTP 监听程序已经接管该消息。由管道连接的组件版本将丢失这个特性。

举例来说，请考虑，如果因为 SMTP 监听程序报告磁盘已满导致 SMTP 队列放置程序失败，会发生什么呢？如果取信程序已经删除了这个邮件，我们就完了。这意味着，*smtp* 队列放置器通知取信程序删除邮件之前，取信程序不能删除邮件。这反过来产生了一大堆问题。他们之间如何通信？确切地说，队列放置器应该返回什么样的消息呢？相应系统的全局整体复杂度以及易出错性，几乎肯定要比单块程序高。

管线是一个了不起的工具，但不是万能的。

7.2.3 包装器

和 shellout 程序相对的是**包装器**(*wrapper*)。包装器或者将被调用程序专用化，或者为它创建新的接口。包装器经常用于隐藏 shell 管线的复杂细节。我们将在第 11 章讨论接口包装器。大多数专用化包装器都相当简单，但非常有用。

和 shellout 一样，由于被调用程序执行过程中程序之间并不通信，因此也不存在相关协议；但是，包装器之所以存在，常常源于要指定参数来修改被调用程序的行为。

7.2.3.1 实例分析：备份脚本

专用化包装器是 Unix shell 和其它脚本语言的经典用途。既常用又典型的一类特化包装器是备份脚本，它可能简单到只有这样的一行：

```
tar -czvf /dev/st0 "$@"
```

这是一个为 *tar*（1）磁带归档程序编写的包装器，这个包装器只简单地提供一个固定参数（磁带设备`/dev/st0`），并把用户提供的其它参数（`"$@"`）[7]传递给 tar。

---

[7] 一个常见错误是使用`$*`而不是`"$@"`。这在传递含有空格的文件名时会出问题。

7.2.4 安全性包装器和 Bernstein 链

包装器脚本的常见用法是**安全性包装器**。安全性包装器可调用守门程序检查某类凭证，然后根据返回的状态值有条件地执行另一个程序。

Bernstein 链（Bernstein chaining）是一个专用化的安全性包装器技法，由 Daniel J.Bernstein 首先发明。Bernstein 在他的许多程序包中都使用了安全包装器（在 *nohup*（1）和 *su*（1）之类命令中使用类似的手法，但是无法检查条件值）。从概念上来说，Bernstein 链和管线类似，只不过每个继发阶段的程序取代了前一阶段的程序，而不是与之并行。

通常的应用是把较高安全级别的应用程序限制在某类门卫程序中，由这个程序把状态传递给一个权限较低的程序。这种技法使用一组 exec，或者综合 fork 和 exec 把几个程序粘在一起。所有程序名都在一个命令行中得到指定。每个程序执行某个功能，（如果成功的话）用命令行剩余部分调用 *exec*（2）。

Bernstein 的 *rblsmtpd* 包就是一个原型例子。它用于在邮件滥用防御系统（Mail Abuse Prevention System）的垃圾邮件 DNS 域中查询主机。方法是通过载入环境变量“TCPREMOTEIP”的值取得 IP 地址，然后对其进行 DNS 查询。如果查询成功，*rblsmtpd* 就运行自己的 SMTP 以丢弃这个邮件。如果不成功，它就假定剩余的命令行参数构成一个知道 SMTP 协议的邮件传输代理，交给 *exec*（2）来运行。

Bernstein 的 *qmail* 包是另外一个例子。*qmail* 包含有 *condredirect* 程序。第一个参数是个邮件地址，剩余部分是门卫程序及其参数。*condredirect* 首先 fork，然后对门卫程序带参数进行 exec。如果门卫程序成功退出，*condredirect* 就把在标准输入端（stdin）的待处理邮件发送到指定的邮件地址。在本例子中，与 *rblsmtpd* 相反，安全策略由子进程决定。这种情况更像经典的 shellout。

更精巧的例子是 *qmail* 的 POP3 服务器。它由三个程序构成，即 *qmail-popup*、*checkpassword* 和 *qmail-pop3d*。*checkpassword* 程序是一个独立包，很聪明地命名为 *checkpassword*，而且让人一点不意外的是，它就是用来检查口令的。POP3 协议包括认证阶段和邮箱操作阶段；一旦进入邮箱操作阶段就不能回到认证阶段。这是 Bernstein 链的一个完美应用。

qmail-popup 的第一个参数是 POP3 提示中使用的主机名。取回 POP3 的用户名和口令后，进行 fork 操作，并将其余参数传递给 *exec*（2）。如果程序返回失败，口令肯定错误，*qmail-popup* 就报告这个错误并等待一个不同的口令。反之，程序就假设已经完成 POP3 对话，*qmail-popup* 从而退出。

qmail-popup 命令行中指定的程序要从文件描述符3处读取三个以null结束的字符串[8]。它们是用户名、口令，以及如果有的话，对密码的攻击回应。这一次应该是 *checkpassword* 把 *qmail-3d* 的名称及其参数作为参数接受。如果口令不符合，*checkpassword* 程序就失败退出；反之，它就切换到用户的 uid、gid 和主目录下，并以用户身份执行剩下的命令。

如果应用程序需要 setuid 或 setgid 优先权来初始化连接或获得某些认证，然后放弃这些权限让后续代码无须被信任，这时 Bernstein 链非常有用。在 exec 后，子程序无法把用户真实 ID 设置回 root 用户。同时，这样做也比单进程灵活，因为可以在程序链中插入另一个程序来修改系统的行为。

例如，*rblsmtpd*（前面已提到）可以插进 Bernstein 链，放在 tcpserver（来自 *ucspi-tcp* 包）和真正的 SMTP 服务器（通常是 *qmail-smtpd*）之间。当然，它也跟 *inetd*（8）和 **`sendmail -bs`** 合作得很好。

7.2.5 从进程

有时候，子程序通过连接到标准输入和标准输出的管道，交互地和调用程序收发数据。同简单的 shellout 以及我们前面称为“bolt-on”的机制不同之处在于，主进程和从进程都需要内部状态机处理它们之间的协议以避免发生死锁和竞争。比起简单的 shellout，这种结构远远更复杂、更难以调试。

Unix 的 *popen*（3）调用可以为 shellout 搭建输入或输出管道，但是不能为从进程搭建这两种管道——这似乎有意鼓励更简单的编程。而且，事实上，交互的主/从通信极为复杂，通常只在这两种条件下使用：（a）两者间涉及的协议完全无足轻重，或（b）从进程是为以我们在第 5 章讨论的应用协议进行通讯而设计的。我们将在第 8 章再次分析这个问题并讨论解决方法。

在编写主/从进程对时，一个好方法是，让主进程支持命令行开关或环境变量来允许调用者设置自己的从进程命令。抛开其它好处，这尤其有利于调试：经常可以发现，在

---

[8] *qmail-popup* 的标准输入和标准输出是套接字，标准错误（文件描述符为 2）被转向为日志文件。必须保证下一个分配得到的文件描述是 3。正如一段臭名昭著的的内核注释所写的：“不指望你能理解这个”。

开发过程中，从监视和记录主从进程之间事务处理的辅助程序中调用真正的从进程，会带给你很多方便。

如果发现程序中主/从进程的交互不再微不足道，剩下的，也许是考虑使用套接字或共享内存等技法，走更趋对等结构的路了。

7.2.5.1 实例分析：*scp* 和 *ssh*

两者间通信协议的确无足轻重的一个常见情况是进度显示程序。*scp*（1）安全拷贝命令把 *ssh*（1）作为从进程调用，从 ssh 的标准输出中截取足够的信息，然后把报告重新组织成为 ASCII 动画形式的进度条。[9]

7.2.6 对等进程间通信

迄今我们已经讨论的各种通讯方法都存在隐含的层次关系，即一个程序实际上控制或驱动另一个程序，而在反方向却没有或仅有有限的反馈。在通信和网络中，我们常常需要**对等的**通道，通常（但不一定）需要数据能自由地双向流动。接下来，我们将分析 Unix 中的对等通信方法，并在以后几章中逐步展开一些实例分析。

7.2.6.1 临时文件

把临时文件作为协作程序之间的通信中转站使用，是最古老的 IPC 技法。虽然存在一些缺点，但临时文件在 shell 脚本及一些一次性程序中仍然非常有用，在这些程序中使用其它更复杂、更需协调的通信方式未免有点小题大做。

把临时文件作为 IPC 技法使用最明显的问题是，如果进程在临时文件可被删除前中断，则往往会遗留垃圾数据。另一个更隐蔽的风险是，如果程序的多个实例都使用同一个名字作为临时文件名，则会产生冲突。这就是为什么 shell 脚本的惯例是在临时文件名中包含“$$”符号的原因；这个 shell 变量将被展开为载入 shell 的进程 ID，从而有效地保证了文件名的唯一性（Perl 也支持同样的技巧）。

---

[9] 一个推荐这个实例分析的朋友评论：“是的，是可以不用这种技法……如果从进程返回的信息中恰有几块容易识别的天然贵金块，而你正好又有夹子和防辐射服。”

最后，如果攻击程序知道临时文件将要写入的位置，就可以覆盖掉那个文件，很可能读取生产者进程的数据，或者通过在文件中插入修改或假造的数据哄骗消费者进程[10]。这可是一种安全性风险。如果涉及的进程拥有 root 用户权限，风险就更为严重。当然可以通过仔细设置临时文件目录的权限来缓解这个问题，但很多人都知道，这种部署很难万无一失。

撇开所有这些缺点，临时文件仍然还有一席之地；因为它们很容易创建，很灵活，与那些复杂的方法相比，没那么容易产生死锁和竞争。而且，有时候，别的方法都派不上用场。子进程的调用约定可能要求子进程必须得到一个文件来操作。我们在本章所举的第一个例子，即编辑器 shellout 出的子进程就是个完美的实证。

7.2.6.2 信号

要让同一台机器上的两个进程相互通信，最简单最原始的方法是一个进程向另一个发送*信号*。Unix 的信号是一种软中断形式：每个信号都对接收进程产生默认作用（通常是杀掉它）。进程可以声明**信号处理程序**，让信号处理程序覆盖信号的默认行为；处理程序是一个与接受信号异步执行的函数。

信号被设计进 Unix，最初是作为操作系统就某些错误或关键事件通知程序的一种机制，并不是作为 IPC 功能设计进来的。举例来说，**SIGHUP** 信号在会话结束时被发送给每一个从该指定终端会话启动的程序。**SIGINT** 信号，是在用户键入当前定义的中断字符（通常是 control-C）时发送给当前每一个连接键盘的程序。然而，信号对一些 IPC 情形也很有用(而 POSIX 标准信号集就是为了这个使用目的才包含 **SIGUSR1** 和 **SIGUSR2** 两个信号的）。它们经常用作**守护程序**（在后台不间断运行而且不可见的程序）的控制通道，操作者或另一个程序用来通知守护程序重新初始化自身，或醒来执行工作，或向已知位置写入内部状态/调试信息的方法。

我坚持认为 **SIGUSR1** 和 **SIGUSR2** 是为 BSD 发明的。人们抓走了一些系统信号，使之成为他们所希望的 IPC 含义。这样一来，（例如），由于 **SIGSEGV** 已被挪用，所以出现分段错误的程序就不会进行核心转储（coredump）了。

---

10 这种攻击特别危险的变形就是在生产者进程和消费者进程都期望是临时文件的地方，放一个同名的命名 Unix 域套接字。

这是一个普遍原则——人们总想挪用你写的任何工具，所以必须把它们设计成要么根本无法挪用要么总是可以干净地挪用。这是你仅有的选择。当然，除非被忽略——这是一个非常可靠的保持清白的方法，但并非最初看起来的那样满意。

—Ken Arnold

随信号 IPC 经常使用的一种技法是所谓 *pidfile*。需要信号的程序会向已知位置写入一个包含进程 ID（PID）的小文件（通常放在/var/run 或调用用户的主目录下）。其它程序可以读取这个文件来获得 PID。如果守护程序只允许一个实例运行，则 pidfile 也可作为隐含的**文件锁**使用。

实际上存在两种不同口味的信号。在老一点的实现（特别是如 V7、System III 和早期的 System V）中，给定信号的处理程序无论何时启动，该处理程序就会被复位为信号的默认值。因此，无论处理程序如何设置，快速连续发送两个同样的信号通常就会杀死进程。

BSD 4.x 版本的 Unix 变成了“可靠”的信号，除非用户明确要求，它是不会复位的。它们同时也引入了原语操作，阻塞或临时挂起指定信号集的处理。现代 Unix 支持这两种方式。应该对新代码使用 BSD 风格的不复位入口方法，但是必须进行防预性编程，以防代码移植到不支持这种方法的实现中。

收到 N 个信号并不一定 N 次调用信号处理程序。在老一点的 System V 信号模型中，如果两个或两个以上的信号间隔很小（更确切地说，是在目标进程的同一个时间片内），可能产生各种竞争[11]或异状。根据系统支持的信号语义的不同，第二个或更后面的信号可能会被忽略掉，可能会误杀一个进程，也可能延迟到前面的实例已经处理完后才发送（在现代 Unix 中，这种情况最可能发生）。

现代的信号 API 可以移植到最近所有的 Unix 版本中，但是不能移植到 Windows 或传统（OS X 以前）的 MacOS 中。

[11] “竞争”是这样的一类问题，在这类问题中，系统的正确行为取决于两个独立事件按照正确顺序发生，但是又没有机制来保证这两个独立事件实际上能够这样发生。竞争产生间歇性的、与时间有关的问题，非常难以调试。

7.2.6.3 系统守护程序和常规信号

许多著名的系统守护程序都接受 **SIGHUP**（最初，这个信号在有串行线事件时发送给程序，比如挂断调制解调器连接的操作就产生这个信号）作为重新初始化的信号（也就是说，重新载入配置文件）；例子包括 Apache 和 Linux 的 *bootpd*（8）、*gated*（8）、*inetd*（8）、*mountd*（8）、*named*（8）、*nfsd*（8）和 *ypbind*（8）实现。在一些例子中，**SIGHUP** 作为其对话关闭信号的最初意义被程序接收（特别是 Linux 的 *pppd*（8）），但是这种作用现在通常都交给 **SIGTERM** 了。

SIGTERM（“终止”）常常扮演温和的关闭信号（区别于 **SIGKILL**，立即杀死进程，而且本身不能被阻塞或另外处理）。**SIGTERM** 的行为通常包括清除临时文件和强制把最新更新刷回数据库以及其它一些类似行为。

在编写守护程序时，请遵循最小立异原则：使用这些约定，阅读手册来寻找现有模型。

7.2.6.4 实例分析：*fetchmail* 的信号使用

fetchmail 实用程序通常被配置成在后台运行的守护程序，无需用户干预就能定期从运行控制文件定义的所有远程站点收集邮件，并传送给端口 25 的本地 SMTP 监听程序。为了避免一直占用网络，*fetchmail* 在收集邮件期间根据用户定义的时间间隔休眠（默认值是 15 分钟）。

当不带参数调用 **fetchmail** 时，它首先检查是否已经有 *fetchmail* 守护程序在运行（通过查找 pidfile 来完成）。如果没有，*fetchmail* 采用运行控制文件指定的控制信息正常启动；相反，如果有，*fetchmail* 新进程仅仅发信号通知老进程，使其立即苏醒并收集邮件，然后新进程就会终止。此外，**fetchmail -q** 向任何正在运行的 *fetchmail* 后台程序发送终止信号。

这样，键入 **fetchmail** 实际上意味着“现在选出并留一个运行的后台程序等待以后查询；不要拿后台程序是否已经运行这样的细节来烦我”。注意，至于用哪个具体信号来唤醒和终止的细节就无需用户知道了。

7.2.6.5 套接字

套接字作为一种封装网络数据访问的方法从 Unix 的 BSD 一脉中发展而来。通过套接字通信的两个程序通常都存在双向字节流（存在其它套接字模式和传输方法，但是重要性不大）。字节流既是按序的（也就是说，即使按单个字节发送也按照发送顺序来接收）又是可靠的（套接字用户得到保证，底层的网络将进行错误检测和重发以确保交付）。套接字描述符一旦获得，行为基本上和文件描述符一样。

> 套接字和读/写操作有一个重要区别。如果发送的字节已经到达，但是接收的机器却没有 ACK 确认，发送机器的 TCP/IP 栈将超时。因此得到一个错误不一定意味着字节没有到达；接收端可能已经用上了这些字节。这个问题对可靠协议的设计具有深远的影响，原因是即使不知道哪些数据已经被接收到，也仍然必须正确工作。本地输入/输出（I/O）就是“是/否”的判断，而套接字输入/输出（I/O）则是“是/否/也许”的判断。而且没有任何东西能够确保交付——远端的机器说不定已经被彗星撞毁了。
>
> —Ken Arnold

在创建套接字的时候，可以指定**协议族**来告诉网络层如何解释套接字的名称。人们通常认为套接字和互联网有关，是一种在不同主机上运行的程序之间传递数据的方法，这是 AF_INET 套接字族。在这个套接字族中，地址被解释为主机地址和服务编号对。然而，AF_UNIX（也称为 AF_LOCAL）协议族支持同样的套接字抽象，作为在同一台机器上（名字被解析为特殊文件的位置，与双向命名管道类似）两个进程之间的通信方式。举个例子，使用 X window 系统的客户端程序和服务器程序通常就使用 AF_LOCAL 套接字进行通信。

所有现代 Unix 都支持 BSD 风格的套接字，一个设计事实是，无论协作进程在何处安置，这些套接字通常都是用于双向 IPC 的正确方法。性能压力可能会促使你使用共享内存、临时文件或其它要求更多局部性条件的技法，但是在现代的情况下，最好设想代码需要增加分布式操作。更重要的是，这些局部性设想可能意味着系统的某个部分与其它部分的内在关系过于密切，超过了良好设计能够容忍的程度。经过套接字强化的分离地址空间是一个特性，不是 bug。

要优雅地使用套接字，在 Unix 传统中，首先得设计这些套接字之间使用的**应用协议**——即一套请求和响应，能够简洁地表达程序通讯的语义。我们在第 5 章已经讨论了设计应用协议的一些主要问题。

所有新近的 Unix 版本、Windows 和经典的 MacOS 都支持套接字。

7.2.6.5.1 实例分析：PostgreSQL

PostgreSQL 是一个开源的数据库程序。如果它的实现是单个庞然大物式程序，就会成为单进程程序，有交互式界面，直接在磁盘上处理数据库文件。界面和实现就会结合在一起，一个程序的两个实例，如果试图同时处理同一数据库，就会产生严重的竞争和死锁问题。

相反，PostgreSQL 套件包括一个叫做 *postmaster* 的服务器程序和至少三个客户应用程序。每台机器的 *postmaster* 服务器进程在后台运行并拥有对数据库文件的独占访问权。它通过 TCP/IP 套接字接受 SQL 查询语言的请求，并且返回文本格式的结果。当用户运行 PostgreSQL 客户端时，该客户端启动一个和 *postmaster* 的会话并与之进行 SQL 事务处理。服务器程序可以一次处理好几个客户端会话，并且对这些请求排队，所以它们不会互相干扰。

因为前端和后端是分开的，所以服务器程序除了知道如何解释客户端的 SQL 请求并返回报表外，不需要知道其它任何事情；另一方面，客户端也不必知道数据库是如何存储的。客户端可以依不同的需求定制并且拥有不同的用户界面。

这种组织形式在 Unix 数据库中相当典型——甚至经常可以把不同 SQL 客户端和服务器程序结合并匹配起来使用。所产生的互操作性问题只是 SQL 服务器端的 TCP/IP 端口号可能不同，以及客户端和服务器是否支持同一种 SQL 语言。

7.2.6.5.2 实例分析：Freeciv

在第 6 章，我们把 Freeciv 作为透明数据格式的例子介绍给大家。但是与其支持多人游戏方式比起来，更关键的是代码的客户端/服务器划分。这是一个其应用必须在广域网上分布，并通过 TCP/IP 套接字进行通信的典型例子。

Freeciv 游戏的运行状态由服务器进程，即游戏引擎来维护。玩家运行 GUI 客户端，通过包协议和服务器交换信息和命令。所有的游戏逻辑都在服务器端处理；GUI 的细节在客户端处理，不同的客户端支持不同的界面风格。

这是多人在线游戏非常典型的一种结构。包协议使用 TCP/IP 进行传输，因此服务器可以处理运行在不同互联网主机上的客户端。其它那些更像实时模拟（特别是仿真视角射击游戏）的游戏使用原始的互联网数据报协议（UDP），并且牺牲了包发送的不确定性来降低延迟。在这种游戏中，用户通常连续地发送控制动作，所以零星的信号丢失是可以忍受的，但是延迟却是致命的。

7.2.6.6 共享内存

尽管使用套接字通信的两个进程可能在不同机器上（实际上，可能跨越半个地球而通过互联网连接起来），而共享内存要求生产者和消费者程序必须在同一硬件上。但是，如果通信进程能够访问同一个物理内存，则共享内存将是它们之间最快的信息传递方法。

共享内存可能以各种 API 的面貌呈现，但是在现代 Unix 中，共享内存的实现通常依靠使用 *mmap*（2），把文件映射成可以被多个进程共享的内存。POSIX 定义了具有 API 的 shm_*open*（3）功能，支持把文件作为共享内存使用，这通常是对操作系统的提示，告诉它无需把伪文件数据刷到磁盘上。

因为对共享内存的访问不能通过类似于读写调用的规范自动序列化，所以处理共享的程序必须自己处理竞争和死锁问题。典型方法是在共享段中使用信号量变量。此处产生的问题和多线程（参考本章末的讨论）产生的问题类似，但是更容易管理，因为默认值是不共享内存。这样，这些问题能够得到更好的遏制。

在共享内存可用并且可靠的系统中，Apache 网页服务器的记录牌功能使用共享内存，作为 Apache 主进程和它管理的 Apache 映像负载分配池之间通信的方式。现代的 X 实现也使用共享内存在位于同一机器上的客户端和服务器之间传递大图像，以避免套接字通信的开销。这些使用都是得到经验和测试证实的性能优化而不仅仅是体系选择。

所有现代的 Unix 都支持 *mmap*（2）调用，包括 Linux 和开源的 BSD 版本，这在《单一 Unix 规范》(Single Unix Specification)中有描述。一般来说，Windows、传统的 MacOS 和其它操作系统都还不支持这个调用。

在有特制的 *mmap*（2）可用之前，两个进程通信的常用方法是打开同一个文件然后将其删除。在所有已打开状态的文件句柄都关闭之前，这个文件不会被删除，但是一些老的 Unix 版本把连接计数降到零，作为可以停止更新文件在磁盘数据的提示。不利的方面是，存储回填用的是文件系统而不是交换设备，被删除文件所在的文件系统在使用该文件的程序关闭之前不能卸摘，而且把新进程附到(attach)已存在的、按这种方式模拟的共享内存段中极为复杂。

在版本 7 以及 BSD 和 System V 系列分开后，Unix 的进程间通信朝两个不同的方向发展。BSD 方向产生了套接字；另一方面，AT&T 系列发展了命名管道（见前面讨论）和一种基于共享内存双向信息队列、为传输二进制数据而专门设计的 IPC 功能。这被称为“System V IPC”——或者，在那些老前辈当中，被称为“Indian Hill”IPC，以 AT&T 的实验室命名，这是其最初编写的地方。

System V IPC 传递消息的上层已经逐渐被废弃了。而由共享内存和信号量构成的底层，在同一台机器上运行的进程间需要完成互斥锁定和全局数据共享的情况下，仍旧具有非常重要的应用。这些 System V 的共享内存功能发展成了 POSIX 的共享内存 API，Linux、BSD、MacOS X 和 Windows 都支持，但是经典的 MacOS 不支持。

使用这些共享内存和信号量功能（*shmget*（2）、*semget*（2）及其类似机能）可以避免通过网络栈复制数据的开销。大型商业数据库（包括 Oracle、DB2、Sybase 和 Informix）大量使用这种技术。

7.3 要避免的问题和方法

尽管基于 TCP/IP 的 BSD 风格套接字已经成为主流的 Unix IPC 方法，但是人们对于如何通过多道程序达到正确的划分仍然争论不休。一些过时的方法还没有完全消亡，而一些从其它操作系统中移植过来的（通常与图形或 GUI 编程有关）技术值得怀疑。下面我们将在危险的沼泽中游历：小心鳄鱼。

7.3.1 废弃的 Unix IPC 方法

Unix（诞生于 1969 年）比 TCP/IP（诞生于 1980 年）以及二十世纪九十年代和后期无处不在的网络要早多了。匿名管道、重定向和 shellout 很早就在 Unix 中存在了，但是 Unix 的历史充满了与过时的 IPC 及网络模型联系在一起的 API 遗骸，其中出现在版本 6（1976 年）而在版本 7（1979 年）之前废弃的 `mx( )` 机能是其始作俑者。

最后，BSD 套接字胜出，成为与网络统一的 IPC。但是这段摸索用了 15 年，期间留下了很多遗迹。因为 Unix 文档可能还会提到这些，可能会让人误解它们仍在使用，所以知道这些非常有用。这些废弃的方法在《Unix 网络编程》（*Unix Network Programming*）[Stevens90]中有更详细的描述。

> 对于旧 AT&T Unix 中所有消亡的 IPC 功能的真正解释就是管理策略。Unix 支持小组由一个底层经理领导，而一些使用 Unix 的项目却由副总裁领导。这些副总裁总有办法制造不可抗拒的请求，并且不能容忍大多数 IPC 机制都可互换这样的异议。
>
> —Doug McIlroy

7.3.1.1 System V IPC

System V IPC 功能是基于我们此前讨论的 System V 共享内存的消息传递机能。

使用 System V IPC 协作的程序通常定义基于短（不超过 8K）二进制信息交换的共享协议。相关的手册页有 *msgctl*（2）及其相关页。由于这种方法多半已经被套接字间传递的文本协议所取代，在这里我们就不举例了。

System V IPC 功能存在于 Linux 和其它现代 Unix 中。然而，由于它们是一种历史遗留功能，所以不很经常使用。Linux 版本直到 2003 年中期还存在 bug。但似乎没人愿意修复这些 bug。

7.3.1.2 Steams

Streams networking（网络流）由 Dennis Ritchie 为 Unix 版本 8（1985 年）创造。一个重新的实现叫做 STREAMS（是的，在文档里全是大写字母），最早发布在 System V Unix（1986 年）3.0 版中。STREAMS 机能在用户进程和指定的内核驱动程序之间提供全双工的接口（功能上类似 BSD 套接字，在初始设置之后通过普通的 *read*（2）和 *write*（2）操作进行访问）。设备驱动程序可能是串口或网卡之类的硬件，也可能是为了在用户进程之间传递数据而设置的纯软件模拟设备。

Streams 和 STREAMS[12]都具有一个有趣特性，就是可以把协议转换模块推到内核处理线中，这样用户进程通过全双工通道“看到”的设备实际上被过滤掉了。举例来说，这个能力可用于实现终端设备的行编辑协议。或者，可以实现 IP 或 TCP 之类的协议而不用把它们直接整合在内核当中。

Streams 最早是整理所谓“行守则”——另一种处理串行终端和早期局域网字符流的

---

12 STREAMS 要复杂得多。据传闻 Dennis Ritchie 曾说过“大声说 streams 时，含义就有所不同了”。

模式——内核凌乱特性的一种尝试。但随着串行终端从人们视野中淡出，以太局域网到处存在，TCP/IP 逐出其他协议栈而归并到 Unix 内核，STREAMS 所提供的特别灵活性越来越无用武之地。在 2003 年，System V Unix 仍然支持 STREAMS，一些 System V/BSD 的混和 Unix 操作系统，如 Digital Unix 和 Sun Microsystem 的 Solaris 也同样支持 STREAMS。

Linux 和其它开源 Unix 实际上已经抛弃了 STREAMS。LiS（Linux Stream）项目的 Linux 内核模块和程序库可从<http://www.gcom.com/home/linux/lis/>获得，但是（直到 2003 年中期）它们还没有整合到 Linux 内核主干中。其他非 Unix 操作系统并不支持它们。

7.3.2 远程过程调用

尽管偶有例外，如 NFS（Network File System，网络文件系统）和 GNOME（GNU Network Object Model Environment，GNU 网络对象模型环境）工程，但是引进 CORBA、ASN.1 和其它远程过程调用接口形式的尝试大多失败了——这些技术至今还没有为 Unix 文化所吸纳。

造成这一点似乎有几个根本原因。其中之一是 RPC 接口不是那么容易做到可显的；也就是说，难以按功能查询接口，而如果不编写和被监控程序同样复杂的专用工具，也难以监控程序的行为（我们已经为此在第 6 章讨论了一些理由）。RPC 接口和库一样具有版本不兼容（version skew）问题，但是更难追查，因为它们是分布的，而且不会体现在链接过程中。

与之相关的问题是，类型标记越丰富的接口往往越复杂，因而越脆弱。随着时间的推移，由于在接口之间传递的类型总量逐渐变大，单个类型越来越复杂，这些接口往往产生类型本体蠕变问题。这是因为结构比字符串更容易失配；如果两端程序的本体不能正确匹配，要让它们通信肯定很难，纠错难上加难。最成功的 RPC 应用，如网络文件系统，都是那些在应用定义域上本来就只涉及很少量简单数据类型的应用。

支持 RPC 的常见理由是它比文本流方法允许“更丰富”的接口——也就是说，接口可以具有更复杂、更专用的数据类型本体。但是想想简洁原则吧！我们在第 4 章有过考察，接口的功能之一是充当阻隔点，防止模块的实现细节彼此泄漏。因此，支持 RPC 的主要理由同时恰恰证明了 RPC 增加了，而不是降低了程序的全局复杂度。

使用经典的 RPC 太容易用复杂晦涩的方式完成任务，而不是保持其简单。RPC 似乎鼓励生产规模庞大、结构复杂、过度行工的系统，加上令人糊涂的接口、居高不下的全局复杂度、严重的版本不兼容和可靠性问题——简直就是厚胶合层为非作歹的完美实例。

Window COM 和 DCOM 可能是这究竟有多糟的样板，但是这样的例子还有很多。苹果放弃了 OpenDoc，CORBA 和曾经大肆宣传的 Java RMI，随着人们使用经验的增长，都已经从 Unix 世界的视野中消失了。这完全可能是因为这些方法能够解决的问题还不如它们引发的问题多。

Andrew S. Tanenbaum 和 Robbert van Renesse 在《对远程过程调用范式的批评》（*A Critique of the Remote Procedure Call Paradigm* [Tanenbaum-VanRenesse]）中对 RPC 的一般问题作了详细分析，这篇文章应该是对考虑将其作为基础架构的人们的当头棒喝。

所有这些问题都预示着使用 RPC 的为数不多的 Unix 项目会存在长期困难。在这些项目中，最著名的恐怕就是 GNOME 桌面项目了[13]。这些问题也使对外公开的 NFS 服务器特别容易受到安全性方面的攻击。

另一方面，Unix 传统强烈赞成使用透明、可显的接口。这就是 Unix 文化不断坚持文本协议 IPC 的动力。经常有人固执认为，相对二进制 RPC 而言，文本协议的解析开销是个性能问题——但是 RPC 接口往往产生更糟糕的延迟问题，原因是：（a）无法准确预估出一个指定调用会涉及多少数据的列集和散集，（b）RPC 模型往往鼓励程序员把网络交易视为无成本行为。即使在某个事务处理接口上只额外增加一个来回，往往也会增加足够多的网络延迟，完全抵消了解析或列集的开销。

即使文本流没有 RPC 效率高，但性能损失也是微小和线性的，最好通过硬件升级，而不是耗费开发时间或增加结构复杂度来解决这个问题。使用文本流可能造成的任何性能损失，都可以得到补偿，即有能力设计更简单的系统，更易于监控、建模和理解。

今天，通过 XML-RPC 和 SOAP 等协议，RPC 和 Unix 对文本流的坚持开始以一种有趣的方式融合到一起。这些协议，由于是文本化而且透明的，比它们所取代的丑陋、重

---

[13] GNOME 的主要竞争对手 KDE 开始时使用 CORBA，但在其 2.0 版本中将之放弃。从那以后，他们一直在寻求一种更轻量级的 IPC 方法。

量级的二进制序列格式更合乎 Unix 程序员的心意。尽管它们不能解决 Andrew S. Tanenbaum 和 Robbert van Renesse 所提出的更普遍的问题，但它们在某些方面综合了文本流和 RPC 方法的优点。

7.3.3 线程——恐吓或威胁

尽管 Unix 开发者早就已经习惯于通过多个协作进程进行计算，他们仍然没有使用线程（共享整个地址空间的进程）的自发传统。线程最近才从其它地方移植过来，而 Unix 程序员通常不喜欢线程这件事，决不仅仅只是意外或历史的偶然。

从复杂度控制的角度来看，相对拥有独立地址空间的轻量级进程，线程是个糟糕的替代；线程是那些进程生成昂贵、IPC 功能薄弱的操作系统所特有的概念。

从定义上看，尽管进程的子线程通常具有独立的局部变量栈，它们却共享同一全局内存。在这个共享地址空间管理竞争和临界区的任务相当困难，而且成为增加整体复杂度和滋生 bug 的温床。可以这样去做，但是随着锁定机制复杂度的增加，意外交互作用所造成的竞争和死锁机会也相应增加。

线程成为滋生 bug 温床源于它们太容易知道过多彼此的内部状态。与有着独立地址空间、必须通过明确 IPC 进行通信的进程不同，线程没有自动封装。这样，基于线程的程序不仅产生普通的竞争问题，而且产生了新一类 bug：时序依赖，要重现这些问题都极其困难，遑论修复。

线程开发者已经觉察到这个问题。最近的线程实现和标准则体现了对提供线程本地存储的更多关注，其目的是限制共享全局地址空间所产生的问题。随着线程 API 朝这个方向发展，线程编程开始越来越像是对共享内存的有约束应用了。

> 线程常常阻碍了抽象。为了防止死锁，经常必须了解所使用的库是否使用和如何使用线程，以避免死锁问题。类似地，在程序库中使用线程还可能受到应用层使用线程的影响。
>
> —David Korn

雪上加霜的是，线程的性能成本削弱了其对常规进程分解的优势。尽管线程没有快速转换进程上下文的开销，但是锁定共享数据结构以防互相干涉的开销同样昂贵。

> X server 的执行速度能够达到数百万次/秒（ops/second），但不是基于线程实现的；它使用 poll/select 循环。创造多线程实现的种种努力都没有产生好结果。对于图形服务器这种对性能敏感的程序来说，锁定和解锁操作的成本太高了。
>
> —Jim Gettys

这个问题是根本性的，也一直是 Unix 内核的对称多处理设计的长期问题。由于资源锁定变得越来越琐细，锁定导致的延迟也迅速增加，足以超过只锁定更少的核心内存所获得的收益。

线程的最终难题在于，直到 2003 年年中，线程的标准仍然很薄弱而且规范不够明确。Unix 标准在理论上已经一致的程序库，如 POSIX 线程（1003.1c），仍然在不同的平台展示了惊人的行为差异，尤其是在信号、同其它 IPC 方法的交互和资源清理时间方面。Windows 和传统 MacOS 自带的线程模型和中断功能与 Unix 差别非常大，即使很简单的线程程序也常常需要相当大的精力才能移植。结果是根本不要指望线程程序可移植。

更多的讨论以及和事件驱动编程的鲜明对照请参考《为什么线程是个馊主意》（*Why Threads Are a Bad Idea*）[Ousterhout96]。

7.4 在设计层次上的进程划分

现在万事俱备，我们应该怎么办呢？

第一个要注意的是，临时文件、交互性更强的主/从进程关系、套接字、RPC 和其它一些双向 IPC 方法在某种程度上是等价的——它们都只不过是程序在生命期内交换数据的方法。我们通过使用套接字或共享内存这种复杂的方法所完成的任务，大多数都可以通过使用临时文件作为信箱和通知信号这种简单的方法来完成。差别很小，主要体现在程序如何建立通信、何时何地完成信息的列集和散集、可能产生何种缓冲问题，以及如何保证获取信息的原子性（也就是说，在何种程度上可以知道来自一边的单个发送行为会在另一边成为单个的接收事件）。

我们已经从 PostgreSQL 实例中看到，降低复杂度的有效方法是把程序划分成客户端

/服务器对。PostgreSQL 的客户端和服务器的通信通过基于套接字的应用协议来实现，但是既便使用其它双向 IPC 方法，设计模式也并不会有多大改变。

在应用程序的多个实例必须管理共享资源访问的情况下，这种划分特别有效。一个简单的服务器进程可以管理所有的资源争用，或者协作的每个对等程序端都可以掌管某个关键资源。

客户端/服务器划分也有助于在多个主机上分布高时效要求的（cycle-hungry）应用程序。或者可以使它们适应互联网的分布计算（如 Freeciv）。我们将在第 11 章讨论相关的 *CLI* 服务器模式。

由于所有这些对等进程间的 IPC 技法在某种程度上都很像，所以我们应该主要评估它们引起的程序复杂度开销，以及给设计造成的不透明度。归根结底，这就是为什么 BSD 套接字会在 Unix IPC 中胜出，以及为什么 RPC 根本无法获得更多支持的原因。

线程有着根本性不同。线程支持的并非不同程序之间的通讯，而是单个程序的一个实例内的某种分时形式。线程并不是把大程序分解成行为简单的小程序的方法，实际上是一种性能调整（performance hack）问题。但线程不仅具有此类问题的通病，而且还有自身的特殊症结。

因此，当我们寻找方法，把大程序分解成更简单的协作进程时，在进程内使用线程应该是最后一招而不是第一招。通常，你可以发现避免使用线程是可能的。如果能够使用有限的共享内存和信号量、使用 **SIGIO** 的异步 I/O，或 *poll*（2）/*select*（2），而不是使用线程，就这样做吧，保持简洁，在本章所列的技法中优先使用位置更前、复杂度更低的方法。

把线程、远程过程调用接口和重量级的面向对象设计结合使用特别危险。如果使用地非常谨慎和优雅，这些技术中的任何一个技术可能都非常有价值——但是如果你被邀请加入要使用这三者的项目，逃之夭夭并不丢面子。

前面我们已经讲过，真实世界里的编程其实就是管理复杂度的问题。能够管理复杂度的工具都是好东西。但当这些工具的作用不是控制而是增加复杂度的时候，最好扔掉，从零开始。永远不要忘记这一点，它是 Unix 智慧的重要组成部分。

8

微型语言：寻找歌唱的乐符

Minilanguages: Finding a Notation That Sings

A good notation has a subtlety and suggestiveness which at times makes it almost seem like a live teacher.

从好的符号体味出的巧妙和启发，就算身边的老师也不过如此。

The World of Mathematics (1956)

—Bertrand Russell

对软件错误模式进行的大量研究得出的一个最一致的结论是，程序员每百行代码出错率和所使用的编程语言在很大程度上无关。[1]更高级的语言可以用更少的行数完成更多的任务，也意味着更少的 bug。

Unix 有个长期传统，即包容小型的、为专门应用领域特制、大量减少程序行数的语言。专门领域语言的实例包括无数 Unix 排版语言（*troff*，*eqn*，*tbl*，*pic*，*grap*）、shell 实用程序（*awk*，*sed*，*dc*，*bc*）和软件开发工具（*make*，*yacc*，*lex*）。专门领域语言和更灵活应用程序的运行控制文件（*sendmail*，BIND，X）之间、数据文件格式之间、脚本语言之间的界限都很模糊（我们将在第 14 章予以分析）。

[1] Les Hatton 在其写作的 Software Failure(软件故障)一书中用 email 形式报告其分析：“如果用可执行的行数进行密度测量，则不同语言产生的缺陷密度的差异大概只有不同程序员所产生的缺陷密度差异的十分之一。”

从历史上讲，这种类型的专门领域语言在Unix世界中称为“小语言”或“微型语言”，原因是相对**通用语言**而言的，早期这类语言的实例都较**小**，复杂度较**低**（这三个术语均指通常情况）。但如果应用领域很复杂（体现在具有很多不同原语操作或涉及繁杂数据结构的处理），其采用的应用语言将不得不比一些通用语言更复杂。我们将保留传统术语“微型语言”以强调：明智的方法通常是保持这些设计尽可能小、尽可能简单。

专门领域的小语言是一种非常强大的设计理念，可以使我们为手头的任务定义自己更高级的语言，以详细规定恰当的方法、规则和算法；比起采用更低级硬编码的设计而言，这降低了全局复杂度。至少有三种方式可以做好微型语言的设计，两种好的，一种危险的。

第一个正确方法是，预先认识到可以使用微型语言设计把编程问题的规格说明提升一个层次；跟通用语言所能支持的表示法相比，这种表示法更紧凑、更具表达力。与代码生成和数据驱动编程一样，微型语言允许我们切实利用“软件的缺陷率和使用的语言在很大程度上无关”这一事实；更具表达力的语言意味着程序更短，bug更少。

第二个正确方法是，注意到规格说明文件格式越来越类似微型语言——也就是说，结构趋向复杂，控制的应用程序中包含行为。规格说明是否试图描述控制流和数据部署？如果是，也许是把规格说明语言中的控制流从隐式提升到显式的时候了。

错误方法是通过扩展变成微型语言：每次增加一个补丁或者一个仓促而就的特性。在这条道路上，规格说明文件不断滋生出更加隐蔽的控制流向和更加杂乱的专用结构，在不知不觉间变成了一种特别语言。一些传说中的噩梦就是这样产生的；每一位Unix大师都会（战战兢兢地）想起的例子是*sendmail*邮件传输程序用到的`sendmail.cf`配置文件。

悲哀的是，大多数人面对第一个微型语言时就采取了错误的方法，并且事后才意识到这个微型语言已经变得多么混乱。接下来的问题是：如何清理？有时候，答案可能意味着要重新构思整个应用程序的设计。语言特性蠕变（Language-by-feature creep）的另外一个臭名昭著的例子是*TECO*编辑器，这个编辑器首先发展了宏，然后随着程序员想要用其包装越来越复杂的编辑程序，才增加了循环和条件。由此产生的丑陋最终只能通过基于意向性语言重新设计整个编辑器才得以解决；这就是 Emacs Lisp（以下将分析）的形成过程。

所有十分复杂的规格说明文件都希望成为微型语言。因此，事实经常是，防御设计不良微型语言的唯一方法是知道如何设计一个好的微型语言。这并不需要巨大的跨步或涉猎许多形式语言理论；有了现代工具，只要学习一些相对简单的技巧，并将几个优秀范例牢记在心就足够了。

本章我们将分析 Unix 通常支持的各种微型语言，并尽量确定每种微型语言对何种问题可提供有效解决方案。本章并非要穷举所有的 Unix 语言类别，而是展示围绕微型语言建构应用程序所涉及的设计原则。我们将在第 14 章更详细讨论通用编程语言。

首先，我们必须进行一个小小的分类，以便以后区分彼此。

8.1 理解语言分类法

图 8.1 所示的所有语言都在本章或本书其余章节的案例分析中有描述。右侧的通用型解释器的说明，请参见第 14 章。

我们在第 5 章分析了 Unix 对数据文件的约定。这些文件的复杂度按谱系排列。其中，底端是简单关联名称和属性的文件；`/etc/passwd` 和 `.newsrc` 是好例子。往上去，我们看到对数据结构进行列集或序列化的格式；(对等地，)PNG 和 SNG 格式是这种类型的好例子。

如果结构化的数据文件格式不仅表达了结构，而且在某些解释性上下文（也就是数据文件以外的存储）下表达执行行为时，这种格式开始接近于一种微型语言。XML 标记语言往往跨入界限；我们在此要举的例子是 *Glade*，一个用于构建 GUI 界面的代码生成器。那种既可供人类读写、又可用于生成代码的格式绝对属于微型语言。*yacc* 和 *lex* 是其中的经典例子。我们将在第 9 章讨论 *glade*、*yacc* 和 *lex*。

Unix 的宏处理器 *m4* 是另外一种非常简单的声明性微型语言（也就是说，在这种语言中，程序被表示成一套预期的关系或约束集，而不是明确的行为）。它经常用在其它微型语言的预处理阶段。

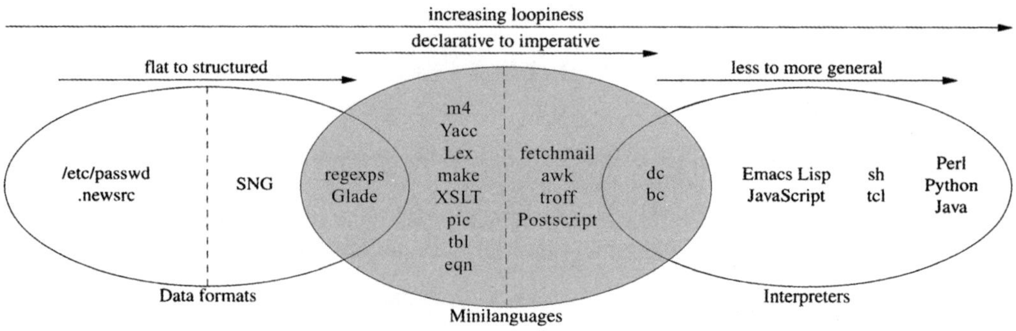

图 8.1 语言分类

Unix 的 makefile 是为了自动化编译过程而设计的，表达了源文件和派生文件[2]之间的依赖关系以及从各个源文件生成派生文件所需的命令。运行 make 时，它用说明来遍历隐式依赖关系树，完成最少的必要工作以更新编译。与 *yacc* 和 *lex* 规格说明一样，makefile 是一种声明性微型语言；它们以约束条件来说明在解释性上下文（在这种情况下指源文件和派生文件共属的文件系统部分）中要完成的行为。我们将在第 15 章分析 makefile。

用于描述 XML 转换的语言 XSLT 处于声明性语言复杂度的顶端。这种语言复杂到通常没有人认为它是一种微型语言，但它包含我们以下将更详细分析的微型语言所具有的一些重要特性。

微型语言的范畴从声明性（具有隐式操作）发展到命令性（具有显式操作）。*fetchmail*(1) 的运行控制语法可视为一种很弱的命令性语言或一种暗含控制流的声明性语言。troff 和 PostScript 排版语言是包含很多专用领域知识的命令性语言。

有些针对专门任务的命令性微型语言几乎快成为通用解释器。当它们明确成为完备

[2] 对技术背景较弱的读者来说：C 程序的编译形式通过编译和链接从 C 源码派生而来。troff 文件的 PostScript 版本从 troff 源程序派生；从后者生成前者的命令是 troff 调用。还有其它类型的派生；makefile 几乎可以表示全部派生关系。

图灵机时，它们就是解释器——也就是说，可以进行条件和循环（或递归）[3]操作，并且具有用于控制结构的特性。相反，有些语言只是在某些情况下是完备图灵机——虽然它们具有能够用于执行控制结构的特性，但只是实际设计目的的副产物。

我们在第 7 章分析的 *bc*（1）和 *dc*（1）解释器是明显的完备图灵机语言的好例子，它们都是专用的命令性微型语言。

当我们进入到 Emacs Lisp 和 JavaScript 这类用于特定上下文下运行的完全编程语言时，便来到通用解释器的领域。我们在以后讨论嵌入式脚本语言时将更详细讨论它。

解释器的范畴也是通用性不断增加的范畴；反过来讲，更加通用的解释器对其运行上下文的假设很少。随着通用性增加，通常存在更加丰富的数据类型分类。Shell 和 Tcl 都具有相对简单的数据类型分类；Perl，Python 和 Java 则更加复杂。我们将在第 14 章分析这些通用语言。

8.2 应用微型语言

设计微型语言面临两个截然不同的挑战。一个挑战是在工具包中已经存在方便好用的微型语言时，认识到何时可以直接应用它们。另一个挑战是知道应该在什么时候为应用程序设计自定的微型语言。为了帮助读者培养这两个方面的设计意识，本章的一半篇章都是案例分析。

8.2.1 案例分析：*sng*

我们在第 6 章分析了在 PNG 和逐位等价的可编辑纯文本表达之间进行转换的 *sng*（1）。SNG 数据文件格式在此处值得再次对照研究，这是因为它不完全是一种领域专用语言。它描述了数据格式，但数据和任何默认的动作序列都不相关。

然而，SNG 确实拥有专门领域微型语言所拥有，但 PNG 之类的二进制结构数据格式却没有的一个重要特性——透明性。结构化的数据文件使得那些编辑、转换和生成工具无需知道任何其它方的设计假定、只需通过微型语言介质本身，就可以彼此协作。和

[3] 任何完备图灵机语言在理论上都可用于通用编程，并且理论上和任何其它类型的完备图灵机语言一样有效。实际上，有些此类语言在其狭窄的特定问题域以外使用时可能令人非常痛苦。

专门领域微型语言一样，SNG 如此设计的额外好处是便于人眼分析，便于通用工具编辑。

8.2.2 案例分析：正则表达式

有一类规格说明频繁出现在 Unix 工具和脚本语言中：**正则表达式**（简写为“regexp”）。我们在此将其视为描述文本模型的一种声明性微型语言；它经常内嵌在其它微型语言中。Regexp 无处不在，几乎没有人认为它是微型语言，但它们取代了那种执行不同（而且不可互用）搜索功能的大堆代码。

以上介绍跳过了 POSIX 扩展、反向引用和国际化特性等细节。更详细的介绍请参见 *Mastering Regular Expressions* (精通正则表达式) [Friedl]。

正则表达式描述了匹配或不匹配字符串的模式。最简单的正则表达式工具是 *grep*（1），它用在每行输入和输出之间匹配指定 regexp。正则表达式符号归纳在表 8.1。

regexp 符号还存在一些小变种：

1. **Glob 表达式**。这是早期 Unix shell 用于文件名匹配的有限通配符约定集。只有三个通配符：“*”匹配任何序列的字符（与其它变种中的.*类似）；“?”匹配任何一个字符（与其它变种中的.类似）；[...]和其它变种中一样，匹配一类字符。有些 shell（`csh`，`bash`，`zsh`）后来也允许用`{}`表示。这样，`x{a,b}c` 与 `xac` 或 `xbc` 匹配，但不匹配 `xc`。有些 shell 进一步朝扩展正则表达式的方向扩展了 glob。

2. **基本正则表达式**。最初的 *grep*（1）实用程序使用这些符号来从文件中提取与指定 regexp 匹配的文本行。行编辑器 *ed*（1）和字符流编辑器 *sed*（1）也使用这些符号。Unix 老手认为这些符号是基本的 regexp，或“最普通”(vanilla)口味的 regexp；首先接触更现代工具的人往往采用以下描述的扩展形式。

3. **扩展的正则表达式**。这是从 grep 公用程序扩展出的 *egrep*（1），实用程序使用这些符号来从文件中提取与指定 regexp 匹配的文本行。Lex 和 Emacs 编辑器中的正则表达式非常接近 *egrep* 风格。

表 8.1 正则表达式实例

Regexp	匹配
"x.y"	x 后面接任何一个字符再接 y。
"x\.y"	x 后面接.再接 y。
"xz?y"	x 后面最多接一个 z 再接 y;这样,可以是"xy"或"xzy",但不是"xz"或"xdy"。
"xz*y"	x 后面接任意数量的 z 再接 y；这样，可以是"xy"或"xzy"或"xzzzy"，但不是"xz"或"xdy"。
"xz+y"	x 后面接一个或多个 z 再接 y；这样，可以是"xzy"或"xzzy"，但不是"xy"、"xz"或"xdy"。
"s[xyz]t"	s 后面接 x、y 或 z 中的任何一个字符再接 t；这样，可以是"sxt"、"syt"或"szt"，但不是"st"或"sat"。
"a[x0-9]b"	a 后面接 x 或 0-9 之间的任何一个字符再接 b；这样，可以是"axb"或"a0b"或"a4b"，但不是"ab"或"aab"。
"s[^xyz]t"	s 后面接非 x、y、z 的任何一个字符再接 t；这样，可以是"sdt"或"set"，但不是"sxt"、"syt"或"szt"。
"s[^x0-9]t"	s 后面接非 x 或非 0-9 之间的任何一个字符再接 t；这样，可以是"slt"或"smt"，但不是"sxt"、"s0t"或"s4t"。
"^x"	x 在字符串的开头；这样，可以是"xzy"或"xzzy"，但不是"yzy"或"yxy"。
"x$"	x 在字符串的末尾；这样，可以是"yzx"或"yx"，但不是"yxz"或"zxy"。

4. **Perl 正则表达式**。这是 Perl 和 Python 的 regexp 功能所接受的符号。它们比 *egrep* 风格的符号更强大。

看了这些启发性例子之后，表 8.2 总结了正则表达式的标准通配符。注意：该表不包括 glob 变种，因此“全部”代表的只是基本、扩展/Emacs 和 Perl/Python 这三种变种[4]。

支持 regexp 的新语言所采用的设计实践已经固定使用 Perl/Python 的变种。它比其它变种更透明，主要是因为非字母数字字符之前的反斜杠\始终表示该字符的字面值，因此

[4] 正则表达式的 POSIX 标准引进了一些符号域，如[[:lower;;]]和[[:digit:]]等，一些专用工具还有此处未包括的通配符，但以下这些已经足够解析大多数 regexp。

表 8.2 对正则表达式的介绍

<table>
<tr><th>通配符</th><th>支持语言</th><th>匹配</th></tr>
<tr><td>\</td><td>全部</td><td>转义后面的字符。切换后续符号是否作为通配符。根据程序的不同，后续的字母或数字可用各种不同的方式解释。</td></tr>
<tr><td>.</td><td>全部</td><td>任何字符。</td></tr>
<tr><td>^</td><td>全部</td><td>行首。</td></tr>
<tr><td>$</td><td>全部</td><td>行尾。</td></tr>
<tr><td>[...]</td><td>全部</td><td>在括号内的任何字符。</td></tr>
<tr><td>[^...]</td><td>全部</td><td>除括号内字符的任何字符。</td></tr>
<tr><td>*</td><td>全部</td><td>次数不定的重复前一个元素。</td></tr>
<tr><td>?</td><td>egrep/Emacs, Perl/Python</td><td>0 次或 1 次重复前一个元素。</td></tr>
<tr><td>+</td><td>egrep/Emacs, Perl/Python</td><td>1 次或多次重复前一个元素。</td></tr>
<tr><td>{n}</td><td>egrep, Perl/Python; Emacs 中为 \{n\}</td><td>只 n 次重复前一个元素。一些较老的 regexp 引擎不支持。</td></tr>
<tr><td>{n,}</td><td>egrep, Perl/Python; Emacs 中为 \{n,\}</td><td>n 次或 n 次以上重复前一个元素。一些较老的 regexp 引擎不支持。</td></tr>
<tr><td>{m,n}</td><td>egrep, Perl/Python; Emacs 中为 \{m,n\}</td><td>最少重复 m 次、最多重复 n 次前一个元素。一些较老的 regexp 引擎不支持。</td></tr>
<tr><td>|</td><td>egrep, Perl/Python; Emacs 中为\|</td><td>接受左边或者右边的元素。通常用于一些模式分类分隔符形式。</td></tr>
<tr><td>(...)</td><td>Perl/Python;老一点的版本为\(...\)</td><td>在较新的 regexp 引擎中，如 Perl 和 Python 把这种模式作为组。较老的 regexp 引擎，如 Emacs 和 grep 中，要求\(...\)。</td></tr>
</table>

对如何引用 regexp 的元素产生的混淆较少一些。

正则表达式是一个微型语言能够多么简练的极端例子。简单的正则表达式表达了识别行为，不这样做的话，这些行为必须用成百行繁琐易错的代码来实现。

8.2.3 案例分析：*Glade*

Glade 是 X 的开源 GTK 工具包库所用的界面创建程序。[5]*Glade* 通过在界面面板上交互地选择、放置和修改窗体部件来生成 GUI 界面。GUI 编辑器生成描述该界面的 XML 文件；反过来，这又可成为几种代码生成器的输入，最终成为界面的 C、C++、Python 或 Perl 代码。生成的代码将调用编写的函数向界面提供行为。

Glade 用于描述 GUI 的 XML 格式是简单的专门领域语言的好例子。参见例 8.1 所举的 Glade 格式的“Hello，world！”GUI。

Glade 格式的有效规格说明包含了响应用户行为的 GUI 指令表。一方面，*Glade* 的 GUI 把这些规格说明作为结构化的数据文件处理；另一方面，*Glade* 的代码生成器则用这些规格说明来编写 GUI 的实现码。有些语言（包括 Python）有运行时程序库，可跳过代码生成步骤，简单地在运行时直接从 XML 规格说明（解释 Glade 标记，而不是把这些标记编译到宿主语言中）实例化 GUI。这样，我们可以选择牺牲空间效率来提高启动速度，或反之。

跳过 XML 的冗长，*Glade* 标记实际是一种相当简单的语言。它只做两件事：说明 GUI 窗体构件层次、关联窗体构件和属性。实际上，我们并不需要懂很多 *Glade* 工作原理才能读取以上规格说明。事实上，如果有过 GUI 工具包的编程经验，读一读以上例子立刻会使我们很好地想象出 *Glade* 如何处理规格说明。（认为这段具体的规格说明能在窗口框架上生成一个按钮的读者请举手。）

这种透明性和简单性是一个微型语言设计良好的标志。符号和域对象之间的映射非

[5] 对非 Unix 程序员来说，X 工具包是一种图形库，可向使用它的程序提供 GUI 构件（如标签、按钮、下拉菜单等）。其它绝大多数图形操作系统只提供一个工具包供大家使用。Unix 和 X 都提供多个工具包；这也是我们在第 1 章作为设计目标提出来的机制和策略分开的一个组成部分。GTK 和 Qt 是最流行的两个开源 X 工具包。

例 8.1 Glade “Hello，World”

```
<?xml version="1.0"?>
<GTK-Interface>

<widget>
  <class>GtkWindow</class>
  <name>HelloWindow</name>
  <border_width>5</border_width>
  <Signal>
    <name>destroy</name>
    <handler>gtk_main_quit</handler>
  </Signal>
  <title>Hello</title>
  <type>GTK_WINDOW_TOPLEVEL</type>
  <position>GTK_WIN_POS_NONE</position>
  <allow_shrink>True</allow_shrink>
  <allow_grow>True</allow_grow>
  <auto_shrink>False</auto_shrink>

  <widget>
    <class>GtkButton</class>
    <name>Hello World</name>
    <can_focus>True</can_focus>
    <Signal>
      <name>clicked</name>
      <handler>gtk_widget_destroy</handler>
      <object>HelloWindow</object>
    </Signal>
    <label>Hello World</label>
  </widget>
</widget>

</GTK-Interface>
```

常清晰。对象之间的关系表达得很直接，舍弃了必须经过思考才能理解的间接表达方式，如名字引用。

最终对微型语言的功能测试就是这么简单：不读手册可以编写吗？在相当多的情形中，*Glade* 的回答是肯定的。例如，如果知道用于描述 GTK 窗体位置信息的 C 常量，就可以立即用 **GTK_WIN_POS_NONE** 值改变与这个 GUI 有关的位置信息。

使用 *Glade* 的优势应该很明显。它专门负责代码生成，所以我们就不必关心代码生成了。这就减少了一个我们必须手工编程的例行任务，从而减少了因此产生的 bug。

更多的信息，包括源码、文档和实例应用的一些链接，都可从 Glade 的项目主页 `<http://glade.gnome.org/>`获得。Glade 已经移植到了 Windows 上。

8.2.4 案例分析：*m4*

m4（1）宏处理程序解释描述文本转换的声明性微型语言。一个 *m4* 程序就是一套宏命令集，规定了把文本串扩展成其它字符串的方式。在输入文本中应用 *m4* 程序中的声明就实现了宏扩展并生成输出文本。（C 预处理器也为 C 编译器执行类似的服务，但风格截然不同。）

例 8.2 演示了一个 *m4* 宏命令，把输入中的每一个“OS”字符串都转换成“Operating System”输出。这是一个很小的例子；*m4* 支持带参数的宏命令，可胜任更多的任务，而不仅仅是把一个固定的字符串转换成另一个固定的字符串。在 shell 提示中键入 `info m4` 可显示这种语言的在线文档。

例 8.2 *m4* 宏命令实例

```
define('OS', 'operating system')
```

m4 宏语言支持条件和递归。两者结合可实现循环，设计便是如此：*m4* 是一种有意的完备图灵机。但实践中把 *m4* 当作通用语言使用则非常困难。

通常，对于缺乏内置命名过程标记法和文件包含功能的微型语言，可以使用 *m4* 宏处理程序作为预处理器。这是扩展基础语言语法的简单方法，于是，与 *m4* 相结合就可以支持上述功能。

m4 非常出名的一个应用是避免（或至少有效隐藏）本章一开始作为反例提出的第三种设计微型语言的方法。大多数系统管理员现在都可以应用 *sendmail* 配置提供的 *m4* 宏语句包生成自己的 `sendmail.cf` 配置文件。宏使用特性名（或名称/值对）来生成 *sendmail* 配置语言所用的（更加丑陋的）对应字符串。

然而，请慎重使用 *m4*。Unix 经验教导微型语言的设计者要谨防宏扩展，[6]具体原因将在本章以下部分讨论。

8.2.5 案例分析：XSLT

和 *m4* 宏一样，XSLT 也是描述文本流变换的一种语言。但它的任务并不仅仅是简单的宏替换；它还可以描述 XML 数据的变换，包括查询和报表生成。它是用于编写 XML 样式表的语言。关于 XSLT 的实际应用，参见第 18 章 XML 文档处理部分的说明。XSLT 有万维网联盟（World Wide Web Consortium, W3C）标准的描述，并且拥有数个开源实现。

XSLT 和 *m4* 都是纯声明性和完备图灵的语言，但 XSLT 只支持递归，不支持循环。XSLT 相当复杂，无疑是本章实例分析中最难掌握的语言——而且可能是本书所涉及的最难的语言。[7]

尽管非常复杂，但 XSLT 的确是一种微型语言。它具备微型语言最重要的（尽管不是普遍的）特征：

- 有限的类型分类，（特别是）没有记录结构或数组等类似结构。
- 对外部的有限接口。XSLT 处理器的设计目的是在标准输入和标准输出之间进行过滤，具备有限的读/写文件能力，不能打开套接字或运行子命令。

例 8.3 的程序将 XML 文档中每个元素的每个属性都变换成被该元素直接括入的新标记对，原属性值作为其内容。

在这里简单了解 XSLT，部分原因是举例说明“声明性”并不一定意味着“简单”或“薄弱”，更主要是因为如果必须处理 XML 文档，则总有一天必须面对 XSLT 的挑战。

XSLT: Mastering XML Transformations (XSLT：精通 XML 转换) [Tidwell]很好地介绍了这种语言。也可在网上找到带实例的简明教程。[8]

---

[6] 宏扩展的英文应该拼写成“macro expansion”还是“macroexpansion”尚有争议。后者主要在 Lisp 程序员中使用。

[7] 然而，还不清楚 XSLT 是否能变得更简单一些、同时仍能完成任务，所以我们无法把它定性为不好的设计。

[8] 如 XSL Concepts and Practical Use (XSL 的概念和实际应用)，参见<http://nwalsh.com/docs/tutorials/xsl/xsl/slides.html>。

例 8.3 XSLT 程序实例

```
<?xml version="1.0"?>
<xsl:stylesheet xmlns:xsl="http://www.w3.org/1999/XSL/Transform"
             version="1.0">
  <xsl:output method="xml"/>
  <xsl:template match="*">
    <xsl:element name="{name()}">
      <xsl:for-each select="@*">
        <xsl:element name="{name()}">
          <xsl:value-of select="."/>
        </xsl:element>
      </xsl:for-each>
      <xsl:apply-templates select="*|text()"/>
    </xsl:element>
  </xsl:template>
</xsl:stylesheet>
```

8.2.6 案例分析：The Documenter's Workbench Tools

正如我们在第 2 章所说，*troff*（1）排版格式器是 Unix 最早的王牌应用程序。*troff* 是格式工具套件（总称为 Documenter's Workbench 或 DWB，文档编制工作台）的核心，其中各个组成部分都是不同类型的专门领域微型语言。大多数是 troff 标记语言的预处理或后处理器。开源 Unix 上有个称为 *groff*（1）的 DWB 增强实现版，它来自于自由软件基金会。

我们将在第 18 章更详细介绍 *troff*；现在，我们只要注意到 *troff* 是命令性微型语言的好例子就足够了。这个命令性微型语言接近于一种正式的解释器（具有条件和递归，但没有循环；偶尔是图灵完备的）。

后处理器（用 DWB 的术语来讲就是“驱动器，driver”）通常对 *troff* 用户是不可见的。1970 年 Unix 开发组就使用最早的 troff 向特殊排字机输送代码；1970 年代后期，这些都被整理成设备无关的微型语言，用于在页面上插入文本和简单图形。后处理器把这种语言（称为“ditroff”，代表“device-independent troff”（设备无关的 troff））转换为现代图像打印机能实际接受的格式——其中最重要的（在当代也是默认的）是 PostScript。

预处理器更有意思，原因是它们实际上增强了 troff 语言的能力。常用的三个语言是：用于制表的 *tbl*（1）、用于排版数学公式的 *eqn*（1）和用于绘制图表的 *pic*（1）。还有不太常用但仍然存在的语言，如制图用的 *grn*（1）及排版参考书目的 *refer*（1）和 *bib*（1）。

所有这些语言等价的开源实现都随 *groff* 一同发布。*grap*（1）预处理器提供了一个全面的的测绘图功能；还有一个独立于 *groff* 的开源实现。

其它一些预处理器没有开源实现，也不再普遍使用。其中最著名的是制图用的 *ideal*(1)。较新的 *chem*（1）可绘制化学结构式；它还是贝尔实验室 netlib 代码的组成部分[9]。

每个预处理器都是一个小程序，接受微型语言并将其编译成 troff 请求。通过查找独特的起始和结束请求，每个小程序识别应该解释的标记（tbl 查找`.TS/.TE`，pic 查找`.PS/.PE`等），其余的标记则不加修改地传递，这样，大多数预处理器通常都能互不干涉地以任何一种次序运行。也有例外：特别是 chem 和 grap 都产生 pic 命令，因此必须先于该命令出现在管道线中。

```
cat thesis.ms | chem | tbl | refer | grap | pic | eqn \
                                     | groff -Tps >thesis.ps
```

上述只是为演示 DWB 处理管道线而捏造的实例。假想一篇论文，它包含化学公式、数学公式、表格、参考书目、标绘图和图表。（*cat*（1）命令只是把输入或文件参数拷贝到输出；在此使用这个命令是为了强调操作的顺序。）在实践中，现代 troff 实现往往至少支持调用 *tbl*（1）、*eqn*（1）和 *pic*（1）的命令行选项，因此就无须编写以上这样复杂的管道系统。即使必要，这些编译命令通常也只需编写一次，然后隐藏在 makefile 或 shell 脚本包装器中以备重复使用。

DWB 的文档标记在某些方面已经过时，但是这些预处理器所处理的问题域仍然表明了微型语言模型的能力——所见即所得的字处理器想具备同样的能力可能非常困难。直到 2003 年，在某些方面，基于 XML 的现代文档标记语言和工具链仍在试图赶上 DWB 早在 1979 年就已经具备的能力。我们将在第 18 章更详细讨论这些问题。

至此，大家应该很熟悉使 DWB 如此强大的设计原因了；所有的工具都共享一个通用文档的文本流表达，格式化系统划分成多个独立的组成部分，可分别调试和改进。管道架构支持插入新的、实验性的预处理器和后处理器，而且不会干扰原有处理器。这是个模块化和可扩展的结构。

[9] `http://www.netlib.org/`

DWB 体系作为一个整体教导我们如何把多个专用微型语言组装成一个协作系统。一个预处理器可搭建在另一个预处理器上。事实上，DWB 的工具是管道、过滤器和微型语言结合工具的早期模型范例，影响了 Unix 后面的很多设计。有效的微型语言应该如何设计，可以从各个预处理器的设计中得到很多经验。

其中有个教训是负面的。有时候，在微型语言中用户编写的说明可能无法干净地处理手工插入的低级 troff 标记。这可能会产生交互作用和难以诊断的 bug，原因是管道生成的 troff 是看不见的——即使能看见也不可读。这和把 C 与内嵌汇编器片断混合起来的代码中产生 bug 的情形相似。如果可能的话，把语言层更加完整地分离出来可能会更好一些。微型语言的设计者应该注意到这点。

所有的预处理器语言（尽管 troff 标记本身不是）都具有相对干净、类似 shell 的语法，遵循了我们在第 5 章针对数据文件格式的设计描述过的很多约定。也有一些令人尴尬的例外：特别是，*tbl*（1）默认使用 tab 键作为表格栏之间的字段分隔符，复制了 *make*（1）的设计中一个声名狼藉的补丁，而且，当编辑器或其它工具悄悄改变空白的组成时便会引发恼人的 bug。

尽管 troff 本身是一种专用的命令性语言，贯穿至少三个 DWB 微型语言的一个主题却是声明性语义：根据约束条件安排布局。这也是现代 GUI 工具包展现的一个理念——也就是说，对图形对象不用像素坐标表示，真正要做的是说明它们之间的空间关系（A 在 B 上方，B 在 C 的左方），然后让软件根据这些约束条件计算出 A、B 和 C 的最佳布局。

pic（1）程序就用这种方法来安排图形的各个部分。例 8.1 所示的语言分类图就是用例 8.4[10] 所示的 *pic* 源码，调用我们在第 7 章作为实例分析的 `pic2graph` 得出的。

这是一段非常典型的 Unix 微型语言设计，而且即使从纯语法角度看，这段设计也有一些地方值得关注。注意这段程序看起来多么像 shell 程序：#引导注释，语法很明显地面向标记（token-oriented），并采用尽可能简单的字符串约定。*pic*（1）的设计者知道，除非有强烈、特殊的理由，否则 Unix 程序员所期望的微型语言的语法看起来就是这个样子。最小立异原则在这儿得到了充分运用。

不用费什么力就可以看出，这段代码的第一行是一个宏定义；对 `smallellipse()` 的后续引用封装了图表的重复设计元素。也无需多仔细研究就可以推导出，`box invis`

---

[10] 描述 pic（1）的 Unix 书把例图作为编码实例涵盖进来是相当传统的。

例 8.4 语言分类图—*pic* 源码

```
# Minilanguage taxonomy
#
# Base ellipses
define smallellipse {ellipse width 3.0 height 1.5}
M: ellipse width 3.0 height 1.8 fill 0.2
line from M.n to M.s dashed
D: smallellipse() with .e at M.w + (0.8, 0)
line from D.n to D.s dashed
I: smallellipse() with .w at M.e - (0.8, 0)
#
# Captions
"" "Data formats" at D.s
"" "Minilanguages" at M.s
"" "Interpreters" at I.s
#
# Heads
arrow from D.w + (0.4, 0.8) to D.e + (-0.4, 0.8)
"flat to structured" "" at last arrow.c
arrow from M.w + (0.4, 1.0) to M.e + (-0.4, 1.0)
"declarative to imperative" "" at last arrow.c
arrow from I.w + (0.4, 0.8) to I.e + (-0.4, 0.8)
"less to more general" "" at last arrow.c
#
# The arrow of loopiness
arrow from D.w + (0, 1.2) to I.e + (0, 1.2)
"increasing loopiness" "" at last arrow.c
#
# Flat data files
"/etc/passwd" ".newsrc" at 0.5 between D.c and D.w
# Structured data files
"SNG" at 0.5 between D.c and M.w
# Datafile/minilanguage borderline cases
"regexps" "Glade" at 0.5 between M.w and D.e
# Declarative minilanguages
"m4" "Yacc" "Lex" "make" "XSLT" "pic" "tbl" "eqn" \
   at 0.5 between M.c and D.e
# Imperative minilanguages
"fetchmail" "awk" "troff" "Postscript" at 0.5 between M.c and I.w
# Minilanguage/interpreter borderline cases
"dc" "bc" at 0.5 between I.w and M.e
# Interpreters
"Emacs Lisp" "JavaScript" at 0.25 between M.e and I.e
"sh" "tcl" at 0.55 between M.e and I.e
"Perl" "Python" "Java" at 0.8 between M.e and I.e
```

说明了一个没有边框的方框，实际上只是一个供文本输入的框架。arrow 命令同样很明显。

把这些作为线索看一看实际的图表，其余语法片断的意义（如 M.s 的位置引用 last arrow 或 at 0.25 between M.e and I.e 之类的限制条件或某个位置增加向量偏移等）都会立刻清楚了。和 Glade 标记及 *m4* 一样，无需参考手册，这样的例子就可以教导我们很多语言方面的东西（不幸的是，紧凑的 *troff*（1）标记却*没*有这样的特性）。

pic（1）的例子反映了微型语言一个常见的设计主题，我们发现这个设计主题也反映在 Glade 中——使用微型语言解释器来封装某些形式的约束条件推理，然后将其转化为行为。实际上，我们可以选择把 *pic*（1）作为命令性语言而不是声明性语言来看待；这个语言具有两者的元素，争论无济于事。

宏与基于约束条件安排布局的结合使 *pic*（1）具备了 SVG 之类基于向量的现代标记语言无法实现的表达图表的能力。因此，幸运的是，DWB 的一个影响就是 *pic*（1）很容易脱离 DWB 环境使用。我们在第 7 章作为实例分析的 pic2graph 脚本就是这么一种特别的方法，使用 *groff*（1）这个改进的 PostScript 能力作为现代位图格式的中间步骤来完成这一任务。

更干净的方法是使用 *pic2plot*（1）实用程序，它随 GNU plotutils 包一起发布，并利用了 GNU pic(1)代码内部的模块化特性。整个代码分成分析前端和生成 troff 标记的后端，前端和后端通过绘图原语层进行通讯。由于这个设计遵循了模块原则，*pic2plot*（1）的执行者可把 GNU *pic* 分析进程分离出来，并用现代绘图库重新实现绘图原语。然而，这种方法的缺点在于输出文本是由 *pic2plot* 内置字体生成的，与 troff 字体不匹配。

8.2.7 案例分析：*fetchmail* 的运行控制语法

参见例 8.5。

这个运行控制文件可看作命令性微型语言。存在一个隐含的执行流：循环执行查询命令列表（在每个循环结束时休息一会儿），对每个站点依次从其相关用户收集邮件。这个文件不通用；它所能完成的任务就是排队查询行为。

和 *pic*（1）一样，我们可以把这个微型语言视为一种声明性语言，也可以把它视为一个很弱的命令性语言，并不断讨论其中的区别。一方面，它既没有条件，也没有递归或循环，事实上，它根本没有明确的控制结构。另一方面，它确实描述了行为，而不仅仅描述关系，这又与 Glade GUI 说明这样的纯声明性语法有所区别。

例 8.5 fetchmailrc 的假想例子

```
# Poll this site first each cycle.
poll pop.provider.net proto pop3
   user "jsmith" with pass "secret1" is "smith" here
   user jones with pass "secret2" is "jjones" here with options keep

# Poll this site second, unless Lord Voldemort zaps us first.
poll billywig.hogwarts.com with proto imap:
   user harry_potter with pass "floo" is harry_potter here

# Poll this site third in the cycle.
# Password will be fetched from ~/.netrc
poll mailhost.net with proto imap:
   user esr is esr here
```

复杂程序的运行控制微型语言经常横跨这个界限。我们强调这个事实是因为，如果问题域允许，命令性微型语言中没有明确的控制结构将是一种巨大的简化。

`.fetchmailrc` 语法的一个显著特性是使用可选的纯修饰关键字，支持这些关键字仅仅是为了使说明语言读起来更像英语。例中的“with”关键字和出现一次的“option”实际上并不必要，但它们有助于使声明语言更易懂。

这类东西的传统术语是**语法糖**（*syntactic sugar*）；与之联系在一起的一段格言是非常著名的俏皮话：“syntactic sugar causes cancer of the semicolon”（语法糖导致分号癌）[11]。事实上，必须谨慎使用语法糖，以免造成的晦涩多于帮助。

我们将在第 9 章看一看，数据驱动编程是怎样帮助通过 GUI 编辑 *fetchmail* 运行控制文件优雅地解决问题的。

8.2.8 案例分析：*awk*

awk 微型语言是老式的 Unix 工具，原来大量用于 shell 脚本。和 *m4* 一样，它的设计目的是为了编写小巧但有表达力的程序，从而把文本输入变换为文本输出。所有的 Unix

[11] 这句话出自 Alan Perlis，他在 1970 年左右完成了软件模块化方面的一些先驱性工作。所质疑的分号是 Algol 系列的各种语言，包括 Pascal 和 C，把它用作语句分隔符或结束符。

发布均包含它的某一版本，其中有几个是开源版本；Unix shell 提示下键入 `info gawk` 命令可以查看在线文档。

awk 程序包括模式/行为对。每个模式都是*正则表达式*，我们将在第 9 章具体讨论这个概念。*awk* 程序运行时一行一行过滤输入文件。每一行都顺序经过模式/行为对检查。如果模式和行匹配，则执行相关的行为。

每个行为都用类似 C 子集的语言写成，具有变量、条件、循环和包括整数、字符串和（与 C 不同）字典在内的类型分类。[12]

awk 语言是图灵完备的，而且可以读写文件。在一些版本中，它可以打开并使用网络套接字。但 *awk* 主要用作报表生成器，尤其用于解释和减少表列数据。它很少单独使用，而是内嵌在脚本中使用。第 9 章有关 HTML 生成的实例分析中就包括了一个 *awk* 程序实例。

包括 *awk* 案例分析的目的是，指出 *awk* *不*是一个值得效仿的模型；实际上，从 1990 年以来，它很大部分已经被逐渐废弃了，为新派脚本语言所取代——特别是 Perl，就是明确成为 *awk* 的替代程序而设计的。原因值得研究，因为 *awk* 构成了对微型语言设计者的部分教训。

awk 语言最早的设计目的是针对报表生成的一种小巧、有表达力的专用语言。不幸的是，结果它在复杂度和能力的取舍上做得并不好。作用语言并不紧凑，但它依靠的模式驱动框架阻止了它的通用性——这是两个世界的最糟部分。新派脚本语言可完成 *awk* 所能完成的任何任务；它们的等价程序，至少和它一样易读。

> awk 逐渐被废弃，还因为更现代的 shell 具有浮点运算、关联数组、正则表达式模式匹配和子串能力，因此无须产生进程生成的开销就能完成小型 awk 脚本的等价程序。
>
> —David Korn

Perl 于 1987 年发布后的数年内 *awk* 还有竞争力，因为 *awk* 的实现更小更快。但随着处理器和内存的成本下降，支持相对节约的专用语言在经济方面的优点就不起作用了。程序员不断选择用 Perl 或（后来的）Python 来完成 awk 能完成的任务，而不是在头脑中

---

[12] 对于那些从来没有用现代脚本语言编程的读者来说，字典就是一种关键字和值对应的查找表，经常通过散列表实现。C 程序员花费了大量时间编写各种复杂的方式来实现字典。

记住两种不同的脚本语言。[13]到 2000 年，*awk* 已经成为 Unix 老牌黑客的一种记忆，而且并不留恋。

成本的下降已经改变了微型语言设计中的权衡。通过限制设计能力来提高设计紧凑性可能仍然是个好主意，但通过限制设计能力来节约设备资源则不然。随着时间的推移，设备资源变得越来越廉价，但程序员头脑中的空间只会越来越昂贵。现代微型语言，要么就非常通用而不紧凑，要么就非常不通用而紧凑；不通用也不紧凑的语言则完全没有竞争力。

8.2.9 案例分析：PostScript

PostScript 是一个专门向成像设备描述排版文本和图形的微型语言。它以著名的 Xerox Palo Alto 研究中心的设计工作和最早的激光打印机为基础，并移植到 Unix 中。自 1984 年首次商业发布以来，它只能作为 Adobe, Inc.,的专属产品使用，而且用在苹果机上。1988 年根据授权规定被克隆成非常接近开源的版本，从那以后就成为 Unix 中打印机控制的事实标准。完全开源的版本和大多数最新的 Unix 版本一起发布。[14]PostScript 有很好的技术介绍。[15]

PostScript 和 troff 标记在一些功能上很像；两者的目的都是为了控制打印机和其它成像设备；两者通常都由程序或宏语句包生成，而不是手工编写。但是，考虑了 troff 请求是一套无止境增长的格式控制代码集，并已经具备了一些语言特性之后，PostScript 从头开始作为语言设计，因此更加具有表达力、更加有效。PostScript 之所以有用，就是对用 PostScript 编写的图形的算法说明比它们渲染出的位图更加小，而且占据的内存和通信带宽也更少。

PostScipt 显然是图灵完备的，支持条件、循环、递归和具名过程。类型分类包括整数、实数、字符串和数组（数组的每个元素可以是任何一种类型），但没有结构或等价

[13] 我曾经是 awk 奇才，但别人提醒我，这个语言只适用于 HTML 的生成，这是本书唯一出现 awk 实例的地方。

[14] GhostScript 的项目网站：`<http://www.cs.wisc.edu/~ghost/>`。

[15] A First Guide To PostScript (PostScript 入门指南)：`<http://www.cs.indiana.edu/docproject/programming/postscript/postscript.html>`。

物。从技术上而言，PostScript 是一种堆栈式语言；PostScript 的原语过程（primitive procedure）（操作符）的参数通常是先进后出式参数堆栈，结果值重新入栈。

在总计 400 个左右的操作符中大约有 40 个是基本操作符。其中完成任务最多的是 `show`，即在页面上画一条线。其它操作符包括设置当前字体，改变灰度或色度，画直线、曲线或贝塞尔曲线，填充闭区域，设置剪切区域等等。PostScript 解释器负责把这些命令解释成位图以便显示或打印。

另外一些 PostScript 操作符实现算术、控制结构和过程。这些操作符允许把重复或定型的图形（如由重复字体构成的文本等）表达成带图形的程序。PostScript 的部分效用基于这样一个事实，即打印文本或简单向量图的 PostScript 程序比文本或向量渲染出的位图容量小，而且与设备无关，在网络电缆或串行线上传输速度更快。

从历史角度而言，PostScript 的堆栈式解释与一个叫 FORTH 的语言很像，该语言是为了实时控制 1980 年代非常流行的 telescope motor 而设计的。堆栈式语言以支持紧凑、经济的编码而著名，但也以难读而臭名昭著。PostScript 也有这两个特点。

PostScript 经常被实现为打印机的固件。开源实现的 Ghostscript 可以把 PostScript 转换成各种图形格式和（比较弱的）打印机控制语言。其它大多数软件都把 PostScript 看成最终的输出格式，意味着可以输送给具有 PostScript 能力的图形设备但不能用手工编辑或肉眼检查。

PostScript（无论是最初形式还是具有边界框以便嵌入到其它图形中的小变种 EPSF）都是专用控制语言的好设计实例，值得作为模型仔细研究。它也是其它标准的组成部分，如可移植文档格式 PDF 的标准。

8.2.10 案例分析：*bc* 和 *dc*

我们首先在第 7 章作为 shellout 的实例分析研究了 *bc*（1）和 *dc*（1）。它们是命令性专门领域微型语言的实例。

> *dc* 是 Unix 上最古老的语言；它在 PDP-7 上编写而成，在 Unix 自己移植过去之前就已经移植到了 PDP-11 上。
>
> —Ken Thompson

这两种语言的领域都是无限精度算术。其它程序可以使用这两个语言进行计算，而无需考虑完成这些计算所要求的特殊技法。

> 事实上，设计 dc 的初衷不是为了提供通用的交互式计算器，那可用简单的浮点程序来实现。真正的动机是贝尔实验室对数值分析的长期兴趣：针对数值算法的常量计算，*确切地说*，得到了能够计算更高精度而不是运算本身所能使用的精度的大力帮助。因此 dc 是任意精度算法。
>
> —Henry Spencer

和 SNG 及 *Glade* 标记一样，这两种语言的一个优势在于它们的简单性。一旦知道 *dc*（1）是一个逆波兰标记法计算器，*bc*（1）是一个代数标记法计算器，则这两个语言的交互使用便毫不困难。我们将在第 11 章重新讨论最小立异原则的重要性。

这两个微型语言都有条件和循环；它们都是图灵完备的，但类型的分类很有限，只包括无限精度的整数和字符串。这使得它们处在解释性微型语言和完全脚本语言之间。这些编程特性的设计目的是，让它们不要作为计算器涉足普通计算；实际上大多数 *dc*/*bc* 用户可能都没有意识到这些。

通常，*dc*/*bc* 可对话式使用，但它们支持用户定义程序库的能力使得它们具备额外功用——可编程性。这实际上是命令性微型语言最重要的优势，我们在 DWB 工具的实例分析中发现，无论程序的正常模式是否是对话式，这个优势都非常有利；可以用它们来编写高级程序，并加入针对任务的专门智能。

由于 *dc*/*bc* 的界面非常简单（送入一行表达式，得到一行计算值），只要把这些程序作为从进程调用，其它程序和脚本都可以轻而易举地获得所有这些能力。例 8.6 就是一个非常著名的例子，这是一个用 Perl 实现的 Rivest-Shamir-Adelman（RSA）公共密钥算

例 8.6 使用 *dc* 的 RSA 实现

```
print pack"C*",split/\D+/,`echo "16iII*o\U@{$/=$z;[(pop,pop,unpack
"H*",<>)]}\EsMsKsN0[lN*1lK[d2%Sa2/d0<X+d*lMLa^*lN%0]dsXx++\
lMlN/dsM0<J]dsJxp"|dc`
```

法，广泛发布在签名档和 T 恤上，以示对美国 1995 年的限制密码学出口的抗议；它交给 *dc* 来完成要求的无限精度算法。

8.2.11 案例分析：Emacs Lisp

一个专用的解释语言不仅可作为从进程运行完成专门任务，也可成为整个体系的核心；我们将在第 13 章分析这种方法的优点和缺点。troff 请求是早期范例；如今，Emacs 编辑器是最著名、最有效的现代实例。Emacs 是围绕 Lisp 的语言构建而成的，原语既可说明编辑缓存的动作，也可控制从进程。

Emacs 语言对于描述编辑动作和作为其它程序的前端来说足够强大，这意味着它除了常规编辑外还可用于许多其它任务。我们将在第 15 章分析 Emacs 用于日常程序开发（编译、调试、版本控制）的专门能力。Emacs 的“模式”是用户定义的程序库——用 Emacs Lips 编写的程序，针对具体任务定制编辑器——通常是有关编辑的任务，但也有例外。

这样就有了特制的模式，知道大量编程语言的语法，也知道 SGML、XML 和 HTML 等标记语言的语法。但很多人也用 Emacs 模式来发送和接收邮件（这些把 Unix 的系统邮件实用程序当作从进程使用）或 Usenet 新闻。Emacs 可以浏览网页，或作为各种聊天程序的前端。还有一个日历包和 Emacs 自带的计算程序，甚至还有相对广泛的可以选择的 Emacs Lisp 模式游戏（包括模仿 Rogersian 精神病学家的著名 ELIZA 程序的各种后续版本）。[16]

8.2.12 案例分析：JavaScript

JavaScript 是为了嵌入 C 程序而设计的一种开源语言。尽管它也嵌入在网络服务器中，但最早也最出名的表现形式还是客户端 JavaScript，可以让我们在网页中嵌入可执行代码，以供任何具有 JavaScript 能力的浏览器运行。这就是我们要在此处讨论的版本。

JavaScript 是充分的图灵完备的解释性语言，和 Python 一样，具有整数、实数、布尔逻辑、字符串和轻量级的字典对象。数值是带类型的，但变量可容纳任意类型值；类

[16] 利用现代 Unix 机器完成的最蠢的一件事是运行 Emacs 的 Eliza 模式来限制从 Zippy the Pinhead 的随机引用。键入 **`M-x psychoanalyse-pinhead`**；不耐烦了就键入 control-G。

型之间的转换在很多上下文中自动进行。语法上，JavaScript 和 Java 很像，都受到了 Perl 的一些影响，具有类似 Perl 的正则表达式。

尽管有这些特点，客户端的 JavaScript 还不是一个相当通用的语言。它的能力被严格约束，以防止通过包含 JavaScript 的网页攻击浏览器。它可以接收来自用户的输入、生成或修改网页，但不能直接改变磁盘文件的内容，也不能打开自己的网络连接。

随着时间的推移，JavaScript 语言变得更加通用了，而且对其客户端环境的约束也放松了。这是任何一个成功的专用语言随着其能力在开发者和用户的头脑中逐渐展现时可预期的结果。客户端 JavaScript 现在也可以通过在一个叫做浏览器 DOM（文件对象模型）的单个对象中读写值而与环境交互。虽然这个语言仍然给浏览器遗留了一些 DOM 无法支持的 API，但这些 API 都已过时，没有列入 JavaScript 的 ECMA-262 标准中，而且在将来的版本中可能也不会支持。

JavaScript 的标准参考书是《*JavaScript：The Definitive Guide*》(JavaScript：权威指南) [FlanaganJavaScript]。源码可下载。[17]JavaScript 成为一个有趣的实例有两个理由。首先，它是我们无需真正进入但可尽量接近的通用语言。其次，客户端 JavaScript 及其通过单个 DOM 对象的浏览器环境之间的结合是个非常棒的设计，能够作为其它嵌入情形的借鉴模型。

8.3 设计微型语言

什么时候适合设计一个微型语言？我们已经发现，微型语言提供了把问题说明规格提升一个层次的方法，并已经提供了数个案例分析中的施行方式。这个结论另一面是，只要应用领域的域原语简单而固定不变，微型语言就可能成为一种好方法，但用户可能希望应用方式要灵活多变。

相关观点，请参考对 Alternate Hard And Soft Layers 的说明 <http://www.c2.com/cgi/wiki?AlternateHardAndSoftLayers>和对脚本部件 <http://www.doc.ic.ac.uk/~np2/patterns/scripting/scripting.html>的设计模式的说明。

---

[17] JavaScript 的开源 C 和 Java 实现可在<http://www.mozilla.org/js/>获得。

对微型语言的设计风格和设计方法的有趣总结参见《*Notable Design Patterns for Domain-Specific Languages*》（领域专用语言的著名设计模式）[Spinellis]。

8.3.1 选择正确的复杂度

照例，设计微型语言时要记住的第一要素是尽可能保持微型语言的简单。我们用来组织实例分析的分类图表明了复杂度的层次；应该尽可能保持我们的设计靠近左手边。如果只设计一个结构化的数据文件，而无需设计在解释时要修改外部数据的微型语言便可以达到目的，那就尽力去做。

坚持结构化数据而不是微型语言的一个非常实际的理由是，在网络世界，嵌入微型语言功能容易导致滥用，从而引起不便甚至是危险。JavaScript 是“不便”类型中的主要实例；它的设计者并没有料到它会用于弹出式广告，而且是这样令人反感，以至于有人要求浏览器禁止解释 JavaScript。

Microsoft Word 的宏病毒则展示了这种事情会变得多么危险，这个安全漏洞每年造成的停机时间要耗费数十亿美元，而且严重损失生产力。尽管全世界至少有 2000 万[18]Unix 用户，但从来都没有任何和 Windows 频繁爆发的宏病毒类似的 Unix 病毒爆发，注意到这一点非常有益。造成这个事实的原因有好几个，包括 Unix 是本质上更好的安全设计；但至少有一个原因应归功于一事实——Unix 邮件代理*不*会默认执行用户查看文档中的任何即时内容。[19]

如果有任何可能使应用程序的用户最后要运行来自不受信任来源的程序，应用微型语言的风险特性可能必须被禁止。Java 和 JavaScript 这样的语言已被明确地**沙盒化**（*sandboxed*）——也就是说，它们对环境的访问是受限的，目的不仅是为了简化设计，而且是为了防止有 bug 或恶意代码执行潜在的破坏性操作。

另一方面，很多不良设计都被设计者修补过了，但这些设计者并没有勇敢地正视，他们真正需要的其实不是数据文件格式而是微型语言这个事实。把语言一样的特性加进去作为事后补救措施，这样的事情发生得太频繁了。这个问题最普遍的两个表现是，薄

[18] 2000 万只是 2003 年中期根据 Linux Counter 和其它地方统计数字的保守估计。

[19] 出于这个原因我们在第 6 章分析的 *kmail* 甚至不会追循 HTML 中的其它站点链接。

弱而专用的控制结构，和孱弱或根本不存在的过程声明机能。

设计一个偶尔图灵完备的微型语言也非常危险。如果这样做了，将来的某一天，某个聪明的家伙可能认为他需要让语言来替他执行循坏和条件。但由于这些只能用一种晦涩的方式完成，所以他只能写出晦涩的代码。产生的结果在短期内可能有用，但对于他之后的人来说却可能是一个噩梦。

微型语言的设计不仅强大而且回报丰厚，但它同样充满了类似的陷阱。有这样一些设计，采取自底向上的方法把几个底层服务粘合在一起，在研究了问题域之后又会担心其组织是否得当。微型语言的优势之一是可以把一些自顶向下的决策放到微型语言的程序控制流中，从而帮助我们从自底向上的编程中得到一个良好的设计。但如果我们对微型语言设计的**本身**采取自底向上的方法，则最终我们很可能得到一种丑陋的语法，反映出一种薄弱的语言和未经仔细考虑的实现。

微型语言的设计中存在很多这样的地方，选择上的小小不同就会在工具的可用性和易用性方面造成巨大差异：

> 作为语言设计者，一个很好的原则是考虑给出错误信息的备选方式。当程序员的目的实在不明确时，给出报错信息非常合适，但在目的明确的多数情况下，让语言默默完成正确的事则极有帮助。一个很好的例子就是，C 语言在数组初始化列表的末尾允许额外增加一个逗号，使得数组初始化的编辑和机器生成都更加容易。反例则是各种 HTML 阅读器的过分挑剔，即使遇到极小的嵌套错误也会导致大段文档被悄悄略过。
>
> —Steve Johnson

在这个问题上，和其它地方一样，没有什么可以替代良好的鉴赏力和工程判断。如果要设计一个微型语言，不要半途而废。声明性微型语言应该具有一个明确、一致、类似自然语言的语法能够为人类所阅读。命令性微型语言则应该从用户应该熟悉的语言模型中套用一系列控制结构。把微型语言确实**当作**语言来考虑；问问自己一些美学方面的问题，如“把它编码进去舒服吗？”，甚至“看上去愉快吗？”在这里，和软件设计的其它地方一样，David Gelernter 的格言也同样适用：美是抵御复杂的最后武器。

8.3.2 扩展和嵌入语言

一个非常重要的基础性问题是，能否通过扩展或嵌入现有脚本语言来实现自己的微型语言。这往往是实现命令性语言的正确办法，但对于声明性语言就不是那么合适了。

有时候，简单地在解释性语言中编写服务函数就可能实现命令性语言，为了这个目的，我们把这种解释性语言称作“主”语言。自己的微型语言只不过是加载服务库的脚本并把主语言的控制结构和其它功能当作框架使用。主语言提供的一切机能都不必亲自动手。

这是编写微型语言最简单的方法。老派的 Lisp 程序员（包括我在内）热爱这种技术并大量使用。它是 *Emacs* 编辑器的设计基础，而且在新派的脚本语言，如 Tcl、Python 和 Perl 中，也可以找到。当然，这种技术也存在缺点。

主语言可能无法作为所需要代码库的接口。或者，从内部而言，它的数据类型可能并不足以完成所需要的计算类型。又或者，测量过原型性能后，发现速度太慢。出现以上任何一件情况时，解决方案通常是用 C（或 C++）编码，然后把结果整合到自己的微型语言中。

是用 C 代码扩展脚本语言，还是在 C 程序中嵌入脚本语言，这个选择取决于为此设计的脚本语言本身。扩展脚本语言的方法是动态载入 C 库或模块，C 入口点成为扩展语言中的可见函数。也可以在 C 程序中嵌入脚本语言，方法是向解释器实例发送命令然后接收结果值在 C 中使用。

这两种方法都取决于在 C 的类型分类和脚本语言的类型分类中进行数据转换的能力。有些脚本语言为完全支持这种转换而设计。其中之一就是我们将在第 14 章分析的 Tcl。另外一个是 *Guile*，即 Lisp 的变种 Scheme 的开源语言。*Guile* 作为库发布，设计目的便是嵌入到 C 中使用。

可以扩展或嵌入 Perl（尽管在 2003 年还是相当痛苦和困难）。扩展 Python 很容易，但要嵌入 Python 则要困难一点；C 扩展特别频繁地用于 Python 中。Java 有一个接口可调用 C 的“原生方法”，只不过这个实践被明确阻止，因为它往往破坏可移植性。shell 的大多数版本都不是为嵌入性和扩展性设计的，但 Korn shell（ksh93 和后续版本）是个显著的例外。

支持在现有脚本语言上放置命令性微型语言的理由大多并不恰当。为数不多的几个好理由之一是确实需要实现自己的自定义语言进行错误检查。如果是这样，请参考以下关于 *yacc* 和 *lex* 的建议。

8.3.3 编写自定义语法

至于声明性微型语言，一个主要问题是，是否应该用 XML 作为语法基础并把语法规定为 XML 文档类型。对于层次复杂的说明性微型语言，这完全可能是正确做法，但我们在第 5 章有关设计数据文件格式时提到的告诫同样适用——XML 可能太大材小用了。如果不用 XML，就遵循最小立异原则，并支持我们描述数据文件时谈到的 Unix 约定（简单的面向标记的语法、支持 C 反斜杠约定等）。

如果确实需要自定义语法，*yacc* 和 *lex*（或所用语言中的本地等价实现）也许是我们最好的朋友，除非所用语言的语法很简单，而且手工编写递归下降分析器的工作量非常小。即便这样，*yacc* 也可能给我们更好的错误恢复。随着语法的发展，*yacc* 的说明更容易修改。参见第 9 章有关不同实现语言中从 *yacc* 和 *lex* 派生的工具。

即使我们决定实现自己的语法，考虑一下重用现有工具所能得到的好处。如果确实需要宏机能，考虑一下用 *m4*（1）进行预处理是否正确——但首先注意下一节提出的警告。

8.3.4 宏——慎用

宏扩展机能是早期 Unix 语言设计者青睐的策略；当然，C 语言有宏扩展，而且我们已经在一些更加复杂的专用微型语言，如 *pic*（1）中也看到了它。*m4* 预处理器是实现扩展预处理器的通用工具。

很容易说明和实现宏扩展，而且可以用宏扩展实现很多聪明的技巧。早期的设计者似乎都受到了使用编译程序的影响。在汇编程序中，宏经常是架构程序唯一的可用方法。

宏扩展的优势在于它无需知道基础语言的任何基础语法就可以用来扩展该语言。不幸的是，这种能力很容易被滥用，生成奇怪、不透明的代码，成为滋生难于辨识 bug 的温床。

在 C 中，这种问题的典型例子是这样一个宏：

```
#define max(x, y)       x > y ? x : y
```

这个宏至少存在两个问题。一个问题是，如果任何一个参数是个表达式，包括比>或?:优先级更低的运算符，则结果可能令人惊讶。考虑一下表达式 `max(a = b, ++c)`。

如果程序员忘记 max 是个宏，则他可能会期望先完成赋值 a=b 和对 c 的预增量计算，然后把计算值作为参数输送给 max。

但事实却不是这样的。相反，预处理器会把这个表达式扩展成 a = b > ++c ? a = b : ++c，其中 C 编译器的优先规则使它解释为 a = (b > ++c ? a = b : ++c)。其比较结果被赋值给 a！

这种不良作用可以通过宏定义的防御性编码得到避免。

```
#define max(x, y)        ((x) > (y) ? (x) : (y))
```

采用这个定义，宏会被扩展为((a = b) > (++c) ? (a = b) : (++c))。这解决了一个问题——但请注意，c 可能被自增两次！这个陷阱还有更加狡猾的一个版本，比如，向宏传递一个带副作用的函数调用。

一般来说，宏与带副作用的表达式之间的交互作用可能导致不幸的结果，而且难以诊断。C 的宏处理器是一个有意设计得非常轻巧和简单的处理器；更强大的处理器可能会带来更糟糕的麻烦。

TEX 格式语言（参见第 18 章）很好地说明了这个普遍存在的问题。TEX 是有意的完备图灵机（具有条件、循环和递归）；尽管它能完成惊人的任务，但 TEX 代码往往极难阅读和调试。LATEX 是使用最广泛的 TEX 宏语句包，其源文件就是一个很有教育意义的例子：很好地符合了 TEX 的风格，但即便这样，也太难读懂。

与此相比，一个小问题是，宏扩展往往扰乱了错误诊断。基础语言处理器生成的错误报告针对的是宏扩展文本，而不是程序员正在查看的原始文本。如果两者的关系被宏扩展弄得很混乱，则生成的错误报告可能非常难于和错误的实际位置联系起来。

当宏具有多行扩展、有条件地包括/排除文本、将改变扩展文本的行数时，预处理器和宏之间就特别容易产生问题。

内嵌在语言中的宏扩展可以完成一些自我补救、重定行数以备查阅扩展前的文本。例如，*pic*（1）的宏功能就能这样做。如果宏扩展由预处理器完成，则这个问题更加难以解决。

C 预处理器的解决方法是，无论何时只要包括扩展或进行多行扩展就发送#line 指令。C 编译器可对此做出解释并相应地在错误报告中调整行数。不幸的是，*m4* 却没有这样的功能。

有理由非常谨慎地使用宏扩展。Unix 经验的长期教训之一是宏产生的问题比宏解决的问题多。现代语言和微型语言的设计已经越来越远离宏了。

8.3.5 语言还是应用协议

我们必须要问的另外一个重要问题是，微型语言引擎是否可被其它程序作为从进程交互调用。如果可以，我们的设计可能看上去不太像可供人类交互的会话式语言，而更像我们在第 5 章分析的应用协议。

主要区别在于事务边界的标定程度。人类擅长发现 CLI 的会话式输出在哪里结束，下一个输入的提示在哪里。他们可根据上下文来判断什么重要，什么应该被忽略。计算机程序要完成这个就困难多了。如果输出没有明确的结束标记或没有提前告诉输出长度，则机器就无法判断何时停止读取。

> 更糟糕的事发生在程序的输入被缓冲起来（经常是无意的，如 stdio 所为）的时候。在正确的地方公然停止读取的程序仍然可以超界读取。
>
> —Doug McIlroy

如果从属进程没有为这个问题专门设计便和主进程进行通信，如果它们之间同步失败（我们在第 7 章首次提到这个问题），死锁就更容易发生。

对于那些未经仔细设计的微型语言，存在一些斡旋方案。其中绝大多数的原型都是 Tcl 的 *expect* 包。这个包协助 CLI 间的对话。它围绕以下操作建造：自从进程不断读入，直到匹配某个指定的正则表达式或超时。有了这个操作（当然，以及发送到从进程的操作），即使从进程并非为与其它程序通讯这个角色定制，也往往可能使主从进程间的对话更加可靠。

其它语言中有工作方式类似的 *expect* 包；在网上以自己最喜爱语言的名称并加上"Tcl expect"关键字进行搜索，很可能找到一些有用的内容。然而，作为微型语言设计者，最好不要假设所有的用户都精通 *expect*。即使用户是 *expect* 专家，这也是一个特别厚的胶合层，容易在这儿犯错。

设计微型语言时要小心这个问题。增加一个选项，改变会话行为，使其相应地更像应用协议，同时给出明确的输出结束分隔符和类似的字节补齐，也许是个不错的主意。

9

生成：提升规格说明的层次

Generation: Pushing the Specification Level Upwards

The programmer at wit's end ... can often do best by disentangling himself from his code, rearing back, and contemplating his data. Representation is the essence of programming.

程序员束手无策……只有跳脱代码，直起腰，仔细思考数据才是最好的行动。表达是编程的精髓。

The Mythical Man-Month, Anniversary Edition (1975–1995), p. 103

《人月神话，二十周年纪念版》（1975－1995），103 页

—Fred Brooks

我们在第 1 章中说过，人类其实更善于肉眼观察数据而不是推导控制流程。概括如下：不信可以试试比较一下，是五十个节点的指针树，还是五十行代码的流程图来得清楚明了？或者(更明显地)，比较一下究竟用数组初始化器来表示转换表，还是 switch 语句更清楚明了呢？可以看出，不同的方式在透明性和清晰性方面具有非常显著的差别。[1]

数据比程序逻辑更易驾驭。无论数据是普通表格、说明性标记语言、模版系统还是一组可以扩展成程序逻辑的宏，这一点都成立。尽可能把设计的复杂度从程序代码转移

[1] 关于这一点的进一步展开请参考[Bentley]。

到数据中是个好实践，选择便于人类维护和操作的数据表示法也是好实践。把这些表示法转换为便于机器处理的形式是机器该干的事，不是人类的任务。

> 更高级、更富说明力的标记法应具有另一个重要优点，就是更便于利用编译期检查。过程式标记法天生具有复杂的运行时行为，很难在编译期分析。而说明性标记法使人们可以更彻底地理解预期行为，令实现中的错误更容易发现。
>
> —Henry Spencer

这些领悟在理论上都以一系列实践为基础，而这些实践始终是 Unix 程序员工具包的重要组成部分，这些工具包包括高级语言、数据驱动编程、代码生成器、特定领域的微型语言等。这些工具的共同点是，它们都是提升代码生成层次从而使规格说明更简炼的方法。此前我们已经注意到，缺陷密度与编程语言无关；所有这些实践都意味着，无论邪恶力量产生什么作用，我们的 bug 都只会以更少的行数来实施破坏。

我们第 8 章讨论了特定领域微型语言的用法。我们将在第 14 章详细说明非常高级的语言。本章我们要分析数据驱动编程的设计实例和一些专用代码生成的例子；我们将在第 15 章分析一些代码生成工具。和微型语言一样，这些方法都能大幅减少程序的行数，并相应减少调试时间和维护成本。

9.1 数据驱动编程

进行数据驱动编程时，需要把代码和代码作用的数据结构划分清楚，这样，在改变程序的逻辑时，就只要编辑数据结构而不是代码。

数据驱动编程有时会跟面向对象混淆起来，后者是另一种以数据组织为中心的风格。它们之间至少有两点不同。第一，在数据驱动编程中，数据不仅仅是某个对象的状态，实际上还定义了程序的控制流；第二，OO 首先考虑的是封装，而数据驱动编程看重的是编写尽可能少的固定代码。Unix 中数据驱动编程的传统比 OO 更深厚。

数据驱动编程有时也会和状态机编写相混淆。把状态机逻辑表达成表格或数据结构事实上是可能的，但手工编码的状态机通常是固定的代码块，远比表格更难修改。

进行任何类型的代码生成或数据驱动编程的重要原则是：始终把问题层次往上推。不要手工修改生成的代码或中间形式——相反，应找到一种方式来改进或代替转换工具。否则，很可能发现手工修补应该由机器正确生成的代码会耗费无穷的时间。

数据驱动编程，最复杂的情形是为 p-code 或我们在第 8 章讨论过的那些简单微型语言编写解释器。对于其它情形，它类似于代码生成器和状态机编程。区别其实并非那样重要，重要的是把程序逻辑从硬编定的控制结构转移到数据中。

9.1.1 实例分析：*ascii*

我维护着一个叫 *ascii* 的程序，它非常简单，把命令行参数按 ASCII（American Standard Code for Information Interchange，美国信息交换标准编码）字符的名称解释，并报告其它所有等价形式的名称。这个工具的代码和文档可以在项目主页<http://www.catb.org/~esr/ascii>处获得。以下是直观的屏幕截图：

```
esr@snark:~/WWW/writings/taoup$ ascii 10
ASCII 1/0 is decimal 016, hex 10, octal 020, bits 00010000: called ^P, DLE Official
  name: Data Link Escape

ASCII 0/10 is decimal 010, hex 0a, octal 012, bits 00001010: called ^J, LF, NL
  Official name: Line Feed
C escape: '\n'
Other names: Newline

ASCII 0/8 is decimal 008, hex 08, octal 010, bits 00001000: called ^H, BS Official
name:
  Backspace
C escape: '\b'
Other names:

ASCII 0/2 is decimal 002, hex 02, octal 002, bits 00000010: called ^B, STX Official
  name: Start of Text
```

表明这是个好程序的标志之一是该程序具有意想不到的用法——作为快速的 CLI 辅助工具，在字节的十进制、十六进制、八进制和二进制表示法中进行转换。

这个程序的主要逻辑原本可以编成有 128 个分支的选择语句。然而，这肯定会使代码庞大、难以维护。变化相对较快的部分（如字符的别名清单）和变化较慢或根本不变化的部分（如正式名称）原本也可纠缠在一起，都放在同一个示意字符串中。当然，这样出现编辑错误时，更有可能改变实际上本该稳定的数据。

相反，我们采用了数据驱动编程。所有字符名的字符串都放在一个表结构中，这个表结构比代码中任何函数都大（事实上，按行数算的话，它比程序任意三个函数都大）。代码仅仅查表并完成数制转换等底层任务。初始化代码实际上存放在文件 nametable.h 中，我们会在本章稍后部分说明这个文件的生成方法。

这种结构使得增加新字符名、改变现有字符名或删除旧字符名都非常容易，只要简单编辑数据表就行，不需要改动代码。

（这个程序编制方法具有很好的 Unix 风格，但是输出格式有问题。很难看出输出能有效作为其它程序的输入，所以这个程序不能很好地和其它程序合作。）

9.1.2 实例分析：统计学的垃圾邮件统计

数据驱动编程的有趣例子是探测垃圾邮件（不请自来的大批电子邮件）的统计学习算法。整个一大类邮件过滤程序（网络搜索很容易找到的程序包括 *popfile*、*spambayes* 和 *bogofilter* 等）都使用单词相关性的数据库来代替复杂的模式匹配逻辑条件。

2002 年，随着 Paul Graham 发表里程碑式的论文《反垃圾邮件计划》（*A Plan for Spam*）[Graham]，这样的程序迅速在互联网上普及。虽然这种爆炸式发展由模式匹配竞赛中不断上升的成本而引发，但最早而且最快采用这种统计学过滤思路的却是 Unix 阵营。部分原因当然是因为几乎所有的互联网服务提供商（他们承受垃圾邮件的负担最重，因此采用有效新技术的动机最强烈）都在 Unix 阵营——但这种方法与 Unix 软件设计的一些传统主题相吻合无疑也起了很大作用。

传统的垃圾邮件过滤器要求系统管理员或其它责任方维护在垃圾邮件中发现的文本模式信息——除了垃圾邮件，站点名、色情网站或网络诈骗常用的诱人词组以及类似内容，别的什么也不发。在论文里，Graham 精确指出，计算机程序员喜欢模式匹配过滤器，因为这种方法给了他们很多展现聪明的机会，所以有时很难打破藩篱。

另一方面，垃圾邮件统计过滤器通过收集用户对垃圾邮件的判断反馈来工作。反馈经过处理后，将用户区分垃圾/非垃圾邮件的词组和词语与统计相关系数或权重相关联，存放到数据库中。最流行的算法使用了贝叶斯定律(Bayes's Theorem)的小变种，但也应用其它技术（包括不同类型的多项式散列法）。

在所有这些程序中，相关性检查是个相对微不足道的数学公式。代入公式的权重和被检查的消息一起，组成过滤算法的隐式控制结构。

传统模式匹配垃圾邮件过滤器存在的问题是它们非常脆弱。垃圾邮件发送者不断同过滤规则的数据库进行博弈，迫使过滤器的维护者不断重编过滤器以便在这场竞赛中保持领先。而统计学垃圾邮件过滤器却根据用户的反馈生成自己的过滤规则。

事实上，使用统计学过滤器的经验似乎表明，所采用的具体学习算法远没有学习算法用来计算权重的垃圾/非垃圾邮件数据集的质量重要。因此，统计过滤器的结果与其说由算法驱动，不如说由数据形态驱动。

《反垃圾邮件计划》（*A Plan for Spam*）仿佛是一颗炸弹，原因是作者令人信服地证明，一个简单甚至粗糙的统计方法把非垃圾邮件归为垃圾邮件的出错率，比复杂的模式匹配方法或人眼所能处理的出错率都要低。对 Unix 程序员来说，看透聪明模式匹配的诱惑，远比其它编程文化来得容易，因为那些编程文化没有对“Keep It Simple, Stupid!”的强烈依恋。

9.1.3 实例分析：*fetchmailconf* 中的元类改动

随 *fetchmail*（1）一起发布的 *fetchmailconf*（1）点文件配置器包含，一个启发性例子，演示在非常高层的、面向对象语言中实现高级数据驱动编程。

1997 年 10 月，在 fetchmail-friends 邮件列表上出现的一系列问题清楚表明，最终用户在生成 fetchmail 的配置文件时越来越困难。文件使用简单而经典的 Unix 式自由格式语法，但如果用户在多个站点上有 POP3 和 IMAP 帐户，则会变得非常可怕复杂。例 9.1 是 *fetchmail* 作者经过稍微简化的配置文件。

例 9.1 fetchmailrc 语法示例

```
set postmaster "esr"
set daemon 300

poll imap.ccil.org with proto IMAP and options no dns
    aka snark.thyrsus.com locke.ccil.org ccil.org
       user esr there is esr here
            options fetchall dropstatus warnings 3600

poll imap.netaxs.com with proto IMAP
       user "esr" there is esr here options dropstatus warnings 3600
```

fetchmailconf 的设计旨在把控制文件的语法完全隐藏在时髦、符合人体工程学、到处是选择按钮、滑动条和待填表单的 GUI 之后。但是 beta 设计存在一个问题：它可以很容易地从用户的 GUI 操作生成配置文件，但却不能读取和编辑已有的配置文件。

针对 fetchmail 配置文件语法的分析程序相当复杂，实际是用 *yacc* 和 *lex* 编写的，而 *yacc* 和 *lex* 是两个经典 Unix 工具，用来生成语言的 C 分析程序。为了让 *fetchmailconf* 能够编辑已有配置文件，最初，似乎用 fetchmailconf 的实现语言——Python 来重复编写复杂的语法分析程序是必须的。

这个策略似乎注定要失败。即使不考虑隐含的重复工作，要确保两个用不同语言编写的语法分析程序接受同一种语法也出了名地难。随着配置语言的发展，要保持两者同步真有可能成为维护噩梦，完全违反了我们在第 4 章讨论过的 SPOT 原则。

这个问题一度困扰了我。打破这个羁绊的顿悟是 *fetchmailconf* 可以使用 *fetchmail* 本身的语法分析程序作为过滤器！我给 *fetchmail* 增加了一个`--configdump`选项，可以分析`.fetchmailrc`，并把结果以 Python 初始化器格式转储到标准输出。对以上文件，结果看上去大致就像例 9.2（为节省空间，省略了一些与示例无关的数据）。

例 9.2 *fetchmail* 配置的 Python 结构转储

```
fetchmailrc = {
    'poll_interval':300,
    "logfile":None,
    "postmaster":"esr",
    'bouncemail':TRUE,
    "properties":None,
    'invisible':FALSE,
    'syslog':FALSE,
    # List of server entries begins here
    'servers': [
        # Entry for site `imap.ccil.org' begins:
        {
            "pollname":"imap.ccil.org",
            'active':TRUE,
            "via":None,
            "protocol":"IMAP",
            'port':0,
            'timeout':300,
            'dns':FALSE,
            "aka":["snark.thyrsus.com","locke.ccil.org","ccil.org"],
            'users': [
                {
                    "remote":"esr",
                    "password":"masked_one",
                    'localnames':["esr"],
                    'fetchall':TRUE,
                    'keep':FALSE,
                    'flush':FALSE,
                    "mda":None,
                    'limit':0,
                    'warnings':3600,
                }
                ,           ]
        }
        ,
        # Entry for site `imap.netaxs.com' begins:
        {
            "pollname":"imap.netaxs.com",
            'active':TRUE,
```

```
            "via":None,
            "protocol":"IMAP",
            'port':0,
            'timeout':300,
            'dns':TRUE,
            "aka":None,
            'users': [
                {
                    "remote":"esr",
                    "password":"masked_two",
                    'localnames':["esr"],
                    'fetchall':FALSE,
                    'keep':FALSE,
                    'flush':FALSE,
                    "mda":None,
                    'limit':0,
                    'warnings':3600,
                }
                ,           ]
        }
        ,
    ]
}
```

主要障碍跃过了。接下来 Python 解释器就可以评估 *fetchmail* `--configdump` 的输出，并将 fetchmailconf 可用的配置信息作为变量"fetchmail"的值读取。

但这并不是比赛中的最后一个障碍。真正需要的并不仅仅是让 *fetchmailconf* 拥有现成的配置信息，而是要把它转变为活动对象的链接树。这棵树上有三类对象：`Configuration`（代表整个配置的顶层对象）、`Site`（代表待查询的的服务器之一）和 `User`（代表站点附有的用户数据）。示例文件描述了三个站点对象，每个站点对象都附有一个用户对象。

这三个对象类已经存在于 *fetchmailconf* 中。每个对象类都有一个方法使它可以弹出 GUI 编辑面板来修改其实例信息。剩下的最后一个问题是如何把 Python 初始化器的静态数据转换成活动对象。

我曾考虑编写胶合层，它能够明确知道这三类的结构，并以此迎合初始化器创建匹配的对象，但是我放弃了这个想法，因为随着时间的推移，配置语言会增加新的特性，则也可能增加新的类成员。如果对象的创建代码用显式的方法编写而成，那么它会再次变得非常脆弱，当类定义或--configdump报表生成程序转储的初始化器结构变化时，它往往不能同步。这又是一个带来无穷 bug 的方法。

更好的方法应该是数据驱动编程——可以分析初始化器形态和成员、自查询类定义自身成员，然后阻抗匹配这两个集合的代码。

Lisp 和 Java 程序员称之为内省；其它一些面向对象的语言称之为"元类修改(metaclass hacking)"，通常视其为非常可怕的深奥邪招。绝大多数面向对象语言根本不支持；在那些提供支持的语言（包括 Perl 和 Java）中，它往往是一项复杂而脆弱的工作。但是 Python 对内省和元类修改的功能却异乎寻常地容易用。

解决方法的代码可参考例 9.3，从 1.43 版本第 1895 行附近开始。

例 9.3 copy_instance 的元类代码

```
def copy_instance(toclass, fromdict):
# Make a class object of given type from a conformant dictionary.
   class_sig = toclass.__dict__.keys(); class_sig.sort()
   dict_keys = fromdict.keys(); dict_keys.sort()
   common = set_intersection(class_sig, dict_keys)
   if 'typemap' in class_sig:
      class_sig.remove('typemap')
   if tuple(class_sig) != tuple(dict_keys):
      print "Conformability error"
#     print "Class signature: " + 'class_sig'
#     print "Dictionary keys: " + 'dict_keys'
      print "Not matched in class signature: "+ \
                                  'set_diff(class_sig, common)'
      print "Not matched in dictionary keys: "+ \
                                  'set_diff(dict_keys, common)'
      sys.exit(1)
   else:
      for x in dict_keys:
         setattr(toclass, x, fromdict[x])
```

这份代码的绝大部分是对类成员和--configdump 报表生成不同步可能性的错误检查。它确保如果代码失败，失败会尽早得到发现——此即补救原则的实现。这个函数的核心是最后两行，根据字典中的相应成员设置类中的属性，它们等价于：

```
def copy_instance(toclass, fromdict):
      for x in fromdict.keys():
            setattr(toclass, x, fromdict[x])
```

如果代码这样简单，当然更可能正确。调用该函数的代码参见例 9.4。

例 9.4 `copy_instance` 的调用环境

```
# The tricky part - initializing objects from the 'configuration'
# global. 'Configuration' is the top level of the object tree
# we're going to mung
Configuration = Controls()
copy_instance(Configuration, configuration)
Configuration.servers = [];
for server in configuration['servers']:
    Newsite = Server()
    copy_instance(Newsite, server)
    Configuration.servers.append(Newsite)
    Newsite.users = [];
    for user in server['users']:
        Newuser = User()
        copy_instance(Newuser, user)
        Newsite.users.append(Newuser)
```

从这段代码中提取的关键点在于，它遍历了初始化器的三个层次（配置/服务器/用户），实例化了各层的正确对象并放进更高一层对象所包含的链表中。因为 `copy_instance` 是数据驱动的而且完全通用，所以它可用于所有三个层次中三个不同的对象类型。

这是一个新派的例子；Python 直到 1990 年才发明出来，但是它反映了可追溯到 1969 年的 Unix 传统主题。 如果对上一代人身体力行的 Unix 编程进行的思考没有教会我建设性的懒惰——坚持复用、遵循 SPOT 原则拒绝编写重复的胶合代码——我可能会匆忙编写一个 Python 分析程序。*fetchmail* 本身就可编写进 *fetchmailconf* 配置分析程序的第一个领悟就可能永远不会产生。

第二个领悟（`copy_instance` 可以是通用的）来自于 Unix 孜孜不倦地寻找避免手工编码的方法这一传统。但更特殊的是，Unix 程序员非常习惯于编写解析器规格说明来生成分析程序，用于处理类似语言的标记；这样一来，它就是个捷径，可以认为所剩工作由配置结构某种通用的树遍历就可以完成。这就需要数据驱动编程有两个独立阶段，一个构建在另外一个之上，以干净地解决设计问题。

像这样的领悟可能特别强大有效。我们刚才分析的代码大概在 90 分钟内完成，首次运行的时候就成功了，而且从那以后一直都很稳定（唯一的一次崩溃是发生真正版本不兼容时抛出了异常）。它少于 40 行，非常漂亮得简单。没有哪种通过完整构建另一个分析程序的天真方法能够产生这样的可维护性、可靠性或紧凑性。重用、简化、归纳、正交：这就是在运转的 Unix 之禅。

我们将在第 10 章分析 *fetchmail* 的运行控制语法，这是一例标准的运行控制文件的类 shell 标准元格式。在第 14 章，我们会以 *fetchmailconf* 为例，说明 Python 快速构建 GUI 的优势。

9.2 专用代码的生成

Unix 有一些强大的专用代码生成器，用于建造词法分析器（记号化器）和语法分析器等目的，我们将在第 15 章予以分析。但是还有一些简单而且轻巧得多的代码生成方式，我们无需了解任何编译理论或编写（容易出错的）程序逻辑就可以使生活更轻松。

以下几个简单的分析实例可以证明这一点：

9.2.1 实例分析：生成 *ascii* 显示的代码

如果不带参数调用，*ascii* 生成如例 9.5 所示的用法屏幕（usage screen）。

这个屏幕仔细地设计成 23 行 79 列，这样可以放进 24x80 的终端窗口。

这张表也可在运行时现场生成。做出十进制和十六进制两栏内容十分简单。但是，从表格如何分行，到何时打印 NUL 之类的助记符而不是原样照印，存在很多奇奇怪怪的边角情况，使代码明显变得别扭不舒服。此外，表格的列间隔必须是不均匀的才能适应 79 列。但任何 Unix 程序员在明白这些前，都会条件反射般地把它表示成一个数据块。

生成这个用法屏幕最原始的方法就是在 `ascii.c` 源码中把每一行都放到一个 C 初始化器中，然后代码通过初始化器写出所有行。这种方法的问题是 C 初始化器格式中中的额外数据（换行、串引号和逗号）可能会使一行超过 79 个字符，折行使得让代码的显示和输出的显示要对应起来困难重重。这反过来也会使显示难以编辑，我在对其修改以适合 24×80 的屏幕时可真是伤透了脑筋。

更加复杂的方法是使用 ANSI C 预处理器的字符串粘合行为，但也会产生类似问题。本质上，任何内嵌用法屏幕的方法显然都会陷入行首或行尾没有足够空间容纳标点的困

例 9.5 *ascii* 用法屏幕

```
Usage: ascii [-dxohv] [-t] [char-alias...]
   -t = one-line output  -d = Decimal table  -o = octal table  -x = hex table
   -h = This help screen -v = version information
Prints all aliases of an ASCII character. Args may be chars, C \-escapes,
English names, ^-escapes, ASCII mnemonics, or numerics in decimal/octal/hex.

Dec Hex    Dec Hex    Dec Hex  Dec Hex  Dec Hex  Dec Hex   Dec Hex   Dec Hex
  0 00 NUL  16 10 DLE  32 20     48 30 0  64 40 @  80 50 P   96 60 `  112 70 p
  1 01 SOH  17 11 DC1  33 21 !   49 31 1  65 41 A  81 51 Q   97 61 a  113 71 q
  2 02 STX  18 12 DC2  34 22 "   50 32 2  66 42 B  82 52 R   98 62 b  114 72 r
  3 03 ETX  19 13 DC3  35 23 #   51 33 3  67 43 C  83 53 S   99 63 c  115 73 s
  4 04 EOT  20 14 DC4  36 24 $   52 34 4  68 44 D  84 54 T  100 64 d  116 74 t
  5 05 ENQ  21 15 NAK  37 25 %   53 35 5  69 45 E  85 55 U  101 65 e  117 75 u
  6 06 ACK  22 16 SYN  38 26 &   54 36 6  70 46 F  86 56 V  102 66 f  118 76 v
  7 07 BEL  23 17 ETB  39 27 '   55 37 7  71 47 G  87 57 W  103 67 g  119 77 w
  8 08 BS   24 18 CAN  40 28 (   56 38 8  72 48 H  88 58 X  104 68 h  120 78 x
  9 09 HT   25 19 EM   41 29 )   57 39 9  73 49 I  89 59 Y  105 69 i  121 79 y
 10 0A LF   26 1A SUB  42 2A *   58 3A :  74 4A J  90 5A Z  106 6A j  122 7A z
 11 0B VT   27 1B ESC  43 2B +   59 3B ;  75 4B K  91 5B [  107 6B k  123 7B {
 12 0C FF   28 1C FS   44 2C ,   60 3C <  76 4C L  92 5C \  108 6C l  124 7C |
 13 0D CR   29 1D GS   45 2D -   61 3D =  77 4D M  93 5D ]  109 6D m  125 7D }
 14 0E SO   30 1E RS   46 2E .   62 3E >  78 4E N  94 5E ^  110 6E n  126 7E ~
 15 0F SI   31 1F US   47 2F /   63 3F ?  79 4F O  95 5F _  111 6F o  127 7F DEL
```

境[2]。而在运行时把表格从文件拷贝到屏幕上似乎是个糟糕脆弱的权宜之计；毕竟，文件有可能丢失。

以下是解决方案。发布的源码包含一个文件，这个文件包括完全同上面一致并命名为 splashscreen 的使用屏幕。C 源码包含以下函数：

```
void
showHelp(FILE *out, char *progname)
{
  fprintf(out,"Usage: %s [-dxohv] [-t] [char-alias...]\n", progname);
#include "splashscreen.h"

  exit(0);
}
```

[2] 脚本语言对这个问题的解决通常比 C 更优雅。请研究一下 shell 的 *here document* 和 Python 的三引号（字符串）构造来探个究竟。

```
And splashscreen.h is generated by a makefile production:
```

而 splashsrceen.h 由 makefile 生成：

```
splashscreen.h: splashscreen
        sed <splashscreen >splashscreen.h \
            -e 's/\\/\\\\/g' -e 's/"/\\"/' -e 's/.*/puts("&");/'
```

因此，程序编译时，splashscreen 文件自动被揉制成一系列输出函数调用，然后由 C 预处理器包含到正确的函数中。

通过从数据产生代码，我们能够使可编辑的用法屏幕和它的显示一致。这提高了透明性。而且，我们根本无需改动 C 代码就能随意修改用法屏幕，而该做的事情会在下一次编译时自动完成。下一版建构就可以自动完成正确的操作。

出于同样的原因，掌控同名字符串的初始化器也由 **makefile** 中的 *sed* 脚本产生，**makefile** 来自 *ascii* 源码中 nametable 文件。绝大多数 nametable 都只是简单地拷贝进 C 初始化器。但生成过程使这个工具很容易适应其他 8 位字符集，如 ISO-8859 系列（Latin-1 及其友集）。

这几乎是一个微不足道的例子，但是它仍然证明了即使非常简单专用的代码生成所具有的优点。类似技术可以应用到更大的程序中，相应地获得更大的好处。

9.2.2 实例分析：为列表生成 HTML 代码

假设要在网页上生成一页表格状数据，我们希望开头几行像例 9.6 一样。

例 9.6 明星列表要求的输出格式

```
Aalat        David Weber              The Armageddon Inheritance
Aelmos       Alan Dean Foster         The Man who Used the Universe
Aedryr       Steve Miller/Sharon Lee  Scout's Progress
Aergistal    Gerard Klein             The Overlords of War
Afdiar       L. Neil Smith            Tom Paine Maru
Agandar      Donald Kingsbury         Psychohistorical Crisis
Aghirnamirr  Jo Clayton               Shadowkill
```

笨重的处理方法是手工编写 HTML 表格代码以获得预期的显示效果。之后，每需要增加一个名字时，我们就得为新条目手写另外一套<tr>和<td>标签。这项工作很快就会变得异常乏味。更糟的是，要改变列表的格式需要手工修改每一条记录。

一种看上去聪明的处理方法是把这些数据做成三栏关系放在数据库中，然后使用一些流行的 CGI[3] 技术或 PHP 等具有数据库能力的模版引擎来现场生成页面。但假设我们知道列表不会经常改变，既不想仅仅为能显示这个列表而运行数据库服务器，也不想给服务器带来不必要的 CGI 流量负担，情况又会怎样？[3]

还有更好的解决方案，我们可以把数据放入类似例 9.7 的列表式平面文件格式中。

例 9.7 明星表的主表

```
Aalat        :David Weber              :The Armageddon Inheritance
Aelmos       :Alan Dean Foster          :The Man who Used the Universe
Aedryr       :Steve Miller/Sharon Lee   :Scout's Progress
Aergistal    :Gerard Klein             :The Overlords of War
Afdiar       :L. Neil Smith            :Tom Paine Maru
Agandar      :Donald Kingsbury          :Psychohistorical Crisis
Aghirnamirr  :Jo Clayton               :Shadowkill
```

我们可以使用没有冒号字段分隔符的格式，而使用两个或更多空格作为分隔的特征符，但是显式分隔符可以防止我们编辑某个字段值时键入两个空格而没有发觉。

然后我们用 shell、Perl、Python 或 Tcl 编写脚本，可以把这个文件揉制成 HTML 表格，每次增加新记录时就运行一次。旧派 Unix 的方法是以如下几乎不可读的 *sed*（1）调用为核心。

```
sed -e 's,^,<tr><td>,' -e 's,$,</td></tr>,' -e 's,:,</td><td>,g'
```

或者是下面这个也许稍微易读一点的 *awk*（1）程序：

```
awk -F: '{printf("<tr><td>%s</td><td>%s</td><td>%s</td></tr>\n", \
             $1, $2, $3)}'
```

（这两个例子很有趣，但如果对任何一个有所迷惑，请阅读 *sed*（1）或 *awk*（1）的文档。我们在第 8 章说过后者现在已经不太用了。前者仍然是重要的 Unix 工具，我们没

---

3 这里的 CGI 不是指计算机图形成像，而是指实时显示网页内容所用的公共网关接口(Common Gateway Interface)。

有仔细分析的原因是：（1）Unix 程序员已经很了解这个工具；（2）一旦非 Unix 程序员掌握了管道和重定向等基本概念，就很容易从手册中掌握相关知识）。

新学派的解决方案可能集中在以下这个 Python 代码或等价的 Perl 代码：

```
for row in map(lambda x:x.rstrip().split(':'),sys.stdin.readlines()):
    print "<tr><td>" + "</td><td>".join(row) + "</td></tr>"
```

这些脚本程序每个只花五分钟左右就可以编写和调试完成，当然比手工修改初始的 HTML 或创建及验证数据库所需要的时间短。维护这种表格加代码的方式，比起设计差劲的手工修改 HTML 方式或过度设计的数据库方式来说，要简单得多。

这种解决问题方法的深层优点在于主文件很容易用普通的文本编辑器搜索和修改。另外一个优点是我们可以通过改动生成脚本，不断尝试表格到 HTML 的不同转换方式，或者在此之前放置 *grep*（1）过滤器就可以很方便地生成报告子集。

我确实使用这种技法来维护列出 *fetchmail* 测试站点的网页。以上所举例子的数据是虚构的，原因无外乎发布真正的数据可能会泄漏帐号的用户名和口令。

与前面一个例子相比，这个例子就不是那么微不足道了。我们在这儿的设计实际上是把内容和格式分开，把生成脚本用作样式表（这也是另外一种机制和策略的分离）。

所有这些例子的借鉴之处都是一样的：尽可能少干活；让数据塑造代码；依靠工具；把机制从策略中分离。专家级 Unix 程序员要学会迅速自动地看出这些可能性。建设性的懒惰是大师级程序员的基本美德之一。

10

配置：迈出正确的第一步

Configuration: Starting on the Right Foot

Let us watch well our beginnings, and results will manage themselves.

积跬步，致千里。

—Alexander Clark

Unix 的程序和周边环境交流的方式多种多样。可以很方便地把这些方式分成（a）启动环境查询和（b）交互通道。本章我们主要讨论启动环境查询。下一章将讨论交互通道。

10.1 什么应是可配置的

在具体讨论不同种类的程序配置之前，我们先问一个高层面问题：什么应是可配置的？

无畏的 Unix 回答是“一切”。我们在第 1 章讨论的分离原则鼓励 Unix 程序员：只要可能，就建立机制而把策略决定权交给用户。这种方式产生的程序往往功能强大，专家用户用起来会非常顺手；但它所产生的接口往往选项过多，并且配置文件像杂草一样疯长，从而彻底打击了新手和一般用户。

Unix 程序员并不打算修改这种为同行和最老练用户设计的倾向（我们将在第 20 章讨论这样的改变是否真的值得）。所以，也许把问题反过来，问问“什么**不**应该可配置？”更加有用。Unix 实践的确在这方面提供了一些指导。

首先，对于能够可靠地进行自动检测的东西，就不要提供配置开关。这是个常犯的错误。相反，尽量用自动检测来减少配置开关的数量，或者在运行时不断尝试其它方法直到成功。如果觉得这个方法不够优雅或太昂贵，问问自己是不是掉进了过早优化的陷阱。

> 我所经历的最好的自动检测例子之一，发生在 Dennis Ritchie 和我把 Unix 移植到 Interdata 8/32 时。这是一台高位优先的机器，我们必须在 PDP-11 上为这台机器生成数据，写入磁带，然后在 Interdata 上载入这个磁带。普遍的一个错误是忘记转换字节顺序；一旦出现校验和错误我们就必须卸载，然后重新装配在 PDP—11 机器上、重新生成数据、卸载然后再重装。后来，有一天，Dennis 修改了 Interdata 读取磁带的程序，这样，一旦它收到一个校验和错误，就倒带、启用“字节交换”并重新读取。第二次遇到校验和错误时停止装载，但是 99%的情况下它都正好能读取磁带并正确完成任务。生产率迅速上升，从那时起我们几乎忽略了磁带字节顺序的问题。
>
> —Steve Johnson

一个很好的经验法则是：提高适应能力，除非这样做会产生超过 0.7 秒的延迟。0.7 秒是一个魔数，因为，正如 Jef Raskin 设计 Canon Cat 计算机时的发现，人们几乎觉察不到少于 0.7 秒的启动延时；人们还没有来得及转移注意力，它就消失了。

其次，用户不应该看到优化开关。让程序经济运行是**设计者**的任务，不是用户的任务。与提高界面复杂度成本相比，让用户从优化开关来获取的那点儿性能收益，换来界面复杂度的提升，往往得不偿失。

> Unix 幸运地避开了文件格式的废料（记录长度、块因子等），但是同样性质的东西在过度配置中又叫嚣着回来了。KISS 原则变成了 MICAHI 原则：make it complicated and hide it(搞复杂后藏起来)。
>
> —Doug McIlroy

最后，能用脚本包装器或简单管道实现的任务，就不要用配置开关实现。能简单利用其它程序来完成的任务，就不要增加本程序的复杂度。（回想一下我们在第 7 章有关 *ls*（1）为什么不内建一个分页程序或是增加一个调用选项的讨论）。

无论何时想增加配置选项，请考虑以下这些较普遍的问题：

- 能省掉这个功能吗？为什么在加厚手册之外还要加重用户负担？
- 能否用某种无伤大雅的方式改变程序的常规行为从而无需这个选项？
- 这个选项是否花哨没用？是否应该少考虑用户界面的可配置性而多考虑正确性？
- 这个选项附加的行为是否应该用一个独立的程序来代替？

增加不必要的选项会产生诸多不良后果。其中最不易察觉但最严重的后果是对测试覆盖率的影响。

> 除非做得非常仔细，否则增加一个开/关配置选项就会使测试量加倍。既然在实践中从来没有人完成双倍测试量，那么实际影响就是减少了特定配置获得的测试量。增加十个选项会产生 1024 倍测试量，所以不要多久就要讨论可靠性问题了。
>
> —Steve Johnson

10.2 配置在哪里

传统上，一个 Unix 程序可以在启动环境的五个地方寻找控制信息：

- `/etc` 下的运行控制文件（或者系统中其它固有位置）。
- 由系统设置的环境变量。
- 用户主目录中的运行控制文件（或“点文件”）。（如果不熟悉，请参考第 3 章对这个重要概念的讨论。）
- 由用户设置的环境变量。
- 启动程序的命令行所传递的开关和参数。

查询通常按以上所列的顺序进行。这样，后面（较局部）的设置会覆盖前面（较全局）的设置。前面找到的设置可以帮助程序计算出配置数据的后续检索位置。

当考虑使用何种机制向程序传递配置数据时，要牢记：好的 Unix 实践要求使用同参数选项预期寿命最匹配的机制。因此，对调用时可能发生变化的选项，使用命令行开关。对改动很少但确实应该由各个用户控制的选项，使用用户主目录的运行控制文件。对需要由系统管理员设置而不是由用户改变的整个系统级选项数据，使用整个系统里的运行控制文件。

我们会逐一详细讨论以上设置所在，然后再分析一些实例。

10.3 运行控制文件

运行控制文件存放与程序相关的声明或命令，在程序启动时解析。如果所有用户都在一处共享程序的系统级配置，则通常在/etc 目录下有一个运行控制文件。（有些 Unix 用/etc/conf 子目录来集中存放此类数据。）

用户专有的配置信息通常存放在用户主目录下一个隐藏的运行控制文件中。此类文件通常叫做“点文件”，这是因为它们利用了 Unix 目录列表工具通常不显示点开头文件名的约定。[1]

程序也可以拥有运行控制目录或点目录。每个目录包含了数个与程序相关的配置文件，但最好还是将这些配置文件分别对待（也许是因为它们与程序不同的子系统相关，或者是语法各有不同）。

文件或者目录约定俗成的命名方式是：运行控制文件信息的位置和与读取该信息的可执行文件的基本文件名一致。某些系统程序中仍然通行较老的约定：使用可执行文件名后加“rc”后缀代表“运行控制”[2]。这样，如果编写一个既有系统级配置又有用户级配置，名为“seekstuff”的程序，有经验的 Unix 用户就会试图在/etc/seekstuff 找到前者，在用户主目录下的.seekstuff 找到后者；当然，如果此两者位于

---

1 要显示点文件，使用 *ls*（1）的-a 选项。

2 “rc”后缀可追溯到 Unix 的祖父 CTSS。CTSS 有一个叫做“runcom”的命令脚本功能。早期的 Unix 使用“rc”作为操作系统引导脚本名字，以此纪念 CTSS 的 runcom。

/etc/seekstuffrc 和 .seekstuffrc 也并不稀奇，特别是当 seekstuff 是一个系统实用程序时。

我们在第 5 章描述了稍有区别的一套针对文本化数据文件格式的设计准则，并讨论了如何根据互用性、透明性和处理经济性进行不同的取舍以臻最优。运行控制文件通常只在程序启动时读取一次而且不需要写入；因此经济性通常不是主要考虑的问题。互用性和透明性两者都要求我们采用文本格式设计，以便能够让人阅读并且可以用常规的文本编辑器修改。

尽管运行控制文件的语意是完全独立于程序的，但是人们仍然广泛遵循一些有关运行控制语法的设计规定。我们会在下文说明；但首先我们要描述一个非常重要的例外。

如果程序是某种语言的解释器，那么人们就期望运行控制文件只是以该语言语法写成的并在启动时执行的命令文件。这是一条重要原则，因为 Unix 传统强烈提倡各种类型的程序都作为专门语言和微型语言来设计。此种类型文件的著名例子包括各种 Unix 命令的 shell 和 Emacs 可编程编辑器。

（采用这条设计原则的理由之一是对“特殊情况是坏消息”的坚信——这样，任何改变语言行为的转换开关都应该从语言内部进行设置。如果作为语言的设计者发现不能用语言本身表达所有的启动设置，Unix 程序员就会认定存在设计问题——应该修改，而不是设计一个特殊的运行控制语法）。

抛开这种例外，这里给出针对运行控制语法的一些通用的风格规定。从历史角度来看，它们都效法 Unix shell 的语法：

1. **支持说明性注释，并以“#”开始**。语法也应该忽略“#”前的空白符，这样注释和配置命令才可以写在同一行。

2. **不要区别隐匿的空白符**。也就是说，在语法上把一连串的空格和制表符都视为一个单独的空格。如果命令格式面向行，忽略跨行的空格和制表符就是一个很好的做法。总的规则就是，文件的解释不应该被人眼不能分辨的区别所干扰。

3. **把多个空行和注释行视为单个空行**。如果输入格式使用空行作为记录的分隔符，可能必须确保注释行不会结束当前记录。

4. **词法上把文件视作简单的用空白分隔的标记序列，或多行标记**。复杂的词法规则不仅难以学习、记忆而且难以分析。应该避免如此。

5. 但是，支持以字符串语法对待内嵌空白符的标记。使用单引号或是双引号作为对称的分隔符。如果两者都支持，如果它们语意不同(如在 shell 中)，务必留心；众所周知，这是混淆之源。

6. **支持反斜杠语法以在字符串中嵌入不可打印字符和特殊字符**。标准做法是 C 编译器支持的反斜杠转义语法。这样一来，举例来说，如果字符串“`a\tb`”不被解析成字符“a”接制表符再接字符“b”，就很别扭了。

另一方面，shell 语法的某些部分不应该被运行控制语法所效仿——至少没有充分、具体的理由，就不能这样做。shell 中怪异复杂的引用和括号规定，以及通配符和变量替换的特殊元字符均在此列。

要重申这些约定的关键是，对于用户从未见过的程序，要减少阅读和编辑运行控制文件所必须应对的新鲜事物。因此，如果必须打破这些约定，首先确切地告知你已经这么做了，特别留心地做好语法文档，然后（最重要的是）设计语法，人们可以通过例子很容易地掌握语法。

这些标准风格规定仅仅描述了记号化(tokenizing)和注释的约定。运行控制文件的命名、高级语法和语法的语义解释通常和应用程序有关。当然，也存在少数几个例外；其中之一就是点文件，从点文件通常都包含一整类应用程序使用的信息这个意义上讲，点文件已经变得“众所周知”了。用这种方式共享运行控制格式文件减少了用户必须应付的新鲜事物量。

其中可能最好的应用就是`.netrc` 文件。如果`.netrc` 文件存在的话，必须为用户记录主机/口令（host/password）对的互联网客户端程序通常就可以从中获得该信息。

10.3.1 实例分析：`.netrc` 文件

在实际使用的各种标准规定中，`.netrc` 文件是一个很好的例子。使用变化口令保护无辜者，见例 10.1。

例 10.1 .netrc 例子

```
# FTP access to my Web host
machine unix1.netaxs.com
        login esr
        password joesatriani

# My main mailserver at Netaxs
machine imap.netaxs.com
        login esr
        password jeffbeck

# Auxiliary IMAP maildrop at CCIL
machine imap.ccil.org
    login esr
    password marcbonilla

# Auxiliary POP maildrop at CCIL
machine pop3.ccil.org
    login esr
    password ericjohnson

# Shell account at CCIL
machine locke.ccil.org
    login esr
    password stevemorse
```

注意，即使此前从未见过这份文件的用户也能够读懂这个格式。它是一组主机/登录/口令的三元组，每个三元组都描述了远程主机上的一个帐户。这种透明性非常重要——事实上比快速解析的时间经济性或更紧凑、更秘密文件格式的空间经济性重要得多。无需阅读手册，只需使用惯常的老式编辑器就能够阅读和修改，它节约了极具价值资源：人的时间。

同时注意，这个格式用于为多个服务提供信息——这是个优势，因为它意味着敏感的口令信息只需存储在一个地方。.netrc 文件是为最初 Unix 的 FTP 客户端程序设计的。所有的 FTP 客户端都使用它，能理解它的还有部分 telnet 客户端、*smbclient*（1）命令行工具和 *fetchmail* 程序。如果正在编写一个必须通过远程登录进行口令验证的互联网客户端，最小立异原则就要求默认使用 .netrc 的内容。

10.3.2 到其它操作系统的可移植性

系统范围的运行控制文件是一种设计策略，几乎可用于任何操作系统，但是点文件却很难映射到非 Unix 环境中。大多数非 Unix 操作系统所缺少的关键内容是真正的多用户能力和用户级主目录这些概念。举例来说，DOS 和 Windows ME 以下的版本（包括 Windows 95 和 Windows 98）都完全没有这种概念；所有的配置信息都必须存放在固定位置的系统级运行控制文件，即 Windows 注册表中，或存放在和程序运行目录一致的配置文件中。Windows NT 已经有了一些用户级主目录的概念（这概念也带入了 Windows 2000 和 Windows XP），但是没有很好地得到系统工具的支持。

10.4 环境变量

当 Unix 程序启动时，它可访问的环境包括一组名字和值的关联（名字和值都是字符串）。有些由用户手动设置，有些由系统在登录时设置，或由 shell 和终端仿真器（如果正在运行一个终端仿真器的话）设置。在 Unix 下，环境变量往往携带文件搜索路径、系统默认值、当前用户 ID 和进程号等信息，以及其它有关程序运行时环境的关键信息。在 shell 提示符下，键入“`set`”后回车将列出所有当前定义的 shell 变量。

在 C 和 C++中，这些值都可以由库函数 *getenv*（3）查询。Perl 和 Python 在启动时会初始化环境变量字典对象。其它语言通常都采用以上两种方式之一。

10.4.1 系统环境变量

有些环境变量众所周知，可以期望在程序从 Unix shell 下启动时就能够找到定义。这些环境变量（特别是 `HOME`）经常需要在读取本地点文件前就已被赋值。

USER

当前对话登录的帐号名（BSD 约定）。

LOGNAME

当前对话登录的帐号名（System V 约定）。

HOME

用户运行当前对话的主目录。

COLUMNS

控制终端和终端仿真器窗口以字符为单元的列数。

LINES

控制终端和终端仿真器窗口的以字符为单元的行数。

SHELL

用户命令 shell 的名字（通常由 shellout 命令使用）。

PATH

shell 寻找匹配名字的可执行命令时搜索的目录列表。

TERM

对话控制台或终端仿真器窗口的终端类型名称（背景知识参阅第 6 章 terminfo 的实例分析）。TERM 之所以特别，是因为通过网络创建远程对话的程序（如 *telnet* 和 *ssh*）期望能够经过它，并在远程对话中进行设置。

（以上所列只是代表性的环境变量，难免挂一漏万。）

HOME 变量特别重要，是因为许多程序用它来寻找调用者用户的点文件（其它程序调用 C 运行库的一些函数来获取调用用户的主目录）。

注意，当程序用 shell 生成以外的方法启动时，这些系统环境变量的一部分或全部都**还未**设置。特别是监听 TCP/IP 套接字的守护进程，这些变量通常都未设置——即使设置了，那些值也常常无意义。

最后，注意，当一个环境变量必须包含多个值域，尤其是值域可作为某种搜索路径解释时，使用冒号作为分隔符（以 PATH 变量为证）是个传统。注意，一些 shell（特别是 bash 和 ksh）**总是**把环境变量中冒号分隔的字段解释为文件名，这就特别意味着这些 shell 把字段中的~扩展成用户主目录。

10.4.2 用户环境变量

尽管应用程序可以在系统定义的范围外自由解释环境变量，但是这样做在今天实际上已颇为少见。环境变量值并不真正适合把结构化信息传递到程序中（虽然原则上可通过解析变量值达到目的）。相反，现代的 Unix 应用程序倾向于使用运行控制文件和点文件。

然而，在一些设计模式中，用户定义环境变量仍有用武之地：

必须由大量不同程序共享、独立于应用程序的优先选项。这套“标准”集的变化非常缓慢，因为很多不同的程序在这些选项真正有用之前都必须逐个进行识别[3]。以下是一些标准变量：

EDITOR

用户首选的编辑器名称（通常由 shellout 命令使用）。[4]

MAILER

用户首选的邮件用户代理的名称（通常由 shellout 命令使用）。

PAGER

用户浏览纯文本的首选程序名称。

BROWSER

用户浏览网页 URL 的首选程序名称。直到 2003 年，这个变量还很新，没有得到广泛的实现。

10.4.3 何时使用环境变量

用户和系统环境变量的共同点是，在必须复制大量应用程序运行控制文件所包含的信息时特别麻烦，而且尤其令人讨厌的是，只要优先选项改变就必须到处去改变信息。

[3] 没有人知道真正优雅的方法来表示这类分散的优先设置的选项数据；环境变量可能并不是最优解，但所有已知解都有同样棘手的问题。

[4] 事实上，大多数 Unix 程序首先检查环境变量 VISUAL，只有在这个值没有设置时才参考 EDITOR。这是人们可以选择面向行或可视化编辑器那个时代的历史遗留痕迹。

通常，用户在其 shell 对话启动文件里设置这些变量。

变量值根据共享点文件或父进程需要向多个子进程传递信息的上下文环境的不同而变化。有些启动信息希望能根据调用用户共享运行控制文件和点文件的不同上下文环境而不同。举一个系统级的例子来说，考虑一下通过 X 桌面终端仿真器窗口而开启的几个 shell 对话。它们都会查询同样的点文件，但可能有不同的 COLUMNS、LINES 和 TERM 变量值。（旧派的 shell 编程广泛使用这个方法；makefile 至今仍然使用这种机制。）

变量值随点文件不同而频繁改变，但每次启动都不变化。一个用户定义的环境变量可能（举例来讲）会用于传递文件系统或 Internet 位置，以作为程序将操作的文件树的根节点。例如，CVS 版本控制系统就是这样解析 CVSROOT 的。又如，从使用 NNTP 协议的服务器中获取新闻的阅读客户端程序把 NNTPSERVER 环境变量解释为待查询的服务器位置。

进程唯一的覆盖必须以不要求改变命令行调用的方式来表述。不管出于何种理由，如果不便于改动应用程序的点文件或提供命令行选项（也许希望这个应用程序正常地在 shell 包装器或 makefile 中使用），在这种情形下，用户定义的环境变量可能非常有用。这类使用特别重要的应用环境是调试。例如，在 Linux 下，使用变量与 *ld*（1）链接加载器关联的 LD_LIBRARY_PATH 可以改变库加载的位置——也许为了挑选能进行缓冲区溢出检查或性能评定(profiling)的版本。

总的来说，当变量值经常改变，以至于每次编辑点文件很不方便，但又未必每次都会改变（如果这样的话，总是用命令行选项设置位置也不方便），则用户定义的环境变量是一种有效的设计方案。此类变量通常在本地的点文件之后求值，并允许覆盖已有的设置。

还有一个传统的 Unix 设计模式，我们并不建议在新程序使用。有时，用户设置的环境变量可以作为在运行控制文件中表达程序优先选项的轻量级替代方案。例如，历史悠久的 *nethack*（1）地下城探险游戏就读取 NETHACKOPTIONS 环境变量作为用户优先权。这是一个老式技巧；现代的实践通常偏向去解析.nethack 或.nethackrc 控制文件。

这种老式风格的问题在于，同知道程序在用户主目录下有一个运行控制文件相比，以这种方式来追踪优先选项信息存放的地方更加困难。环境变量可以设置在数个不同 shell 运行控制文件中的任一位置——Linux 中可能至少包括.profile、bash_profile

和.bashrc。这些文件杂乱不堪，而且很不稳定，因此，随着拥有选项解析器的代码开销越来越少，选项信息往往从环境变量中挪出到点文件中。

10.4.4　到其它操作系统的可移植性

环境变量在 Unix 之外的可移植性非常有限。Microsoft 操作系统有一个以 Unix 为模型的环境变量特性，并且和 Unix 一样使用 PATH 变量设置二进制文件查找路径，但不支持 Unix shell 程序员认为理所当然应有的大多数其它类型的变量（如进程 ID 或当前工作路径）。其它操作系统（包括传统的 MacOS）通常都没有环境变量的对应物。

10.5　命令行选项

Unix 传统提倡使用命令行开关来控制程序，这样选项可由脚本指定。这对作为管道或过滤器的程序尤其重要。有三种约定可以区分命令行选项和普通的参数；原始的 Unix 风格、GNU 风格和 X toolkit 风格。

在原始的 Unix 传统中，命令行选项是以连字符“-”开头的单个字符。后面不带参数的模式标志选项可以组合在一起使用；例如，如果-a 和-b 是模式选项，-ab 或-ba 都正确而且启用了两个选项。如果选项有参数的话，这些参数紧接着选项后面（是否以空白分隔可选）。这种风格的选项偏爱小写字符而不是大写字符。如果使用大写字符，把它们作为小写字符的选项的特殊变种是一种很好的做法。

原始的 Unix 风格从速度缓慢、以精练为美的 ASR-33 电传打字机上发展起来；所以形成了这样的单字符选项。按住“shift”键也需要额外的精力，所以优先选择了小写字符和“-”（而不是可能更合逻辑的“+”号）来启用选项。

GNU 风格使用前面有两个连字符的选项关键字（而不是关键字母）。这是在一些相当复杂的 GNU 程序用完单字母选项后的几年内发展起来的(这只是一种治标不治本的方法）。这种风格仍然非常流行，是因为 GNU 选项比老式的字母滥觞（alphabet soup）更容易理解。GNU 风格的选项不用空白分隔就不能组合使用。选项参数（如果有的话）既可以用空白分隔也可以用单个“=”（等号）来分隔。

之所以GNU选择双连字符选项引导符，是因为传统的单字母选项和GNU风格的关键字选项可以在同一命令行内混和使用而不会混淆。这样，如果原始设计的选项不多而且很简单，就可以使用Unix风格，而不用担心以后必须转移到GNU风格时产生进退维谷的矛盾局面（flag day）。另一方面，如果使用GUN风格，良好实践是，至少对最常用的选项添加单字母等效选项。

令人困惑的是，X toolkit风格使用了单连字符和关键字选项并由X toolkit进行解析。它首先过滤并处理某些选项（如`-geometry`和`-display`）然后再把过滤后的命令行传递给应用程序逻辑进行解析。这种风格既不能和古典的Unix风格又不能和GNU风格很好地兼容，所以不应该在新程序中使用，除非遵循老式的X约定看起来价值很高。

许多工具都接受一个不带任何选项字母的单个连字符，作为伪文件名，指示应用程序从标准输入中读取数据。也习惯上把双连字符视为单连字符，作为停止解析选项的标志，并把后面的参数都按照字面意义处理。

大多数Unix编程语言都提供命令行程序库，以解析古典的Unix风格或GNU风格（也解析双连字符约定）。

10.5.1 从-a到-z的命令行选项

随着时间的推移，在一些众所周知的Unix程序中频繁使用的选项已经建立了一种松散的语义标准，以其期望含义。以下列出一些选项及其含义，一个经验丰富的Unix用户决不会对此感到惊讶：

-a

所有项(all)（不带参数）。如果是GNU风格，则为`--all`选项，如果`-a`选项不是`--all`选项的一个同名项的话，真的很出乎意外。示例：*fuser*（1）和*fetchmail*（1）。

添加(append)，同在*tar*（1）中一样。这个命令选项和表示删除的`-d`选项是一对儿。

-b

缓冲区(buffer)大小或块(block)大小（带参数）。设置一个临界缓冲区大小，或（在和存档或处理存储介质有关的程序中）设置块大小。示例：*du*（1）、*df*（1）和*tar*（1）。

批处理(batch)。如果程序是自然交互的，`-b`选项可用于禁用提示或设置有其它适当选项来接受文件的输入而不是操作员的操作。示例：*flex*（1）。

-c

命令（带参数）。如果程序是一个通常从标准输入接收命令的解析器，那么程序期望-c 参数选项会作为单行输入传递给该程序。这个约定在 shell 和类似 shell 的解析器中特别强烈。示例：*sh*（1）、*ash*（1）、*bsh*（1）、*ksh*（1）和 *python*（1）。比较以下的-e 选项。

检查(check)（不带参数）。检查命令的文件参数是否正确，但并不真正执行正常的过程。命令文件的解释程序频繁用此作为语法检查选项。示例：*getty*（1）和 *perl*（1）。

-d

调试(debug)（带或不带参数）。设置调试信息级别。这个用法非常普遍。

-d 偶尔具有“删除(delete)”或“目录(directory)”的含义。

-D

定义(define)（带参数）。在解释器、编译器或（特别是）类似宏处理器的应用程序中给某个符号赋值。C 编译器的宏预处理器对-D 的用法就是如此。这和大多数 Unix 程序员的关系都很密切；不要违反。

-e

执行(execute)（带参数）。包装器程序或可作为包装器使用的程序通常允许-e 对其交付给控制权的程序进行设置。示例：*xterm*（1）和 *perl*（1）。

编辑(edit)。能以只读模式或编辑模式打开某项资源的程序通常用-e 规定以编辑模式打开资源。示例：*crontab*（1）和 SCCS 版本控制系统的 *get*（1）实用程序。

-e 偶尔具有“排除(exclude)”或“表达(expression)”的含义。

-f

文件(file)（带参数）。经常带参数使用，为需要随机访问输入或输出的程序（所以仅通过<或>重定向还不够）指定输入文件（或者输出文件，但这种使用不太多）。经典的例子是 *tar*（1）；其它例子也非常多。这个选项也用于表明通常从命令行获取的参数值应该从文件中获取；经典的例子可参见 *awk*（1）和 *egrep*（1）。比较后面的-o 选项；-f 选项是和-o 选项相对的表示输入的选项。

强制(force)（典型情况下不带参数）。强制执行通常在某种条件下施行的操作（如文件锁定和解锁）。这种用法不常见。

守护进程结合这两种方法使用`-f`选项，强制处理(force)非默认位置的配置文件(file)。示例：*ssh*（1）、*httpd*（1）和很多其它守护程序。

-h

表头(header)（通常不带参数）。启用、禁止或修改程序生成报表的表头。示例：*pr*（1）和*ps*（1）。

帮助(help)。实际上，这没有人们想当然的那样普遍——因为在 Unix 早期历史的大部分时期，开发者往往把在线帮助视为他们无法承受的存储开销。相反，他们编写了手册页（这形成了我们将在第 18 章讨论的手册页风格）。

-i

初始化(initialize)（通常不带参数）。把和程序关联的关键资源或数据库设置成初值或空值。示例：RCS 中的*ci*（1）。

交互(interactive)（通常不带参数）。强制那些通常不查询确认的程序查询确认。有几个经典的例子（*rm*（1）和*mv*（1）），但这种用法并不普遍。

-I

包含(include)（带参数）。在应用程序将要搜索的资源中增加一个文件或目录名。这个含义在所有要包含其它文件的 Unix 语言编译器中都适用。如果这个选项字母用于其它方式，会让人感到极其意外。

-k

保留(keep)（不带参数）。禁止某个文件、信息或资源的常规删除操作。参见：*passwd*（1）、*bzip*（1）和*fetchmail*（1）。

`-k`选项偶尔具有“杀死(kill)”的含义。

-l

列表(list)（不带参数）。如果程序是某种目录或档案格式的归档器或解释/播放程序，那么`-l`除要求列举项目之外的任何用法都相当突兀。示例：*arc*（1）、*binhex*（1）和 nzip（1）。（但*tar*（1）和*cpio*（1）例外）。

在已经是报表生成器的程序中，`-l`几乎始终表示“长(long)”，以启用某种长格式来显示比默认模式更多的细节。如：*ls*（1）和*ps*（1）。

加载(load)（带参数）。如果程序是一个链接器或某种语言解析器，`-l`在某种意义上始终表示加载一个程序库。参见：*gcc*（1）、*f77*（1）和*emacs*（1）。

登录(login)。在 *rlogin*（1）和 *ssh*（1）之类要求网络身份的程序中，`-l` 表示执行方式。

`-l` 偶尔具有“长度(length)”或“锁定(lock)”的含义。

-m

消息(message)（带参数）。带参数使用的`-m` 选项用于日志记录或通告，其参数是消息字符串。参见：*ci*（1）和 *cvs*（1）。

`-m` 选项偶尔具有“邮件(mail)”、“模式(mode)”或“修改时间(modification-time)”的含义。

-n

数字(number)（带参数）。例如，在 *head*（1）、*tail*（1）、*nroff*（1）和 *troff*（1）程序中使用作页码范围。通常显示 DNS 名字的某些网络工具用`-n` 以显示原始 IP 地址。*ifconfig*（1）和 *tcpdump*（1）是原型实例。

否(not)（不带参数）。用于禁用 *make*（1）等程序的通常行为。

-o

输出(output)（带参数）。当程序要求根据命令行的名字指定输出文件名或设备名时，可以交给`-o` 选项来完成。示例：*as*（1）、*cc*（1）和 *sort*（1）。在带有类似编译器接口的程序中，看到这个选项用于其它用途都将让人极其意外。支持`-o` 选项的程序（如 gcc）逻辑是允许把`-o` 选项放在常规参数的前面或后面进行识别。

-p

端口(port)（带参数）。特别用于要求指定 TCP/IP 端口号的选项。示例：*cvs*（1）、*PostgreSQL* 工具、*smbclient*（1）、*snmpd*（1）和 *ssh*（1）。

协议(protocol)（带参数）。示例：*fetchmail*（1）和 *snmpnetstat*（1）。

-q

安静 (quite)（通常不带参数）。禁止正常的结果输出或诊断输出。这种用法相当普遍。示例：*ci*（1）、*co*（1）和 *make*（1）。也参见`-s` 选项的“缄默”选项。

-r (also **-R**)（也为**-R**）

递归(recurse)（不带参数）。如果一个程序作用于目录，那么这个选项可告诉程序递归进所有子目录。在对目录作用的程序中这个选项具有其它用法非常让人意外。经典的

例子当然是 *cp*（1)了。

反向(reverse)（不带参数）。示例：*ls*（1）和 *sort*（1）。过滤器可用这个选项反向进行其正常的转换行为（比较-d 选项）。

-s

缄默(silent)（不带参数）。禁用正常的诊断输出或结果输出（和-q 选项类似；如果两者都支持，-q 表示“安静”而-s 表示“绝对缄默”）。示例：*csplit*（1）、*ex*（1）和 *fetchmail*（1）。

主题(subject)（带参数）。这种用法始终用于发送或处理邮件或新闻消息的命令中。因为发送邮件的程序期望这个选项，所以支持这种用法特别重要。示例：*mail*（1）、*elm*（1）和 *mutt*（1）。

-s 偶尔具有“大小(size)”的含义。

-t

标记(tag)（带参数）。命名一个位置或指定一个字符串供程序作为检索关键字使用。在文本编辑器和浏览器中应用尤多。示例：*cvs*（1）,、*ex*（1）、*less*（1）和 *vi*（1）。

-u

用户(user)（带参数）。根据名称或数字 UID 来指定用户。示例：*crontab*（1）、*emacs*（1）、*fetchmail*（1）、*fuser*（1）和 *ps*（1）。

-v

冗长(verbose)（带或不带参数）。用于启用事务监控性质的、更冗长的列表或调试输出。示例：*cat*（1）、*cp*（1）、*flex*（1）、*tar*（1）和很多其它程序。

版本(version)（不带参数）。在标准输出上显示程序版本并退出。示例：*cvs*（1）、*chattr*（1）、*patch*（1）和 *uucp*（1）。更常见的是由-V 调用。

-V

版本(version)（不带参数）。在标准输出上显示程序版本并退出（通常也打印编译的配置细节）。示例：*gcc*（1）、*flex*（1）、*hostname*（1）和很多其它程序。把这个选项挪做它用特别突兀。

-w

宽度(width)（带参数）。特别用于指定输出格式的宽度。示例：*faces*（1）、*grops*（1）、*od*（1）、*pr*（1）和 *shar*（1）。

警告(warning)（不带参数）。启用或禁用警告诊断。示例：*fetchmail*（1）、*flex*（1）和 *nsgmls*（1）。

-x

启用调试（带或不带参数）。同-d 选项类似。示例：*sh*（1）和 *uucp*（1）。

提取(extract)（带参数）。列出从存储器或工作集待提取的文件清单。示例：*tar*（1）和 *zip*（1）。

-y

是(yes)（不带参数）。批准启用对程序通常要求确认的潜在破坏性行为。示例：*fsck*（1）和 *rz*（1）。

-z

启用压缩（不带参数）。存档和备份程序经常使用这个选项。示例：*bzip*（1）、GNU *tar*（1）、*zcat*（1）、*zip*（1）和 *cvs*（1）。

以上例子都来自 Linux 工具包，但在绝大多数的现代 Unix 下也应该适用。

当为程序选择命令行选项字母时，可参阅类似工具的手册页。对于和手册页中类似的功能，尽量使用一致的选项字母。注意一些特殊的应用领域，这些应用领域对命令行开关具有特别严格的约定，违反这些约定非常冒险——编译器、邮件程序、文本过滤器、网络程序和 X 软件都是值得注意的。例如，编写邮件代理程序的人如果不把`-s` 用作标题选项，肯定会因为这个选择而遭到轻视。

GNU 工程在 GNU 编码标准中建议为一些双划线选项选用常规含义。[5]它也列出了一些尽管还没成为标准但已在许多 GNU 程序中使用的长选项。如果使用 GNU 风格的选项，并且有些需要的选项具有和标准中所列的相类似的功能，就应尽一切办法遵循最小立异原则并复用这些名称。

10.5.2 到其它操作系统的可移植性

要有命令行选项，首先必须有命令行。MS-DOS 系列当然也有命令行，尽管在 Windows 中命令行隐藏在 GUI 下，而且也不提倡使用；选项字符通常用“/”而不是“-”当然这只是一个细节。传统的 MacOS 和其它纯 GUI 环境没有和命令行选项密切对应的概念。

10.6 如何挑选方法

我们依次分析了系统和用户运行控制文件、环境变量和命令行参数。注意从最不易改变到最易改变的顺序过程。表现良好的 Unix 程序如果不只使用一种设置方式，就应该

5 参考 GNU 编码标准<`http://www.gnu.org/prep/standards.html`>。

按照指定的顺序来考虑，允许后面的设置覆盖前面的设置，这是 Unix 中非常严格的约定（存在几个特殊的例外，如指定在什么地方找到点文件的命令行选项）。

特别是，环境变量设置通常覆盖点文件设置，但又可能被命令行选项所覆盖。良好的实践是提供如同 *make(1)*中的`-e` 命令行选项，从而可以覆盖掉环境变量的设置或运行控制文件中的声明；这样，无论运行控制文件看起来怎样，环境变量如何设置，程序都可用脚本控制，从而让行为符合预期。

考虑使用哪种方法依赖于程序在调用间隙需要保持多少持久的配置状态。设计那些主要用于批处理模式的程序（如管道线中的生成器或过滤器），通常完全由命令行选项来设置。这种模式的良好范例包括 *ls*（1）、*grep*（1）和 *sort*（1）。在另一个极端，有着复杂交互行为的大程序可能完全依赖于运行控制文件和环境变量，常规使用就只涉及很少的命令行选项或根本就不需要命令行选项。大多数 X window 管理器就是这种模式的好例子。

（Unix 有能力让同一个文件具有多个名称或“链接”。启动时，每个程序都能获悉是通过哪个文件名调用的。所以，另一个向具有多操作模式的程序通知应该以何种面貌出现的方法，是给每个模式创建一个链接，让程序根据从哪个链接进行调用，来相应改变自身行为。但通常认为这种技术不够清爽，因此很少使用。）

让我们看一看从上述三个地方收集配置信息的两个程序。这对于弄明白为什么以此种方式收集给定配置信息是非常有意义的。

10.6.1 实例分析：*fetchmail*

fetchmail 程序仅使用 `USER` 和 `HOME` 两个环境变量。这些变量由系统在预定义设置中初始化；许多程序都使用这两个变量。

`HOME` 值通常用于查找`.fetchmailrc` 点文件，该文件包含的描述配置信息语法相当复杂，遵循以前描述的类似 shell 的词法规定。这是恰当的做法，因为一旦设置好，fetchmail 的配置就很少改变了。

fetchmail 没有专用的`/etc/fetchmailrc` 或其它系统级文件。通常此类文件包含并非针对个体用户的配置信息。fetchmail 确实使用在这个范围内一个很小的属性集——特别是本地邮件管理员名称和几个描述本地邮件传输设置（如本地 SMTP 监听程序的端口号）的变量值。然而，在实践中，这些编译进来的默认值很少改变。当发生变化时，它们往往以用户专用的方式进行修改。因此就没有必要存在一个系统级的 fetchmail 运行控制文件。

fetchmail 可以从.netrc 文件检索主机/登录/口令（host/login/password）三元组。这样，它以一种最小立异的方式获得验证者信息。

fetchmail 具有一个精心设计的命令行选项集，但重复了大部分(但不是全部).fetchmailrc 所能够表达的内容。这个选项集本来并不大，但随着时间推移，新功能不断增加到.fetchmailrc 微语言中，从而自觉或不自觉地增加相应的命令行选项，使得这个选项集越变越大。

支持所有这些选项的目的是，通过让用户从命令行覆盖运行控制文件的设置使 fetchmail 更容易脚本化。但结果是，除了少数选项，如--fetchall 和--verbose 外，对此（脚本化）的需求非常低——而且没有人会对满足于现场创建临时运行控制文件并用-f 选项反馈给 fetchmail 的 shellscript。

这样，大多数命令行选项从未用到，而回顾过去，包括这些选项很可能就是个错误；他们膨胀了 fetchmail 的代码却没有完成什么有用的任务。

> 如果代码膨胀是唯一的问题，那么除了几个维护者之外，没有人会在意。但是，选项过多提高了代码错误的几率，尤其当那些很少使用的选项发生无法预料的交互作用时。更糟的是，他们使手册变得非常臃肿，这对每个人来说都是个负担。
>
> —Doug McIlroy

这是个教训：如果一开始仔细考虑 fetchmail 的使用模式并在增加功能时少用一些专用代码的话，过度复杂也许就可以避免了。

> 处理这种情况又不弄乱代码或手册的另外一个方法就是拥有一个“设置选项变量”（set option variable）的选项，如 *sendmail* 的-O 选项，它让人们指定一个选项的名称和值，并给值设定该名称，就好像这样的一个设置是在配置文件中给出的一样。一个更加强大的变种是 ssh 处理-o 选项的做法：-o 选项的参数被视为增加到配置文件的一行信息，采用配置文件的语法。以上任何一种方法都为具有不寻常要求的人提供了在命令行覆盖配置信息的方法，从而不需要为每一个可能被覆盖的配置信息提供独立选项。
>
> —Henry Spencer

10.6.2 实例分析：XFree86 服务器

X window 系统是在 Unix 机器上支持位图方式显示的图形引擎。通过配备位图显示器的客户端机器运行的 Unix 应用程序，可以由 X 获得输入事件并向 X 发送屏幕打印请求。令人困惑的是，X“服务器”实际上运行在客户端机器上——它们的存在是为了响应同客户端机器显示设备交互的请求。向 X 服务器端发送这些请求的应用程序称为“X 客户端”，尽管它们可能在服务器机器上运行。哦不，没有办法清晰解释这个倒置的搅来搅去的术语。

X 服务器端有一个复杂得可怕的环境接口。这并不令人惊讶，因为它们必须处理大量非常复杂的硬件和用户选项。因此，所有 X 服务器端都通用的环境查询，其文档可在 *X*（1）和 *Xserver*（1）手册页找到，就是一个很好的学习实例。我们在此分析的实现版本是 XFree86，是 Linux 和其它几个开源 Unix 下使用的 X 实现。

在启动时，XFree86 服务器端检查系统级运行控制文件；确切的路径名根据 X 建构平台的不同而不同，但基名都是 XF86Config。XF86Config 文件的语法与上所述类 shell 的语法相同。例 10.2 是从一个 XF86Config 文件中摘取的一部分。

例 10.2 X 配置示例

```
# The 16-color VGA server

Section "Screen"
   Driver      "vga16"
   Device      "Generic VGA"
   Monitor     "LCD Panel 1024x768"
   Subsection  "Display"
      Modes       "640x480" "800x600"
      ViewPort    0 0
   EndSubsection
EndSection
```

XF86Config 文件描述了主机的显示硬件（图形卡、显示器）、键盘和指示设备（鼠标/跟踪球/触摸板）。这些信息都适合放在系统级运行控制文件里，因为这些信息适用于机器的所有用户。

一旦 X 已经从运行控制文件获得了硬件配置，它就使用环境变量 HOME 的值在调用用户的主目录中找到两个点文件。这两个文件是`.Xdefault` 和`.xinitrc`。[6]

`.Xdefaults` 文件指定每个用户以及每个应用程序与 X 相关的具体资源（这方面的小例子包括终端仿真器的字体和前景/背景色）。然而，“X 相关”这个词组指出了一个设计问题。在一个地方收集所有的资源声明当然便于对其进行检查和编辑，但是对什么应该在`.Xdefault` 文件中声明，什么应该属于针对应用的点文件始终不太清楚。`.xinitrc` 文件指定了在服务器端启动后应该运行的命令以初始化用户的 X 桌面。这些程序几乎都包括一个窗口管理器或对话管理器。

X 服务器端有一个很大的命令行选项集。其中一些命令行选项，如`-fp`（字体路径）选项，覆盖了 XF86Config。有一些则是特意用来跟踪服务器端 bug 的，如`-audit` 选项；如果要使用这些选项的话，它们很可能在测试运行时频繁变化，因此不太适合包含在运行控制文件中。一个非常重要的选项是设置服务器端显示号的选项。在同一台主机运行的多个服务器端也许各自拥有一个唯一的显示号，但是所有实例都共享同样的一个或多个运行控制文件；因此，显示号不能单独由这些文件得出。

10.7 论打破规则

本章所描述的约定都不是绝对的，但是违反这些约定会增加用户和未来开发者的磨合成本。如果必须打破规则，就放手去做——但在做之前要确信自己完全知道为什么要这样做。如果确实要打破规则，必须确保常规方法进行的尝试都非常明显地失败了，同时保证遵循补救原则给出了正确的错误反馈。

[6] `.xinitrc` 同 Windows 以及其它操作系统下的启动(Startup)文件夹类似。

11

接口：Unix 环境下的用户接口设计模式

Interfaces: User-Interface Design Patterns in the Unix Environment

All our knowledge has its origins in our perceptions.

我们所有的知识都来源于我们的感知。

—Leonardo Da Vinci

—达·芬奇

一个程序的接口就是程序同人类用户以及其它程序通讯的方法总和。在第 10 章中，我们讨论了关于环境变量、命令行选项、运行控制文件和其它程序启动时接口的使用。在这一章中，我们要解开历史的纠结，解释 Unix 在启动之后接口与使用者的关系(语用)。因为用户接口代码通常会占用 40%甚至更多的开发时间，所以为避免许多错误的开始和耗时的重写，分辨出良好的设计模式就尤其重要。

在 Unix 接口设计的传统中，我们会反复涉足两个主题。一是与其它程序通讯方式的前瞻性设计；另一个是最小立异原则。

借由互助式的组合使用，Unix 程序可以发挥更大的威力；我们在第七章已经讨论了进行这种组合的各种方式。不像其它的操作系统，在 Unix 下，接口设计中 “其它程序” 部分并不是一个事后追加的考虑，或者一个边角情况。相反，这是一个核心的挑战，需要同人类用户的接口需求进行权衡和集成。

Unix 社区关于程序接口设计的许多传统也许看来既奇怪又任性——抑或更甚，在 GUI 时代看来，完全是退化——特别是第一次遭遇这种传统时。但是，抛开各种瑕疵和无规律不说，这个传统有一套内在逻辑值得去学习和理解。在 Unix 悠久的历史中，这种传统聚集了许多启发式方法可以与人类用户以及其它程序进行有效通讯。它也包含一套创造了程序间共性的约定——它为广泛的共同接口设计问题定义了“最小立异”的选择方案。

启动之后，程序通常通过下列来源获得输入或命令：

- 程序标准输入端的数据和命令。
- 通过 IPC 的输入，比如 X server 事件和网络消息。
- 已知位置的文件和设备（比如由程序传递的或计算的数据文件名）。

程序能够以完全同样的方式发布结果（输出到标准输出）。

有些 Unix 程序是图形的，有些拥有面向屏幕的字符接口，而有些使用从机械电传打字机时代遗留的、简单生硬的文本过滤器设计。对于一个没经验的人来说，常常很难看出为什么给定的程序使用某一风格——或者，确实的，为什么 Unix 支持这么多的接口风格。

Unix 有几种竞争的接口风格。存在即是合理；它们为不同的情形而优化。通过理解任务和接口风格之间的配合，你将要学习到如何为你的工作选择正确的风格。

11.1 最小立异原则的应用

最小立异原则：“少来标新立异”，是所有接口设计中的通用原则，且并非仅局限于软件设计。这是人一心不能二用的结果（参考《The Humane Interface》[Raskin]）。接口设计的标新立异，往往把注意力牵到了接口本身，却忽视了其所属的任务。

因此，为了设计可用的接口，最好避免设计一个全新的接口模型。新颖其实是进入门槛，给用户加上学习负担，所以，能少则少。相反，应该仔细考虑用户群体的经验和知识，应该尝试去发现那些用户已知程序同自己程序之间的功能相似性。然后效仿已知接口的相关部分。

最小立异原则不应被理解为在设计中号召机械的保守主义。新颖性提高了用户与接口最初几次的交互成本，但是糟糕的设计永远使得接口令人痛苦而多余。如同在其它设计中一样，规则并不能替代良好的品味和工程判断。仔细掂量你的折衷——而且以客户的视角看待问题。最小立异原则的偏爱值得有意识地把持，主要因为接口设计者（像其他程序员一样）总是不自觉地在为用户着想时聪明过头。

最小立异原则的一个含义就是：如有可能，尽量允许用户将接口功能委派给熟悉的程序来完成。在第 7 章，我们已经讨论了，如果程序要求用户编辑大量的文本，应该调用一个文本编辑器（可由用户指定）而不是自己写一个内嵌编辑器。用户比你更清楚自己的偏爱，让他们选择最合适的方案。

在本书其它部分，我们提倡以共生和委派策略来提高代码的复用并降低软件复杂度。此处的要点是，如果用户能够截获委派，并且将其导向他们自己选择的一个代理时，这些技法就不仅仅给开发者带来实惠，也主动地增强了用户的自主权。

更进一步：不能委派时，那就效仿。最小立异原则的目的就是为了减少用户在使用接口时必须学习的复杂过程。继续先前的编辑器例子，这就意味着如果必须实现一个内嵌的编辑器，编辑命令最好是那些著名通用编辑器命令集的一个子集。（或者多个子集。`bash` 和 `ksh` 都允许用户在 *vi* 和 *Emcas* 编辑风格之间进行选择。）

比如，在 Unix 下的 Netscape 和 Mozilla 网页浏览器，在填写表单字段的编辑器中，同样支持 *Emacs* 编辑器的键盘绑定方案。“Control-A”定位到行的起始处，“Control-D”删除后一个字符等等。这种选择对于知晓 *Emacs* 的用户很有益处，至于其他用户，当然也不会比任意的专用命令集更糟。唯一更好的方式就是采用某个比 *Emacs* 使用更广泛的编辑器命令集；但是在 Netscape 最初的使用群体中，不存在这么个东西。

这些准则适用于许多其它的接口设计领域。比如，当用户都已经习惯在 HTML 网页浏览器中查看在线帮助时，创造一种新颖文档格式的在线帮助真的是很傻。即使在设计一个街机游戏时，也应该明智地参考以前游戏中的动作设置，允许用户使用在那些游戏中学到的操纵杆技术，这样可以给予用户一种舒适的感觉。

11.2 Unix 接口设计的历史

Unix 的出现远在现代倾向图形密集型的软件接口设计之前。在 1969 年 Unix 诞生后的十年里，在电传打字机和文本模式哑终端上的命令行接口（CLI）就是标准。多数 Unix 的基本工具（比如 *ls*（1）、*cat*（1）和 *grep*（1）程序等）仍然继承了这个传统。

1980 年后，Unix 逐渐支持在字符阵列终端的屏幕绘图。程序开始混合命令行和可视接口，常用命令由特定键组合来触发，没有屏幕回显。有些早期使用这类风格的程序（用屏幕绘图光标控制程序库实现的，称为“curses”程序；第一个使用 curses 的程序出现后，则称之为“rogue 式”程序）今天仍在使用；著名的例子包括地下城探险游戏 *rogue*（1），*vi*（1）文本编辑器，以及（稍后几年出现的）邮件程序 *elm*（1）及其现代版本 *mutt*（1）。

几年后，到了 1980 年代中期，整个计算机世界开始吸收施乐 Palo Alto 研究中心（Xerox's Palo Alto Research Center）从 1970 年代早期就开始研究的图形用户接口（GUI）的开拓性工作结果。个人计算机方面，施乐 PARC 的工作促成了苹果 Macintosh 接口并由此产生了微软 Windows 设计。而 Unix 方面，对这些思想的适应过程经历了一条相对复杂的道路。

1987 年左右，X window 系统打败了几个早期的竞争者和原型成果，成为 Unix 的标准图形接口。从那时起，这到底是好是坏一直是争论的主题；其它一些竞争对手（著名的如 Sun 公司的 Network Window System，即 NeWS）被公认更为强大和优雅。然而，X 系统存在一个压倒性的优势，那就是开源。X 代码一直由 MIT 的一个研究组开发，他们更注重去探索问题空间，而不是创造商业产品，并且代码可以自由地重新分配并修改。这就广泛地吸引了众多开发者和那些不愿意跟在单个公司闭锁产品后面的赞助商。（当然，这也昭示了十年后 Linux 操作系统爆发中的一个重要主题。）

X 的设计者很早就决定了它应该鼓励“机制，而非策略”。他们的目标是把 X 做得尽可能的灵活和跨平台，而尽可能少让 X 程序受到观感的束缚。观感，他们认定，应该由“工具包”，即调用链接到用户程序的 X 服务库来处理。X 的设计也支持多个窗口管理器[1]，并且不得要求某个窗口管理器拥有特权或是同 X 太过亲密。

这条路完全与 Macintosh 和 Windows 商业产品方向相反，这些商业产品将观感强加进系统里以强迫执行观感策略。方法的差异确保了 X 拥有长期发展的优势，在接口设计上保持了对不断涌现的人类新发明的适应性——并确保了 X 世界被划分成多个工具包、丰富的视窗管理器和各种观感体验。

自 1990 年代中期，X 在最低端的个人 Unix 机器上已经普遍存在。与具备图形能力控制台相对的 Unix 文本模式终端的使用，已经快速地消亡并似乎走向绝灭。相应地，curses 风格接口的使用也在消亡之中；多数本来会使用此种风格的新应用程序现在都采用了 X 工具包。而 Unix 古老的 CLI 设计传统仍然相当有生命力并在许多领域同 X 卓有成效地竞争着，注意到这一点十分有意义。

一些特殊的应用领域，curses 风格（或是“rogue 式”）字符阵列接口仍旧是标准——特别是文本编辑器和交互通信的程序，比如邮件程序、新闻阅读器和聊天客户端。注意到这一点，也是非常有意义的。

由于历史的原因，在 Unix 程序中存在丰富的接口风格。面向行的、面向屏幕字符阵列的和基于 X 的——基于 X 的世界中几个相互竞争的 X 工具包和窗口管理器已成鼎足之势（尽管在 2003 年的五年或三年前，这还不算什么）。

11.3 接口设计评估

所有的这些接口风格存活至今，是因为它们适用于不同的任务。对一个项目作出设计决定，重要的是应该知道如何挑选一个(或组合多个)适合程序应用和受众群体的风格。

我们将使用五种度量标准对接口风格进行分类：**简洁**、**表现力**、**易用**、**透明**和**脚本化能力**。在本书前面我们已经使用了其中的一些术语，为这里的定义做好了准备。它们是相比而言的，不是绝对的；它们需要对特定的问题域并结合用户技能基础的一定认知

[1] 窗口管理器处理屏幕上的窗口同运行任务的关联，即处理诸如标题栏、布局、最小化、最大化、移动、缩放和加阴影等行为。

来进行评估。但不管怎么说，这些术语有助于组织我们的思考方式。

程序接口的简洁是指一个事务处理需要的动作时间及复杂度有较低的上限（可以用击键量、鼠标手势量和需要多少秒的注意力来衡量）。简洁的接口会以相对较少的比特或状态变化包装更多的作用效果。

接口具有表现力是指接口可以触发相当广泛的行为。最具表现力的接口可以启动程序设计者没有预见的行为组合，并仍然给予用户有用和一致的结果。

简洁性和表现力之间的区别相当重要。考虑输入文本的两种不同方法：从键盘，或使用鼠标在显示屏上点选某个字符。这两种方式有相同表现，但是键盘方式更简洁（通过比较平均操作时间就可以轻易验证）。另一方面，考虑同一编程语言的两种方言，一个具有复数类型，另一个没有。在相同的问题域，二者的简洁性相同；但是对数学家或电子工程师来说，具有复数数据的语言更富有表现力。

接口易用性同接口要求用户记忆的东西成反比——为了使用接口，用户需要特别记忆多少东西（命令，鼠标手势，原语概念）。编程语言的记忆负荷愈高、易用性愈低；菜单和屏幕上标记良好的按钮就较为简单。

回顾早些时候我们为“透明度”花费了整整一章。在那一章中，我们接触到了接口透明度的概念，并且将“audacity”音频编辑器作为一个优秀的范例。然而那时我们更关注另外一种透明度，是关于代码结构，而不是关于用户接口。因此我们用来描述 UI 透明度的是它的效果（问题域和用户之间毫无障碍），而不是产生这种透明度的专有特征。现在，是瞄准这些特征的时候了。

接口透明度是用户在使用接口时，几乎没有什么问题、数据或程序的相关状态需要记忆。一个高度透明的接口，对于用户动作的效果，能够自然地给出中间结果、有用反馈和错误通知。所谓的所见即所得（WYSIWYG，What You See Is What You Get）的接口试图将透明度做到极致，但有时适得其反——尤其是对于定义域视图过度简化时。

相关的可显性概念同样适用于接口设计。一个可显的接口向用户伸出学习的援手，比如指向上下文帮助的提示消息，或是一个说明性的弹出式气球。尽管对于可显性，将要支持的不同接口风格的实现可能大有不同，但是所能够获得的可显程度大部分独立于接口风格。由此，在本章的讨论中，我们并不把可显性作为衡量标准。

请注意，代码和设计的透明并不是就自然而然意味着接口也透明，反之亦然。指出只具备其中一个品性的代码再容易不过了。

脚本能力，是指接口能够容易地为其它程序所使用（例如，第 7 章讨论的 IPC 机制）。可脚本化的程序通常被其它程序作为组件使用，从而减少了定制代码的昂贵需求并使得重复任务的自动化相对容易。

最后一点——自动完成重复的任务——比以往更值得注意。Unix 程序员、管理员和用户养成了一种思考习惯，即他们使用常规例程，然后将其封装，以后就再也无需手工执行，甚至无需再挂在心上。当然，这个习惯依赖接口的可脚本化能力。这是种对生产力无言但巨大的支持，而在其它大多数软件环境中却无法获得。

关于这些度量标准，人类和计算机程序有着不同的价值函数，将这一点牢记心中非常有用。初学者和专家用户在特定问题域上也是如此。我们将探索其间的权衡对于不同的用户群体有怎样的不同。

11.4 CLI 和可视接口之间的权衡

早期 Unix 的 CLI 风格，在电传打字机消亡了很久以后，其效用仍得以保留，这有两个原因。一是命令行和命令语言接口比起可视接口来说，更具表达力，尤其是针对复杂的任务。另一个是 CLI 接口具有高度的脚本化能力——正如我们在第七章讨论的一样，它们很容易就能支持程序的搭配。通常（但并不总是）CLI 在简洁性上也占据优势。

当然了，CLI 风格的劣势在于，几乎总是需要费劲地记忆（易用性低），并且透明度通常也很低。多数人（尤其是非技术型最终用户）认为这种接口相对神秘、难以学习。

> 另一方面，其它操作系统中“用户友好”的 GUI，也存在自身的问题。找到正确的按钮来按简直就像是在玩冒险游戏：接口同任何 Unix 的命令行接口一样令人烦累，找得多了总能找对地方。而在 Unix 中，人们只需查手册。
>
> —Brian Kernighan

数据库查询就是此类接口的一个很好的例子，这里，点击按钮不仅累人，而且能力非常有限。无论是全屏字符接口的击键命令，还是在图形显示器上的 GUI 手势，都不如直接向服务器键入 SQL 语句那样简洁和富有表现力，在表示问题域的一个典型活动。毫无疑问，让客户端程序直接说出一个 SQL 查询语句要比让它的模拟用户在 GUI 上点来点去容易得多。

另一方面，许多非技术型的数据库用户不愿记忆 SQL 语法，而宁愿选择一个相对不简洁、表现力较差的全屏或 GUI 接口。

SQL 还适合作解说另一个问题的例子。最强大的 CLI 并不是命令的专门集合，而是如我们在第八章所描述的方式设计的命令式微型语言。这些微型语言在命令行接口范畴上属于最强大、最复杂的一端；它们的表达力最强，但是易用性最低。它们难以使用，往往需要小心谨慎地对普通的终端用户隐藏，但是当接口能力和灵活性至关重要时，它们的威力就无与伦比。如果设计得当，在脚本化能力方面它们也可以得到高分。

有些应用，与数据库查询不同，天然就是可视的。绘图程序、网页浏览器和幻灯演示软件是三个典型例子。这些应用程序定义域的共同之处是（a）透明性有极端价值，和（b）问题定义域的原语操作本身就是可视的：“画这个”、“显示所指物”、“把它放到这儿”等等。

绘图程序的另一面是难以找到所操作图片之间的关系。例如，要让用户能以重复的元素来处理图像的结构，程序就必须经过小心谨慎地设计。这是可视接口的普遍设计问题。

在第六章，我们检视了 Audacity 声音文件编辑器。它的接口设计是成功的，因为它在音频应用定义域和一套简单视觉表示之间做了一个相当干净的映射（借鉴音响上的均衡器显示）。能够做到这完全是因为通过一个简单转换的结果：声音到波形图。视觉操作并不只是低级调整的拼凑，而是与那个转换紧密相关。

然而，在那些并不是天然可视的应用中，可视接口最适用于初学用户简单一次性的或者很少发生的任务（这一点数据库例子已经阐明了）。

随着用户变得越来越熟练，对 CLI 接口的抵触也越来越少。在许多问题定义域上，用户（特别是常用的用户）往往会达到一个交叉点，CLI 的简要性和表达力变得要比避免记忆负担更有价值。这样，例如，计算机初学者倾向于易用的 GUI 桌面，而老手常常逐渐发现他们更愿意在 shell 中键入命令。

当问题规模变大、程序行为日趋单一、过程化和重复时，CLI 也常能发挥效用。例如，创作诸如商业信函之类相对较小而无结构的文档，一个所见即所得的桌面发布程序通常是最容易的方式。但是如果文档达到一本书的规模，由数个部分组成，并且在写作时需要许多全局的格式变更或是结构操控，这时，一个微型语言的格式化器比如 troff、TeX 或某个 XML 标记处理器通常是更有效的选择（关于这个权衡更多的讨论请参考第 18 章）。

甚至在天然可视化的定义域中，问题规模的增大也会使天平向 CLI 风格倾斜。如果需要从指定的 URL 获取和保存网页，指向＋点击（或输入＋点击）可以用。但是对于网页表单，就要使用键盘。并且如果需要获取和保存 50 个 URL 的相关页面，那么一个可以从标准输入或命令行读取 URL 的 CLI 客户端就能够节省许多不必要的操作。

另外一个例子，考虑修改图像的颜色表。如果想要改变一种颜色（即，加亮图像但效果只有看后才能知道），一个可视的颜色选取对话框几乎是必须的。然而想象一下，需要用特定的一组 RGB 值来替换整个颜色表，或需要创建或索引大量缩略图。对于这些操作，GUI 的表现力往往就欠缺。即使这样可行，调用一个设计得当的 CLI 或者过滤器来完成这项任务则要简洁得多。

最后（正如我们早些时候观察的一样），CLI 风格在方便其它程序使用方面非常重要。一个 GUI 图形编辑器如果要为一堆文件成批生成缩略图，往往是通过脚本语言编写的插件去调用一个内部 CLI 图形编辑器（如 GIMP 中的“script-fu”）。Unix 环境凸现了 CLI 的价值，因为 Unix 的 IPC 方法多样，开销也低，并且还容易在用户程序中使用。

1984 年后对 GUI 兴趣的爆发，很不幸地掩盖了 CLI 的优点。尤其是消费类软件的设计，已经变得严重倾向于 GUI。尽管对于由初学者和随意用户构成的大多数消费市场来说，这未尝不是个好的选择，但同时也被迫支付隐性成本，当有经验的用户遇到 GUI 表达限制时，成本随着用户处理要求更高的问题而稳步上升。这么多的代价都来自于 GUI 根本就不能脚本化——所有交互都需要由人来驱动。

Gentner & Nielsen 在《反 Mac 接口》（*The Anti-Mac Interface*）[Gentner-Nielsen]中很好地总结了这种权衡：“(可视接口)在处理小数量物体简单行为的情况下，工作得很好，但是当行为或是物体的数目增加时，直接操作很快就变成了机械重复的苦差。一个可以直接操作的接口，其缺点是一切都必须亲自操作。同一个发布高级指令的执行者相反，用户降格成了装配工，必须一遍又一遍地执行同样的任务”。著名科幻小说家，Neal Stephenson，在《一开始就是命令行》（*In the Beginning Was the Command Line* ）这篇精妙散文中，同样指出了这一点，只不过没有直截了当，而是调侃而谈。

从不太理论的角度，一个典型的 Unix 老手这样阐述这个问题：

> 商业世界通常一窝蜂地支持初学者模式，因为（a）购买决定基于冲动，和（b）仅仅有个傻愣愣的 GUI，用户支持工作得以降到最少。我发现许多非 Unix 系统常常令人沮丧，因为，比如，它们不提供对成百上千的文件进行某种处理的方法；想写一个脚本，又不支持。实质的问题是他们已经假定所有的用户总是入门级的，然后非难 Unix，因为 Unix 并不迎合这种模型。
>
> —Mike Lesk

既然如此，长远来看——为了既能服务一般用户又能服务有经验的用户，为了同其它的程序交互，不管问题定义域是不是天然可视化——既支持 CLI 又支持可视接口都是非常重要的。在展示一个实例分析后，我们将检视 Unix 传统发展出来适应各种需求的特征设计模式。

11.4.1 实例分析：编写计算器程序的两种方式

让我们具体一点，对比一下 GUI 和 CLI 风格如何有效地应用于一个简单交互程序的设计：桌面计算器。我们用来对比的例子是 *dc*（1）/*bc*（1）和 *xcalc*（1）。

原始的 Unix 桌面计算器程序，是最先随版本 7 一起发布的 *dc*（1）——逆波兰标记法计算器，可以处理无限精度的算术运算。后来，代数（中缀标记法）的计算器语言，*bc*（1），是基于 *dc* 上实现的（作为实例分析，这两个程序的关系我们在第 7 章和第 8 章先后进行了讨论）。两者都使用命令行接口。可以在标准输入键入一个表达式，按下回车后，表达式运算结果打印到标准输出上。

另外，*xcalc*（1）程序，视觉上就是仿真一个简单的计算器，具有可点击的按钮和普通计算器般的外观。

xcalc 这种方式更容易描述，因为它效仿的是一个即使初学者也熟悉的接口；实际上其手册页干脆就说“数字键，正负号键，并且加减乘除等于这些符号都与人们所预想的别无二致”。程序的功能通过按钮上的可见标签表露无疑。这是最小立异原则的最强烈

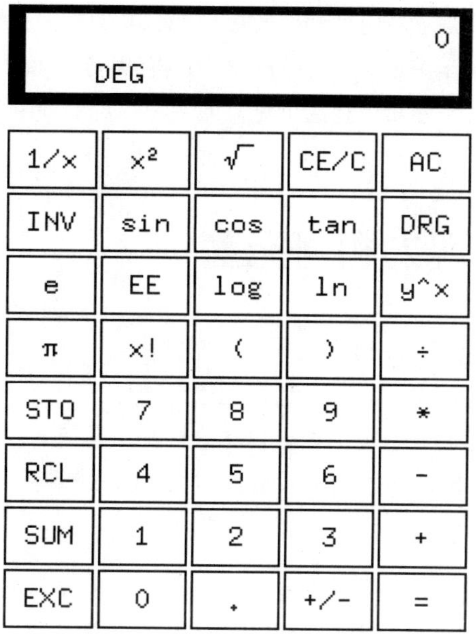

图 11.1 xcalc 图形接口

表现形式，对于并不常用和新进的用户来说，不需要阅读手册就可以使用这个程序，在这方面，拥有真正的优势。

但是，*xcalc* 同样几乎完整继承了计算器的不透明性；当求解一个复杂的表达式时，无法看到击键的过程并进行验证——这可能是个问题。假如，在表达式(2.51 + 4.6) * 0.3 中，弄错了一个小数点。没有历史纪录，所以无法检查。当然可以得到一个结果，但并不是想要算式的结果。

另一方面，在 *dc*（1）和 *bc*（1）程序中，可以一边键入表达式，一边剔除其中的错误。它们的接口透明得多，因为可以看到每一步计算的结果。这也更富有表达力，因为 *dc/bc* 解释器并不受限于适合通常大小计算器的可视模拟，还能包括许多更大的函数指令（以及比如 if/then/else、存储变量和迭代等功能）。当然了，这也导致了更高的记忆负担。

简洁性更难以定夺；打字好的人会发现 CLI 更简洁，但打字不好的会认为点击更快。脚本化能力不难定夺；*dc/bc* 可以轻易地用作过滤器，而 *xcalc* 根本就不具备脚本化能力。

在这里，初学者要求易用性和经验用户要求功用性之间的权衡清晰可见。对于随意使用的情形，心算检查并非难事，*xcalc* 当然具有优势。而对于更复杂的计算，不仅仅需要步骤是正确的，还需要其正确性可见，或者在尽可能便利其它程序来驱动方面，*dc/bc* 胜出。

11.5　透明、表现力和可配置

Unix 程序员继承了一个强烈的偏爱，愿意使接口富有表现力和可配置。就像其他传统的程序员一样，他们考虑怎样将他们的接口同目标受众相匹配——但是在处理目标受众不确定性时有所不同。经验主要来自客户端操作系统的软件开发者自然而然地会使得接口简单；他们愿意牺牲表现力来获取易用性。Unix 程序员默认地使得接口富有表现力和透明，并且更愿意牺牲易用性来换取这些品质。

这种态度常常被描述成，接口是“程序员写给程序员的”。但这过度简化了事情的某一重要方面。当 Unix 程序员倾向可配置能力和表现力而不是易用性时，并不是想当然地认为他的目标受众仅仅由其他程序员构成，他们深入骨髓的本能反应是，如果不了解终端用户的意图，最好不要迁就或者放马后炮。

> 这种态度（也是“机制，而非策略”的近亲）的不利方面是这种倾向：当高度可配置和富于表现力的接口完成后，任务就算完了……即使其结果就是除他自己外的所有人不经长期学习几乎就无法使用。可配置能力的另一面，就是迫切需要良好的默认值和简单恢复所有默认值的方法。表现力的另一面就是需要指导——在程序本身或者在文档中——如何开始使用、以及如何取得通常最期望的结果。
>
> —Henry Spencer

透明原则也有一个影响。对于定义了一套控制选项的 RFC 或其它标准，当 Unix 程序员在编写符合它们的程序时，往往会假定他要为所有选项提供一个完整透明的接口；给定的任何选项用不用得上实际倒在其次。他的工作就是建立机制；而策略方面的任务则属于用户。

这种思路导致了对于标准一致性组成方面一个更苛刻的态度，不完全的支持是难以容忍的。也许一个 Macintosh 或 Windows 开发者会说“我们不需要支持标准的所有特征；

多数用户不会在意，而且对他们来说太复杂了”，而一个 Unix 开发者可能会说“我们并不知道是不是有人永远都不会需要这种功能或者选项，所以我们必须支持它。”

当 Unix 程序员和其他程序员一起工作时，这些态度会导致冲突，因为其他程序员可能会把这种设计认为是一种冒失的主观意愿，将用户置于对他们而言含混、无意义、甚至是吓人的技术细节的负担之中。Mac 或 Windows 的程序员害怕只是因为少数人的高级需求而吓跑大多数用户。

相反，Unix 程序员更愿意认为对表现力的忽视是一种逃避，或者甚至是一种对未来用户的背叛，这些未来用户对于他们自己的需求实际上会比现在的实现者还要清楚。具有讽刺意味的是，尽管 Unix 的这种态度常常被视作是程序员的一种傲慢，但它实质上是谦逊的另一种形式——往往伴随着好多年的战争创伤而获得。

Unix 这种态度的适应范围是不同的。读者如你，无论这种划分会把你归属到哪一方，学会倾听他人的声音都是明智的，而理解对立观点的前提无疑同样明智。这样，就有可能建立一种透明的接口，既具备高级功能又不碍眼，从而避开落入不是胁迫用户就是迁就用户的陷阱。第 6 章 *audacity* 和 *kmail* 程序的实例分析就是很好的例子。

最后是关于为非技术型终端用户设计接口的注意事项。这是一个要求颇高的艺术，而 Unix 程序员也没有一个擅长于这方面的传统。但是拥有从 Unix 传统讨论中已经揭示出来的思想，我们可以给出一个强力而有用的表述。那就是：当人们说一个用户接口是直观的，他们的意思是（a）它是可显的，（b）用法是透明的，（c）遵循最小立异原则[2]。在这三条原则中，最小立异原则是最弱的约束；可显和透明带来的长期使用回报完全可以消融最初的讶异。

今天移动电话（例如）用户接口记忆负荷相对较高，至少在大脑中需要有一个关于接口菜单的大概轮廓，这样可以很快的使用它们而无需花费注意力研究到底处于哪一级菜单。然而设计更好的接口很快就可以成为对用户而言的 “直观”设计，因为他们具备前述的三项品质。

直观并不是同易用性一样的品质，因为（正如手机的例子所示）人们可以培养出任何他们认为有关透明接口的“直观性”。虽然那种接口有着相当规模的记忆负担，然而

[2] 这种领悟来自于一个非技术型最终用户，恰好是作者的妻子 Catherine Raymond。

只要基本操作是容易的，并且存在一个发现路径，允许通过简单操作让隐藏在更深角落的功能能够一次到位地触发。

11.6 Unix 接口设计模式

在 Unix 传统中，已经形成了良好的接口设计模式，可以完成以上讨论的权衡。下面是这些模式及其分析和例子的传集。再接下来，我们会讨论如何应用这些模式。

注意到这个传集并未包括 GUI 设计模式（尽管包括了一种能够将 GUI 作为组件使用的设计模式）。没有原生的来自 Unix 的图形用户界面设计模式。关于 GUI 设计模式的讨论《经验——用户界面设计的模式描述》（*Experiences—A Pattern Language for User Interface Design*）[Coram-Lee]，是一个颇有前途的起点。

另外要注意程序的适用模式可能不只一个。例如，一个类似编译器的程序，当在命令行没有指定文件参数时，其行为就像一个过滤器（许多格式转换器都是照此工作的）。

11.6.1 过滤器模式

与 Unix 相关的最经典的接口设计模式非过滤器莫属。过滤器程序接受标准输入的数据，转换成某种格式后，再将结果发送到标准输出端。过滤器不是交互的；也许会查询启动环境，并且通常由由命令行选项控制，但并不要求用户在输入流中输入命令或给出反馈。

过滤器两个经典的例子是 *tr*（1）和 *grep*（1）。*tr*（1）实用程序以命令行指定的转换原则将标准输入端的数据转换成标准输出端的结果。*grep*（1）程序根据命令行指定的匹配表达式从标准输入端选出匹配行；并将结果送到标准输出端。第三个是 *sort*（1）实用程序，依照命令行指定的原则将标准输入端的数据排序，并将结果显示到标准输出端。

除此之外，*grep*（1）和 *sort*（1）（但非 *tr*（1））还可以从命令行指定的文件（或是一组文件）接受输入，在这种情况下，它们并不从标准输入读取，代替的是按照出现的顺序连续读取命名的文件。（在这种情况中，也可在命令行将“-”作为文件名，这会明确告知程序，从标准输入读取数据。）“catlike”的过滤器程序，其原型就是 *cat*（1），过滤器一般都应该按这样的方式运作，除非应用程序有特别的理由将命令行中给出的文件区别地对待。

当定义过滤器时，最好在心中牢记一些附带的原则，其中一部分曾经在第一章提到过：

1. **牢记 Postel 原则：宽进严出**。也就是说，尽可能自由宽松地接受输入格式，并输出结构良好的严谨输出格式。前者的做法减少了过滤器在面对非预期输入时出错的可能性，以及在某种情形下（或是在某一工具链中间）崩溃的可能性。后者提高了过滤器终有一天能够作为其它程序有用输入的可能性。

2. **在过滤时，不需要的信息也决不丢弃**。这也提升了过滤器将来能够成为其它程序有用输入的可能。丢弃的信息，在管线后面就再也不能使用了。

3. **在过滤时，绝不增加无用数据**。避免增加不必要的信息，避免以可能让管线下游程序难以解析的格式输出。最常见的违例通常是修饰，比如页眉、页脚、空行/标尺行、摘要、增加列对齐，或者把系数因子“1.5”写成“150％”等等。时间和日期尤其麻烦，因为它们比较难以被下游的程序解析。任何这样的附加物都应该是可选、并由开关控制的。如果程序需要输出日期的话，良好的实践是增加一个开关以强制转换成 ISO8601 标准的 YYYY-MM-DD 和 hh:mm:ss——或者，更好是将标准格式作为默认的选项使用。

这种模式下的术语“过滤器”是 Unix 历史悠久的行话。

> “过滤器”确实历史悠久。在管道出现的时候就有了。这个术语是从电子工程借用：数据从源头经过滤器流向接收器。信息源或者接收器可以是进程或文件。既然已经很自然地把数据流比喻成管道，人们于是从未考虑过使用电子工程术语“电路（circuit）”。
>
> —Doug McIlroy

一些程序有着类似过滤器的接口设计模式，但更简单（当然，重要的是更容易脚本化）。它们是“cantrip”模式、源模式和接收器模式。

11.6.2 Cantrip 模式

cantrip 接口设计模式是其中最简单的。没有输入，没有输出，只被调用一次，产生退出状态数值。一个 cantrip 程序的行为只能由启动条件来控制。没有任何程序会比这种方式更具备脚本能力。

这样，如果程序在运行时除了简单地在启动时设置初始条件或者控制信息之外，并不需要同用户交互，那么 cantrip 设计模式就是一个优秀的默认选择。

事实上，因为可脚本化能力非常重要，Unix 设计者学会了当 cantrip 模式足以应付需要时，绝不编写更具交互性的程序。一组应用 cantrip 模式的程序总是从一个交互的包装器或是 shell 程序驱动，但是交互的程序比较难以脚本化。良好的风格总是要求在受诱惑而编写一个难以脚本化的交互接口之前，尝试为程序找到一个 cantrip 模式的设计。当交互看来必须时，记住 Unix 从接口分离引擎的特征设计模式；通常，正确的做法是用脚本语言编写一个交互的包装器，调用一个 cantrip 程序完成真正的工作。

简单的控制台清屏实用程序 clear（1），可能是最纯正的 cantrip 模式；它甚至没有命令行选项。另外的经典例子是 *rm*（1）和 *touch*（1）。用来启动 X 的 *startx*（1）程序则是一个复杂的例子，是整个一类守护程序使用 cantrip 模式的典型。

这种接口设计模式，尽管相当普遍，然而传统中并没有命名；术语“cantrip”只是我的发明。（在辞源上，这是个苏格兰方言词，一种魔咒，被一个流行的魔幻角色扮演游戏选中，命名一种咒语，可以随时发出，只需要很少或根本不需要准备。）

11.6.3 源模式

“源”是一种类似过滤器的程序，不需要输入；它的输出只能在启动条件中控制。可以作为例证的程序是 *ls*（1），Unix 的列举目录命令。其它经典的例子包括 *who*（1）和 *ps*（1）。

在 Unix 中，报表产生器比如 ls（1）、ps（1）和 who（1）强烈地遵循源模式，所以标准工具可以过滤它们的输出。

术语“源”，正像 Doug McIlroy 所指的那样，非常传统。但是并非想象中那么普遍，因为“源”有其它更重要的意思。

11.6.4 接收器模式

接收器是一种类似过滤器的程序，只接纳标准输入而不发送任何东西到标准输出。同样，它对输入端数据的作用行为只能在启动条件中控制。

这种接口模式较少用到，众所周知的例子很少。一个是 *lpr*（1），Unix 打印假脱机程序（spooler）。它将标准输入传来的文本编入打印队列，同许多接收器程序一样，它也可以处理命令行指定的文件。另一个例子是在邮件发送方式下的 *mail*（1）程序。

许多第一眼看似接收器的程序，从标准输入获取信息或数据，但它们实际上是 *ed* 模式（见下）的实例。

术语“海绵(sponge)”有时也用来表示如同 *sort*（1）类的接收器程序，这些程序在做任何操作之前必须读入完整的数据。

“接收器”术语传统而普遍。

11.6.5 编译器模式

类似编译器的程序既无标准输出也无标准输入；然而它们会将错误信息发送到标准错误端。相反的，一个类似编译器的程序从命令行接受文件或资源名，以某种方式转换这些资源，然后再以改变后的名字输出。如同 cantrip 模式，类似编译器的程序在启动后并不需要用户的交互。

如此命名这种模式是因为其典范是 C 编译器，*cc*（1）（或是在 Linux 和其他许多现代 Unix 下的 *gcc*（1））。但是它也广泛地使用在其它的一些（例如）图像转换或者压缩/解压程序上。

前者的例子是用来将 GIF（Graphic Interchange Format，图形交换格式）转换成 PNG（Portable Network Graphics，可移植网络图形）格式的 gif2png（1）程序。后者的例子是 *gzip*（1）和 *gunzip*（1）[3]，GNU 的压缩程序几乎一定能在你的 Unix 系统中找到。总的来说，当程序经常需要处理多个命名资源，并且能够以较低的交互性来实现（它的控制信息可在启动时提供）时，编译器接口设计模式就是一个不错的模型。类编译器的程序可以很容易地脚本化。

[3] 这个程序的源码以及类似接口的转换程序可以在 PNG 网站<http://www.cdrom.com/pub/png/>处获得。

这种模式的术语“类编译器接口”被 Unix 社区广泛理解。

11.6.6 ed 模式

所有前述的模式都只有极低的交互能力；这些程序仅仅使用启动时传入的控制信息，并且同数据是分离的。然而许多程序，在启动之后需要由与用户持续的会话来驱动。

在 Unix 传统中，最简单的交互设计模式以 Unix 的行编辑器 *ed*（1）程序作为代表。其他这种模式的例子包括 *ftp*（1）和 *sh*（1）(Unix 的 shell)等等。*ed*（1）程序需要一个文件名作为参数；然后可以修改那个文件。在输入端，它接受命令行。一些命令的结果输出到标准输出端，作为与程序对话的一个部分，可以立即为用户所见。

一个实际的 *ed* 对话示例包含在第 13 章里。

许多 Unix 下类似浏览器和编辑器的程序都遵循这种模式，甚至当所编辑的命名资源并不是一个文本文件时也是如此。考虑 *gdb*（1），GNU 的符号调试器，就是这样一个例子。

遵循 *ed* 接口设计模式的程序并不像过滤器之类简单接口类型的程序那样容易脚本化。命令可以在标准输入端流入，但比起只需设置环境变量和命令行的选项来说，要产生一序列命令（或是解释任何回传的输出）就需要更多的技巧。如果命令的行为不可测，运行状态不能没有监控（例如，行连续字符文档（here document）作为输入并且忽略输出），所以，在调用过程中，驱动 *ed* 模式的程序就需要一个协议和相应的状态机。这就引发了我们在第 7 章讨论从进程控制时需要注意的问题。

不管怎么说，在支持完全交互的程序当中，这种模式最简单、也最具有脚本化能力。相应地，作为我们下面要讨论的“引擎和接口分离”模式的一个组成部分，这种模式仍有相当作用。

11.6.7 Roguelike 模式

Roguelike 模式的名字来自这种模式的第一个例子：BSD 下的地牢探险游戏 *rogue*（1）（参看图 11.2）；以形容词“roguelike”来命名这种模式已经广泛地为 Unix 传统所接受。Roguelike 程序是设计来运行在系统控制台、X 终端模拟器或视频显示终端上的游戏，使用全屏幕、支持可视界面风格，但使用字符阵列显示，而非图形和鼠标界面。

```
                                                a) some food
                                                b) +1 ring mail [4] being worn
-----------------------              ########## c) a +1,+2 mace in hand
|                     +###############          d) a +1,+0 short bow
|                     |                         e) 28 +0,+0 arrows
---------------+-------                         f) a short bow
               #                                i) a magnesium wand
               #                                g) a magnesium wand
             ###                ---------------- j) a potion of detect things
     --------+----------       |                l) a scroll of teleportation
     |                 |      #+                --press space to continue--
     |                 |      #|                 |             #
     |                 +#######|                 |            ##
     |                 |       |                 +##############
     --------+----------       -------------------             #
        ######                                                 #
  ------+----------                                            ######
  |...........@..!|                                                 #
  |...........%...|                 ----------------                #
  |...............|                #+               |          #######
  |...............+#################|               |          #
  |...............|                 |               +###########
  ----------------                  ----------------
Level: 3  Gold: 73     Hp: 36(36)   Str: 14(16) Arm: 4  Exp: 4/78
```

图 11.2 Rogue 游戏最初版的屏幕截图

尽管可以打开一个命令窗口（常常但并不总是，在屏幕的最后一行）来键入更复杂的命令，但命令通常是单键触发而且不回显给用户（正好同 *ed* 模式的命令行相反）。命令体系常常大量使用箭头键来选择屏幕或行位置以进行操作。

这种模式的程序常常以 *vi*（1）或 *emacs*（1）来作为模型，并且（遵循最小立异原则）使用它们的命令集来作为如获取帮助或是终止程序之类的常规操作。也就是说，例如，使用“x”、“q”或是“C-x C-c”来终止一个程序的方法也可以在这种模式中找到。

其它有关这种模式的接口特征包括：（a）使用每项一行的菜单，并且当前选中项加粗或反白显示，和（b）“模式行”——程序状态摘要由一个高亮的屏幕行显示，常常在屏幕的底部或者顶部附近。

Roguelike 模式是在一个视频显示终端的世界里发展而来的，很多中断没有箭头键和功能键。在有图形能力的个人电脑世界里，字符阵列终端已经是一个褪色的记忆，很容易遗忘了这种模式在设计上产生过的影响；但是早期的 roguelike 模式范本程序产生在 1981 年 IBM 将 PC 机键盘标准化之前的好几年。结果，roguelike 模式存在一个现在已成为陈旧部分的传统，那就是任何时候，只要不作为编辑窗口中的待插入字符解释，“h, j, k, l”键便固定作为光标键来使用；而且总是“k”上，“j”下，“h”左和“l”右。这个历史也可以解释为什么老式的 Unix 程序常常用不到 ALT 键，对功能键的使用也非常有限。

遵循这种模式的程序如过江之鲫：*vi*（1）文本编辑器及其所有变种，和 *emacs*（1）编辑器；*elm*（1）、*pine*（1）、*mutt*（1）和多数其它 Unix 邮件阅读器；*tin*（1）、*slrn*（1）和其它 Usenet 新闻阅读器；*lynx*（1）网页浏览器；还有很多。大多数 Unix 程序员很多时候都是与这种接口的程序打交道。

Roguelike 模式的程序难以脚本化；实际上，甚至连脚本化的意图都很少有。另外，这种模式使用原始方式的逐字符输入，这对脚本化来说并不方便。也很难以编程方式解析其输出，因为它通常由一序列递增的屏幕绘制动作组成。

在可视性方面，这种模式远没有鼠标驱动的完整 GUI 那般流畅。虽然使用全屏界面是为了支持简单类别的直接操作和菜单接口，但 roguelike 程序仍然要求用户学习一个命令集。的确，以 roguelike 模式构建的界面昭示了一种退化成令人迷惑的原始模式和使用偏僻字符作为命令的趋势，只有硬派黑客才喜欢。这种模式似乎两方面都做得很差，既不可脚本化，又不符合为终编用户设计这个新潮流。

然而这种模式自有一定价值。Roguelike 式邮件程序、新闻阅读器、编辑器和其它程序仍然相当流行，甚至即使存在同类的 GUI 竞争程序，人们也总是愿意通过 X 显示模拟终端来运行它们。更进一步，roguelike 模式在 Unix 下非常普遍，甚至 GUI 程序也常常模仿，虽然给命令和显示界面增加了鼠标和图形支持，但是看起来仍然像是 roguelike 程序。X 方式的 *emacs*（1）和 *xchat*（1）客户端就是这种改编的良好示例。那是什么使得这种模式如此持久地流行呢？

效率，可以察觉的效率，似乎是个重要的因素。Roguelike 程序相对于 GUI 对手而言常常更快捷轻巧。在 Xterm 中，考虑启动和运行速度，执行一个 roguelike 程序无疑比调用一个消耗大量资源来建立显示并且响应更慢的 GUI 程序更为可取。同时，roguelike 程序可以使用在根本就不需要 X 的 telnet 连接或低速拨号连接中。

指法熟练的人常常更喜欢 roguelike 程序，因为他们可以不用把手从键盘上挪开去移动鼠标。可以选择的话，这类人更喜欢尽可能少用那些远离中间键位的键；这也许可以说明 *vi*（1）流行度为什么那么高。

也许更重要的是，roguelike 式的接口对于 X 显示上的有限屏幕空间，其使用量是可以预计的，而且非常节俭；它们不使用多窗口、框架部件、对话框和其它 GUI 累赘。这使得此种模式能够很好地适用于必须与其它程序频繁共享用户注意力的程序（尤其是在编辑器、邮件程序、新闻阅读器、聊天程序客户端和其它通讯程序的情况下）。

最后（可能也是最重要的），roguelike 模式常常更吸引重视命令集简要性和表现力的人群，他们能够容忍记忆负担的增加。我们在上面已经看到这种偏爱的理由很充分，尤其当任务更复杂、使用更频繁和用户经验更丰富时愈加普遍。Roguelike 模式在迎合这种偏爱的同时，也支持了 *ed* 模式无法提供的类 GUI 元素的直接操作。这样，rougelike 接口设计模式丝毫没继承两个世界的糟粕，反而是吸收了最精华的部分。

11.6.8 “引擎和接口分离”模式

在第七章中，我们反对将程序编制成单个庞然大物般的单进程，并且说明了将程序分解成几个相互通讯的进程常常可以降低整体复杂度。在 Unix 世界中，这种策略的应用方式通常是：将程序的“引擎”部分（程序定义域的核心算法和逻辑规格）从“接口”部分（接受用户命令、显示结果、或者提供交互帮助和命令历史记录）分离。实际上，这种引擎接口分离模式可能是 Unix 最具特色的接口设计模式。

（另一个更显然胜任于此的模式是过滤器。但是比起数据双向流动的引擎/接口组合来说，过滤器在非 Unix 环境中更为常见。模拟管线很容易；而 IPC 机制越复杂，引擎/接口组合就越难以实现。）

Owen Taylor，作为 X 下广泛用来编写用户界面的 GTK+库维护者，在笔记《为什么 GTK_MODULES 不是个安全漏洞》（*Why GTK_MODULES is not a security hole*）`<http://www.gtk.org/setuid.html>`的末尾漂亮地给出了这种划分对工程的好处；他这样结束到“安全可靠的 setuid 程序是一个 500 行规模的程序，只做该做的事，并非一个 500,000 行规模、只做了用户界面的程序。”

这并不是一个新想法。在施乐 PARC 图形用户接口的早期研究中，就提出了将“模型－视图－控制器”模式作为 GUI 原型的建议。

- “模型”在 Unix 世界里通常称为“引擎”。模型包含了应用程序专用定义域的数据结构和逻辑。数据库服务器是模型的原型例子。
- “视图”部分将定义域的对象渲染成可视形式。在一个真正分离得当的模型/视图/控制器应用程序中，视图组件由模型通知更新，并且自身作出相应反应，而不是由控制器或被显式更新请求来同步驱动。

- “控制器”处理用户的请求并将它们作为命令传递给模型。

在实践中，视图和控制器部分结合常常比两者同模型部分的结合更为紧密。例如，多数 GUI，组合了视图和控制器行为。而往往只在应用程序需要模型的多重视图时才把它们分开。

在 Unix 下，模型/视图/控制器模式比起其它领域都更为普遍，这恰恰因为 Unix 中存在“只做一件事并做好”的牢固传统，同时 IPC 方法既灵活又易于实现。

这种技法尤为强大的一种形式是将策略接口（通常是结合了视图和控制器功能的 GUI）和包含了一个专用定义域微型语言解释器的引擎（模型）相连。我们在第 8 章讨论过这种模式，当时侧重微型语言的设计，现在看看这样的引擎是如何以各种不同方式形成大型代码系统的组件的。

下面是这个模式的几个变种。

11.6.8.1 配置者/执行者组合

在配置者/执行者组合中，接口部分控制运行时无需用户命令的过滤器或者类似守护进程的启动环境。

fetchmail（1）和 *fetchmailconf*（1）程序（我们已经作为可显性和数据驱动编程的分析实例讨论过，并且还会在第 14 章语言的实例分析中遇到）就是一个配置者/执行者组合的很好例子。*fetchmailconf* 是一个随 *fetchmail* 一起发布的交互式点文件配置器。同时，*fetchmailconf* 也可以作为一个 GUI 包装器以前台或者后台的模式运行 *fetchmail*。

这种设计模式让 *fetchmail* 和 *fetchmailconf* 可以让它们的专工发挥用武之地，并且也确实根据任务定义域的不同而使用不同的语言写成。*fetchmail*，通常作为一个后台邮件程序，不需要臃肿的 GUI 代码。相反的，*fetchmailconf* 可以醉心于精致的 GUI，而无需被迫支付 *fetchmail* 已经耗费的规模和复杂度成本。最后，因为它们之间的信息通道定义严谨得法，所以仍然保留了从命令行或脚本中，而不是用 *fetchmailconf* 启动 *fetchmail* 的能力。

术语“配置者/行动者”是我的发明。

11.6.8.2 假脱机/守护进程组合

在批处理模式需要序列化访问共享资源的情形下，一个配置者/执行者组合的轻微变形非常有用；也就是说，当一个定义得当的任务流或申请序列需要访问某些共享资源，又没有单个任务要求用户交互的情形下，这种变形十分有效。

在这种假脱机/守护进程（spooler/daemon）模式中，spooler 或者前端仅仅简单地将工作请求和数据放到待处理区域。工作请求和数据是简单的文件；spool 区域典型上就是一个目录。这个目录的位置和作业请求格式由 spooler 和 daemon 协商。

守护进程永远在后台运行，不断轮询 spool 目录，看看那里是不是有工作可做。当它发现一个作业请求，就会尝试处理相关数据。如果成功，作业请求和数据就会从 spool 区域删除。

经典的例子就是 Unix 打印服务系统，*lpr*（1）/*lpd*（1）。前端是 *lpr*（1）；简单地将要打印的文件放入 spool 区域供 *lpd* 定时扫描。*lpd* 的工作仅仅就是序列化访问打印机设备。

另一个经典的例子是 *at*（1）/*atd*（1）组合，按照时间表在指定的时间运行程序。第三个例子，虽然现在使用不多，但在历史上很重要，就是 UUCP——Unix 到 Unix 的拷贝程序(Unix-to-Unix Copy Program)，在 1990 年代互联网大爆炸之前，通常应用于拨号连接上的邮件传输。

Spooler/daemon 模式在邮件传输程序（天然就是批处理方式）中仍然很重要。邮件传输的前端比如 *sendmail*（1）和 *qmail*（1），常常只是经过 SMTP 通往外部的互联网连接直接试发送邮件一次。如果失败，邮件便会放进一个 spool 区域；由一个后台版本或者运行于邮件传输者模式的程序在稍后重发邮件。

典型地，一个 spooler/daemon 系统具有四个部分：一个作业发布者、一个队列列表器，一个作业撤销功能和一个带 spooling 的守护进程。实际上，前面三个部分就是明显的线索，表明了在它们幕后某处一定有个后台 spooler 发送器。

术语“spooler”和“daemon”都是 Unix 的老行话。（“spooler”实际上可以追溯到早期的大型机时代。）

11.6.8.3 驱动/引擎组合

在这个模式中，同配置者/执行者或 spooler/server 组合不同，组合的接口部分需要向引擎提供命令并在启动后解释引擎的输出；而引擎的接口模式很简单。所使用的 IPC 方法只是实现的具体细节；引擎可以是驱动的一个从属进程（这方面我们在第 7 章有所讨论）或者引擎和驱动可以通过套接字、共享内存或其它 IPC 方法进行通信。关键是（a）两者的交互性，和（b）引擎以自身接口单独运行的能力。

这样的组合写起来要比配置者/执行者组合更费脑筋，因为它们结合得更紧密且错综复杂；驱动器不仅仅必须知道引擎期望的启动环境，还必须知道它的命令集和响应格式。

当引擎设计便支持脚本化时，驱动部分在很多情形中是其他人而不是引擎作者来编写，一个给定引擎有不止一个前端驱动的例子不少见。程序 *gv*（1）和 *ghostview*（1）提供了一个很好的例子，它们都是 Ghostscript 解析器 *gs*(1)的驱动。GhostScript 把 PostScript 转换成各种各样的图形格式和底层的打印机控制语言。*gv* 和 *ghostview* 程序为 GhostScript 提供 GUI 包装，以避免使用特殊的调用开关和命令格式。

这种模式的另一个范例是 `xcdroast/cdrtools` 组合。cdrtools 发布包提供一个命令行界面的 *cdrecord*（1）程序。而 *cdrecord* 程序代码专职于与 CD-ROM 硬件相关的所有工作。*xcdroast* 则是一个 GUI；专门用来提供一个舒适的用户体验。*xcdroast* 程序大部分工作是通过调用 *cdrecord*（1）来完成的。

xcdroast 也调用其它 CLI 工具：*cdda2wav*（1）（一个声音文件转换器）和 *mkisofs*（1）（从一组文件中创建 ISO-9660 格式 CD-ROM 文件系统映像的工具）。如何调用这些工具的细节被隐藏起来不为用户所见，所以用户可以更集中精力在制作 CD 的任务上，而无需直接知道关于声音文件转换的奥秘或文件系统结构。同样重要的是，这些工具的每一个实现者都能够集中精力在他们擅长的特定领域，而无需成为一个用户界面的专家。

> 驱动/引擎模式一个关键的缺陷是，通常驱动必须知道引擎的状态以便能反馈给用户。如果引擎的动作非常快，就不存在问题，但如果引擎可能需要花费较长时间（比如，当访问许多 URL 时），反馈的缺乏就会是个严重的问题。对错误的响应也类似。例如，传统（尽管不太像 Unix 方式）的是否成功覆盖一个文件的确认询问，要在驱动器/引擎世界中表现出来就相当困难；发现问题的引擎不得不请求驱动提示确认信息。
>
> —Steve Johnson

设计引擎，重要的是不仅要让它能够正确地完成任务，还要通知驱动它在做些什么，这样驱动才能表现为一个具有恰当反馈信息的优雅接口。

术语“驱动”和“引擎”使用并不普遍，但是在 Unix 社区已经习用。

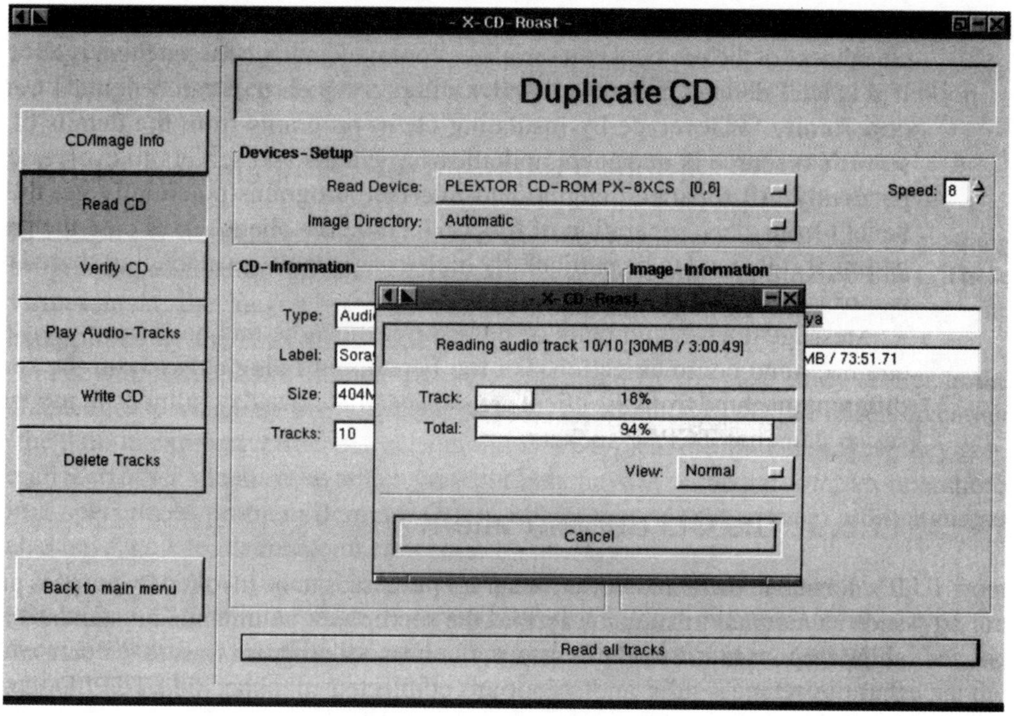

图 11.3 Xcdroast 图形界面

11.6.8.4 客户端/服务器组合

客户端/服务器组合类似驱动/引擎，然而引擎部分是一个不需要交互、运行在后台、不需自身用户界面的程序。通常，设计后台程序来调度对某种共享资源的访问——数据库、事务流，或专门的共享硬件，如声音设备。另一个这样设计的理由是可以避免在程序每次启动时的操作过于复杂。

过去的实际例子是 *ftp*（1）/*ftpd*（1）程序对，它们实现了 FTP，（文件传输协议 File Transfer Protocol）；又或者是两个 *sendmail*（1）的运行实例，发送端在前端，监听端在后台，以此传输电子邮件。如今，任何浏览器/网页服务器组合都是这种模式。

然而，这种模式不仅仅局限于通信程序；另一个重要的情况是数据库，例如 *psql*（1）/*postmaster*（1）程序对。这里，*psql* 连续访问一个由 *postgres* 后台程序管理的共享数据库，传送 SQL 请求并显示回传的响应数据。

这些例子说明了这种配对的一个重要特性，那就是它们之间保持通信协议的简明清晰处于第一重要地位。如果协议定义得当，并且由一个开放标准所描述，那么客户端程序极有可能完全与服务器资源管理无关，并同时允许客户端和服务器端半独立发展。当然，所有引擎/接口分离的程序都有可能从清晰的功能分离中获益，但在客户端/服务器情况下，正因为管理共享资源在本质上相当困难，所以正确分离倾向的权重往往特别的高。

消息队列和成对的命名管道也可以用作前端/后端的通讯，但是能够在与客户端不同种类的机器上运行服务器的好处非常巨大，所以如今几乎所有现代的客户端/服务器都使用 TCP/IP 套接字来完成通信。

11.6.9　CLI 服务器模式

在 Unix 世界中，统一掌控程序启动服务器进程是很平常的[4]，比如 *inetd*（1）等，它们通常的工作方式是：服务器从标准输入接收命令，然后将响应发送到标准输出；然后掌控程序负责确保服务器的 stdin 和 stdout 连接到专用的 TCP/IP 服务端口。这种功能划分的好处之一是针对所启动的全部服务器程序，守护程序都可以作为一个独立的安全门卫。

CLI 服务器是经典的接口设计模式之一。这种程序以前端方式触发时，有一个简单的 CLI 界面读取标准输入而写入标准输出；以后台方式运行时，一旦程序检测到这种方式就将标准输入和标准输出连接到专门的 TCP/IP 服务端口。

在这种模式的一些变体中，默认方式就是服务器后台运行，而当需要用前端方式运行时应在命令行选项中指明。这是个细节；关键是多数代码的书写号既不知道也不关心它是运行在前端还是在一个 TCP/IP 控制程序中。

POP、IMAP、SMTP 和 HTTP 服务器程序通常都遵循这种模式。这种模式可以和本章早些时候讨论的任何服务器/客户端模式结合使用。一个 HTTP 服务器也能够作为一个掌控程序运行；网页上提供大多数实况内容的 CGI 脚本运行在由服务器提供的特殊环境

[4] 统一掌控程序是一个包装器，它的工作是让某种资源可以被它调用的程序访问。这个术语最通常用来指测试掌控程序，它为当前需要被检验的输出获取测试负荷和（常常）正确的示范输出。

中，在那里，它们可以从标准输入接受输入（表单参数），并且可以将生成的 HTML 输出到标准输出。

尽管这种模式有古老传统，但术语“CLI 服务器”却是我的发明。

11.6.10 基于语言的接口模式

在第八章我们讨论了专用定义域微型语言，它把程序的规格说明提升到一个更高的层次，从而更具灵活性、bug 更少。这些优点使得基于语言的 CLI 成为 Unix 接口的一个重要特点——Unix 的 shell 本身即是一例。

这种模式的威力，在本章稍前比较 *dc*（1）/*bc*（1）和 *xcalc*（1）的例子中表现得淋漓尽致。我们原先评述过的优点（在表现力和脚本化能力方面的收益）是微型语言特有的优点；并可以推广至其他情形，比如在一个专门的问题域里不得不将复杂操作序列地进行组织。通常，与计算器例子不同的是，微型语言在简洁性方面也有明显优势。

最有力的一种 Unix 设计模式，就是 GUI 前端同 CLI 微型语言后端的组合。这种类型的优秀设计实例相当复杂，但是比起只涵盖微型语言小部分功能，而使用大堆专门代码的做法，要简单灵活得多。

当然，这种通用模式，并不为 Unix 所独有。例如现代几乎任何数据库套件都由一个或几个 GUI 前端和报表生成器构成，这些前端全部使用诸如 SQL 查询语言与一个统一的后端通讯。但是这种模式主要在 Unix 下发展起来，并且比在其它任何地方都得到了更好的理解和更广泛的应用。

当实现这种模式的系统前端和后端在一个单一程序中结合起来时，程序往往被称为拥有一个“内嵌脚本语言”。在 Unix 世界里，*Emacs* 是这种模式最著名的范例之一；其优点可以参考我们在第 8 章的讨论。

GIMP 的 script-fu 功能是另外一个范例。GIMP 是一个强大的开源图形编辑器，拥有一个类似 Adobe Photoshop 的 GUI 界面。Script-fu 允许 GIMP 以 Scheme（Lisp 的一种方言）进行脚本化；也可以使用 Tcl、Perl 或 Python 编写脚本。通过插件接口，用上述任何语言编制的程序都可以调用 GIMP 内部函数。这项功能的示例应用就是一个网页[1]，该

---

[1] Script-Fu 网页<http://www.xcf.berkeley.edu/~gimp/script-fu/script-fu.html>。

网页通过 CGI 接口给一个 GIMP 实例传递生成的 Scheme 程序，然后返回处理好的图像，从而允许人们构建简单的 logo 和图形按钮。

11.7 应用 Unix 接口设计模式

要促进脚本化和管道线能力（参考第 7 章），最好就是尽可能地选择最简单的接口设计模式——牵扯环境因素最少、交互最少的模式。

在上述单个组件模式中，特别强调了该模式在启动之后是否需要和用户交互这一点。当经常希望“用户”是另外一个程序（这样的“用户”当然缺少人脑的认知范围和灵活性）时，脚本能力达到最大化就是一个很有价值的特征。

我们已经看到了在各种不同情况下针对不同价值特征进行优化的各种接口设计。特别地，在适合初学者和非技术型终端用户的 GUI 及其设计模式（这是一方），以及服务于专家用户和最大化脚本能力（另一方）之间，存在一个强烈的与生俱来的冲突。

摆脱这种两难境地的方法之一就是让程序能够以不止一种方式运行。一个优秀的例子就是网页浏览器 *lynx*（1）。对于交互式使用，它通常有一个 roguelike 式的接口，但是调用时使用`-dump`，又以源模式工作，指定的网页被格式化为文本在标准输出端输出。

然而，当程序需要一个真正的 GUI 时，一般都不会尝试这样的双重接口。部分原因是历史造成的，但最重要的原因是控制整体复杂度。GUI 往往要求复杂的启动配置和大量的专用代码；这些特征难以与简单模式共存。在最坏的情形下，一个双重模式的 GUI/非 GUI 程序需要两个独立的命令解释循环，这就意味着代码膨胀和潜在的不一致性。

这样，当“选择最简单的模式”同生成一个 GUI 的需求相抵触时，Unix 的方法是将程序一分为二，这样“分离引擎和接口”设计模式派上用场。

事实上，将这种思想同第 7 章的主题相结合，我们也许可以命名一种在 Linux 和其他现代开源 Unix 中出现的新设计模式，尤其当 GUI 并不仅仅只是一个勉强的附属品，而是一个众多开发工作的活跃焦点时。

11.7.1 多价程序模式

一个多价程序(polyvalent，多角色程序)有以下特征：

1. 程序的应用定义域逻辑封存在一个文档化的 API 库中，该库可被其它程序链接。程序同外部的接口逻辑是一个基于库的薄胶合层。或者有几个不同风格的 UI 层，每一个层都可以链接该库。

2. 一种 UI 方式是 cantrip，类似编译器或以批处理方式执行交互命令的 CLI 模式。

3. 一种 UI 方式是 GUI，可直接链接到核心库，或者作为一个独立进程来驱动 CLI 接口。

4. 一种 UI 方式是脚本接口，使用现代的通用脚本语言，如 Perl、Python 或 Tcl。

5. 额外可选的一种 UI 方式是使用 *curses*（3）的 roguelike 式接口。

注意，GIMP 事实上满足此种模式。

11.8 网页浏览器作为通用前端

自从 1990 年代中期万维网引起计算机世界天翻地覆的变化以来，将 CLI 后端从 GUI 界面中分离出来已经成为一个愈来愈具吸引力的策略。对于一大类的应用程序，这种策略使你根本无需编写一个定制的 GUI 前端，而是征用网页浏览器来扮演该角色。

这种方法有许多优点。最明显的就是不必非要编写 GUI 程序代码——而可以用专擅于此的语言（HTML 和 JavaScript）描述 GUI。这就避免了许多昂贵、复杂、用途单一的代码，无需为此花费整个项目一半的时间和精力。另外，这使得程序可以立即用在互联网上；前端和后端既可以在同一个机器上，又可以远隔千里。此外，程序的所有次要表现细节（比如字体和颜色）都不再是后端需要处理的问题，实际上可以由用户自己通过一些像浏览器设置和级联样式单之类的机制按自己的口味定制。最后，网页界面的统一元素充分减少了用户的学习负担。

这种方法当然也有缺点。最重要的是（a）网页强迫以批处理风格处理交互操作，（b）使用无状态协议管理持久会话非常困难。尽管这些并不是 Unix 专有的问题，但我们还是

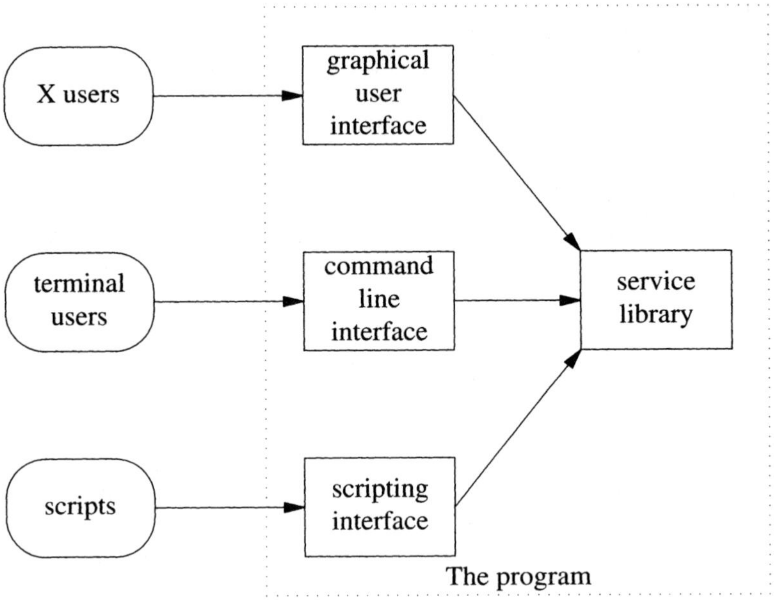

图 11.4 在多价程序中调用者/被调用者的关系

要在这里讨论——因为对于在设计层面思考清楚何时值得接受或绕开这些限制是非常重要的。

CGI—公用网关接口(Common Gateway Interface)，通过它，浏览器可以调用服务器主机上的程序，但它并不支持精细粒度的交互性。渐渐取代它的模板系统、应用服务器和内嵌服务器脚本（我们将在本节使用 CGI 代表所有这些语言滥用）也不行。

通过 CGI 网关并不能实现逐字符或逐 GUI 手势方式的 I/O；相反的，必须填完 HTML 表单并且点击提交按钮才能将表单内容发送给 CGI 脚本。之后运行 CGI 脚本并由服务器回传其产生的 HTML 页（可能本身也是另一个 CGI 表单）。

这本质上是一种交互的批处理风格，不是那种早已消失的在输入口放入打孔带然后得到打印输出的观念。使用 JavaScript 同用户交互，将事务批量处理成消息发送给服务器，这种方法更为方便。

Java 小应用程序可以建立自己的字符流回连接服务器，以支持更平滑的交互行为。但是 Java 还存在技术问题（仅仅只能在页面上使用固定的显示区域，并且不能够改变显示框之外的显示部分）以及更糟的政策问题（来自 Sun 公司的专利许可权耽误了 Java 的部署，而且别人不愿意用它；不能指望所有的浏览器都支持 Java 小应用程序）。

Java 和 JavaScript 都会遇上浏览器不兼容问题。微软坚持不在 Internet Explorer 上实现 JDK 1.2 和 Swing，这对于 Java 小应用程序来说是个严重问题，而 JavaScript 版本的差异也同样会崩掉程序（尽管 JavaScript 的 bug 比较容易纠正）。然而，处理这些问题通常都不会比编写和部署一个定制的前端需要更多的努力。较难以处理的是越来越多世故的用户，出于安全性问题和避免界面的滥用，惯例地将他们浏览器中的 Java 甚至 JavaScript 功能都禁用了。

另一个不相干的问题是，维护跨越多重 CGI 表单的会话信息需要太多技巧。服务器不能够保留客户端同 CGI 事务处理之间的对话状态，所以不能依赖它将同一用户的前后表单提交相关联。有两种方法来规避这个问题：链式表单和浏览器 cookie。

当使用链式表单时，必须安排 CGI 在第一个表单的不可见字段中为第二个表单产生一个唯一 ID，而第二个表单和所有后面的表单都将这个 ID 传递给它们的后继者。Cookie 以不太直接的方式达到同样的效果，有点像环境变量（细节参考关于众多 CGI 设计书籍中的任何一本）。随便哪一种情形，CGI 都必须使用 ID 作为一个会话索引（或是 cookie 来直接缓存状态）和显式地处理复用会话。

通常情况下，这些限制可以忍受。许多非平凡的应用程序，用单个表单和响应就可以满足，从而可以规避那两个问题。即使这不现实，程序要求多重表单，但编制和发布一个专门前端的复杂度和成本巨大，节省下来，完全可以轻易写出足够聪明的 CGI 来跟踪自身对话。

会话管理问题可以由应用服务器例如 Zope 或 Enhydra 来解决，它们提供了一个会话抽象，并且为嵌入它们的程序提供了诸如用户验证的服务。这些程序的缺点也是它们的优点：它们可以轻易地在服务器上保留每个用户的状态。但这可能会成为一个问题；它消耗资源，必须设置超时，因为在事务处理之间没有方法可以知道用户是不是还在线上的那一端。

通常，最好的建议是尽可能选择最简单的模式。当简单的 CGI 和 cookie 就足以应付工作时，要抵挡住靠 Java 或应用服务器来编写重量级设计的诱惑。

浏览器作为通用前端的方法还存在一个问题，那就是 CGI 后端不是立即可以从浏览器环境中分离的，所以难以脚本化或是将事务自动化到后端。Unix 的解法是三层结构——

网页窗体调用 CGI，CGI 调用命令。而命令集就是自动化的接口。

浏览器解开前端和后端耦合的方式具有重大意义。在网络上，随着网络的发展趋势，将用户锁进某个封闭专属协议和 API 集变得越来越困难也越来越缺乏吸引力。软件开发的经济大潮也越来越倾向于 HTML、XML 和其它开放的、基于文本的互联网标准。这种趋势也以有趣的方式增强了开源开发模式的发展，这一点我们将在 19 章给予讨论。在网络正在创造的世界里，Unix 的设计传统——包括本章讨论的接口设计——看起来比以往更加亲切。

11.9 沉默是金

在没有涉及缄默原则，这个 Unix 中最古老最持久的设计比喻之前，我们还不能就这样抛开用户接口交互性这个主题。我们在第一章提到过如果程序没有什么有趣的或是惊奇的东西要说就应该闭嘴，并且有充分的理由相信：它比 Unix 诞生时出现的缓慢电传打字机还要长命。

理由一：喋喋不休的程序往往不能跟其它的程序很好地合作。如果 CLI 程序向标准输出发送状态信息，那么尝试解析这个输出的程序就会落入是解析还是丢弃这些信息的两难境地（即使一切都不会出错）。较好的方法是只把真正的错误信息发送到标准的错误输出端，而不要发送任何未请求的信息。

理由二：用户屏幕的纵向空间是宝贵的。程序每产生一行垃圾，用户可见的信息就少了一行。

理由三：垃圾信息是对用户带宽的无谓消耗。在屏幕上，这又增加了一个分心的来源，往往让人们不得不在处理更重要的前台工作（例如同他人的交流）的同时耗费心力。

长时间的操作要提供进度条。这是个好传统——帮助用户有效地分时利用他的大脑，暗示在等待完成的过程中可以离开去阅读邮件或是干点儿别的。不要杂乱地让 GUI 界面弹出确认消息除非必要的警示而且进一步，父窗口最小化时应隐藏这些信息，又如果焦点不在父窗口时，应避免这些信息。[2]界面设计师的工作是方便用户，而不是在用户面前碍眼。

---

[2] 如果你的窗口系统支持在用户和程序之间产生较少妨碍的半透明弹出框，那就使用它们。

通常，老是告诉用户他们已经知道的事情是非常糟糕的风格（“程序<foo>正在启动…”，或是“程序<foo>正在退出”就是两个经典违例）。接口设计作为整体应该遵从最小立异原则，但是信息内容应该符合最大惊奇原则——仅仅对偏离通常期望的情况详加说明。

这个原则对于确认提示有着更强的力量。不断询问的答案几乎都为“是”的请求确认会造成用户根本不假思索就点击“是”，这个习惯会带来非常不幸的结果。程序应该只在有足够理由怀疑答案可能是“不不不！”的时候请求确认。并非意外却要求确认是糟糕设计的显著标志。任何确认提示本质上也许就是接口实际上需要一个撤销命令的标志。

如果为了调试，需要喋喋不休的进展消息，添加默认情况下禁用的高详细度(verbosity)选项。在发布产品时，尽可能多地将需要显示的正常消息转移到启用高详细度选项开关下。

12

优化

Optimization

Premature optimization is the root of all evil.

过早优化乃万恶之源。

—C. A. R. Hoare

这将是很短的一章，因为关于性能优化，Unix 的经验告诉我们最主要的就是如何知道何时不去优化。其次，最有效的优化往往是优化之外的其它事情，如：清晰干净的设计。

12.1 什么也别做，就站在那儿

程序员工具箱中最强大的优化技术就是不做优化。

有几个理由支持这项禅式的忠告。其中一个是摩尔定律的指数效应——最聪明、最便宜、常常也是最迅速的性能提升方法，就是等上几个月，期望硬件性能更好。考虑到硬件和程序员时间成本比率，总是有更值得打发时间的事，别去优化一个工作中的系统。

这是有数学上的理由的。如果仅仅只是为了减少资源使用的一个常数部分而优化，那是很不值得的。更明智的做法是集中精力将时间复杂度或空间复杂度从 $O(n^2)$降至

O(n)或 O(n log n)[1]，或者类似地，从一个更高次的指数降下来。线性性能增益往往很快就会被摩尔定律覆盖了。[2]

另一个非常有建设性的“无为”方式就是不写代码。程序性能不可能因不存在的代码而降低。而存在、但不如所设想那样高效的代码可能会降低程序的性能——但那是另一码事了。

12.2 先估量，后优化

如果有真凭实据证明应用程序运行缓慢，这时（仅当此时）才可以考虑优化代码。但付诸实施前，要先估量。

回顾第一章 Rob Pike 的六条法则。最初的 Unix 程序员最先学到的经验之一就是要明确瓶颈所在，直觉实在是个糟糕的向导，即使特别熟悉可疑代码的人也不例外。Unix 同多数其它操作系统不一样，它通常带有性能剖析程序(profiler)；要善加利用。

阅读 profiler 诊断的结果是一门学问。存在几个经常出现的问题：一是工具误差，二是外部强加的延迟，三是过度调用图中顶部节点。

根本的问题是工具误差。Profiler 靠插入指令来工作，这些指令可以报告子程序入口和出口之间、以及程序内嵌代码中固定间隔的执行时间。这些指令的执行同样需要时间。结果就是减少了调用时间的差量：很短的子程序往往看起来较实际费时，在相当的调用时间中，存在大量工具噪声，而对于长一些的程序，工具的额外开销是很难察觉的。

---

[1] 对于不熟悉 O 记法的读者，这是一种表示一个算法的平均运行时间如何随着输入量大小而变化的方法。一个 O（1）的算法，其运行时间是常数。一个 O（n）的算法，其运行时间可以预测为 An + C，这里，A 是某个待定的比例常数，而 C 是某个未知常量代表启动时间。线性链表查找的时间复杂度是 O（n）。一个 $O(n^2)$算法的运行时间是 An^2 加上低次项（可能是线性的、对数的，或任何其它低于二次的函数项）。链表中重复值的查找（不经排序的简单方法）就是 $O(n^2)$的。同样的，$O(n^3)$算法的平均运行时间可以用问题规模的三次方来预测，这对于实际用途往往过于缓慢。树查找是典型的 O(log n)算法。对算法的明智选择常常可以将运行时间从 $O(n^2)$降至 O(log n)。有时我们希望预测算法的内存利用量时，也可以注意到同样有 O(1)或 O(n)或 $O(n^2)$的区别；总的来说，空间复杂度是 $O(n^2)$或更高的都是不适用的算法。

[2] 引用摩尔定律：每十八个月性能翻一番。这暗示晚六个月买新机器就可以获得 26%的性能提升。

谨记工具误差，明智的做法是假定在最快和最短子过程的执行时间中，存在不少泡沫。频繁调用会耗去大量时间，所以，要特别注意统计它们调用次数。

外部延迟问题也是根本的。在 profiler 背后，会有许多不同种类的延迟和畸变。最简单的带有不预期延迟操作的额外开销——磁盘和网络访问、缓存填充、进程切换等等。如果仅仅是这些那还好了——也许你刚要检测它们，特别地，如果想检测整个系统的性能而不仅仅只是某个关键的内部循环。问题是它们存在随机的因素，那意味着任何单一的 profiling 结果并没有多大用处。

将这些误差源影响降到最低的一个方法，就是综合多次 profiler 结果，可以在一般情况下得到更好的运行时间图。有不少充足理由支持在优化之前为程序编制测试工具和测试负载；这远比性能调整重要得多，在程序改变之后，可以进行回归测试以检验其正确性。一旦这样做了，就可以对相同负载的重复测试运行 profile，这是一个很好的副作用，能够获得更有用的信息比单独手动的几次 profiling 强。

各种各样的效应常常导致时间耗费在调用例程而不是例程本身上，从而造成调用图中顶部节点负担过重。例如，函数调用开销，就常常算到调用例程上（这一点部分依赖于机器体系以及 profiler 工具是不是允许插入探针（probe））。如果编译器支持的话，宏和内联函数，根本不会在 profiling 报告中显示；它们耗费的每一份时间都算在了调用函数的头上。

更重要的是，许多时间分析工具都将子程序的时间开销加到了调用程序中。（随开源 Unix 一道发布的 *gprof*（1）就是如此。）如果同一过程有不止一个调用者，简单地从调用程序开销中减去被调用程序开销的结果用处不大———这样会人为缩小两者的时间差距。尤其麻烦的是如下这种常见情况：一个公用函数存在多个调用点，其中一些是简单调用，而其它地方却产生一些复杂的调用。

为了得到更透明的结果，分解代码，让高级例程尽可能多地调用底层例程、而不是内嵌代码。如果能够保持高层控制逻辑的开销最小，代码的这种调用结构往往可以让 profile 报告相对来说更容易阅读一些。

使用 profiler，并不只是简单收集孤立的性能数字，更应该把它当作一个具备许多有趣参数的函数（例如，问题规模、CPU 速度、磁盘速度、内存大小、编译优化，或其它相关因素）来研究性能是如何随之变化的，这样，才会有更多领悟。接着可以使用开源的 R 软件或是高质量的专有软件比如 MATLAB，试着将这些数据拟合成一个模型。

> 在模型模拟中，自然平滑的数据往往集中在大的效应上，小的有噪声的常常被忽略。例如，用 MATLAB 模拟立方体的矩阵翻转例程，来处理 10×10 到 1000×1000 的随机矩阵，很明显地，我们的情况正好具备清晰定义的边界，大致对应“在缓存中”、“在内存中但不在缓存中”和“不在内存中”。即使目的并不在此，但数据仍向我们揭示了这种效应，你只需看看与最好的拟合曲线有多少偏差。
>
> —Steve Johnson

12.3 非定域性之害

最有效的代码优化方法就是保持代码短小简单。我们在本书的前半部分已经给出了许多保持简单的良好理由。这儿还有个新的：永远不要将核心数据结构和时间关键循环抛出缓存。

把目标机器看成一个存储类型的分层结构，按照距离处理器的远近来排列：处理器自身的寄存器；指令管线；一级缓存（L1）；二级缓存（L2）；可能还有三级缓存（L3）；主存（Unix 老手仍然别致地称之为“核心”）；以及交换空间所在的磁盘驱动器。诸如对称多处理 SMP、共享内存集群和非均匀存储访问（NUMA）之类的技术给这个图增加了更多的层次，但仅仅增加了总体的延展宽度。

每一种对此栈的访问方式变得越来越快。处理器周期几乎不用考虑，除了一些苛刻的应用，例如核爆炸建模和实时视频压缩等等。但是，随着处理器速度的提升，别的也发生了，那就是存储层级间的速度比率也上升了。这样，缓存未命中的相对成本也提高了。

所以我们有一个有趣的悖论。随着机器资源成本的直线下降，庞大数据结构的平均开销也随之而降——但是因为相邻级别缓存的切换开销上升了，大型结构突破缓存容量对性能的影响也就增加了。

因此在这里，“小即是美”的建议比以往更有用，尤其是考虑到核心数据结构必须留在最快的缓存里。该建议也同样适用于代码；通常，指令加载要比执行花费的时间更多。

这彻底推翻了某些传统的建议。编译器优化，如循环分解，去掉相对昂贵的机器指令而增加代码的总行数，那是不值得的。另一个例子是预先计算的小型表格——例如，在 3D 图形引擎中，优化旋转操作的 sin(x)函数表在现代机器中占据 365×4 字节的空间。在处理器缓冲速度没有内存查询快时，这显然是个速度优化。但是现在，比起函数表产生的附加缓存击不中的可能开销，每次重新计算可能更快。

但在将来，也许随着缓存的增大又会反过来。更普遍的是，不妨悲观地认为，许多优化方法都是暂时的而且常常随着成本比例而变化。唯一可去了解的方法就是衡量后再看。

12.4 吞吐量和延迟

快速处理器的另一个效应是性能经常受限于 I/O 以及——尤其是网络程序——网络事务的开销。所以要知道为得到良好性能而进行网络协议的设计是非常有价值的。

最重要的问题是尽量避免协议的往返。每个要求握手的协议事务都有可能从任何连接延迟发展到潜在的严重降速。避免这样的握手并不是 Unix 传统做法，但需要提及，因为许多协议设计在这个问题上造成大量性能损失。

> 延迟问题怎么说都不够。X11 在避免请求来回上比 X10 做得好：Render 扩展就做得更好。X（及现在的 HTTP/1.1）是流协议。例如，在我的手提电脑上，每秒中可以运行 4 百万绘制 1x1 矩形的请求（8 百万无操作请求）。但是往返请求的代价比这要昂贵成百上千倍。如果任何时候能让客户端不用连接服务器就可以工作，你就成功了。
>
> —Jim Gettys

实际上，经验法则是尽可能低的时延设计，和忽略带宽成本，除非 profiler 明白无误地告知应该反其道而行。带宽问题可以在开发的后期通过一些技巧，比如现场压缩协议流等等来解决，但是要在已有的设计中去除高时延则要困难得多（往往根本就不可能）。

而这种效应在网络协议设计中最为明显，吞吐量和延迟时间的权衡就是更为普遍的现象。在编写应用程序时，对于昂贵的计算操作，通常面临这样的选择，是一次计算反复使用，还是按需计算（即使那意味着要经常重新计算）。在多数情况下，如果面临如此的选择，正确的做法是偏向低时延。也就是说，不要预先计算昂贵的操作，除非存在吞吐量的要求，并且通过测量确切知道吞吐量确实很低。预先计算看起来似乎很有效率，因为它最小化了处理器周期的使用，然而处理器周期是廉价的。除非在做计算密集的应用程序，例如数据挖掘、动画渲染或前面讲到的爆炸模拟，否则，更好的选择是短暂的启动和快速的响应。

在 Unix 早期的日子里，这个建议也许会被视作是异端邪说。那时，处理器慢得多、成本比例大不一样；并且，Unix 的模式更倾向于强大的服务器操作。提出低延迟价值，部分也是因为即使是新兴的 Unix 开发者有时也继承了旧的文化而偏向于吞吐量的优化。但是，现在世道变了。

有三种常规的策略来减少时延，（a）对可以共享启动开销的事务进行批处理，（b）允许事务重叠，和（c）缓存。

12.4.1 批操作

通常图形 API 是基于更新物理屏幕的固定配置成本非常大而编写的。因此，写操作实际上改变的是内部缓冲区。最终还是程序员来决定什么时候将这些更新累积到可以成批处理，然后调用某个操作来更新物理屏幕。选择正确的物理刷新间隔可以在图形客户端产生非常不一样的感觉。Roguelike 程序使用的 X server 和 *curses*(3)库就是这样组织的。

持续的服务守护进程是更典型的 Unix 式批处理实例。编写持续的守护进程（与每次启动带来全新会话的 CLI 服务器相反）有两个理由，一个是显然的，一个有点深奥。显而易见的理由是控制共享资源的更新。不太明显的理由，即使后台程序并不是处理更新，也可因此分期偿还通过多请求读取后台数据库的成本。一个完美的例子是 DNS 后台服务程序 *named*(8)，它有时必须处理每秒上千万的请求，每个请求都可能会阻塞用户的网页载入。*named*(8) 高速的原因之一就是访问保持在内存中的缓存，而不应对磁盘上描述 DNS 区文本文件的昂贵解析操作。

12.4.2 重叠操作

在第五章中我们比较了查询远程邮件服务器的 POP3 和 IMAP 协议。注意到 IMAP 请求（与 POP3 请求不同）被打上了由客户端产生的标记；服务器发送响应时，也含入了属于该请求的标记。

POP3 请求必须由客户端和服务器端一步接一步地处理：客户端发送一个请求，等待该请求的响应，只有在此之后才能准备并发送下一个请求。另一方面，IMAP 请求是带标记的，因此可以相互重叠。如果 IMAP 客户端希望获取多条消息，它可以将好几条读取请求（每一条都有不同的标记）以流方式发向 IMAP 服务器，而不需要等待每条请求的响应。每个响应也做了同样标记，当服务器就绪时，传送回来；所以，先前请求的响应很有可能在客户端发送后续请求时，就回来了。

这种策略在比网络协议更广泛的领域里也适用。对于减少延迟来说，阻塞或等待中间结果都是致命的。

12.4.3 缓存操作结果

有时，按需计算出昂贵的结果，再缓存起来为以后使用，通过这种方法可以兼得鱼和熊掌（低延迟和高吞吐量）。我们先前提到过的 *named* 程序通过批操作降低延迟；其实，它也通过缓存先前同其它 DNS 服务器的事务结果的方式来降低延迟。

缓存有其自身的问题和权衡，可以由一个应用程序很好地阐明：二进制缓存的使用可以消除有关文本数据库文件解析的开销。一些 Unix 变种已经使用这种技术来加速口令信息的访问速度（特别巨大站点的通常目的就是降低登录时的时延）。

这种方法要想实施，所有涉及二进制缓存的代码必须检查两个文件的时间戳，如果主文本更新了，则必须相应更新缓存。换句话说，主文本的所有变化都必须通过一个能够更新二进制格式的包装器来完成。

一旦采用了这种方法，SPOT 原则会引导我们发现它所有的缺点。重复的数据表明这种存储不具备经济性——这是一个纯粹的速度优化。但真正的问题是确保缓存和主文本一致的代码非常容易产生漏洞和 bug。频繁更新的缓存文件仅仅因为秒级的时间戳分辨率就会导致难以捉摸的竞态条件。

一致性在简单情况下可以保障。看看 Python 解析器，当第一次导入 Python 库文件时，编译文件将 p-code 以扩展名 `.pyc` 的形式存放在磁盘上，以后都是运行 p-code 的一份缓存拷贝，除非源码发生改动（这就避免了每次运行都要重新解释库源码）。Emacs Lisp 以`.el`和`.elc`文件使用同样的技术。这种技术能起作用，是因为缓存的读写访问都通过一个简单的程序来实现。

主文本的更新模式越复杂，同步代码就越容易产生漏洞。几个 Unix 变种，使用缓存技术来加速关键系统数据库访问速度，以频发系统管理员恐怖事故而臭名昭著，恰好反映了这一点。

总的来说，二进制缓存文件是一项不稳定的技法，应尽量避免。在某种情况下为降低延迟而进行的专门优化工作，常常可以更好地改善应用程序设计，从而不再有这样的瓶颈——或者甚至可以转而加速文件系统或是虚拟内存实现。

认为迫切需要缓存的时候，明智的做法是能够从更深层次来考虑，并问问为什么缓存是必须的。这比将缓存的所有边界条件都考虑到要容易得多。

13

复杂度：尽可能简单，但别简单过了头

Complexity: As Simple As Possible, but No Simpler

Everything should be made as simple as possible, but no simpler.

事情要尽可能简单，但别简单过了头。

—Albert Einstein

在第 1 章末，我们概括 Unix 的哲学为“Keep It Simple, Stupid!”。贯穿整个“设计”部分的不变主题就是尽可能保持简单设计的重要性。但什么是“尽可能的简单”？又如何断定？

这个问题的讨论一直拖延到现在，因为对“简单”的理解是复杂的。需要某些在“设计”部分讨论的思想，尤其是第 4 章和第 11 章的思想，作为背景。

本章的大部分问题都是 Unix 传统的核心问题，有一些甚至触发了造成数十年混乱的内战。本章从已形成的 Unix 实践和专业术语出发，然后走得比本书剩下部分稍微更深入一些。我们并不是简单地尝试给出这些问题的答案，因为根本没有答案——我们希望你能够在概念上有所收益，从而挖掘出自己的答案。

13.1 谈谈复杂度

如同前述讨论的模块化和接口设计问题，Unix 程序员往往有某种发自本能、得于经验的反应，然而却无法清晰表述。所以，我们需要先给出一些术语。

首先我们将定义什么是软件复杂度。然后我们会横向比较几种不同复杂度之间的差别，比较过种中有时免不了顾此失彼。最后我们会进行更重要的纵向比较：哪些是我们不得不与之共处的，哪些则可以去除。

13.1.1 复杂度的三个来源

对于简单性、复杂度和软件最佳规模的疑问，Unix 世界注入了极大的热情。Unix 程序员已学到了一种世界观：简单即美即雅即善，而复杂即丑即怪即恶。

Unix 程序员追求简单的激情，源自注重实效的事实：复杂度就是成本。复杂的软件更难于开发，难于测试，难于调试，难于维护——最重要的，难以学习和使用。而复杂所带来的成本，开发时便汹涌而来，部署后更变本加厉。复杂是 bug 滋生的温床，在整个的软件生存期，世界都将不得安宁。

所有种种压力将程序员拖进复杂度的泥沼中。在前面的几章里，我们已经审视了这些祸害；其中两个最臭名昭著的就是功能蠕变和过早优化。传统上，Unix 程序员以一种宗教般的热忱来抵御这种趋势，即谴责所有复杂度都非好事。

那我们所说的“复杂度”究竟是什么？这一点必须板上钉钉，因为不同人有不同的看法。

Unix 程序员（像其他程序员一样）往往注重于实现的复杂度——基本上，也就是程序员为了能够试图理解一个程序，从而建立其思维模型并调试该程序的困难程度。

另一方面，顾客和用户往往从程序界面的复杂度来看待这个问题。在第 11 章，我们讨论了易用性及其对立面——记忆负担。对用户而言，复杂度与记忆负担紧密关联。而如果一个拙劣的界面强迫用户进行许多易错或仅仅是冗长的低级操作，而不能进行高级操作，那么低下的表现力和简洁也脱不了干系。

同时受这两者驱使的第三个度量标准就简单多了：系统中的代码行总数，即代码量。用生命期成本的话来说，这通常是最重要的衡量方式。理由也许能从软件工程最重要的经验主义结论中找回，我们以前也曾经引用过：代码的缺陷密度，每百行代码出错率，往往是一个与实现语言种类无关的常量。更多行的代码意味着更多的 bug，而调试常常是开发中最昂贵、最耗时的部分。

代码量、接口复杂度和实现复杂度可能同时上升。这就是功能蠕变的通常结果，所以程序员对其特别恐惧。过早的优化并不增加接口复杂度，但是对于实现复杂度和代码库规模有着负面的影响（常常特别糟糕）。这种防御复杂度方式相对容易实现；困难在于，必须在这三者之间进行权衡。

我们已经提到过两种尺度会导致不同方向变化的情况：用户界面，如果设计时首先考虑容易实现或代码规模，可能就会简单地将许多底层任务都抛给用户。（对 Unix 程序员是难以想象的，但在别的系统中普遍存在的一个拙劣的例子，就是一个缺乏全局替换操作的编辑器。）尽管这种设计失误实在很普遍，但传统上，却没有一个名称。我们将称之为“manularity”（人力尺度）陷阱。

迫于保持代码库适度规模的压力，不得不使用极端晦涩复杂的实现技法，这往往会导致系统实现复杂度的层层叠加，成为无法调试的一团乱麻。这种情况经常发生在程序为适应极小规模系统而必须用汇编语言写成，或需要自修改代码之类的技巧的时候；如今，这种情况在嵌入式系统之外难得一见，就算在嵌入式系统中，也变得愈加稀少。这种设计失误传统上也没有一个名称，但有人会称之为“blivet”（硬撑）陷阱，这个词语来自于军队，原本描述把十磅马粪硬塞进五磅麻袋里的行为。

我们预先定义“blivet”陷阱，是为了与其对立面对比之用，但它并不出现在我们的实例分析中。如果项目设计者对实现复杂度特别敏感，而拒绝使用统一但复杂的方式来解决一整类问题，相反地更愿意对问题个体编写重复、专用代码，“blivet”便会出现。其结果就是代码库尺寸暴涨，而维护问题远较使用统一方法严重。例如，一个网站工程，其页面背后其实需要一个集中式的关系数据库，可能反而却采用几个不同的关键数据文件，在页面生成时将它们包含的信息聚齐。这种失误太过普遍。它没有传统叫法；我们将称之为“adhocity”（过专用）陷阱。

这就是复杂度的三个面孔，以及一些设计者有时往往为了规避反而掉进的陷阱。[1]本章稍后我们在实例分析中将审视更多的例子。

13.1.2 接口复杂度和实现复杂度的折中

一篇极透彻的关于 Unix 传统的观察来自 Unix 世界以外——Richard Gabriel 的论文《Lisp：好消息，坏消息以及如何获得大胜》(Lisp: Good News, Bad News, and How to Win Big)》[Gabriel]。Gabriel 是 Lisp 社区的长期领导者，此论文最初是作为 Lisp 独特设计风格的一个论证，但是作者自己承认文章被人记得的主要原因是"The Rise of Worse Is Better (‘差即是好’的兴起)"一节。

文章认为：Unix 和 C 语言有病毒般的特性；在软件设计发展过程的奋斗中，那些促成快速传播(传染)的特征，如实现的简单性和可移植性等，比起设计的正确性和完备性更为有效。Gabriel 几乎预见了开源软件"多眼球"效应，而开源社区在 1997 年后的回顾中，也将他视为他们中的一位理论家。

较少为人所记的是，Gabriel 的中心论点是关于实现和接口复杂度间的一个精准权衡，它正好就是我们在本章中检视的分类。Gabriel 在更关注接口简单性的"MIT"哲学和更重视实现简单性的"New Jersey"哲学之间进行了比较，然后提出，尽管 MIT 哲学能够引导软件在抽象上做到更好，但 New Jersey 模型（差者）更具传播特质。随着时间的推移，人们更多的注意力都集中到了 New Jersey 风格，所以它提高得更快。差的变成了好的。

实际上，MIT 和 New Jersey 哲学同 Unix 设计传统自身冲突的趋势有些相像。Unix 思想中的一个主题就是强调工具小巧锐利，设计从零开始，接口简单一致。这种观点最著名的支持者是 Doug McIlroy。另一种思潮则强调创作简单的可工作实现，然后快速发布，方法笨无所谓，边界情况不妨搁置。Ken Thompson 的代码和他关于编程的信条常有这种倾向。

这两种方法间的平衡恰恰是因为有时可用复杂度换来更简单的接口，或者反之。Gabriel 最初的例子，耗时运算系统调用如何处理无法保留或屏蔽的中断，仍然是最好的

[1] 我们为这三个陷阱创造的名称，听起来虽然像，但是均非出自[Raymond96]中描述的已确定的黑客行话。

实例之一。在 MIT 哲学中，应该暂停系统调用，伺中断处理完成之后自动恢复之——这较难实现，但接口更为简单；而在 New Jersey 哲学下，系统调用会返回一个错误表明已被中断，用户必须重新执行——这实现起来非常简单，但编程接口却较难使用。

两种方式都历经考验。Unix 老手当会想起 System V 和 BSD 处理软件信号的风格，后者追随 MIT 哲学，而前者来源于 New Jersey 思潮。在它们之间作出选择的根本迫切问题与软件的感染性并无直接关系：如果目标是抑制整体复杂度，最愿意牺牲的是什么地方？什么地方又最该被牺牲掉？

一个 Garbiel 文章中没有提到的划时代实例来自于分布式超文本系统。早期的分布式超文本工程，诸如 NLS 和 Xanadu，严重局限于 MIT 哲学的假定：无被指物的链接在用户界面上是一个不可接受的障碍；这就限制了系统要么只能在一个受控制的闭集文档中浏览（例如在单个 CD-ROM 上），要么必须实现各种日益复杂的复制、缓存、索引方法来防止文档的随机丢失。Tim Berners-Lee 转而用经典的 New Jersey 方法解决了这个疑难杂症。他所采用的简单实现就是允许“404: Not Found”可以作为一个响应，这使得万维网非常轻便，并获得了广泛的传播和巨大的成功。

Gabreil 自己尽管坚持“坏的”更具感染性而往往能取得最后胜利，但关于其潜在复杂度的相关问题是否确实是一件好事，他已经数次公开地改变了意见。他的不确定性恰好反映了许多在 Unix 社区中正在进行的设计争论。

我们并不能提供一个放之四海而皆准的答案。对于本章大多数的问题，良好品味和工程判断力要求，情况不同，则答案不同。重要的是要培养斟酌每一个设计的习惯。正如我们在讨论软件模块性之前的建议一样，复杂度的算盘必须打好。

13.1.3 本质的、选择的和偶然的复杂度

在理想世界，Unix 程序员只愿意手工打造小巧完美的软件宝石，每个都那么小巧、那么优雅、那么完美。然而现实中很不幸的是，太多复杂问题需要复杂的解决方案。仅

仅十行的程序，再优雅也无法控制喷气客机。那儿有太多的装备、太多的通路和界面，太多不同的处理机——太多不同操作人员定义的子系统，他们甚至连基本的约定都无法统一。即使能够成功地将航空控制系统所有的个体软件部分都做得优雅，但拼装结果很有可能是一堆庞大、复杂、糟糕的代码，当然（希望如此）也有个优点，就是确实能够**工作**。

喷气客机的复杂是必然的。过去有个相当尖锐的观点，不能为简单性而牺牲掉功能，因为飞机必须要能飞。正是这个事实，航空控制系统并不会产生关于复杂度的圣战——Unix 程序员往往敬而远之。

喷气客机当然不会对因过度复杂而导致的系统故障有免疫功能。但是在需求较灵活的软件中，设计问题更容易辨别和考虑，也容易在预期的功能性和复杂度中做出权衡。（此处，以及本章的剩余部分，我们从总体方面使用“功能”来包括诸如性能提升或是接口整体修饰之类的东西。）

为了看得更敏锐，我们需要从注意偶然复杂度和选择复杂度的区别开始。[2]偶然复杂度的产生是因为没有找到实现规定功能集合的最简方法。偶然复杂度可以由良好的设计或重新设计来去除。另一方面，选择复杂度，同某个期望的功能相关联，只能由改变工程的目标来去除。

当无法区分选择和偶然复杂度时，设计争论就会变得异常混乱。“什么是工程目标”的夹杂着简单即美的问题，也会牵扯到人们是不是足够聪明。

13.1.4 映射复杂度

迄今为止，我们已经发展出考虑复杂度的两个不同等级。这些等级实际上彼此正交。图 13.1 或许可以帮助澄清它们之间的关系。该图共有九个方框，每一个都列出了某种特殊复杂度种类的常见来源。

[2] 偶然和选择复杂度的差别意味着我们在此处讨论的分类跟 Fred Brooks 文章 No Silver Bullet(没有银弹)[Brooks]中的本质和偶然有所不同，但是它们在哲学上都有同样的祖先。

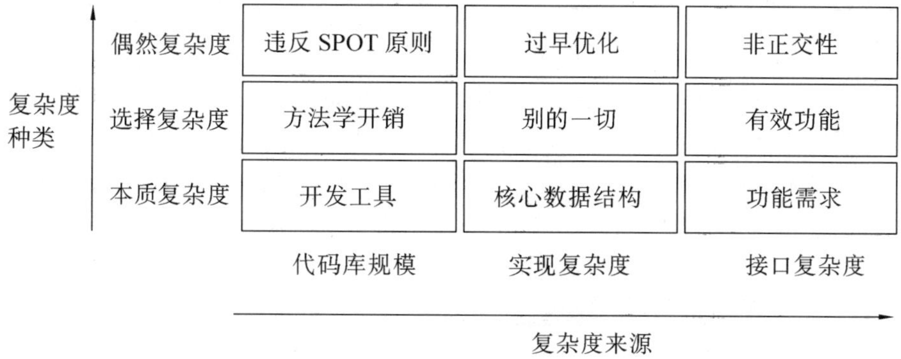

图 13.1 复杂度种类及其来源

在本书的稍早部分我们已经接触过各类复杂度，特别是属于偶然复杂度的那种。在第 4 章中，我们注意到偶然复杂度常常缘于接口设计并非正交——即没有仔细地分解接口操作以使得每个操作只完成一件事情。偶然代码复杂度（比能够完成工作所需的更复杂）常常来自于过早的优化。臃肿的偶然代码库往往缘于对 SPOT 原则的违背、重复的代码或糟糕的组织，以至于重用机会渺茫。

本质接口复杂度通常无法去除，除非调整软件的基本功能需求（在本章的实例分析中我们会更多地展开这个主题）。代码库的本质大小同选择的开发工具有关，因为如果功能清单固定不变，决定代码库规模大小最重要的因素可能就是实现语言的选择（正如我们在第 8 章暗示的一样）。

选择很难地有效的归纳可能复杂的来源，因为它们往往依赖于值得为何种功能付出复杂度代价的精微判断。可能接口复杂度往往缘于让用户感觉更加好用、而非程序基本功能的附加便利性。代码库规模大小的可能增涨（假设用户可视的功能和采用的算法固定不变）通常来自于使其更具可维护性的不同实践——增加更多注解，使用更长变量名称等等。工程所涉及的任何方面均可产生可能实现复杂度。

复杂度的不同来源必须以不同方法应对。代码库规模可以采用更好的工具来解决。实现复杂度可以选择更好的算法来处理。接口复杂度必须着眼于更好的交互设计，一种考虑了人类工程学和用户心理学在内的技能。这种技能，比编码能力更为少见（并可能更加困难）。

另一方面，处理各种复杂度，必然更仰赖于见识而非方法。通过发现更简单的方法，可以去除偶然复杂度。依赖上下文环境判断哪些功能值得去做，可以去除选择复杂度。而要去除本质复杂度，就只能通过对现实真谛的洞察和顿悟，从根本上重新定义所要解决的问题。

13.1.5 当简洁不能胜任

对于 Unix 坚持简单的传统，往往伴随着一种错误的理解模式，Unix 程序员常常认为（有时甚至依此行事）似乎所有的可能复杂性都是偶然复杂性。更为甚者，在 Unix 传统中存在一个强烈的偏好，宁可去掉功能，也不接受可能复杂性。

这种态度的例子很容易产生（的确，本书大部分内容就是防止这个的）。干净的简约主义让我们在多个层面上感觉良好，为此设计也是非常有价值的防范措施，能够防止软件系统表面光鲜但内里功能不足的自然趋势。但是，计算资源以及人类的思考，同财富一样，不是靠储藏而是靠消费来证明其价值的。同其它美学形式一样，我们需要注意何时设计上的简约已经不再是有价值的自律形式，而开始成为一件伪装的苦行者外衣——一种实际上把美德作为借口来敷衍工作的纵容方式。

这是一个危险的问题，确实太容易变成支持彻底抛弃良好设计准则的论据。Unix 老手常常羞于谈及，害怕防范复杂臃肿可能的最坚固阵线无法扼守，会将我们推向无情的毁灭。但它避无可避。我们会在分析本章的研究实例中直接处理它。

13.2 五个编辑器的故事

现在我们将使用五个不同的 Unix 编辑器来作为案例。在检视这些设计时，在心中牢记以下基准任务会非常有用：

- **纯文本编辑**。即操作纯 ASCII（在如今这个国际化的时代，也许是 Unicode）文件，编辑器只知道其字节或者行结构。

- **富文本编辑**。即编辑带有属性的文本；这些属性可以包括字体的变化，颜色或者其它类型的文本内属性（比如一个超链接）。具备这种能力的编辑器必须能够在某个用户界面的属性表示同磁盘上的数据表示之间进行转换（例如 HTML、XML 或其它富文本格式）。
- **句法感知**。一个句法感知的编辑器知道输入事件存在语法，在识别出编程语言中一个范围块的开始或结束时能够自动更改缩进级别，或其它类似动作。一个句法感知的编辑器一般也能够以不同的颜色或特别的字体加亮文本。
- **批命令输出的输出解析**。Unix 世界最常见的情况就是从编辑器内运行一个 C 编译器，捕捉其错误信息，从而无需离开编辑器就能够跳至任何出错地点。
- **同辅助子进程交互**。这些子进程在不同的编辑器命令间保留和维护状态。当具备这种能力时，会产生以下强大的结果：
  - 从编辑器内部可以驱动版本控制系统，无须离开编辑器到一个 shell 窗口或独立的公用程序就可以实施文件的检入检出（checkin/checkout）。
  - 编辑器可以作为符号调试器的前端，当发生那些诸如调试程序运行停止在某个断点上之类的情况时，编辑器可以自动访问恰当的文件及其文本行。
  - 通过识别指向另一个主机的文件名（比如符合 `/user@host:/path/to-file` 语法），可以在编辑器内编辑远程文件。假设拥有访问权，这类编辑器可以自动运行诸如 *scp*（1）或 *ftp*（1）的公用程序获取本地的一个拷贝，然后在保存文件时自动地将编辑后的版本传回远程位置。

我们分析的所有实例都可以编辑纯文本。（读者不应该把这种能力视作理所当然——还有许多称之为编辑器的东西，比如“字处理器”，就太过于专用化而无法编辑纯文本！）下面我们就开始来了解这些编辑器在处理更复杂任务时产生的不同程度的选择复杂度。

13.2.1 *ed*

ed（1）是真正 Unix 简约主义者编辑纯文本的方式。它自电传打字机时代就存在。[3]它有一个简单俭朴的 CLI；没有屏幕显示。在接下来列出的实例中，着重突出计算机输出。

```
ed sample.txt
sample.txt: No such file or directory
# 这是注释行，不是命令。
# 上面的信息警告 sample.txt 是新创建的。
a
the quick brown fox
jumped over the lazy dog
.
# 那是一个追加命令，表示向文件加入文本。
# 一个点号占据一行表示追加文本的结束。
1s/f[a-z]x/dragon/
# 在第一行，用‘dragon’替换第一个匹配 f 后接任意 a-z 的小写字母再后接 x 的字符串。
# lowercase alphabetic followed by x with 'dragon'. The
# substitute command accepts basic regular expressions.
# 替换命令接受基本的正则表达式。
1,$p
the quick brown dragon
jumped over the lazy dog
# 从头到尾打印所有的行。
w
51
# 将文件写到磁盘上。‘q’命令结束编辑对话。
# editing session.
q
```

对于现代读者来说这似乎难以置信，绝大多数 Unix 的最初代码都是用这个编辑器编写的。有 DOS 经历的读者在这儿可能会辨认出这是行编辑器 EDLIN 的粗糙原型。

如果把编辑器的工作定义为仅仅让用户创建和修改纯文本文件，那么 *ed*（1）足堪使用。从 Unix 设计有关正确性的观点来说，重要的是它不做别的任何事情。许多旧学派的 Unix 程序员半认真地坚持所有功能比 ed 更多的编辑器都是臃肿的——并且少数仍然一丝不苟的坚信这个观点。

实际上，*ed* 是 Ken Thompson 对早期 qed [RitchieQED]编辑器的有意简化，*qed* 编辑

---

3 年轻读者可能不会知道那些终端是打印的。在纸上打印。非常慢。

器——跟 *ed* 非常相似（而且是第一款以 Unix 特有方式使用正则表达式的编辑器）但具备 Ken 故意放弃的多缓冲区能力。Ken 认为它不值得付出更多复杂度。

ed（1）及其所有衍生品最显著的特征就是命令的对象操作格式（上述对话实例展示了'p'命令作用的明确指定行范围）。可以有相对强大的语法来指定行范围，或者以数字形式，或者用正则表达式来模式匹配，或者用当前行和末行的简捷表示方式。多数编辑操作都可以在任何范围起作作。这是一个良好的正交性实例。

今天，*ed*（1）主要作为在脚本中由程序驱动的编辑工具来使用——具有更复杂交互模式的编辑器并不适合此用。有一个很相似的称为 *ex*（1）的变种，增加了一些例如命令提示之类的交互特性；在一些非常罕见的情况下，例如必须通过非常缓慢的串行线来完成编辑，或者在某个不同寻常的崩溃恢复情况下，程序库支持需要运行的其它编辑器无法访问，*ed*（1）就有用武之地了。正是这些原因，每个 Unix 版本都包含了一个 *ed* 的实现，而多数 Unix 版本也同样包含了 *ex*。

sed（1），这个在第 9 章提到的流编辑器也与 ed 紧密相关；许多基本命令完全一样，但 sed 设计为通过命令行开关调用，而非读取标准输入。

几乎所有的 Unix 程序员都已经偏离了苦行和简约主义的美德，通常使用至少拥有 roguelike 这种面向屏幕界面的编辑器。[4]然而，坚持 ed 的虔诚道出了许多值得关注的 Unix 思想。

13.2.2 vi

最初的 *vi*（1）编辑器是将可视的 roguelike 界面套到 *ed*（1）命令集上的首次尝试。与 ed 一样，它的命令通常是单键式，特别适合可以盲打的人使用。

鼠标支持、编辑菜单、宏、指定键盘绑定，或是任何形式的用户定制在最初的 vi 中都没有。追随 ed 的信仰，vi 的信徒认为这些功能特性的缺乏恰恰是个优点。从这个角度来说，vi 编辑器最重要的一个美德就是，在新的 Unix 系统上可以立刻开始编辑，而无须转移原来的定制或担心默认的命令绑定会危险地与习惯相悖。

vi 使初学者饱受挫折，这是由于其简明扼要、单键击发式命令所致。它有一个**模式**界面——或者处于命令模式，或者处于文本插入模式。在文本插入模式，可用的命令仅

[4] 著名的一个 Usenet 帖子就是 ed 信仰的例证之一，读者可以通过网络搜索“Ed is the standard editor”找到这个。尽管都知道这是个调侃，但毫无疑问这决不是完全的玩笑话。多数黑客都会将此认作是“Ha ha, only serious”的实例。

仅只有使用 ESC 键退出该模式以及（在新版本中）光标移动键。在命令模式，键入的文本会被解释成各种命令，而且还会给文本内容带来奇怪的（可能是毁灭性的）后果。

另一方面，vi 拥趸特别吹捧的一个命令集特性就是继承来自 ed 的对象操作格式。大多数扩展的命令也可以自然地用于任何行范围。

年复一年，vi 已经相当庞大了。现代的版本加入了鼠标支持、编辑菜单、无限撤销操作（最初的 vi 仅仅只支持撤销最近的一次命令），独立缓冲区的多重文件，以及用运行控制文件进行定制。然而，运行控制文件很少使用，与 Emacs 相比而言，内嵌通用脚本的使用也不流行。相反的，通过加入 C 代码到编辑器本身，vi 实现已经发展出独立完成任务的能力，例如 C 代码的语法感知以及 C 编译器错误信息的输出解析。vi 编辑器不支持子进程的交互。

13.2.3 *Sam*

Sam 编辑器[5]在八十年代中期由 Rob Pike 在贝尔实验室编制而成。Sam 是为我们将在第 20 章讨论的 Plan 9 操作系统而设计的。虽然 Sam 编辑器在贝尔实验室外并不广泛为人所知，但许多参与了最初 Unix 设计而后来又继续用 Plan 9 工作的开发者都很喜欢，包括 Ken Thompson 本人。

Sam 编辑器是 ed 一个相当直接的后裔，比 vi 更接近它们的父辈 ed。Sam 仅仅只加入了两个新观念：curses 风格的文本显示和能够用鼠标选中文本。

每个 Sam 对话都只有一个命令窗口，以及一个或多个文本窗口。文本窗口编辑文本，命令窗口接受 ed 风格的编辑命令。鼠标用来在两个窗口间进行切换，以及用来在文本窗口内选择文本区域范围。这是个干净、正交、无模式的设计，避免了 vi 的大部分接口复杂度。

绝大多数命令操作默认地施用在一个可以由鼠标拖拽操作绘出的选中区域上。一个命令的选中区域也可以用 ed 方式的行范围指定来设置，但 Sam 允许用户选择比行单位更精确的粒度，这让 Sam 获得了相当可观的威力。因为可以通过鼠标选择和快速地在缓冲区（包括命令缓冲区）间切换，所以 Sam 不需要和 vi 编辑器等价的默认（命令）模式。许多 vi 的扩展命令都成为多余，而在 Sam 中被删除了。总之，Sam 编辑器只在 ed 命令

---

[5] http://plan9.bell-labs.com/sys/doc/sam/sam.html

集的 17 个命令中增加了 12 个，总共加起来不超过 30 个。

Sam 编辑器的四个新命令加上两个继承自 *ed*（1）和 *vi*（1）的命令，作为应用正则表达式的方法来完成施用在选定文件或文件区域上的任务。这些为命令语言提供了有限的但是有效的循环和条件功能。然而没有方法可以命名或给命令语言过程加上参数。语言同样不能交互控制一个子进程。

Sam 一个有趣的特点是它被分成了两个部分，将处理文件和搜索的后端从处理屏幕界面的前端分离开来。这个“分离引擎和接口”的实例拥有立杆见影的实践收益，尽管程序具有 GUI 部分，但仍然可以很容易地通过一个低带宽的连接就可以编辑远程服务器上的文件。同样，前端和后端可以相对容易地重新改用。

Sam 编辑器，像 vi 的最近版本一样，支持无限撤销操作。Sam 编辑器被设计为既不支持富文本编辑，也不支持输出解析，还不支持子进程交互。

13.2.4 Emacs

Emacs 无疑是现存最强大的程序员编辑器。它是一个庞大的、功能丰富的程序，具有强大的灵活性和可定制能力。正如我们在第 14 章 Emacs Lisp 部分描述的一样，Emacs 拥有一个完整的编程语言，可以编写出任何强大的编辑器功能。

与 vi 不同，Emacs 没有各种界面模式；相反地，命令通常都是以控制字符或者 ESC 在前引导。然而，在 Emacs 中，可以将任意的命令绑定到任何的按键序列，而且命令可以是库中的或定制的 Lisp 程序。

Emacs 可以编辑多个文件，每个置于独立的缓冲区内，同时支持在这些不同的缓冲区内移动文本。在 X 下的版本本身具有鼠标支持。

绑定在 Emacs 按键上的 Lisp 程序可以在一个缓冲区里执行任意的文本变换。这种功能频繁使用，尤其是在为许多不同语言和标记格式（正如从 vi 开始支持的 C 代码颜色加亮，但并不仅限于此）定义语法感知和富文本编辑模式中。每种模式都是简单的 Lisp 代码库文件，可以在需要时加载。

Emacs Lisp 程序也可以交互地控制任意子进程。这种能力的一些明显结果已经在早些时候列出：可以作为版本控制系统、调试器等前端服务的能力。

Emacs 的设计者建立了一个可编程的编辑器，[6]可以将与任务相关的知识定制进去，以针对数以百计的不同类特殊编辑任务。设计者赋予了它可以驱动其它工具的能力。结果就是 Emacs 支持在一个共享的上下文环境中处理所有的文本操作——文件、邮件、新闻、调试符号。它可以用作任何拥有交互文本界面命令的定制前端。

有个流行的笑话，Emacs 的支持者和批评者都知道，在这个笑话中，Emacs 被描绘为伪装成编辑器的操作系统。这有些过于夸大，但 Emacs 当然完全成功扮演了非 Unix 操作系统上集成开发环境（IDE，我们将在第 15 章回头讨论这个议题）的角色。

这种强大来自于复杂度的代价。要使用一个定制化的 Emacs，就必须携带定义个人 Emacs 参数选项的 Lisp 文件。学习如何定制 Emacs 简直就是门学问。Emacs 因此要比 vi 更难学习。

13.2.5 Wily

Wily 编辑器[7]是 Plan 9 acme 编辑器的一个翻版[8]。它有些功能同 Sam 编辑器相似，但目的是提供一个全然不同的用户体验。尽管 Wily 可能是所有这些编辑器使用范围最小的一个，但仍相当有趣，因为它展示了一种不同的、存在争议的、更 Unix 的方式来实现类似 Emacs 的可编程编辑器。

Wily 可以视作是满足最低要求的 IDE，可以视作是 Emacs 风格可扩展性的一个实现，而无伴随 Emacs 数十年之久的累赘。在 Wily 中，甚至作为 Unix 编辑器要素的全局搜索和替换，都由外部程序提供。内建的命令几乎毫无例外地同窗口操作相关。Wily 设计之初就完全支持尽可能多地使用鼠标。

Wily 并不仅仅试图取代常规的编辑器，同时试图取代诸如 *xterm*（1）的终端窗口软件。在 Wily 中，主窗口（其中包含多个不重叠 Wily 窗口）中的任何文本都可以是一个行为或搜索表达式。使用鼠标左键来选择文本，使用中键将文本作为一个命令执行（内

[6] Emacs 的设计者是 Richard M. Stallman、Bernie Greenberg 和 Richard M. Stallman。原始 Emacs 是 Stallman 发明的，第一个拥有内嵌 Lisp 的版本出自 Greenberg，而现在的权威版本是 Stallman 继承自 Greenberg。在 2003 年，Emacs 的设计历史还没有完整的档案，但 Greenberg 的 Multics Emacs: The History, Design, and Implementation (Multics Emacs：历史、设计和实现)有些说明，通过网络上的关键字搜索可以很容易地找到。

[7] `http://www.cs.yorku.ca/~oz/wily`

[8] `http://plan9.bell-labs.com/sys/doc/acme/acme.html`

建的或者外部的），使用右键来在 Wily 的缓冲区或文件系统中搜索文本。不需要主菜单或弹出菜单。

在 Wily 中，键盘仅仅就是为输入文本而用的。快捷方式不使用键盘的特殊用法，而是采用同时按下不止一个鼠标键的方式。这些快捷方式总是等价于使用鼠标中键激发某个内建命令。

Wily 也可以作为 C、Python 和 Perl 程序的前端使用，无论何时一个窗口改变了，或一个执行、搜索命令通过鼠标完成后，都可通知那些程序。这些插件功能很像 Emacs 的模式，但和 Wily 并不运行在统一地址空间；相反地，它们通过一个非常简单的远程过程调用集合同 Wily 通讯。Wily 编辑器常常打包了一个类似 xterm 的程序并使用它作为编辑前端的邮件工具。

因为 Wily 太过于依赖鼠标，所以它不能使用在仅仅只支持字符阵列的控制台显示上；也不能使用在没有 X 转发（X forwarding）的远程连接上。作为一个编辑器，Wily 是为编辑纯文本而设计的；它只有两种字体（一种比例字体和一种等宽字体），也没有可以支持富文本编辑或语法感知的机制。

13.3 编辑器的适当规模

现在让我们用本章开头展示的复杂度分类来研究这些案例。

13.3.1 甄别复杂度问题

每款文本编辑器都有一定量的本质复杂度。至少，它必须支持文件或多个文件的内部缓冲区拷贝。最低要求是文件数据的导入导出功能（通常是磁盘存取，尽管流编辑器 *sed*（1）是个有趣的例外）。某种修改缓冲区的方法必须支持，但是没有功能描述的话，我们无法指定用何种方法。而我们四个例子展示的各种可能偶然复杂度级别非常宽泛，不限于此。

在几个编辑器当中，*ed*（1）复杂度最低。在其命令集中，不正交的功能特性也就是许多命令接受“p”或“l”的后缀来打印或是列出命令结果。即使这三十年来功能不断增加，编辑命令还是少于三十个，而大多数用户常用的命令一般也少于十二个。编辑器没有太多的选择复杂度可以去除，也根本难以确定任何偶然的复杂度。ed 的用户接口非常紧凑。

另一方面，ed 接口并不真正适合完成编辑任务，甚至包括快速翻看文本文件这样的基本任务。对于交互编辑，要让 ed 作为可接受的解决方案，就不得不严格限制编辑目标。

如果我们加入“支持可视化浏览/编辑多个文件”的目的又如何呢？通过最小的 ed 扩展而达到目标，Sam 编辑器似乎与此需求很接近。显然，其设计者并未改变继承自 ed 命令集的语义；他们保持了现有的、正交的命令集合，同时增加了一个相对较小、自身也是正交的能力集合。

复杂度的巨大增涨可能（实现）源于 Sam 编辑器的无限撤销能力。另一个显著的增涨是命令语言中新增的基于正则表达式的循环和迭代功能。这些，加上鼠标能够作为选取设备使用的事实，使得 Sam 编辑器同一个即使具备了鼠标和窗口界面的 ed 编辑器仍有显著差别。

任何 Sam 编辑器中的偶然复杂度，如果没有全盘的代码审计，都难以确认；而在设计层面，也确实难以甄别。接口至少是半紧凑的，至于严格的紧凑则存有争议。这个编辑器做到了最高级别的 Unix 设计标准——想想它的出身，这并不奇怪。

比较而言，vi 看起来相当臃肿而不紧凑。存在上百条命令，许多都是重复的。这些复杂度充其量只是可能性或偶然性的。据推测，多数用户知道的命令集不会超过 5%。由于在我们面前有 Sam 的例子，当然会奇怪 vi 的接口复杂度为什么会如此之高。

在第 11 章我们讲述了早期 roguelike 程序由于缺乏标准箭头键所带来的后果；vi 程序正是这当中的一员。在编写 vi 的时候，作者知道许多用户需要能够使用 Unix“玻璃电传打字机”上传统的光标移动键。这使得模式接口无法避免。一旦 hjkl 键在编辑缓冲区中的意义依赖于模式，就实在太容易陷入以专用方式增加新命令的习惯。

Sam 编辑器，既然依赖于兼具箭头键和鼠标的位图显示，自然可以简洁得多。也确实如此。

但是 vi 命令的杂乱只是一个相对表面的问题。vi 存在接口复杂度，没错，却是那种多数用户确实可以忽略的（从第 4 章我们所述的角度来说，接口是半紧凑的）类型。深层次的问题是个专用陷阱。历经多年，vi 已经日益拴合了越来越多的 C 代码来执行某些任务，而这些任务，Sam 编辑器拒绝完成，Emacs 编辑器以 Lisp 代码模块和子进程控制来解决。在 vi 中，扩展并不象 Emacs 中一样作为扩展库需要时才载入进来；用户始终必须为随之而来的臃肿代码付出代价。结果，现代 vi 和现代 Emacs 之间的规模差别远非人们想象的那般大；在 2003 年中期，在 Intel 体系的机器上，vim 有 1500KB，而 GNU Emacs 是 900KB。在这 900KB 中还有一大堆选择和偶然复杂度。

对于 vi 信徒，没有一个内嵌的脚本语言——不是 Emacs——已经成为一致性问题，成为 vi 是个轻量级编辑器这个共享传奇的核心部分。虽然 vi 发烧友喜欢讨论用外部程序以及脚本过滤缓冲区来达到 Emacs 内嵌脚本所能完成的事情，但现实是 vi 的“！”命令不能够在比行范围更高级别的粒度上对选择的缓冲区进行区域过滤（Sam 和 Wily，尽管并没有比 vi 更多的子进程控制，至少能够在文本的任意范围上进行过滤，而不仅仅只是行范围）。所有在一个更小粒度上有所区别的文件格式和语法知识（大多都有区别），如果 vi 编辑器需要能够访问，都必须编写进 C 代码中。这样在 Emacs 和 vi 代码库规模大小的比例上，几乎没有希望能在 vi 方面得到改善；的确，这似乎可能更糟。

Emacs 十分庞大，其历史也十分夹杂不清，所以如果要将它的选择复杂度从偶然复杂度中分离出来是一个相当大的挑战。但我们至少可以把 Emacs 设计中可有可无的偶然复杂度从不可或缺的本质复杂度中分离出来作为起点。

也许 Emacs 设计中最可有可无的部分就是 Emacs Lisp。我们今天称之为内嵌脚本语言的特性对 Emacs 而言是必要的，但如果那个语言是 Python 或 Java 或 Perl 的话，Emacs 在能力上也不会有什么不同。然而在 1970 年代进行 Emacs 设计的时候，Lisp 是唯一拥有某些特征（包括类型种类无限以及垃圾收集）、适合完成这项任务的语言。

大部分 Emacs 事件处理以及位图显示器驱动（包括国际化支持）的特殊方式都属于偶然复杂度。在其历史上最大的分裂（GNU Emacs 和 XEmacs 分支）就涵盖了这个问题，并且也展示了余下的设计并不是非优选或要求哪种事件驱动模式不可。

另一方面，把任意事件序列绑定到任意内置或用户定义功能的能力是不可或缺的。脚本语言可以换掉，事件模型也可以改变，但是如果不是任何对象都因连接方式不同而呈现不同面貌，Emacs 设计就不成气候也不成其为自身了。这样，扩展模式不得不为了有限事件集的所有权而彼此斗争，而且激活同一缓冲区的多重协作模式也十分困难或者根本就不可能。

随着 Emacs 一道发布的巨大扩展模式库也同样属于偶然复杂度。构建这种扩展的能力也许是必要的，然而某个专用集合却是历史和偶然的产物。全部扩展都可以不同或被替换；Emacs 结果还是 Emacs，面貌依旧。

但是子进程交互是不可替代的。没有它，Emacs 模式就不能够作为各种不同工具的 IDE 环境或前端。

一些小型的编辑器复制了默认的键盘绑定以及 Emacs 的外观，但没有模仿它的扩展能力，这样的经验是很有意义的。已经有好几个这样的克隆，其中最著名的大概非

MicroEmacs 和 pico 莫属，但都没能获得大量的追随者。

鉴别 Emacs 设计中哪些本质、哪些偶然，可以帮助我们理解它的复杂度哪些是可能性、哪些是偶然性的。然而，更重要地，这帮助我们透过上述三个编辑器表面的不同，而直达关键之处：事实上 Emacs 设计的目标非常宽泛。Emacs 想要成为所有文本处理工具的统一接口。

Wily 跟 Emacs 形成有趣的对比。同 Sam 一样，选择复杂度含量很低；Wily 用户接口仅用一页纸就可以简明扼要地描述清楚。

但是优雅是有代价的；除了有限的鼠标组合动作之外不可能将功能绑定在任何的按键或是输入手势。除了基本的文本插入和删除之外的任何编辑功能都必须以外部的程序来代替实现：一个独立的脚本，或是一个可以侦听 Wily 输入事件的专用共生进程。（前者技术上依赖于外部程序的启动必须非常迅速、不会产生可觉察的界面延迟，这在诞生 Emacs 的环境中或是首次移植到的各种 Unix 下都绝对不成问题。）

Emacs 因采用 Lisp 扩展模式实现而导致的选择复杂度，在 Wily 中相应地分布在专门化的共生体中；每个共生体都必须知晓 Wily 特殊的消息接口。这种方式的一个优点就是这样的共生体可以由用户选择的任何语言来编写。另外，共生体（因为它们在外部运行）不会彼此影响或危害 Wily 核心（Emacs 的各种模式并非如此）。这种方式的一个缺点是 Wily 自身不能直接与普通的 Unix 工具进行子进程交互。

在这个或其它方式上，wily 的分布式脚本机制并不如 Emacs 的内嵌脚本那样强大有效。Wily 的目标范围相对狭窄；作者放弃了在感知语法编辑或富文本编辑方面的功能，例如，Wily 以及它 Plan 9 的祖先 acme 都不处理这些事情。

这里以一种更尖锐的方式来提出本章的中心问题：什么时候一个庞大程序的宏伟目标是正当而有效的？

13.3.2 折中无用

Sam 和 vi 的比较，显著昭示了至少在涉及编辑器方面，试图在简约主义的 ed 和无所不能的 Emacs 之间进行折衷是达不到好效果的；vi 尝试这样去做，结果两头落空，而掉进了过度专用的陷阱。Wily 则规避了这个陷阱，但是威力无法跟 Emacs 相比，并且为了无论在何处都能结合紧密，每个交互的共生体必须提供一个定制的进程接口。

显然有关编辑器的某些方面往往将其推向更高复杂度。在 vi 的例子中，这不难甄别；那就是对便利性的渴望。尽管 ed 或许在理论上是够用的，但是很少有人（也许除了 Ken Thompson 自己）会为了声讨软件的臃肿而放弃面向屏幕的编辑。

更普遍地，在用户和外部事务间调和的程序往往加入各种功能，这一点臭名昭著。不仅是编辑器，网页浏览器、邮件和新闻组阅读器以及其它通讯程序，所有这些软件的发展都遵循“软件信封定律”，即 Zawinski 定律：“每个程序都试图扩展直到能够阅读邮件。不能如此扩展者，将被能者取代。”

Jamie Zawinski，定律的发明人（Netscape 和 Mozilla 网页浏览器的主要作者之一），主张更一般的情况：所有真正有用的程序都想变成瑞士军刀。在 Unix 世界外大型的成功商业整合应用程序套件通常也证实了这一点，而且直接挑战了 Unix 的最简哲学。

某种程度上，Zawinski 定律是正确的。它表明有些程序需要小巧，有些程序需要庞大，但中间道路是行不通的。vi 编辑器的表面问题可以归咎于历史，然而更深层次的问题应该追溯到增加功能的压力同 vi 信徒，往往由此联系到过度规模，而拒绝增加与内嵌脚本语言和子进程控制功能的结合。在一个不同的级别上，接受了接口中存在两种方式（插入和特性运动），将会捅到马蜂窝——添加新功能很容易根本考虑不到对整体设计的复杂度影响。

Emacs 和 Wily 的例子进一步表明，为什么有些程序需要做得如此庞大：这样几个相关任务就可以共享环境。从实现者的角度，编辑和版本控制（或者编辑和邮件操作，编辑和符号调试等等）是独立的——但是用户经常更愿意有一个大的环境让它们能够指向文本部分，无需花费时间和精力在拥有相同文件名或是相同剪切内容的程序之间切来切去。

更普遍地，让我们假设整个 Unix 环境可以视作是社区的单一设计工作。那么“小巧锐利工具”的教义，降低接口复杂度和代码库规模的压力，可能正好会导向过手工（manularity）陷阱——用户不得不自己维护所有共享的上下文环境，因为工具并不会为他完成此项工作。

返回编辑器的特定背景，Sam 向我们展示了 vi 是个错误。Wily 是避免巨大 Emacs 的勇敢尝试，但却因功能不足不能感知语法。但是 Wily，或者某个彻底卸掉了历史包袱的 Emacs 设计思想实现版本，也许是正确的。选择复杂度的价值依赖于对目标的选择，而在所有与任务相关的面向文本工具间共享上下文环境的能力是非常有价值的。

13.3.3 Emacs 是个反 Unix 传统的论据吗

传统的 Unix 世界观，极其依恋简约主义，所以并不擅长区分 vi 的专用陷阱问题和 Emacs 的选择复杂度。

> Vi 和 Emcas 在老派的 Unix 程序员中从不流行的原因是丑陋。这个抱怨也许是“老 Unix”的话语，但如果不是老 Unix 的单一风味，“新 Unix”就不会存在
>
> —Doug McIlroy

vi 用户对 Emacs 的攻击——同仍旧依恋 ed 的旧学派中坚分子对 vi 的攻击一道——是一个更大争论的一段情节，一场富有和俭朴之间的品德角逐。这个争论同新老学派 Unix 风格之间的冲突有关。

“老 Unix 的单一品味”部分是同日本简约主义一样贫穷的结果——学会在无法获得更多条件的情况下最有效地以少量资源完成更多任务。但是 Emacs（以及在威力强大的 PC 机和快速网络上重新发明的新学派 Unix）却是财富之子。

> 同旧学派的方式不一样。贝尔实验室资源丰富，所以 Ken 不会被受限去写一个过时产品。想想 Pascal 因为没有足够的时间写封短信而抱歉信写长了。
>
> —Doug McIlroy

从那时起，Unix 程序员就一直维持着在过度花费上追求一流的传统。

另一方面，Emacs 的庞大，并非源自 Unix，而是由于 Richard M. Stallman 在一个不同的文化中发明了它——1970 年代繁荣的 MIT 的人工智能实验室。这个实验室是计算机科学院校最富裕的地方之一；那里的人们学会了把计算资源当作廉价资源，并预测了一种在别处直到十五年后才可行的态度。Stallman 可不关心简约主义；他追求的是代码最大功用和最广适用范围。

少吃多干还是多吃多干，一直是 Unix 传统的主要冲突。这个冲突在许多不同的背景下重现，往往在不断地挣扎在具备干净简约主义品性的设计和不惜以高昂复杂度代价而选择表达力范围和威力的设计之间。自从 1980 年代初期 Emacs 第一次引入 Unix 之时起，便有了支持与反对的冲突双方。

诸如 Emacs 那样既有用又庞大的程序会使 Unix 程序员极不舒服，恰恰因为它们强迫我们面对这种冲突。这些程序表明，旧学派 Unix 的简约主义作为一个原则虽然有其价值，但我们可能已经陷入教条主义的错误之中。

Unix 程序员可以有两种方式解决这个问题。一种就是否认：大实际非大。另一种就是发展出一种考虑复杂度的不是教条的方法。

替换掉 Lisp 和扩展库的实验思想赋予我们一个新的角度，来看待对 Emacs 由于扩展库庞大而臃肿的再三控诉。抱怨 Emacs 大，和把系统中所有 shell 脚本都算上而抱怨 `/bin/sh` 大，同样是不公平的。Emacs 可以视作是一个围绕在小巧锐利工具集合上的虚拟机或框架，只不过这个工具集恰好是用 Lisp 编写罢了。

从这个角度，shell 和 Emacs 的主要区别就在于 Unix 发布者并没有把所有的 shell 脚本都同 shell 一起发布。因为 Emacs 内置了感觉臃肿的通用语言而反对 Emacs，就像因为 shell 具有条件和 for 循环而拒绝使用 shell 脚本一样无聊。如同并非必须学习 shell 脚本才能使用 shell 一样，使用 Emacs 也不是非学习 Lisp 不可。如果 Emacs 存在设计问题，与其说是 Lisp 解释器的问题，还不如说是模式库历史性增长成为一堆乱麻的问题——然而这是一个用户可以忽略的复杂度来源，因为用不到的部分并没有影响。

这种论证方式非常令人鼓舞。可以应用到其它的工具整合框架中，例如（令人不舒服的庞大的）GNOME 和 KDE 桌面项目。这种方式在那里也有效（说服力）。而且，同样地，我们必须怀疑任何可以如此优美地解决所有疑问的“观点”；它只能是个合理原则，而不是基本原则。

因此，让我们避免否认或接受 Emacs 既有用又庞大——这其实是反对 Unix 简约主义的论据。在我们对 Emacs 复杂度种类和动机的分析中，还有什么更意味深长的暗示？又有什么理由相信那些从教训归纳出来的东西？

13.4 软件的适度规模

小巧锐利工具的 Unix 教义隐藏着二重性；许多 Unix 从业者都没有注意到，一个十分不明显的背景，就像鱼没有注意到它游着的水一样。这就是框架的存在。

Unix 风格的小巧锐利工具存在数据共享的困难，除非它们能生存在彼此之间通讯便利的框架结构之中。Emacs 就是这样一个框架，而对**共享上下文环境的统一管理**正是其选择复杂度换来的。共享上下文统一管理的实际效果就是用户不需要负担底层的命名和资源管理问题。

在旧学派的 Unix 中，唯一的框架就是管道、重定向以及 shell；整合工作由脚本完成，而共享上下文环境（本质上）就是文件系统本身。但这并不是进化的终点。

Emacs 将非常多的文本缓冲区和援助进程同文件系统统一在一起，大大超越了 shell 框架。Wily 也有缓冲区和援助进程，但将 shell 框架也并进了自身。现代的桌面环境为 GUI 提供了一个通讯框架，也大大超越了 shell 框架。每种框架都有自身的优点和缺点。而框架成为了各种工具生态系统之家——例如 shell 之于脚本，Emacs 之于 Lisp 模式，或者桌面环境之于众多通过拖放以及诸如对象代理（object broker）之类更为复杂的 GUI 通信方式。

最简原则暗示：**选择需要管理的上下文环境，并且按照边界所允许的最小化方式构建程序**。这就是“尽可能简单，而不过于简单”，集中关注选择共享上下文环境。实际上，这并不仅仅适用于框架，也适用于应用和程序系统。

然而，究竟共享上下文环境该有多大实在很容易草率对待。隐藏在 Zawinski 定律后的压力往往驱使应用程序需要为便利性而共享上下文环境。很容易因为负载太多任务、太多需求设想而最终失败，也很容易就把程序编制得过于复杂、臃肿和庞大。上世纪九十年代的例证是，“mailto:URL” 导致了越来越多网页浏览器中内嵌了庞大的邮件客户端。

矫正这种趋势的方法直接来自于旧学派 Unix 的赞美诗集。这就是吝啬原则：**只有实证了其它方法行不通时才写庞大程序**——也就是，已经尝试过分解问题但遭到失败。格言表明了对待庞大程序的一种严谨怀疑态度以及一种谨慎的策略方法：首先寻找小巧程序的解决方案。如果单个小程序无法完成这项工作，尝试在现有框架结构内构造一个协作小程序工具包来解决问题。如果两者都失败了，才可以自由地构建一个巨型程序（或一个新框架），而不会觉得已经完败于设计挑战。

当编制一个框架时，牢记分离原则。框架是机制，尽可能少地包含策略。在多数情况中，根本就不需要什么策略。尽可能多地将行为分解到使用框架的模块中去。编制或重用框架的好处之一，是能够有益于将“不这样做会是大块策略”的东西分离到独立的模块、模式或工具——可以有效地同其它程序重新组合起来的部分中去。

这些准则是颇有价值和启发性的方法，但是 Unix 传统深处的这种矛盾冲突，并不能将任何给定的工程划为合理的最佳规模，并分而治之。具体情况具体分析，而锻炼良好的判断力和品味恰好是软件设计者所追求的。正如曹洞禅所说，行程才是目的；顿悟在每日的实践中。

Part Ⅲ
Implementation

14

语言：C 还是非 C

Languages: To C or Not To C

The limits of my language are the limits of my world.

Tractatus Logico-Philosophicus 5.6, 1918

我语言的极限便是我世界的极限。

《逻辑哲学论》*5.6, 1918*

—路德维希·维特根斯坦

14.1 Unix 下语言的丰饶

Unix 所支持的应用程序语言，其范围比当今其它任何一种操作系统的都要广泛；事实上，Unix 上运行的语言种类完全可能超过计算史上其它所有操作系统的总和[1]。

至少有两个充分的理由造成了这种巨大的多样性。一是 Unix 广泛用于研究和教学平台。另外一个事实（同程序员更加密切的）是，应用设计和实现语言的合理搭配对生产力有极大促进。因此，Unix 传统鼓励专门领域语言的设计（正如我们在第 7 章和第 9 章所述）和现在一般称为“脚本语言”的东西——为了把其它应用程序和工具胶合起来而专门设计的语言。

[1] 详情参见 Free Compiler and Interpreter List（自由编译器和解释器总表）<ftp://ftp.idiom.com/pub/ compilers-list/free-compilers>。

> 术语“脚本语言”可能源自术语“脚本”，它用于为一个通常情况下的交互程序提供简短输入，特别是 sh 或 ed——这个术语比我们从 Unix 前辈 CTSS 那儿继承下来的术语“runcom”更合适。“脚本”最早出现在 V7 手册（1979 年）中。我不记得是谁造就了这个字。
>
> —Doug McIlroy

说实话，“脚本语言”是个有点蹩脚的术语。很多通常这么称呼的主要语言（Perl、Tcl、Python 等）都已经超越了最初意义的脚本用途，已经成为威力相当强大的独立通用编程语言。一些语言，特别是 Lisp 和 Java，在风格上与脚本语言非常相似，但是这个术语模糊了两者间的区别。继续使用这个术语的唯一理由是还没人想出更好的。

把所有这些语言都纳入“脚本语言”的部分原因在于，这些语言都具有非常一致的发展历程。在运行期完成解释使得动态存储管理的自动化相对容易，而这几乎要求采用引用（存储地址不透明且无法进行运算）而不是传值或显式指针。使用引用可使下一步更容易实现运行期的多态性和 OO。瞧！这就是现代的脚本语言！

要有效应用 Unix 哲学，在工具包中就不能只有 C 语言，必须学会使用 Unix 的其它语言（特别是脚本语言），并且学会如何在大型程序系统中把担任各个专门角色的多个语言轻松自在地融合在一起。

本章我们要分析 C 语言及其最重要的替换语言，讨论各种语言的长处、不足以及它们最适合的任务类型。涉及的语言包括 C、C++、shell、Perl、Tcl、Python、Java 和 Emacs Lisp。每段分析将包括由该语言编写的应用实例，同时也引用了其它例子和指导材料。所有使用这些语言实现的高质量开源实现都可以在 Internet 上获得。

警告：对应用程序语言的选择是 Internet/Unix 世界中应该认真考虑的原型问题之一。人们太爱某些工具，有时会不顾一切维护它们。如果本章达到了目的，也许会冒犯各种语言的狂热支持者，但其他所有人肯定都能从中受益。

14.2　为什么不是 C

C 是 Unix 的母语。自 1980 年代早期起，C 语言几乎就垄断了计算机工业中所有的系统编程。除了 Fortran 在科技和工程计算领域内不断缩小的空间和 COBOL 在银行和保险公司大量外人无法得知的财务应用外，C 和 C 的后代 C++迄今为止（2003 年）垄断应用编程超过了整整 10 年。

因此，作为对新应用程序开发工具的选择，现在断言 C 和 C++几乎一定是蹩脚的似乎理由不足。然而事实如此；C 和 C++以增加实现时间和（特别是）调试时间为代价来优化效率。尽管以 C 或 C++编写对时间要求极高的系统程序或应用程序内核似乎还有意义，然而自从这些语言在 1980 年代崛起，世界已经发生了很大变化。在 2003 年，用几乎同样的价钱能够买到的处理器快了 1000 倍，内存大了 1000 倍，而磁盘容量也大了 10000 倍[2]。

急剧下降的成本从根本上改变了编程的经济含义。大多数情况下，和 C 一样节约机器资源已经不再有任何意义。相反地，经济方面的最优选择已经变成尽可能减少调试时间、尽可能延长人类对代码的长期可维护性。因此，用较新一代的解释语言和脚本语言，能够更好地为绝大多数种类的应用实现（包括应用程序的原型设计）服务。这种转变和历史车轮中上一次 C/C++崛起而汇编语言衰落的情况类似。

C 和 C++的中心问题在于它们要求程序员自己完成内存管理——声明变量、显式管理链表、设置缓冲大小、检测或防止缓冲溢出，以及分配和回收动态存储。这些任务部分可以通过不自然的方法来自动化，例如，给 C 配备 Boehm-Weiser 实现之类的垃圾收集器，但 C 本身的设计使它无法成为一个完整的解决方案。

C 的内存管理是复杂性和错误的渊薮。对于处理复杂数据结构的程序而言，有研究（据[Boehm]称）估计 30%～40%的开发时间都用于存储管理。这个估计甚至还没有包括对调试成本的影响。尽管缺乏确凿坚实的数据，但很多经验丰富的程序员都相信，内

2 在 Unix 世界外，这种硬件性能三个数量级提升的效果很大程度上被软件性能的相应下降所掩盖。

存管理产生的 bug 是真实代码持续产生错误的最大单体来源[3]。缓冲溢出是产生崩溃和安全漏洞的常见原因。动态内存管理造成诸如内存泄漏、指针失效问题等阴险、难以跟踪的 bug，特别臭名昭著。

就在不久前，手动内存管理还有意义。但现在再没有“小型系统”了，至少在主流应用编程中没有了。在今天的条件下，自动化内存管理（并以使用更多的时钟周期和内存为代价而减少一个数量级的 bug）的实现语言更有意义。

最近一篇论文[Prechelt]为一个观点收集了一系列惊人的统计数据，但在两个世界都有经验的程序员可能会发现这个观点似是而非：同 C 或 C++相比，使用脚本语言的生产力可以提高 1 倍。这个观点完全和前面提到的 30%～40%的损失估计加上调试开销后一致。使用脚本语言的性能损失对真实世界的程序来说经常微不足道，因为真实世界的程序往往受 I/O 事件等待、网络延迟以及缓存列填充等限制，而非 CPU 的自身效率。

Unix 世界在实践中慢慢意识到了这个观点，尤其是在 1990 年前后，Perl 和其它脚本语言越来越流行。但是实践（到 2003 年中期）还没有发展为自觉地产生巨变；许多 Unix 程序员仍然在汲取 Perl、Python 的经验。

我们可以在 Unix 世界外看到同样的趋势，尽管速度更慢——例如，在 Microsoft Windows 和 NT 的应用开发中从 C++到 Visual Basic 的明显转变以及大型机世界中向 Java 的转变。

反对 C 和 C++的论据同样适用于其它传统的编译语言，例如 Pascal、Algol、PL/I、FORTRAN 和编译 Basic 等。尽管偶有壮举，如 Ada，但这些传统语言在基础设计时把内存管理留给程序员，因此其间的差别几乎无关紧要。尽管绝大多数传统语言在 Unix 下都有高质量的开源实现，但在 Unix 或 Windows 世界中应用很窄；这些语言都因为得到 C

[3] 这个问题的严重性可以通过 Unix 中描述各式各样问题所形成的大量行话来证明：“aliasing bug”（别名错误）、“arena corruption”（内存分配区无效）、“memory leak”（内存泄漏）、“buffer overflow”（缓冲区溢出）、“stack smash”（堆栈崩溃）、“fandango on core”（内核混乱）、“stale pointer”（指针失效）、“heap trashing”（堆破坏）以及可怕的“secondary damage”（二次损伤）等。具体说明参见行话文件<http://www.catb.org/~esr/jargon>。

和 C++的好处而被废弃。因此，我们不在此分析这些语言。

14.3 解释型语言和混合策略

避免手工管理内存的语言通过在运行期可执行体中嵌入一个内存管理器来完成内存管理。通常情况下，这些语言的运行环境分成程序部分（运行脚本本身）和解释器部分，解释器管理动态存储。在 Unix（以及其它现代操作系统）中解释器内核由多个程序部分共享，减少了各个程序的实际开销。

脚本在 Unix 世界中从不是新概念。早在 1970 年代中期，在机器能力弱得多的时代，Unix shell（Unix 控制台的输入命令解释器）就是作为一个完全解释型编程语言设计的。即使在那时，这样的实践也很普通，完全用 shell 编写程序，或者用 shell 编写胶合逻辑、把现有的公用程序同 C 编写的定制程序结合成比各部分总和更大的整体。对 Unix 环境的经典介绍（如 Unix Programming Environment (Unix 编程环境) [Kernighan-Pike84]）非常详细地描述了这个策略，理由就是：它是 Unix 最重要的创新之一。

高级 shell 编程可自由混合语言编程，从数种或更多语言中为子任务开发二进制和解释型组件。每种语言都完成自己最擅长的任务，每个组件都是具有同其它组件间狭窄接口的模块；整体的全局复杂度要比使用某个通用语言编制的单个的庞然大物低得多。

14.4 语言评估

混合语言是一种知识密集型（而不是编码密集型）的编程。要让它能够工作，我们不仅应该具备相当数量的多种语言应用知识，并且还必须具备能够判断这些语言在什么地方最适合、以及怎样把它们组合在一起的潜经验。本部分，我们将尽量帮助大家认识各种语言，然后再纵览那些潜经验。对于每种语言的分析，我们都会用成功的程序实例来说明这种语言的长处。

14.4.1　C

尽管存在内存管理问题，但 C 语言还有一些仍然可以在其中称王称霸的生态环境。要求速度最快并且具有实时需求的程序，或者与 OS 内核紧密联系的程序非常适合用 C 编写。

必须在多个操作系统上移植的程序也非常适合用 C 编写。然而，以下将要讨论的某些其它替代语言不断打入主流的非 Unix 操作系统；也许在不久的将来，C 的可移植性优势将不复存在。

有时，从现有程序中，诸如可以生成 C 代码的词法分析生成器或 GUI 构建器之类，可以获得相当大的借力；完全值得用 C 语言编写除此以外并无太多工作的小型应用程序。

当然，已经证明了，对于所有 C 的替换语言开发者来说，C 都是不可或缺的。此处要分析的其它任何一种语言，透过实现层深究下去都可以发现用可移植纯 C 语言实现的内核。这些语言继承了 C 语言的许多优点。

在现代条件下，也许最好把 C 视作适用 Unix 虚拟机的高级汇编器（回顾一下第 4 章作为实例分析的、对 C 成功之处的讨论）。C 语言的标准已经把这个虚拟机的很多功能，比如说标准 I/O 库，引出到其它操作系统之中。C 语言就是既要尽量接近裸机又要仍然保持稳定的最佳选择。

即使更高级的语言能够满足编程的要求，我们仍然要学习 C，其中一个充分理由就是 C 能帮助我们学会在硬件体系层次上考虑问题。对于已经是程序员的人来说，学习 C 的最好参考和指导仍然是《The C Programming Language》(C 编程语言)[Kernighan-Ritchie]。

在 Unix 变种之间移植 C 代码几乎总是可行的，通常也很容易，但在一些特殊的变化领域（例如信号和进程控制）可能非常需要技巧才能做对。我们将在第 19 章重点讨论这些问题。尽管 Windows NT 至少在理论上支持符合 ANSI/POSIX 标准的 C 语言 API，但其它操作系统上 C 的不同约定肯定会导致一些移植问题。

高质量的 C 编译器的开源软件可以在网上找到；其中最著名、使用最广泛的是自由软件基金会的 GNU C 编译器（GCC (GNU Compiler Collection/GNU 编译器集合)的组成部分），GCC 已经成为所有开源 Unix 系统、甚至很多闭源世界中 Unix 系统自带的 C 实现。甚至 Microsoft 操作系统也有 GCC。GCC 的源码可在 FSF 的 FTP 站点 `<ftp://ftp.gnu.org/pub/gnu>`获得。

总结：C 语言最佳之处是资源效率和接近机器语言。而最糟糕的地方是其编程简直就是资源管理的炼狱。

14.4.1.1 C 实例分析：*fetchmail*

C 语言最好的案例分析是 Unix 内核本身，对于 Unix 内核而言，一个自然支持硬件层操作的语言实际上就是一个巨大优点。但 *fetchmail* 是那种最适合使用 C 编写的用户态实用程序范例。

fetchmail 只完成最简单类型的动态内存管理；它仅有的复杂数据结构是邮件服务器控制块的单向链表，只在启动时创建，之后发生相当微小的变化。这避开了 C 的最大弱点，从而大大削弱了并不适用 C 的情形。

另一方面，这些控制块相当复杂（包括所有的字符串、标记和数字数据），在一个缺乏 C struct 对应特征的实现语言中，很难将这些控制块作为一致的常规访问对象进行处理。在这方面，绝大多数代用品都比 C 弱（Python 和 Java 是明显的例外）。

最后，*fetchmail* 要求能够解析针对邮件服务器控制信息的、相当复杂的规格说明语法。在 Unix 世界中，这类任务的经典解法是使用 C 代码生成器，C 代码生成器从声明的说明规格中为标记器（tokenizer）和语法分析器生成源码。*yacc* 和 *lex* 的存在是使用 C 语言编程的有力支持。

fetchmail 完全有理由使用 Python 编写，尽管可能产生显著的性能损失。其规模大小和复杂的数据结构可能马上就排除了 shell 和 Tcl 编程，Perl 也非常不适合，其应用领域也不在 Emacs Lisp 的自然范围内。Java 实现本可以成为一个合理的方法，但 Java 面向对象的风格和垃圾收集针在 *fetchmail* 的具体问题中并不会获得太多收益，简单的内存管理用 C 就已经足够解决了。C++也没有办法可以更简化 *fetchmail* 相对简单的内部逻辑。

然而，*fetchmail* 成为 C 程序的真正原因是，*fetchmail* 其实是从一个原本使用 C 编写的前辈程序逐渐演化而来的。现有的实现已经在许多不同的平台和稀奇古怪的服务器上进行了广泛的测试。把所有这些隐性的知识贯穿到用不同语言的重新实现中会非常棘手和困难。更何况，*fetchmail* 的一些功能（如 NTLM 认证）取决于外来代码，而这些代码只在 C 版本才有。

fetchmail 的交互式配置器并没有 C 的遗留问题，所以使用 Python 编写；我们将在讨论 Python 时分析该实例。

14.4.2 C++

当 C++在 1980 年代中期首次公布于世时，面向对象（OO）语言正被大肆吹捧为解决软件复杂度问题的“银弹”。C++面向对象的特性对于其前辈 C 而言是个压倒性的优点，其拥趸期望 C++能够迅速废掉更古老的 C 语言。

这种情况当然并没有发生。部分可归因于 C++本身的问题；对向后兼容 C 的要求迫使 C++在设计中做出了许多妥协。而且这个要求阻碍了 C++完全自动化动态内存管理，从而无法解决 C 语言最严重的问题。后来，薄弱、不成熟的标准化努力，并不能限制各个不同编译器实现者之间的功能特征竞赛，C++变得过份精微复杂了。

另外一部分原因必须归咎于 OO 本身并没有达到期望值。我们已经在第 4 章分析了这个问题，阐述了 OO 方法往往导致厚重胶合层和维护问题。今天（2003 年），对开源文档（在这些文档中，语言的选择反映了开发者的判断而不是企业行政命令）的分析表明 C++的使用仍然大量集中于 GUI、多媒体工具包和游戏（OO 设计的主要成功领域），而在其它地方用得很少。

也可能 C++对 OO 的实现特别容易产生问题。有证据表明 C++程序比等价的 C、FORTRAN 或 Ada 程序具有更高的生存期成本。这是 OO 的问题还是 C++特有的问题或者是两者共同的问题，答案还不清楚，尽管有理由怀疑两者都牵涉其中[Hatton98]。

近年来，C++已经包含了一些重要的非 OO 概念；它具有和 Lisp 类似的异常；也就是说，在被处理程序捕捉之前可以沿调用栈向上抛出值或对象。STL（标准模板库）提供了泛型编程；也就是说，可以编写独立于数据结构的算法并将其编译而在运行期完成任务。（只有执行编译期静态类型检验的语言需要它；更动态的语言只传递无类型的引用，而在运行时支持类型识别。）

高效的编译型语言；对 C 的向上兼容；面向对象的平台；STL 和泛型等最前沿的技术工具——C++试图满足所有人的所有要求，但代价是 C++比任何一个程序员所能处理的复杂度都要高。正如我们在第 4 章指出的一样，这个语言的主要设计者已经承认他不指望任何一个程序员能够完全掌握 C++。Unix 黑客对此并没有很好的反应；一段匿名但非常著名的评论这样描述“C++：狗被钉上软肢而变成的章鱼”。

然而，说白了，C++最根本的问题还是在于它根本上只是另外一种传统语言。在标准模板库发明后，C++的内存管理控制有所改善，比 C 好得多，但仍然十分脆弱；除非代码仅使用对象，否则控制仍旧无用。对许多类型的应用而言，C++的 OO 特性并不重要，没有带来多少优势，徒增复杂度而已。尽管存在不少开源的 C++编译器；但如果 C++的确比 C 高级，那 C++现在肯定占尽优势了。

总结：C++的最佳之处是编译效率以及面向对象和泛型编程的结合。最糟之处是它非常怪异复杂，往往鼓励过分复杂的设计。

如果现有的 C++工具包或服务库为应用程序提供了强大有效的方法，或者所在的应用领域正是上述 OO 语言具有巨大优势的领域，可以考虑 C++。

C++的经典参考资料是 Stroustrup 的 The C++ Programming Language (C++编程语言) [Stroustrup]。有关 C++和 OO 基本方法的优秀入门指导是 C++: A Dialog [Heller]。《C++详注》（*C++ Annotations*）[Brokken]则是针对 C 专家程序员的简明介绍。

GCC 包含一个 C++编译器。因此这个语言广泛应用于 Unix 和 Microsoft 操作系统；前面对 C 提出的有关说明在此处同样适用。非常强大的开源支持库可从 `<http://www.boost.org/>`获得。C++的 ISO 标准草案（到 2003 年中）正处于准备期，而实际的 C++实现往往遵循其相差甚大的子集，正是这个事实恰恰损害了 C++的可移植性[4]。

14.4.2.1 C++实例分析：Qt 工具包

Qt 界面工具包是 C++在当今开源世界中最成功的故事之一。它提供了在 X 下编写图形用户界面的窗口构件和 API，是为了仿效 Motif、MacOS Platinum 或 Microsoft Windows 界面的可视化观感而专门设计的。实际上，Qt 不仅提供 GUI 服务；也提供了可移植应用层，具备众多类库，可供完成 XML、文件访问、套接字、线程、定时器、时间/日期处理、数据库访问、各种抽象数据类型和 Unicode 处理。

在开源世界中，有两项工作创造了有竞争能力的 GUI 和集成桌面生产工具包，KDE 是其中资格较老的一个，而 Qt 工具包则是 KDE 项目中关键的可视组成部分。

Qt 的 C++实现展示了 OO 语言在封装用户界面构件方面所具有的优势。在支持对象的语言中，通过类实例的分层可在代码中清楚表达出界面窗口部件的可视化分层。尽管这类任务在 C 中可以通过手动书写方法列表进行明确的转向调用来模拟，但用 C++编写的代码要干净得多。将此同 C 编写的、非常复杂的 Motif API 比较非常具有启发意义。

---

4 最近的一个 C++标准从 1998 年开始，实现甚广，但仍旧很弱，特别是在代码库领域。

Qt 的源码和参考文档可在 Trolltech 站点<http://www.trolltech.com/>获得。

14.4.3 Shell

Unix 版本 7 的“Bourne shell”（sh）是 Unix 第一个（而且在很多年中也是 Unix 唯一的）可移植的解释型语言。今天，最先的 Bourne shell 很大程度上已经被向上兼容的 Korn Shell（ksh）的各种变种所替代；其中最重要的一个变种是 Bourne Again Shell，即 bash。

也存在其它一些 shell、也可交互使用，但这些语言不足以作为编程语言；其中最著名的恐怕就是 C shell 即 csh 了，csh 以不适合编写脚本而出名[5]。

简单 shell 程序的编写极其容易和自然。Unix 使用解释型语言的快速原型设计传统就始于 shell。

> 我用 150 行 shell 脚本编写了第一版 netnews。它支持多个新闻组，可以交叉发贴；新闻组是目录，交叉发贴则以对文章的多个链接来实现。虽然用于实用太过缓慢，但其灵活性允许进行无穷的协议设计试验。
>
> —Steven M. Bellovin

然而，随着程序规模越来越大，这些程序往往变得非常专用。部分 shell 语法（特别是其引用和声明语法规则）变得十分混乱。为了 shell 作为交互式命令行解释器的实用性，而在设计中对语言部分做了折中，这些缺点就是这么来的。

即使程序不完全使用 shell 编写，但包含大量对 *sort（1）*之类的 C 过滤器或 *sed（1）*、*awk（1）*之类的标准文本处理微型语言的使用，则也可称为“用 shell”编写而成。然而，这类程序在过去数年内逐渐式微，现在此类复杂的胶合层通常用 Perl 或 Python 编写，而 shell 只是为最简单的包装器（那些语言使用在包装器上是大材小用）和系统启动时的初始化脚本（不能假设已经安装了什么语言）而保留。

---

[5] 参阅 Tom Christiansen 的文章 Csh Programming Considered Harmful (Csh 编程有害论)，网上很容易搜索到。

任何入门级 Unix 书籍都对此类基本的 shell 编程作了充分的说明。The Unix Programming Environment (Unix 编程环境) [Kernighan-Pike84]仍然是最好的中高级 shell 编程参考书之一。每个 Unix 上都有 Korn shell 的实现或翻版。

复杂的 shell 脚本经常产生可移植性问题，主要原因并不在于 shell 本身而在于 shell 使用了某些它假定存在的程序。尽管偶尔可在非 Unix 操作系统中发现 Bourne 和 Korn shell 变种，shell 程序（实际上）根本无法移植到 Unix 之外。

总结：shell 的最佳之处在于书写小型脚本非常自然快捷。最糟之处在于大型 shell 脚本必须依靠大量辅助命令，而这些辅助命令不一定在所有目标机器上都表现一致甚至不一定存在。要在大型 shell 脚本中分析依赖关系并不容易。

既然所有的 Unix 系统和 Unix 仿真器都配置了 shell，因此几乎从来不需要编译或安装 shell。在 Linux 和其它先进的 Unix 变种上的标准 shell 已经是 `bash` 了。

14.4.3.1 案例分析：`xmlto`

`xmlto` 是一个驱动脚本，调用所有必要的命令将 XML-DocBook 文件转换成 HTML、PostScript、纯文本或其它格式中的任何一种（我们将在第 18 章具体分析 DocBook）。它用 bash 编写而成。

`xmlto` 使用恰当的样式表处理 XSLT 引擎的调用细节，然后把结果传递给后续处理器。对于 HTML 和 XHTML，XSLT 转换完成全部的工作。对于纯文本，XML 也先处理成 HTML，然后传递给后续处理器——以`-dump` 模式调用 *lynx*（1），它把 HTML 转换成纯文本。对于 PostScript，XML 转换成 XML FO（formatting objects，带格式对象），由后续处理器将其映射成 TEX 宏，通过 *tex*（1）转换成 DVI 格式，最后由众所周知的 *dvi2ps*（1）工具转换成 PostScript。

`xmlto` 是单体前端 shell 脚本。它调用某个根据目标格式命名的脚本插件。每个插件都是一个 shell 脚本。根据调用方式的不同，`xmlto` 提供一个样式表供前端使用，或者以各种预置的参数调用适当的后续处理器。

这种架构意味着特定输出格式的所有信息都存放在一处（相应的脚本插件），因此根本无需涉及前端代码就可以增加新的输出类型。

`xmlto` 是中型 shell 应用程序的范例。由于 C 或 C++都难以编写脚本，因此不适用。本章描述的其它脚本语言虽可以用于此，但由于它只是简单的命令分派，没有内部数据结构或复杂的逻辑，因此 shell 就足够了。而使用 shell 的重要优势就是在预期的目标系统中 shell 普遍存在。

理论上这个脚本可在支持 bash 的任何系统上运行。真正的限制是系统必须存在某个 XSLT 引擎以及所有后处理器。实际上，除了现代的开源 Unix，这个脚本不大可能运行在其它任何地方。

14.4.3.2 实例分析：Sorcery Linux

Sorcerer GNU/Linux 是一个 Linux 发布版本，作为一个小型可启动简单系统而安装，但它足以运行 *bash*（1）和其它一些下载程序。一旦代码就绪，就可以启用 Sorcery，即 Sorcerer 包系统。

Sorcery 处理各种软件包的安装、卸载和完整性检验。输入指令后，Sorcery 下载源代码，对其进行编译和安装并保存安装的文件（以及编译日志和所有校验文件）。安装好的软件包可删除或卸载。也可以列举软件包和进行完整性检验。更多详情参见 Sorcery 项目站点<http://sorcerer.wox.org>。

Sorcery 系统完全使用 shell 编写而成。安装程序往往是很小的简单程序，shell 对此最为合适。在这个具体应用中，因为 Sorcery 的作者可以确保需要的辅助程序都在这个简单系统中，所以 shell 的主要缺点被抵消了。

14.4.4 Perl

Perl 是增强了的 shell。它为代替 *awk*（1）而专门设计，并扩展用来代替 shell 作为混合语言脚本编程的“胶合剂”使用。Perl 首次发布于 1987 年。

Perl 最强功能是其内置的对文本、面向行的数据格式进行模式导向的处理功能。比起 shell，Perl 包含更加强大的数据结构，包括混合元素类型的动态数组和支持名-值对的、查找方便迅捷的散列(字典)类型。

此外，Perl 还包括一个完备的、经过深思熟虑的全套 Unix API 的内部支持，显著减少了对 C 的需求并使其非常适合完成简单的 TCP/IP 客户端甚至是服务器端的工作。Perl 的另外一个优势在于围绕 Perl 已经形成了一个强大的开源社团。社团在网络上的主页是 Perl 综合典藏网（Comprehensive Perl Archive Network）<http://www.cpan.org>。献身于 Perl 的黑客们已经编写了成百上千个自由重用的 Perl 模块，可完成多种不同的编程任务，从目录的结构遍历树、用于 GUI 构件的 X 工具包，到 HTTP 机器人和 CGI 编程。

Perl 的主要缺点在于某些部分丑陋到无法补救，某些部分过于复杂，某些部分必须谨慎地、一成不变地使用以防出错（Perl 的函数参数传递约定就是所有这三个问题的典型例子）。同 shell 相比，Perl 较难起步。尽管使用 Perl 编写的小型程序能够特别有效，但随着程序规模越来越大，要遵守严格约定才能保持模块性和设计的可控性。由于无法推翻 Perl 历史上一些限制性的设计决定，许多更高级的功能都具有一种脆弱、拼凑的感觉。

Perl 的权威参考是 Programming Perl (Perl 编程) [Wall2000]。该书几乎包含了需要了解的一切内容，但其结构出名的差；必须从中挖掘出要了解的知识。Learning Perl (学习 Perl) [Schwartz-Christiansen]则提供了更有叙述技巧的入门级内容。

Perl 在 Unix 系统非常普遍。主版本相同的 Perl 脚本往往在各种 Unix 版本之间可以直接移植（前提是这些 Perl 脚本不使用扩展模块）。Microsoft 操作系统和 MacOS 上也有 Perl 实现（甚至具备很好的文档）。而 Perl/Tk 提供了跨平台 GUI 能力。

总结：Perl 的最佳之处是作为强力工具以供大量涉及正则表达式匹配的小型胶合脚本使用。最糟之处在于当程序很大时 Perl 会变得非常丑陋、刻板，几乎无法维护。

14.4.4.1 小型 Perl 程序案例分析：`blq`

`blq` 脚本是查询拒收列表（网站列表，已经确认为未经请求就大批量发送邮件，即垃圾邮件的惯常发布源）的工具。现行源码可在 `blq` 项目主页 `<http://www.unicom.com/sw/blq/>`上获得。

`blq` 是小型 Perl 脚本的范例，说明了 Perl 语言的优点和缺陷。它大量使用正则表达式匹配。另一方面，Net::DNS Perl 扩展模块可能需要额外安装，因为无法保证它在指定的 Perl 安装上已经存在。

`blq` 和其它 Perl 代码一样特别干净和规范，因此我推荐其为良好风格（`blq` 项目主页引用的其它 Perl 工具也是好例子）的典范。但除非熟悉 Perl 具体的语法风格，否则有部分代码是无法读懂的——代码的第一行，即**`$0 =~ s!.*/!!;`**，就是个例子。尽管所有的语言都有这类晦涩，但 Perl 是其中最晦涩的。

Tcl 和 Python 也非常适合编写这种类型的小脚本，但这两种语言都缺乏 `blq` 中大量使用的正则表达式匹配，这在 Perl 中非常简便；采用任何一种语言来实现也许都有理由，但可能都不如 Perl 紧凑和富有表达力。Emacs Lisp 实现甚至可能比 Perl 实现编写更快、更紧凑，但可能使用起来是令人痛苦不堪的慢。

14.4.4.2 大型 Perl 实例分析：keeper

keeper 是在 ibiblio 站点为大型 Linux 自由软件档案归档外来包并维护 FTP 和 WWW 索引文件而使用的工具。可以在 ibiblio 档案站点<http://www.ibiblio.org>的搜索工具子目录中找到源码和文档。

keeper 是大中型交互式 Perl 应用程序范例。命令行界面是面向行，并以专门的 shell 或目录编辑器的面貌出现；内嵌的帮助功能值得注意。工作部分大量使用文件目录处理、模式匹配和模式导向编辑。注意，keeper 从程序模板生成网页和电子邮件通知非常便利。也请注意，它使用自带的 Perl 模块来自动化在目录树不同功能之间的遍历。

这个应用程序大约有 3300 行，可能提升了我们对单个 Perl 程序应有规模大小和复杂度的期望极限。尽管如此，这个程序大部分在六天之内编写完成。如果使用 C、C++或 Java，至少可能需要六周，而且完成之后特别难以调试或修改。这个程序对纯 Tcl 来说过大了。Python 编写的版本可能在结构上更干净、更可读、而且可维护性也更好——但可能也更冗长（特别是在模式匹配及相关部分）。Emacs Lisp 模式也完全可以胜任编写工作，但 Emacs 不太适合在 telnet 连接上使用，因为它经常因为服务器拥挤而速度慢得像蜗牛。

14.4.5 Tcl

Tcl（工具命令语言）是一个设计来连入 C 编译库的小型语言解释器，提供 C 代码的脚本控制（**扩展脚本**）。Tcl 的最初应用是控制电子仿真器所用的程序库（SPICE 之类的应用程序）。Tcl 也适用于内嵌脚本——即从 C 程序内部调用脚本然后返回值。Tcl 于 1990 年首次发布。

在 Tcl 之上构建的一些功能在 Tcl 社区以外得到了广泛的使用。其中最重要的两个功能是：

- Tk 工具包，一种更亲切和更友好的 X 接口，便于快速构建按钮、对话框、菜单和滚动文本窗口并从这些构件中收集输入信息。

- Expect，一种更容易编写具有更多种响应纯交互程序的语言。

Tk工具包如此重要，使得这个语言经常被称作为Tcl/Tk。Tk也频繁用于Perl和Python中。

Tcl 自身的主要优势在于它特别灵活而且本质上非常简单。语法非常奇特（以位置分析器（positional parser）为基础），但整体上是统一的。没有保留字，在函数调用和内置语言特性间也没有语法区别；这样，Tcl 语言解释器本身就可以在 Tcl 内部有效地重新定义（这就是象 Expect 之类程序的合理性所在）。

Tcl 的主要缺点在于纯 Tcl 语言只有十分薄弱的命名空间控制和模块性功能，而且如果使用不当，其中两个（**`upvar`** 和 **`uplevel`**）相当危险。同时，除了关联列表以外，Tcl 也没有数据结构。因此，很难扩展 Tcl——即使是中等大小（超过几百行）的纯 Tcl 程序也很难在不绊倒自己的前提下进行组织和调试。在实践中，几乎所有大型的 Tcl 程序都使用其 OO 扩展。

语法的怪异最初也是个问题；字符串引号和括号之间的区分可能让人头疼一阵，何时使用引号、何时使用括号也需技巧。

纯 Tcl 只提供对 Unix API 相对较小的常用部分的访问（基本上只是文件处理、进程生成和套接字）。实际上，Tcl 具有一种实验的意味，看看一个脚本语言究竟变到多小还依然有用。Tcl 扩展（与 Perl 模块类似）提供了更为丰富的能力集，但（和 CPAN 模块一样）不能保证处处都有安装。

Tcl 最早的参考资料是 Tcl and the Tk Toolkit (Tcl 和 Tk 工具包) [Ousterhout94]，但这本书大部分已经被 Practical Programming in Tcl and Tk (Tcl 和 Tk 实用编程) [Welch]所替代了。Brian Kernighan 对现实世界中的 Tcl 项目进行了一番描述[Kernighan95]，总结了 Tcl 作为快速原型设计和开发工具的长处和不足；其中与 Microsoft Visual Basic 的对比非常客观并具有指导意义。

同 Perl、Python 不一样的是，Tcl 世界并没有一个由核心团体管理的中央资料库，但有几个优秀的网站互相链接并涵盖了大部分的 Tcl 工具和扩展开发。首先看以下的 Tcl Developer Xchange<`http://www.tcltk.com`>；这个站点除了其它内容外，还提供了一个交互式 Tcl 指导材料的来源。在 SourceForge 站点<`http://sourceforge.net/foundry/tcl-foundry/`>上也有一个 Tcl 资料库。

Tcl 脚本也具有和 shell 脚本类似的可移植性问题；这个语言本身非常适于移植，但它调用的组件未必如此。Microsoft 操作系统、MacOs 和许多其它平台也存在 Tcl 实现。任何具有 GUI 能力的平台都可以运行 Tcl/Tk 脚本。

总结：Tcl 的最佳之处在于它节俭、紧凑的设计和 Tcl 解释器的可扩展性。最糟之处在于其古怪的位置分析器和孱弱的数据结构及命名空间控制——这个缺陷使其很难适用于大型项目。

14.4.5.1 实例分析：*TkMan*

TkMan 是 Unix 手册页和 Texinfo 文件使用的浏览器。这个程序大约 1200 行，使用纯 Tcl 编写，应该说相当庞大，但代码出乎寻常地成熟和模块化。它使用 Tk 来提供 GUI 界面，比原有公用程序 *man（1）*或 *xman（1）*支持的 GUI 界面更加友好。

TkMan 是个很好的研究实例，充分展示了 Tcl 的全套技法。突出表现在 Tk 集成、脚本控制 Unix 的其它应用（如 Glimpse 搜索引擎），以及解析 Texinfo 标记的 Tcl 使用上。

在其它任何一种语言中，都不可能用类似于它的代码产生如此直观的 Tk GUI 界面。

在网络上查找关键字 TkMan 可以找到一些源码和文档。

14.4.5.2 Moodss：大型 Tcl 案例分析

Moodss 系统是一个系统管理员使用的图形界面监控应用程序。它可以监控系统日志，为 MySQL、Linux、SNMP 网络和 Apache 等收集统计信息，并通过称为"dashboard"的类似电子表格的 GUI 控制面板提供这些统计信息的摘要。监控模块也可象 Tcl 一样使用 Python、Perl 等编写。这段代码非常精美、成熟，被视为 Tcl 社区中的典范。项目网站为<http://jfontain.free.fr/moodss/>。

Moodss 内核包含 18,000 行 Tcl 代码。它使用了数个 Tcl 扩展，包括一个定制对象系统；Moodss 的作者承认，如果没有这些扩展的话，"编写如此巨大的一个应用程序是不可能的"。

再一次，在其它任何一种语言中，都不可能用类似于它的代码产生如此直观的 Tk GUI 界面。

14.4.6 Python

Python 是一种脚本语言，设计本意是与 C 语言紧密集成。它既可以从动态载入的 C 库程序中接收数据也可以向其传输数据，它也能够在 C 中作为嵌入脚本语言调用。Python 的语法介于 C 语言和 Modula 系列语言之间，但有个非常罕见的特征，即代码块结构实际上用缩进来控制（没有明确的 begin/end 或 C 花括号之类的东西）。Python 最早公开发布于 1991 年。

Python 语言的设计是非常干净优雅，具有非常出色的模块化特性。它提供了设计者用面向对象风格编码的可能，但并不把这个选择强加于设计者（可以用更加经典的类 C 方式编码）。它的类型系统，其表达力和 Perl 系统相当，包括动态容器存储对象和关联列表（association list），但并非那样怪异（实际上，Perl 对象系统模仿了 Python 对象系统是有案可查的）。它甚至因为具有匿名 lambda 对象（以函数为对象值，可在迭代器之间传递并被迭代器使用）而迎合了 Lisp 黑客。同 Python 一起发布的一般还有 Tk 工具包，可以非常方便地构建 GUI 界面。

Python 标准发布包括大多数重要网络协议（SMTP、FTP、POP3、IMAP 和 HTTP）的客户类以及 HTML 生成器类。因此它非常适合构建协议机器人和网络管理工具。它也非常适合 Web CGI 任务，并能在这个高复杂的领域中同 Perl 竞争，并取得一席之地。

对于扩展需要协同开发的大型复杂项目，在我们描述的所有解释型语言中，Python 和 Java 无疑是两个最佳的语言。在很多方面 Python 都比 Java 简单，并且它对快速原型设计的亲和性，使它独立使用在那些既不太复杂又不要求速度致胜的应用程序中并优于 Java。Java 实现的 Python，其设计目的是为了促进这两种语言的混合使用，目前已面世了并用于开发；称之为 Jython。

Python 在纯执行速度方面无法同 C 或 C++竞争（尽管在现今快速处理器上应用混合语言策略使这点已经相对不那么重要）。实际上，人们通常认为 Python 是主要脚本语言中效率最低、速度最慢的语言，这是它为运行期类型多态付出的代价。然而当心，别因为这些原因而拒绝 Python，Python 能够提供的性能实际上已经满足大多数应用程序，即使那些似乎需要更好性能的程序通常也受到网络等待或磁盘等待等外部延时的限制，从而完全抵消了 Python 解释型开销产生的影响。作为补偿，Python 特别容易和 C 结合起来，因此性能关键的 Python 模块可以很方便地转换成 C 语言来显著提高速度。

对于小型项目和大量依靠正则表达式能力的胶合脚本，Python 不如 Perl 的表达力强。对于太小的项目，Python 是大材小用了，shell 或 Tcl 也许更适合。

同 Perl 一样，Python 也形成了一个组织良好的开发社区，其核心站点 <http://www.python.org>包含大量有用的 Python 实现、工具和扩展模块。

Python 的权威参考是《Programming Python》(Python 编程) [Lutz]。Python 网站上也有关于 Python 扩展的大量在线文档。

Python 程序往往可在各种 Unix 之间移植，甚至可以移植到其它操作系统；标准库非常强大，显著减少了对不可移植的辅助程序的使用。Microsoft 操作系统和 MacOS 上也有 Python 实现。只要有 Tk 或其它两种工具包就可以跨平台实现 GUI 开发。Python/C 应用程序可以被“冻结”（frozen），准编译成纯 C 源码，这样就可以移植到没有安装 Python 的系统上。

总结：Python 的最佳之处在于它鼓励清晰、易读的代码，易学易用，又能够扩展到大型项目。最糟之处在于，不仅相对于编译语言，而且相对于其它脚本语言，它也是效率低下、速度缓慢的。

14.4.6.1 小型 Python 案例分析：`imgsizer`

imgsizer 是一个改写 WWW 网页的公用程序，能够在图像标记中加入图像的正确尺寸（这提升了在很多浏览器上的网页载入速度）。可以在 ibiblio 档案站点 `<http://www.ibiblio.org>`的 URL WWW 工具子目录下找到源码和文档。

`imgsizer` 最初使用 Perl 编写，几乎是 Perl 擅长的那种小型、模式驱动的文本处理工具的理想实例。后来为了利用 Python 对 HTTP 获取的库支持优势而转化成了 Python；这消除了对外部网页获取程序的依赖。注意它使用了 *file*（1）和 *ImageMagick identify*（1）作为提取图像像素大小的专用工具。

动态字符串处理和复杂正则表达式匹配的需求让使用 C 或 C++来编写 `imgsizer` 变得异常痛苦；而且相应的版本也会更加庞大、更加难读。Java 当然也可以解决隐含的内存管理问题，但在文本模式匹配方面几乎不会比 C 或 C++更有表达力。

14.4.6.2 中型 Python 案例分析：*fetchmailconf*

在第 11 章，作为分离实现和接口的例子我们分析了 *fetchmail/fetchmailconf* 程序对。*fetchmailconf* 很好地展示了 Python 的优势。

fetchmailconf 使用 Tk 工具包来实现多面板 GUI 配置编辑器（Python 中也有 GTK+和其它工具包的，但每个发布 Python 解释器中都包含 Tk 工具包。）

在专家（expert）模式，GUI 支持编辑六十个左右的属性，分成三个面板。属性窗口部件包括复选框、单选按钮、文本框和滚动列表栏。尽管这样复杂，但配置器的第一个全功能版本只花了我不到一周的时间就完成了设计和编码，其中还包括学习 Python 和 Tk 的四天时间。

Python 擅长 GUI 界面的快速原型设计，而且（正如 *fetchmailconf* 所示）此类原型通常也是可交付的。Perl 和 Tcl 在此领域也有类似的优势（包括为 Tcl 编写的 Tk 工具包），但很难控制到 fetchmailconf 的复杂度（大约 1400 行）级别上。Emacs Lisp 不适合 GUI 编程。而选择 Java 会提高复杂度开销，且不会为这个非速度致胜型程序带来显著收益。

14.4.6.3 大型 Python 案例分析：PIL

PIL，即 Python Imaging Library (Python 图像库)，支持位图图像处理。它支持许多流行的格式，包括 PNG、JPEG、BMP、TIFF、PPM、XBM 和 GIF。Python 程序可用它来转换图像；支持的变换包括裁剪、旋转、缩放和切变；也支持像素编辑、图像卷积和色彩空间转换。PIL 发布包括从命令行运行这些功能的 Python 程序。这样，PIL 可用于批处理模式的图像转换或作为一个强力工具包执行由程序驱动的位图图像处理。

PIL 的实现表明 Python 能够直接使用可装载的目标码扩展模块增强 Python 解释器。为了提高速度，在位图对象上执行基本操作的库内核是用 C 编写的。上层和前后逻辑则是用 Python 编写的，速度慢，但更容易阅读、修改和扩展。

使用 Emacs Lisp 或 shell 编写类似的工具包会非常困难，甚至不可能。因此 Emacs Lisp 或 shell 根本没有 C 扩展接口，而如果用 Tcl 编写的话，PIL 会大得令人不舒服。Perl 具有类似的功能（Perl XS），但同 Python 相比，它过于专用，文档不全，十分复杂，也不稳定，因此使用得少之又少。Java 的本地方法接口（Native Method Interface）似乎能够提供和 Python 大致相当的功能；PIL 可能成为一个相当合理的 Java 项目。

在项目站点<http://www.pythonware.com/products/pil/>可获得 PIL 的代码和文档。

14.4.7 Java

Java 编程语言的设计目标是“write once, run anywhere(一次编写，到处运行)”，并且支持网页中嵌入交互程序（即 *applets*），可在任何一个浏览器中运行。由于其所有者 Sun Microsystems 的一系列技术和战略失误，Java 没有实现这两个最初的设计目标。但它在系统编程和应用编程方面仍然十分强大，足以挑战 C 和 C++。Java 公布于 1995 年。

尽管远比C++小巧简单，但Java设计非常聪明地抓住了自动管理内存的巨大优势，也抓住了支持OO设计这一虽小却并非不重要的优点。Java保留了大量的类C语法，大多数程序员对此感觉非常舒服。它也包括支持动态载入的C调用并支持在C中把Java作为嵌入语言调用。Sun公司在网上提供良好Java文档的工作完成得非常出色，这一点作用也不可小觑。

Java的负面，我们可以说（例如，同Python相比较）有些部分显得过于复杂，而另外一些部分则不够完善。Java中，类的可见/不可见区域的规定非常复杂。接口功能虽然避免了多继承产生的复杂问题，但理解和使用并不会简单多少。内部类和匿名类等特征可能会导致非常混乱的代码。而缺乏可靠的析构方法则意味着内存以外的其它资源，例如互斥（mutex）和文件锁定等，难以保证得到正确管理。Unix 操作系统的重要功能也无法从Java主体中访问，包括信号、poll和select等。尽管Java的I/O功能非常强大，但文本文件的简单读取并不简单。

Java库存在一个特别令人反感的问题，和Windows DLL hell问题非常相像。Java没有管理不同库版本的方法。这在应用服务器之类的环境中会产生巨大的问题，因为服务器可能配置的是（比如说）某XML库版本，但应用程序却随另外（通常是较新的）版本一起发布。对此类问题的唯一处理是使用`CLASSPATH`环境变量，但却是不断产生配置问题的错误来源。

更进一步，Sun公司对Java语言的处理无论在政策上还是在技术上都十分迟钝。Java的第一个GUI工具包AWT一团糟，必须完全替换掉。而把该语言从ECMA/ISO标准中撤出进一步激怒了早已为Sun Community Source License（SCSL）感到恼火的众多开发人员。SCSL的限制还妨碍了Java 1.2的开源实现和J2EE（Java 2 Enterprise Edition/Java 2企业版）规格说明。这损害了Java普遍移植的初衷。

悲哀的是，浏览器applets已经消亡了。Microsoft在IE中不支持Java 1.2的决定实际上绞杀了它们。然而，Java似乎在计算业中发现了一个安全的生存空间，让“servlets”在网页应用服务器的内部运行。Java也经常用于不和数据库或网页服务器直接相连的企业内部编程。它也已经成为Microsoft的ASP/COM平台和Perl CGI的主要竞争者。最后，作为初级编程（Java特别适合这个角色）的教学语言，Java的使用越来越广泛。

总而言之，我们可以认为，对于除系统编程以及大多数速度关键的应用程序外的一切编程而言，Java比C++高级（C++复杂得多，而且没有为解决内存管理问题作出多少努力）。经验似乎表明，和C++程序员相比，Java程序员掉进过度OO分层这一陷阱的可能性似乎要小一点，尽管这仍然是个大问题。

如何权衡 Java 和我们本章描述的其它语言，目前还不清楚，可能主要取决于项目的规模。我们可以设想 Java 的正确使用范围和 Python 比较相近。同 Python 一样，Java 无法和 C 或 C++在原始执行速度方面竞争，也无法和 Perl 在大量使用模式引导编辑的小项目竞争。Java 对小项目是大材小用（这一点比 Python 更确定）。我们可以认为，Python 在小一些的项目上具有优势，而 Java 在大一些的项目上具有优势，但这并非定论。

最好的参考书可能是 Java In A Nutshell (Java 技术手册) [FlanaganJava]，但这不是最好的入门级指导材料；最好的入门级指导可能是 Thinking in Java (Java 编程思想) [Eckel]。对全球所有 Java 网站的链接始于 Sun 公司的 Java 站点<http://java.sun.com>，该站点也具有可免费下载的完整 HTML 文档。开源目录 Java 网页（Open Directory Java Page）<http://dmoz.org/Computers/Programming/Languages/Java/>也汇集了许多有用的 Java 链接。

所有的 Unix 操作系统、Microsoft 操作系统、MacOS 和其它很多平台都有 Java 实现。

可在 Kaffe 项目站点<http://www.kaffe.org/>获得 Kaffe(一个开源 Java 实现，类库符合大多数 JDK 1.1 和部分 JDK 1.2 的要求）的源码。

GCC 也有一个 Java 前端。GCJ 可以把 Java 代码编译成 Java bytecode 或本机码，也可以把 Java bytecode 编译成本机码。它配置了执行大部分 JDK 1.2 要求的开源类库和一个称为 *gij* 的 Java bytecode 解释器。详情参见 GCJ 项目网页<http://gcc.gnu.org/java/>。

在 JDEE 项目站点<http://jdee.sunsite.dk/>有基于 Emacs 的 Java IDE。

Java 语言本身的可移植性非常优秀。但不完整的库实现（特别是不支持新 JDK 1.2 的老 JDK 1.1 库）是个问题。

Java 的最佳之处在于它非常接近“一次编写、到处运行”的目标，作为一个独立于操作系统的环境非常有用。最糟之处在于 Java 1/Java 2 的分裂令人沮丧地损害了这个目标的实现。

14.4.7.1 案例分析：FreeNet

Freenet 是一个对等网络项目，目的是创建没有审查和内容禁止的网站[6]。Freenet 开发者设想了以下应用：

- 争议信息的不审查分发：Freenet 保护言论自由，范围从民间另类新闻到受禁曝光材料的林林总总，都可以不经审查地匿名发表。
- 高带宽高效内容发布：用 Freenet 的适应性高速缓存（adaptive caching）和镜像来发布 Debian Linux 更新软件。
- 通用个人发布：Freenet 让任何人都能够拥有没有空间限制和强制性广告的网站，即使没有电脑而想成为网站管理员的人也能如愿以偿。

Freenet 通过提供一个虚拟空间来达到这些目标，在这个虚拟空间中发布的文档不与任何具体的机器相关。发布信息和 Freenet 内部数据索引通过网络进行复制分发，即使是 Freenet 管理员在任何给定时间里也不清楚所有的物理文档会在哪里。Freenet 浏览者或信息提交者的隐私通过强密码系统加以保护。

Java 作为这个项目的上上之选至少有两个理由。首先：项目目标非常重视最广泛的实现兼容性，因此 Java 的高度可移植性成为一个主要优势。其次：这个项目的本质促使网络 API 变得非常重要，而 Java 恰好内置了一个强大的 API。

C 通常用于对性能要求很高的基础项目上，但缺乏标准的网络 API 使移植变得非常困难。C++也存在同样的困难。Tcl、Perl 或 Python 可以减轻移植负担，但代价是牺牲太大的性能。Emacs Lisp 速度缓慢得令人痛苦因而完全不适用。

14.4.8 Emacs Lisp

Emacs Lisp 是一种脚本语言，用于 Emacs 文本编辑器的行为编程。它首次发布于 1984 年。

从本章其它语言分析的相同角度来说，Emacs Lisp 并不是一种通用语言；尽管它足够强大，理论上可以作为通用语言使用，但传统上，它只用于为 Emacs 编辑器编写本身的控制程序，并不像现代脚本语言那样能和其它软件顺畅通讯。

[6] Freenet 项目的网站：<http://freenetproject.org>。

尽管如此，在相当范围的应用中，Emacs Lisp 比其它语言更为有效。这些程序大多都与为开发工具提供一个前端有关，包括 C 编译器和链接器、make（1）、版本控制系统和符号调试器等等；我们将在第 15 章讨论这些内容。

更一般的是，Emacs 之于模式导向或语法导向的*交互*编辑，就如同 Perl 之于模式导向的批处理编辑一样。任何涉及交互编辑特定文件格式或文本数据库的应用程序，使用 Emacs 模式（一种定制编辑器行为的 Emacs Lisp 程序）进行原型设计（甚或交付）都是上佳的选择。

Emacs Lisp 也非常适合构建必须和文本编辑器紧密整合在一起的应用程序，或是主要作为文本浏览器而兼具某些编辑功能的应用程序。email 和 Usenet 新闻的用户代理就属于此类。一些数据库前端也是如此。

Emacs Lisp 是一种 Lisp 语言。它自动进行内存管理，就像黑夜之后是白天一样自然，因而比大多数传统语言更雅致、更有效，或者，确切地说，也比大多数新兴语言都更雅致、更有效；在这个方面它可以同 Java 或 Python 竞争，更远超 C/C++、Perl、shell 或 Tcl。Lisp 缺少标准的可移植 OS 规范，这个老毛病已由 Emacs 内核解决，实际上 Emacs 内核就是其 OS 规范。

Lisp 另外一个老毛病——狂吃资源——在现代机器上也不再是个问题。“**E**macs **M**akes **A** **C**omputer **S**low”（Emacs 让计算机变慢）和“**E**ventually **M**unches **A**ll **C**omputer **S**torage”（最终吃光所有计算机内存）之类的调侃曾经非常流行（实际上 Emacs 发布本身就包含这样的一个笑话列表）。但现在其它许多经常使用的程序（如网页浏览器）都比 Emacs 更大、更复杂，所以比较而言，反而 Emacs 似乎变得比较适中了。

Emacs Lisp 的权威参考是 The GNU Emacs Lisp Reference Manual (GNU Emacs Lisp 参考手册)，可在 Emacs 的“info”帮助系统中浏览。如果没有，可从 FSF 的 FTP 站点 `<ftp://ftp.gnu.org/pub/gnu>`下载。如果觉得太深，《Writing GNU Emacs Extensions》(编写 GNU Emacs 扩展编写) [Glickstein]可能会有帮助。

Emacs Lisp 程序的可移植性非常卓越。所有的 Unix 操作系统、Microsoft 操作系统和 Mac 操作系统都有 Emacs 实现。

总结：Emacs Lisp 的最佳之处在于结合了非常优秀的基础语言 Lisp，其域原语对文本操作非常有效。最糟之处在于性能较差，难以和其它程序通讯。

更多详情参阅后续章节“选择编辑器”中对 Emacs 的讨论。

14.5 未来趋势

表 14.1 大致表明了当今语法使用的分布情况。我们给出了来自 SourceForge[7]和 Freshmeat 的数据[8]，这是到 2003 年 3 月为止两个最重要的新软件发布站点。

SourceForge 的数字在几个方面有所欠缺：最明显的，SourceForge 的查询界面不允许同时将 OS 和语言作为过滤条件，所以其中部分数字代表的是 MacOS 和 Windows 项目。其结果可能就是 C++和 Java 的份额相对会放大一些。然而，基于 Unix 的项目充分地占据了垄断地位（大概是 3:1 的比例），所以除了上述两个语言，其它语言的数据可能并没有多大的变形。

Freshmeat 的样本数据较小，但是站点本身只发布基于 Unix 的项目——而且统计的是确确实实的发布版本，不像 SourceForge 一样包括大量失败的、停顿的项目。有趣的是同 SourceForge 相应统计相比，其比率几乎都是 1:2，当然正好也要除去一些情况（C++和 Java），我们可以认为那不成比例，是因为 Freshmeat 缺少基于 Windows 的项目。

本章最初在 1997 年起草；在 2003 年年中完成。这是一个相当长的时间段，所以上述我们检视的语言，自从第一次写作以来，其相对地位已经发生了改变，并显现出一种采用趋势，而这趋势恰好昭示了其语言特征。（对于这些最常使用语言的开源实现，其提高和改善工作，社区规模就是一个重要的质量和数量因子；而其增长和衰落往往更增加了说服力。）

宽泛地说，C、C++以及 Emacs Lisp 在 1997－2003 时间段保持稳定，在 2003 年与 1997 年一样，吸引着相同数量的支持者。C 得到缓慢增长，占据了如 FORTRAN 更古老传统语言的份额；另一方面，C++被 Java 夺取了些许阵地。

Perl 使用的增长非常可观，但语言本身在一段时间已停滞不前。Perl 内部非常糟糕；认识到语言实现需要推倒重来已经有好几个年头，但在 1999 年的努力却以失败告终，而在 2003 年中的另一努力似乎也停滞了。不管怎样，Perl 仍然还是八百磅巨型猩猩式的脚本语言，并且在网页脚本和 CGI 方面占据主导地位。

Tcl 已经处于一个相对衰减的时代，或者至少是出镜次数逐渐减少的时代。在 1996

[7] 统计数字来自<http://sourceforge.net/softwaremap/trove_list.php?form_cat=160>。

[8] 统计数字来自<http://freshmeat.net/browse/160/?topic_id=160>。

年一个广泛流传的看似真实的估计中，就社区规模而言，每有一个 Python 使用者，对应就有 5 个 Tcl 使用者，12 个 Perl 使用者。今天，SourceForge 的数据表明这个比率大概是 3:1:7。然而，据说 Tcl 被广泛使用在好几个工业领域的专门化脚本组件方面，包括电子设计自动化（EDA），广播电视业以及电影业等。

表 14.1 语言选择

语言	SourceForge	Freshmeat
C	10296	4845
C++	9880	2098
Shell	1058	487
Perl	4394	2508
Tcl	649	328
Python	2222	948
Java	8032	1900
Emacs Lisp	?	31

Python 随着 Tcl 的衰落而迅速崛起。尽管 Perl 社区的规模仍然有 Python 的两倍大，但一个明显的趋势是，最精明的 Perl 黑客都流向了 Python，这对 Perl 语言是相当不利的——尤其是根本就没有反向迁移。

Java 在已经投入 Sun Microsystem 技术的站点中广泛使用，也作为大学生计算机科学课程的指导性语言而广泛部署。然而在别的地方，只比 1997 年稍微流行一些。Sun 一意孤行的所有权许可模型妨碍了许多当年评论家预测的主要突破；而在 Linux 和更广泛的开源社区，Java 对 C 并没有获得像在别处取得的那种进展。

还没有出现新型的通用语言，对已经在此讨论的语言构成严重的挑战。PHP 正在侵蚀网络开发，挑战 Perl CGI（以及 ASP 和服务器端 Java），但是几乎从未使用在单机编程中。Non-Emacs Lisp 方言，一个曾经十分有前途的语言在上世纪九十年代似乎能够驶向辉煌，但最终还是淡出了。最近的成果，例如 Ruby（日本人开发的 Python-Perl-Smalltalk 杂交体）和 Squeak（一个开源的 Smalltalk 移植）看起来似乎很有前途，但至今既没有吸引到除自身开发组之外的用户，也没有展示出持久力。

14.6 选择 X 工具包

同选择开发语言相关的问题是选择 GUI 编程工具包。回顾一下第一章中关于 X 如何分离机制和策略的讨论。每个可能选择的工具包都将带来些许不同的观感。

X 工具包的选择在两方面影响着同开发语言的选择：首先，有些语言的本身就绑定了某个偏爱的工具包，其次，一些工具包可以绑定进的语言是个有限的集合。

当然，Java 存在本身内建的跨平台工具包，所以选择只会落在 AWT（普遍都有配置）和 Swing（更强大、更复杂、更缓慢，仅仅在 JDK 1.2/Java 2 中支持）之间。所以这部分余下的内容集中在我们已经讨论过的其它语言中。类似的，如果使用 Tcl，Tk 是捆绑而来的。没什么其它选择的余地了。

曾经无处不在的 Motif 工具包实际上已宣告死亡。它已经跟不上无发布限制和无需许可费用的新兴工具包。这些新兴的工具包吸引了更多开发者的努力，无论在能力和特性方面都淹没了老旧的闭源工具包。现在，竞争全部来自开源阵营。

在 2003 年，有四个工具包值得认真考虑，分别是 Tk、GTK、Qt 和 wxWindows， 当然 GTK 和 Qt 无疑是领跑者。所有四个工具包都移植到了 MacOS 和 Windows 中，所以选择其中任何一个都具备跨平台开发能力。

Tk 工具包是四个中最悠久的一个，优势当然是资历深厚；该工具包原生于 Tcl，Python 接口随 Python 本身一起发布。也有供 C 和 C++程序库使用的 Tk 语言接口。不幸的是，Tk 在其标准的窗体构件集方面也老态毕现，既有限又丑陋。另一方面，其它工具包要达到 Tk 中 Canvas 控件具备的能力还有些困难。

GTK 生来就是为了取代 Motif，并且支持 GIMP。现在是 GNOME 工程项目酷爱的工具包，为成百上千的 GNOME 应用程序所使用。原生 API 是 C 的；也有 C++、Perl、Python 接口，但并没有包含进语言的主发布。GTK 是四个工具包中唯一的 C 原生接口。

Qt 工具包被 KDE 工程所使用，是原生的 C++库，也有 Python 和 Perl 接口但并不同解释器本身一同发布。Qt 获得了四个工具包中最佳设计和最具表达力 API 的声誉，然而早先许可授权版本的争论阻碍了它的广泛采用，C 接口总是迟迟不予以发布的事实也进一步延缓了它的广泛采用。

wxWindows 是原生的 C++库，同时可以获得 Perl 和 Python 接口。wxWindows 开发者着重强调它们的跨平台开发，也以此作为工具包的主要卖点。另一个卖点是 wxWindows 实际上是基于每个平台上原生（GTK、Windows 和 MacOS 9）窗体构件的包装器，这样使用该工具包编写的应用程序保留了原味观感。

在 2003 年年中，几乎没有各种工具包的详细对比说明，但是网络搜索“X toolkit comparison”或许能得到一些有用的采样数据。表 14.2 汇总了各种工具包的状态。

表 14.2 X 工具包总结

工具包	原生语言	发布对象	绑定接口				
			C	C++	Perl	Tcl	Python
Tk	Tcl	Tcl, Python	Y	Y	Y	Y	Y
GTK	C	Gnome	Y	Y	Y	Y	Y
Qt	C++	KDE	Y	Y	Y	Y	Y
wxWindows	C++	—	—	Y	Y	Y	Y

架构方面，这些程序库都是在同一抽象层次上编写的。GTK 和 Qt 都使用类似的接收/发送信号的事件处理机制，所以移植起来据说几乎是小菜一碟。因此，在几个工具包间选择，其它都没问题，最主要的局限是它们提供何种语言的接口。

15

工具：开发的战术

Tools: The Tactics of Development

Unix is user-friendly—it's just choosy about who its friends are.

Unix 对用户是友好的——只不过是挑剔的友好。

——佚名

15.1 开发者友好的操作系统

Unix 作为一个良好的开发环境长期以来享有盛誉。许多程序员为程序员而写的工具使它配备精良。这些工具自动完成了不少琐碎的工作，从而让人心无旁骛地专注于开发中最重要（也是最享受）的部分——设计。

尽管所需要的工具都是现成的，文档也做得很棒，但并没有通过一个集成开发环境（IDE）结合在一起。所以往往需要花费相当的努力才能找到它们，装配起来，从而形成一套适合需要的工具。

也许读者过去习惯于一个完备的 IDE——在 Macintosh 和 Windows 系统中常见的、配备了编辑器、配置管理器、编译器和调试器的 GUI 系统——那么 Unix 的方法似乎显得随意、含混、太过简陋。但那确实是 Unix 中的方法。

IDE 对于缺乏工具的单一语言编程非常有意义。如果所作所为仅限于机械地以手工作坊式地研磨出 C 或 C++代码，IDE 就相当适合。然而在 Unix 下，语言和实现的选择广泛多样。所以同时使用多个代码生成器、定制配置器以及许多其它标准定制工具就是司空见惯的事情了。

在 Unix 中也有 IDE（有数个开源实现，包括 Macintosh 和 Windows 上主要 IDE 的模拟器）。可是它们难以控制编程工具开放的多样性，因此并未广泛使用。Unix 提倡一种更灵活的风格，一种以编辑/编译/调试循环为中心、排它性更少的风格。

在本章中我们将介绍 Unix 下的开发策略——编译代码、管理代码配置、性能分析、调试以及自动完成各种脏活累活，而让人更专注于有趣的部分。同以往一样，说明更注重整体结构、而不是具体做法。如果需要了解这方面的细节，本章介绍的大多数工具在《Programming with GNU Software》(用 GNU 软件编程) [Loukides－Oram]中都有很好的叙述。

当然这些工具自动完成的许多事情都可以手工解决，但这只会更慢，错误率也只会更高。攀爬学习曲线的一次性付出，得到的是更有效编写程序的能力；精力也可以更多地放在设计层面而不是低层次的细节操作。

传统上，Unix 程序员就从其他程序员那里学习如何使用这些工具，潜移默化、悉心钻研。如果你是位新手，请特别留意；我们将一开始就通过展示正确做法来让你完成 Unix 学习曲线上最大的一跳。如果你是位忙碌的有经验的 Unix 程序员，可以跳过本章——但也许不该如此。这儿的一些有用知识可能恰好你并不知道。

15.2 编辑器选择

首要和最基本的开发工具是一个适合修改和编写程序的文本编辑器。

一一数来，在 Unix 下有十几种文本编辑器；编写一个文本编辑器似乎是入门级开源玩家标准的练手程序之一。这些编辑器多数都暂如朝露，除了作者之外并不适合其他任何人扩展使用。有些模拟了非 Unix 系统的编辑器，对于习惯其它操作系统的程序员，可以作为转换的帮助。在 SourceForge 或 ibiblio 或其它主要的开源档案站点有种类繁多的编辑器。

对于严肃的编辑工作，两款编辑器完全统治了 Unix 编程界。两者都有几个次要的变种实现，有一个标准版本，可以毫无疑问地在任何现代 Unix 系统上找到。它们是 *vi* 和 *Emacs*。我们在第 13 章关于软件的适当规模一节中讨论过。

正如我们在第 13 章注意到的一样，这两款编辑器在设计哲学上表现出尖锐的对立，但两者都极端流行并且赢得了可观的核心用户群。Unix 程序员民意调查一直表明两个阵营大约对等，而其它所有的编辑器几乎都排不上号。

在我们先前对 *vi* 和 *Emacs* 的检视中，主要关心的是可能复杂度以及相关的设计哲学问题。此外值得去了解的，是它们蕴含的工程实用精神和 Unix 文化修养。

15.2.1 了解 *vi*

vi 这个名字是“visual editor (可视编辑器)”的缩写，发音为*/vee eye/*（不是*/vie/*并且**绝对**不是*/siks/*!）。

vi 并不是最早的面向屏幕编辑器；那是 Rand editor，即 re 的荣誉，它在 1970 年代运行在 Unix 版本 6 上。但 vi 是最长寿的、仍在使用的、为 Unix 编写的面向屏幕编辑器，而且已经成为 Unix 传统中的一个神圣部分。

Vi 的原始版本在 1976 年随最早的 BSD 软件发布；现在已经废弃了。替代的是随着 4.4BSD 一起发布的“新 vi”，也可以同时在一些现代的 4.4BSD 变种诸如 BSD/OS、FreeBSD 和 NetBSD 系统中找到。还有几个具有扩展功能的变种，著名的有 *vim*、*vile*、*elvis* 和 *xvi*；在这些版本中，*vim* 可能是最流行的，可以在许多 Linux 系统上找到它。所有的这些变种都十分相似，并且共享一个从最初 *vi* 版本以来就没有变化过的核心命令集。

也有移植到 Windows 操作系统和 MacOS 上的 *vi* 编辑器。

多数介绍 Unix 的书籍都会用整整一章来描述基本的 *vi* 用法。关于 *vi* 的常见问题解答可以在 Editor FAQ/vi<`http://www.faqs.org/faqs/editor-faq/vi/`>处获得；以包含“vi”和“FAQ”网页名称为关键字做 WWW 搜索，可以找到许多其它资料。

15.2.2 了解 Emacs

Emacs 代表“Editing MACros”（宏编辑，发音为*/ee'·maks/*）。最初是在 1970 年代作为一个叫做 TECO 编辑器的一套宏而编写的，随后又以不同的方式重新实现了好几次。一个意想不到的有趣转变是，现代的 Emacs 实现包含有一个模拟 TECO 的模式。

在早些时候讨论编辑器和可能复杂度时，我们注意到许多人都认为 Emacs 太过沉重。然而，花时间学习它可以获得很大的生产力回报。Emacs 支持许多威力强大的编辑模式，能够为输入各种编程语言和标记语言提供语法上的帮助。我们在本章稍后部分可以看到

Emacs 是如何同其它开发工具组合起来，从而获得并不逊于常规 IDE（在许多方面甚至超过）的能力。

在现代 Unix 中普遍存在的标准 Emacs 是 *GNU Emacs*；在 Unix shell 提示符下键入 **emacs** 通常都会运行它。GNU Emacs 源码和文档可以在自由软件基金的存档站点 <ftp://gnu.org/pub/gnu>处获得。

唯一的主要变种叫做 *XEmacs*；它有着更好的 X 界面，但在功能上非常相似（它派生自 Emacs 19）。*XEmacs* 的主页是<http://www.xemacs.org>。Emacs（连同 Emacs Lisp）在现代的 Unix 中通常都可以获得。同时也已经移植到 MS-DOS（那里工作得很差）和 Windows 95 以及 NT 中（在那儿据说运行得相当好）。

Emacs 包含自带的交互教程以及非常完备的在线文档；可以在 Emacs 的默认启动屏幕中找到调出它们的说明。《Learning GNU Emacs》(学习 Emacs) [Cameron]是一本优秀的参考书。

在 Netscape/Mozilla 的 Unix 版本和 Internet Explorer 的文本窗口（表单和邮件发送器）中使用的键盘命令拷贝自 Emacs 中绑定的基本文本编辑命令。这些绑定最适合作为跨平台编辑器的键盘命令标准。

15.2.3 非虔诚的选择：两者兼用

许多人经常规则地使用 *vi* 和 Emacs 来做不同的事情，并且认为非常值得把两者都摸透。

总的来说，vi 最适合用来完成小型任务——邮件的快速回复、系统配置的简单调整等。尤其是正在使用一个新系统（或者通过网络的远程系统）而自己的 Emacs 定制文件又无法唾手可得时特别有用。

在处理复杂任务、修改多个文件、需要使用其它程序结果扩展编辑时，Emacs 开始显现威力。对于在控制台使用 X 的程序员（这在现代 Unix 上非常典型），一登录通常就启动一个 Emacs 窗口，并一直运行下去，然后可能会在多个 Emacs 子窗口访问十几个文件甚至运行程序。

15.3 专用代码生成器

Unix 长期存在一个宿主工具的传统，这些工具明确设计来生成不同专门目的的代码。

这种值得尊敬的传统典范，需要追溯回到版本 7 甚至更早的日子——1970 年代用来编写原始可移植 C 编译器的 *lex*（1）和 *yacc*（1），它们作为 GNU 工具包的一部分，今天仍被大量使用，而它们向上兼容的现代后继者是 *flex*（1）和 *bison*（1）。这些程序已经树立了一个榜样，并在诸如 GNOME 的 Glade 界面构建器项目中发扬光大。

15.3.1 *yacc* 和 *lex*

yacc 和 *lex* 是用来生成语言词法分析器的工具。我们在第 8 章叙述过，通常自己的第一个微型语言可能确实是出于偶然而不是一个明确的设计。这个偶然很可能需要一个手工编码的词法分析器，这会花费非常非常多的维护与调试时间——尤其是如果还没有意识到它是个词法分析器，不能正确地将其从应用程序的其余部分独立出来时。词法分析器的生成器是个工具，可以比偶然专用的实现做得更好；它们并不仅仅只是在一个更高的层次上表达规格说明的语法，同时也能够将词法分析器的所有实现复杂度从其它代码中隔离出来。

如果有需要计划从头开始实现一门微型语言，而不是扩展和内嵌一个现有的脚本语言或者解析 XML，那么 *yacc* 和 *lex* 也许就成为仅次于 C 编译器的最重要工具。

Lex 和 *yacc* 两者分别为一种单一功能生成代码——“从输入流中获取标记符号”和“解析一系列标记符号来检查是否符合某个语法”。通常地，*yacc* 生成的语法分析功能在每次需要得到另一个标记符号时会调用一个 *lex* 生成的 tokenizer 功能。如果 *yacc* 生成的语法分析器中根本不存在用户编写的 C 回调函数，所做的一切就是语法检查；返回值将告诉调用者输入是否匹配预期的语法。

更通常地，在生成的词法分析器中内嵌的用户 C 代码，在解析输入时会附加地生成一些运行期数据结构。如果微型语言是声明式的，应用程序可以直接使用这些运行期数据结构。如果设计是命令式的，数据结构也许会包含一个分析树，传给某种求值函数。

yacc 的接口相当丑陋，通过前缀为 `yy_` 的形式导出全局变量名。这是因为 *yacc* 的产生还在 C struct 之前；事实上，还在 C 语言产生之前；*yacc* 的第一个实现是用 C 语言的前任 B 语言编写的。*yacc* 生成的词法分析器校正解析错误时的算法（直到一个显式的生成错误得到匹配才弹出标记符），尽管有效但很粗糙，还会导致包括内存泄漏在内的一些问题。

> 如果正在构造分析树，并使用 malloc 分配节点，在勘误过程中如果开始将数据出栈，就不可能恢复（释放）内存。yacc 不能完全知道栈中究竟有些什么，因

> 此它无法做到这一点。如果 yacc 用 C++写成，可以设想值是某个类从而“析构”它们。而在“真正的”编译器中，分析树节点由使用基于分配区（arena-based）的分配器生成，所以节点不存在泄漏，但无论如何在工业强度的勘误时总有逻辑的遗漏需要考虑。
>
> —Steve Johnson

lex 是一个词法分析器的生成器。它是 *grep*（1）和 *awk*（1）功能族的一员，但是更强大，因为它可以为每个匹配安排执行任意的 C 代码。它接受声明式微型语言作为输入并且生成 C 语言代码骨架。

对于 *lex* 生成的符号分析器究竟做些什么，有种粗略但有效的解释：把其视作 *grep*（1）程序的逆操作。*grep*（1）接受单个正则表达式、返回输入流中所有匹配的列表，而每次调用 *lex* 生成的符号分析器则是接受一批表达式并标明在数据流中出现了哪一个。

> 即使不用 Yacc 和 Lex，并且所处理的“标记符号”同编译器的大不一样，将输入分析分解成符号化输入和解析符号流也是个十分有用的策略。不止一次地，我已经发现，尽管分解本身会增加复杂度，但将输入处理分解成两个层次确实可使代码更简单也更容易理解。
>
> —Henry Spencer

lex 是编写来为编译器自动生成词法分析器（tokenizer）的。但最后却令人惊讶地广泛适用于其它种类的模式识别，并且从此被描述为“Unix 编程的全能瑞士军刀”[1]。

如果正在处理某类模式识别或状态机问题，并且可能的输入可用一个字节描述，*lex* 生成的代码比手工编制的状态机代码更为有效和可靠。

> Holmdel（AT&T 的一个实验室）的 Jahn Jarvis 使用 lex 来寻找电路板中的疵点，扫描电路板，使用链编码技术来表示电路板上的边界区域，然后使用 Lex 来定义可以捕获一般制作错误的模式。
>
> —Mike Lesk

最重要地，*lex* 规格微型语言比等价的手工 C 语言编码层次更高也更紧凑。Perl（网上搜索“lex perl”）也有可以使用 *flex* 开源版本的模块，Python 中作为 PLY 的一个部分，也有类似的实现。

[1]后来 Perl 的“瑞士军链锯（Swiss-army chainsaw）”这个常见说法其实是个派生。

lex 生成的解析器一般比手工编码的解析器慢一个数量级。这并不就是采用手工编码的好理由，相反，这是个明证，应该使用 *lex* 进行原型设计，然后只有当原型确实存在瓶颈时再进行手工编码。

yacc 是一个词法分析生成器。当然，也是为了自动化编译器的部分编制工作而编写的程序。同 BNF（Backus-Naur Form，巴科斯－诺尔范式）类似，将输入作为一个说明性微型语言的语法规格说明，而语法的每个元素都有相对应的 C 代码。它生成一个分析器函数，调用时，从输入流中接受匹配语法的文本。一旦识别出任何一个语法元素，函数就执行相应的 C 代码。

lex 和 *yacc* 的组合使用对编写任何种类的语言解析器都特别有效。尽管大多数 Unix 程序员从不会写一个通用语言编译器(这两个工具的本来目的)，但是将它们当作解析运行控制文件语法和域专用微型语言的解析器也十分好用。

lex 生成的符号分析器在识别输入流中的低级模式相当快速，但是 *lex* 能够了解的正则表达式微型语言却不擅长统计事物，或是识别递归嵌套结构。为了能够解析这些，就需要 *yacc*。另一方面，尽管理论上可以编写 *yacc* 语法来完成自身的符号收集解析，但其说明可能非常臃肿并且解析速度非常缓慢。从输入中萃取符号标记需要 *lex*。这两个工具是相辅相成的。

如果能够在比 C 语言更高的语言级别实现解析器（我们推荐如此；参见第 14 章的讨论），那就参考其它等价的工具，例如 Python 的 PLY（包含 *lex* 和 *yacc* 的功能）[2]或者 Perl 的 PY 和 Parse::Yapp 模块，再或者 Java 的 CUP[3]、Jack[4]或 Yacc/M[5]模块包。

同宏处理器一样，这些代码生成器以及前处理器的问题之一是编译时如果在生成码中有错，其行号是生成代码的（并不想编辑这里）而不是生成器的输入代码（这才是需要修正的）的。*yacc* 和 *lex* 通过生成同 C 预处理器一样的`#line`结构来解决这个问题；

---

[2] PLY 可在<http://systems.cs.uchicago.edu/ply/>处下载。

[3] CUP 可在<http://www.cs.princeton.edu/~appel/modern/java/CUP/处出下载。

[4] Jack 可在<http://www.javaworld.com/javaworld/jw-12-1996/jw-12-jack.html>处下载。

[5] Yacc/M 可在<http://david.tribble.com/yaccm.html>处下载。

该结构为错误报告设置当前行号，这样出来的行号就是正确的。任何生成 C 或 C++代码的程序都应该如此。

更普遍地，良好设计的程序代码生成器，应该永不需要用户手动地改变甚至查看到自动生成的部分。把这些做好，是代码生成器的本分。

15.3.2 实例分析：`fetchmailrc`的语法

规范的示例似乎在曾经编写的每个 *lex* 和 *yacc* 教程中都有：玩具型交互式计算器，用来解析和对用户输入的算术表达式求值。我们还是省省这个重复的老调吧；如果确有兴趣，参考 GNU 项目中的 *bc*（1）和 *dc*（1）计算器的实现，或是[Kernighan-Pike84]中的“hoc”范例[6]。

为了取而代之，*fetchmail* 运行控制文件的语法解析器提供了一个关于 *lex* 和 *yacc* 用法的中等规模实例分析。有几点十分有趣。

在 `rcfile_l.l` 中的 *lex* 规格说明，是非常典型的 shell 式语法实现。注意同时支持单引号和双引号字符串的两个补充规则；这种做法普遍适用。接受（可能带符号的）字面整数的规则和抛弃注释的规则也相当通用。

在 `rcfile_y.y` 中的 *yacc* 规格说明，虽然有些见长但很直白。它并不进行任何 *fetchmail* 的动作，仅仅只是在内部控制块的列表中设置标记。启动之后，*fetchmail* 的普通模式操作仅仅就是反复遍历这个列表，对每个记录在其远程站点收取会话。

15.3.3 实例分析：*Glade*

我们在第 8 章将 *Glade* 作为一个说明性微型语言的范例审视过。我们也注意到它的后端可以产生几种语言中任意一种的代码。

Glade 是应用程序代码生成器的当代范例。使它具备 Unix 精神的那些功能特征，绝大多数的 GUI 构建器（特别是专有的 GUI 构建器）都没有，可以总结如下：

- 并不是胶合成一个大个单体，*Glade* 的 GUI 和 *Glade* 代码生成器遵循分离原则（遵从“分离接口和引擎”设计模式）。

[6]见`<http://cm.bell-labs.com/cm/cs/upe/>`。

- GUI 和代码生成器由（基于 XML 的）文本数据文件格式相连，可以由其它工具浏览和修改。
- 支持多个目标语言（相对仅支持 C 或 C++而言）。要增加目标语言也很容易。

这种设计意味着，完全可以替换 *Glade* GUI 编辑器组件，而且决不会痛苦不堪。

15.4 *make*：自动化编译

程序源码自身并不能形成一个应用。如何将它们装配在一起以及如何打包成发布版本的方式才真正重要。Unix 提供一个半自动化这些过程的工具；这就是 *make*（1）。绝大多数介绍 Unix 的书籍都涵盖了 make。作为真正详尽的参考书，可以查阅《Managing Projects with Make》(使用 Make 管理项目)[Oram-Talbot]。如果使用 GNU 的 *make*（最先进的 make，通常伴随开源 Unix 一起发布），《Programming with GNU Software》（用 GNU 软件编程）[Loukides-Oram]在某些方面的处理可能会更好一些。多数预装 GNU *make* 的各种 Unix 都同时支持 GNU Emacs；如果你的 Unix 也是如此，那通过 Emacs 的信息文档系统可能会找到完整的 make 在线手册。

GNU *make* 的 DOS 和 Windows 移植的版本可以从 FSF 获取。

15.4.1 *make* 的基本理论

如果使用 C 或 C++进行开发，构建应用程序的一个重要部分是将源代码变成二进制可运行文件的编译和链接命令集合。输入这些命令是枯燥乏味的细活，多数现代的开发环境都包含有某个方法将它们放入命令文件或数据库中，可以自动地重复执行以编译应用程序。

Unix 的 *make*（1）程序，是所有这些程序的鼻祖，专门设计来帮助 C 程序员管理这些命令。可以在一个或多个 makefile 中书写项目文件之间的依赖关系。每个 makefile 都由一组“生成物”构成；其中每项都告知 *make* 给定的某个目标文件会依赖哪些源文件集，并且告知 *make* 如果那些源文件比目标文件更新时该做什么。实际上并非必须将所有的依赖关系都写下来，*make* 程序可以通过文件名和扩展名推导出一些显然的依赖关系。

例如：如果需要在 makefile 中说明二进制可执行文件“`myprog`”依赖三个目标文件 `myprog.o`、`helper.o` 和 `stuff.o`。如果确实存在文件 `myprog.c`、`helper.c` 和 `stuff.c`，不用说，*make* 也会知道每个`.o` 文件都依赖相应的`.c` 文件，并且应用它自己的标准解决方案将`.c`文件编译成`.o`文件。

> Make 程序最初来源于 Steve Johnson（*yacc* 等程序的作者）的一个拜访，那天他风风火火的闯进我的办公室，诅咒命运女神让他浪费了一个早上来调试一个正确的程序（bug 改了但是文件还没有编译，因此 **cc *.o** 无效）。而我也花了前一晚上的部分时间在我参与的项目中解决同样的灾难，这样，编写一个工具来解决这个问题的想法就诞生了。最开始是精细的依赖关系分析器，浓缩为更简单的东西后，周末就出炉了 Make。新兴工具的使用也是 Unix 文化的一个部分。Make 文件都是文本的，不是神秘的二进制编码，因为这就是 Unix 的精神：可打印、可调试、可理解。
>
> —Stuart Feldman

如果在项目的目录中运行 **make**，*make* 程序会查看所有生成物及时间戳，然后做需要的最少工作来确保派生出的文件能够更新。

作为一个中等复杂的范例，可以读读 *fetchmail* 源文件中的 makefile。在下面的部分，我们还会引用到它。

非常复杂的 make 文件，尤其当它们还要调用附加的 make 文件时，往往将编译过程复杂化而不是简单化。一个当代的经典警示来自 Recursive Make Considered Harmful (递归 Make 有害论)[7]。这篇文章中的论证自从 1997 年问世以来已经广泛为人接受，而且几乎颠覆了以前的社区实践。

如果不认同 *make*（1）中包含了 Unix 有史以来最糟糕的设计修补，那么我们的讨论就不完整。Tab 字符（制表符）作为关联生成物命令行的引导符使用，而它和空白符的视觉区别无法令人觉察，这可能导致对 makefile 解释的灾难性不同。

> 为什么在第一列需要 tab? Yacc 是新的，Lex 更是崭新的。我两者都没有用过，所以我认为这是个学习的好借口。在我跟 Lex 首次受挫的纠缠后，我就使用更简单的换行+tab 模式。它工作了，就那样了。而几个星期以后，make 有了十几个用户，大多数都是朋友，而我又不愿意纠正我的基本错误。余下的，很不幸，成为了历史。
>
> —Stuart Feldman

---

[7] 可以访问网页`<http://www.tip.net.au/~millerp/rmch/recu-make-cons-harm.html>`阅读本文。

15.4.2 非 C/C++开发中的 *make*

make 并不仅仅只是对 C/C++的有用。如同在第 14 章所述的一样，脚本语言可能并不要求传统的编译和链接步骤，但是也常常有其它的依赖关系，*make*(1)正好可以有帮助。

例如，假设使用第 9 章中的某个技法，确实从规格说明文件中生成了部分代码。就能够使用 *make* 来将规格说明文件和生成的源码文件结合在一起。这会确保无论何时修改规格说明之后重新 make，生成码都会自动重新编译。

和编程一样，使用 makefile 来完成制作文档的任务也非常普遍。经常会看到使用这种方法从一个某标记语言编写的主文本（比如 HTML 或是我们将在第 18 章讨论的 Unix 文档宏语言）来自动生成 PostScript 或其它派生文档。实际上，这种用法相当普遍，值得我们用一个案例来演示。

15.4.2.1 案例分析：*make* 用于文档转换

在 *fetchmail* 的 makefile 中，例如，会发现三个生成文件，名为 `FAQ`、`FEATURES` 和 `NOTES`，同 HTML 的源文件 `fetchmail-FAQ.html`、`fetchmail-features.html`、和 `design-notes.html` 相关。

HTML 文件是从 fetchmail 的主页上阅读的，但是不使用网页浏览器浏览那些 HTML 标记非常别扭。因此 `FAQ`、`FEATURES` 和 `NOTES` 纯文本文件在需要阅读 *fetchmail* 源码本身（或者，可能在并不支持网页访问的 FTP 站点）时，可以通过编辑器或分页程序来快速阅览。

纯文本格式可以使用普通的开源 *lynx*（1）程序从它们的 HTML 主文本生成；*lynx* 是只显示文本的网页浏览器，但是当以`-dump` 选项调用时，同样可以作为 HTML 到 ASCII 的格式转换器使用。

当生成文件就位，开发者就可以编辑 HTML 的主文本，而不需要牢记事后必须人工更新纯文本格式文件，就能够确保 `FAQ`、`FEATURES` 和 `NOTES` 都能够在任何需要的时候得到更新。

15.4.3 通用生成目标

很多常用的典型 makefile 中根本没有文件依赖关系。它们是将某些开发者想要自动化的小过程捆绑在一起的方法,例如制作一个发布包或者在编译源码时去除所有中间生成的目标文件.

> 生成目标非文件，这早已有之。“make all”和“clean”是早些日子我自己的习惯。有一个老 Unix 笑话，输入“make love”，输出是“Don't know how to make love”。
>
> —Stuart Feldman

关于通用生成目标应该表示什么，以及它们该如何命名已经有了一组良好的约定。遵从这些会让自己的 makefile 更容易理解和使用。

all

生成工程中所有可以执行者。通常全部产品并没有明确的定义；往往指工程中高阶的目标文件（并且，并非偶然地，常常有文档说明会包括哪些）。它通常应该是 makefile 的第一个生成目标，因此它往往是开发者不带参数键入 **make** 就执行的那一个。

test

运行程序的自动测试套件，典型地，包括一组单元测试（Unit Test）[8]来查找递归、bug，或是其它在开发过程中偏离预期行为的误差。“test”目标也可以由软件的最终用户来确保安装程序能够正常工作。

clean

删除 **make all** 时产生的所有文件（例如二进制可执行文件和目标文件）。**make clean** 应该将软件的编译过程重置到良好的初始状态。

dist

制作源文件档案（通常使用 *tar*（1）程序归档），它可以作为在另一台机器上重新编译的单元。该目标应该同 **make all** 做同样的依赖关系检测，这样 **make dist** 可以

[8]单元测试就是同某个模块关联、用来验证执行是否正确的代码。使用术语“单元测试”表明测试是由代码开发者并发编写的，也形成了模块发布必须附带测试码才算完整的纪律。术语和概念源自 Kent Beck 大力推广的“极限编程（Extreme Programming）”，但大概自从 2001 年来，也在 Unix 程序员中得到了广泛的接受。

在制作发布包之前自动重新编译整个工程——这是一个良好的避免最后一分钟困境的方法（例如，在*fetchmail*中实际上是从HTML文件产生纯文本`README`文件）。

distclean

删掉所有的文件，除了那些使用**`make dist`**打包时指定包含的文件。它和**`make dist`**效果一样，它可能和**`make clean`**相同，但是需要独立存在，并以文档说明。当与**`make clean`**不同时，通常是会删除**`make all`**编译过程部分之外的本地配置文件（例如*autoconf*（1）生成的文件，关于*autoconf*（1），我们将在第17章讨论）。

realclean

删除所有用makefile构建的文件。这有可能同**`make distclean`**的作用完全一样，但无论如何，应该作为单独的目标，并且以文档说明。当与**`make distclean`**不同时，它删除的文件往往可以用其它文件生成，但（因种种原因）又需要同工程源码一起发布。

install

在系统目录中安装项目工程的可执行文件和文档（通常需要root用户权限）以让普通用户访问。同时初始化或更新启动执行文件所需的任何数据库或库文件。

uninstall

删除由**`make install`**安装在系统目录中的所有文件（一般要求root用户权限）。这应该是**`make install`**彻底完美的逆过程。uninstall的存在显示了一种人性化的设置，有经验的Unix用户常常认为是周到的设计；反之，如果没有uninstall，软件做得再好充其量也是粗枝大叶的，（例如，软件安装创建了庞大的数据库文件）甚至是考虑欠佳、相当粗糙的。

所有这些标准目标的可工作的范例在*fetchmail*的makefile中都可见到。作为整体研究时，就会看到一个模式的出现，而且（并不是偶然地）会学到更多*fetchmail*的打包结构。使用这些标准目标的好处之一就是其项目路线不言自明。

但是不要局限在这些通用目标上。一旦掌握*make*，就会越来越频繁地使用makefile机制来自动化那些依赖项目文件状态的小任务。makefile就是一个方便存放完成这些小任务脚本的重要地方；而使用make可以在检视如何完成这些小任务时一目了然，并且避免了小脚本将项目工作空间弄得凌乱不堪。

15.4.4 生成 Makefile

较之于许多内嵌从属数据库的 IDE 来说，Unix *make* 明显的优势之一就是 makefile 是简单的文本文件——可由大多数程序生成。

在 1980 年代中期，对于庞大 Unix 程序的发布来说，包含一个精致的可以探测环境并收集信息构建来定制 makefile 的用户 shell 脚本相当普遍。这些定制配置器的规模甚至达到了荒唐的程度。我曾经编写了 3000 行 shell 脚本，几乎是它所配置程序任何单个模块的两倍——而且这并不少见。

社区最后说“够了！”，而许多人开始着手编写工具来自动维护 makefile 的部分或全部过程。这些工具一般试图解决两个问题：

一个问题是**可移植性**。Makefile 生成器通常为不同的硬件平台和 Unix 变种编制。它们往往试图推断出本地系统的信息（包括从机器字大小到机器可以获得的工具、语言、服务库甚至文档格式化器等一切）。它们常常尝试使用这些信息编写 makefile，以利用本地系统的功能，或是补偿本地系统的欠缺。

另一个问题是**派生依赖关系**。分析源文件本身可能推导出大量 C 源码文件间的依赖关系（尤其是它们使用和共享了哪些包含文件）。许多 makefile 生成器这样做就是为了能够机械地生成 *make* 依赖关系。

每种不同的 makefile 生成器以不同的方式来解决这些目标问题。可能有十几个或更多的生成器，但大多数都被证明功能不足或难以使用或两者兼有，但是有些还在现实中使用。我们将在这里研究其中几个主要的。所有这些工具都可以在互联网上获得其开源版本。

15.4.4.1 *makedepend*

几个小工具都可以分别处理问题的规则自动化部分。这一个，随着 MIT 的 X window 系统一起发布，是其中最快、最有用的。在所有现代的 Unix 下，包括所有的 Linux 下都有预装。

makedepend 收集 C 源码集合，然后从它们的`#include` 指令中为相应的`.o` 文件生成依赖关系。这些可以直接追加到 makefile 中，而实际上，makedepend 也正是这样做的。

makedepend 只对 C 项目有效。它并不试图解决除了 makefile 生成以外的问题。但是它做的事相当漂亮。

makedepend 的手册页文档充分。在终端窗口键入 **man makedepend** 可以很快地了解调用它所需要知道的一切。

15.4.4.2 *Imake*

Imake 是为了 X window 系统机械化生成 makefile 而编写的。它基于 *makedepend* 并且既可处理依赖派生，又可处理移植性问题。

Imake 系统有效地使用 Imakefile 代替了传统的 makefile。Imakefile 采用更紧凑更强大并（有效地）以 makefile 的表示法编写。编译过程使用规则文件，该文件专门针对目标系统并且包含了许多关于本地环境的信息。

Imake 非常适合 X 特有的移植性和配置困难，并且通常使用在 X 系统某个部件项目中。然而，在 X 开发者社区之外它并不流行。它难以学习，难以使用，难以扩展，而且产生的 makefile 生成文件，其复杂程度和庞大规模令人目瞪口呆。

Imake 工具可以在任何支持 X 的 Unix 上获得，包括 Linux。有个创举[DuBois]尝试让神秘的 *Imake* 能够为非 X 编程者所知。如果打算进行 X 编程，学习这些当然值得。

15.4.4.3 *autoconf*

见识了 *Imake* 却又拒绝 *Imake* 方法之后，有人编写了 *autoconf*。它为每个工程生成类似旧有的客户脚本配置器的 `configure` shell 脚本。这些 `configure` 脚本能够生成 makefile（和其它的东西）。

Autoconf 着重于可移植性并且根本就没有内置派生依赖。尽管它可能同 *Imake* 般复杂，但是它更灵活也更容易扩展。不是依赖每个系统的规则数据库，autoconf 生成“配置”shell 代码去搜索系统以获得信息。

每个 `configure` shell 脚本来自于必须事先编写的项目模板，称为 `configure.in`。它一旦生成，`configure` 脚本就是独立的，可以在任何本身并不存在 *autoconf*（1）程序的系统上配置项目。

autoconf 生成 makefile 的方法就像在 imake 中为项目开始编写一个 makefile 模板一样。但是 *autoconf* 的 `Makefile.in` 文件基本上就是 makefile 文件，只不过多了用于简单文本置换的占位符；不需要学习另外的表示法。如果需要依赖派生，必须显式地调用 *makedepend*（1）或相类似的工具——或者使用 *automake*（1）。

autoconf 文档以 GNU 信息格式的在线手册存在。脚本源码可以从 FSF 存档站点获得，但是在许多 Unix 和 Linux 版本上都有预装。应该可以通过自己的 Emacs 帮助系统浏览其手册。

尽管缺乏对依赖派生的直接支持，并且尽管它的方法很特殊，但在 2003 年年中，*autoconf* 毫无疑问地是最流行的 makefile 生成器，并且已经流行了数年。它已经蚕食了 Imake 的份额，并至少废掉了一个主要竞争者（metaconfig）。

参考书籍请阅《GNU Autoconf, Automake and Libtool [Vaughan] 》。另外，我们将在第 17 章从一个略微不同的角度讨论 *autoconf* 更多的细节。

15.4.4.4　automake

automake 尝试在 *autoconf*(1)上增加一个 Imake 式的依赖派生关系。用广泛的 Imake 式的表示法编写 `Makefile.am` 模板；*automake*(1)编译成 `Makefile.in` 文件，然后该文件供 *autoconf* 的 `configure` 脚本操作。

在 2003 年年中，*automake* 仍然是一项相对较新的技术。好几个 FSF 项目使用了这项技术，但是别的地方并没有广泛采用。尽管它的生成方式似乎很有前景，但还是相当脆弱——按规则使用时能够工作，但如果想用来做点儿别的，就会失败得很惨。

完整的在线文档随同 *automake* 一起发布，并可以在 FSF 档案站点处下载。

15.5　版本控制系统

代码在发展。项目从原型的第一笔到交付使用的过程中，要经过多个周期，其中新问题的探索、调试、把已经完成的东西稳定化。这种发展历程在第一次发布产品时并不会停止。绝大多数项目在 1.0 阶段后，都需要维护并增强，会存在多次再版。而追踪所有那些细节恰恰是计算机而非人类所擅长的事情。

15.5.1　为什么需要版本控制

代码的不断发展产生了好几个实际问题，可能成为主要的阻碍和难题来源——这当然会严重耗费生产力。耗费在这些问题上的每一刻，都无法投入到项目设计和使功能正确的工作中。

也许最重要的问题就是回归。如果改变了代码却发现并不可行，如何恢复到一个已知的良好版本？如果回归是困难的或不可靠的，改变代码就太过冒险（有可能会崩掉整个项目，或者为自己凭空增加许多小时的痛苦工作）。

几乎同样重要的是**变化追踪**。知道代码已经发生了改变；但知道为什么吗？稍后再看它们却很容易就忘记了改变的原因。如果项目存在合作者，又如何知道在自己不注意时合作者改变了什么，另外，每个修改该由谁负责？

> 常常令人惊奇地发现，即使没有合作者，问问自己从上一个已知的良好版本后改变了什么也非常有用。这也常常会揭露不必要的改变，例如被遗忘的调试码。我现在在检入（check in）变化前，一般就会做这项工作。
>
> —Henry Spencer

另一个问题是 **bug 追踪**。在代码经历了相当的变化后得到一个新的 bug 报告相当普遍。有时能够立即发现 bug 已经被解决了，但通常不能。假设在新版本中 bug 并没有显现。但为了重现和理解 bug，如何恢复到代码的旧版本？

为了解决这些问题，需要能够保留项目历史，并且加上注释来解释它。如果项目不止一个开发者，同时还需要一种机制能够确定开发者不会覆盖彼此的版本。

15.5.2 手工版本控制

最原始（但仍旧很普遍）的方法是全手工的操作。定期手工地将一切文件复到一个备份以作为项目的快照。当然可以在源文件中包含历史评注。也可以通过口头的或邮件的安排让其他开发者在自己修改时不要动那些文件。

这种手动方式的隐性成本非常高，尤其（也常常发生）当时间不允许的时候。而整个过程异常耗费时间和精力；容易出错，在压力之下或项目处于水深火热时又往往会被遗忘——而这正是最需要版本控制的时候。

如同多数的手动修改一样，这种方式很难用在大规模项目中。变化追踪的粒度也十分有限，而且细节经常丢失：比如变化次序、谁做的、为什么等。恢复一大批变化的过程极度乏味又耗费时间，而在尝试某些并不能很好工作的修改后，开发者往往不情愿地继续回退到更老的版本。

15.5.3 自动化的版本控制

为了避免上述问题，可以使用一个版本控制系统（version-control system VCS)，这是一组程序套件，能够自动化保存项目的历史评注，并避免修改冲突。

多数 VCS 共享同样的基本逻辑。使用时，一开始先**注册**源文件集合——也就是说，告知 VCS 开始记载这些存档文件的变化史。因此，在需要编辑这些文件中的某一个时，必须**检出**（check out）这个文件——在其上声明一个排它锁。修改完成之后，**检入**（check in）这个文件，把变化加入存档中，释放锁定，并且说明修改了什么东西。

项目的历史变化不一定是线性的。实际上所有常用的 VCS 允许维护不同版本的树型结构（比如不同机器架构间的移植版本），并提供工具来将不同的分支合并回主要的“主干”版本。随着开发小组规模和分散性的增长，这个功能特征会变得越来越重要。然而需要谨慎使用；具有多重活动版本的代码库特别容易混淆（例如，仅仅将 bug 报告同正确版本相关联就非易事），同时各分支的自动归并不能保证结合的代码就一定能够运行。

VCS 余下所做的一切比较容易：标注，并报告与这些基本操作的相关特征，提供工具允许查看不同版本间的差别，或者将给定的各个版本文件聚合在一起作为统一命名发布，以便任何时候在可以不丢失后续改动前提下，进行检查或恢复。

VCS 自身存在一些问题。最大的问题就是每次使用 VCS 编辑文件时都需要涉及额外的步骤，这些步骤如果是手工操作的话，匆忙的开发者都想跳过它。本章接近结尾的地方，我们会讨论解决这个问题的方法。

另一个问题是，某些很自然的操作往往会弄乱 VCS。文件改名就是一个臭名昭著的问题源；当一个文件改名时要自动地确保文件的版本历史还能够随之而在，这并不容易。特别当 VCS 支持分支版本时，这个问题尤其难以解决。

尽管存在这些麻烦，VCS 仍然在许多方面对生产力和代码质量都带来巨大的实惠，甚至对于小型单开发者项目也是如此。它们自动化了许多乏味的过程。对从错误中恢复过来大有帮助。而可能最重要的是，可以确保很容易地恢复到一个已知的良好状态版本，解放了程序员，从而可以自由地不断实验与探索。

（VCS，顺便提一下，并不仅仅针对程序代码有效；本书原稿在写作的过程中就是作为 RCS 下的文件集来维护的。）

15.5.4 Unix 的版本控制工具

在历史上，Unix 世界中，三个 VCS 占据了重要的地位，我们将在此检阅。对于更多的介绍和指导，参考《Applying RCS and SCCS》(RCS 和 SCCS 应用) [Bolinger-Bronson]。

15.5.4.1 源码控制系统（Source Code Control System, SCCS）

第一个这样的系统是 SCCS，最初在 1980 年前后由贝尔实验室开发，并在 System III Unix 中出现。SCCS 似乎是第一个在统一源码控制系统的重大尝试；由它开拓的观念在某些层次上仍然可以在后来所有的版本控制系统中见到，包括诸如 ClearCase 在内的 Unix 和 Windows 商业产品。

然而 SCCS 本身现在已被废弃；它是贝尔实验室的专有软件。更好的开源替代品已经开发出来，而且 Unix 世界中的大多数都已经转而采用了它们。SCCS 在一些商业公司中仍然用于管理某些古老的项目，但新项目并不推荐使用。

SCCS 没有完整的开源版本实现。存在一个克隆产品，叫做 CSSC（Compatibly Stupid Source Control）在 FSF 的赞助下进行开发。

15.5.4.2 修订控制系统（Revision Control System, RCS)

更好的开源替代品从 RCS（修订控制系统）开始，在 SCCS 的几年后在普渡（Purdue）大学诞生，最初发布在 4.3BSD Unix 上。它在逻辑上与 SCCS 相似，但是具有更简洁的命令接口，还可以通过符号名将整个项目发布组合在一起。

RCS 现在是 Unix 世界中使用得最为广泛的版本控制系统。一些其它 Unix 版本控制系统则使用它作为后端或底层。它非常适用于单一开发者或小型团队。

RCS 源码由 FSF 维护和发布。也可以找到 Microsoft 操作系统和 VAX VMS 的免费移植版本。

15.5.4.3 并发版本系统（Concurrent Version System, CVS)

CVS（Concurrent Version System/并发版本系统）是作为一个 RCS 的前端开始其生命的，在 1990 年代早期开始开发，然而其使用的版本控制模型与原版本大相径庭，所以立即具备了成为一个新设计的资格。现代的实现版本并不依赖 RCS。

同 RCS 和 SCCS 不一样，CVS 在检出（check out）时并不排它地锁定文件。相反，在检入（check in）回来时，它尝试自动地调和不相冲突的改动，同时让人来帮助仲裁冲突的变化。这种设计是有效的，因为修改中的冲突远比直觉想象中的要少得多。

CVS 的接口比 RCS 要复杂得多，也需要更多的磁盘空间。这些性质使其作为小项目的选择并不明智。另一方面，CVS 非常适合庞大的多开发者项目，开发者分布在由互联网连接在一起的好几个开发站点。客户端机器上的 CVS 工具可以很容易地对另外主机上的代码库进行操作。

开源社区在项目中大量使用 CVS，例如 GNOME 和 Mozilla。典型地，这些 CVS 代码库允许任何人从远端机检出源码。因此任何人都可以制作项目的一份本地拷贝并进行修改，然后将改动补丁邮寄给项目的维护者。代码仓库的实际写访问权存在更多的限制，必须明确得到项目维护者的授权。拥有这种权利的开发者可以选择直接从本地的修改拷贝上实施提交，这样本地的改动会直接并入到远程代码库之中。

在 GNOME CVS 站点<http://cvs.gnome.org>可以看到一个运行良好的、通过互联网访问的 CVS 代码库实例。这个站点说明了诸如 Bonsai 等支持 CVS 的浏览工具的用法，这在帮助一个庞大分散组织中的开发者彼此协调工作时非常有用。

伴随使用 CVS 产生的人文方法和哲学跟工具的细节同等重要。它们假定，项目将是开放和分散的，而且代码主体需要经过同行的复审和检验，甚至由那些并非项目组正式成员的开发者完成。

同样重要地，CVS 非锁定的哲学意味着如果一个程序员在改动的中途离去时，他的锁定不致于阻塞整个工程。CVS 因此能够让开发者免于“单点失败”的问题；反过来，这也意味着项目的边界可以是流动的，随意贡献相对容易，并且项目不要求有一个精心的控制层级。

CVS 源代码由 FSF 维护和发布。

CVS 也存在某些重大问题。有些仅仅只是实现中的 bug，但有一个基本问题：项目的文件命名空间并不能像对文件本身的改动那样可以进行版本控制。这样，CVS 很容易就被文件的改名、删除和增加给弄混。同时，CVS 的变化记录基于每个文件，而不是针对多个文件的改动集。这就难以恢复到某个特殊的版本，也难以处理部分检入操作。幸运地，这些问题并不是非锁定风格固有的问题，而且已经由新的版本控制系统成功解决了。

15.5.4.4 其它版本控制系统

CVS 存在的设计问题足够引发对更好开源 VCS 的需求。在 2003 年中，有数项工作在进行中。其中最著名的是 *Aegis* 和 *Subversion*。

Aegis<http://www.pcug.org.au/~millerp/aegis/aegis.html>在这些候选者中历史最长，自从 1991 年就已经开始开发了，而现在是个成熟的产品系统。它的特点是非常强调回归测试和合法性确认。

Subversion <http://subversion.tigris.org/>完全解决了已知的种种问题，确定了“把 CVS 做对”的地位，而且在 2003 年看来，也许是近期最有希望取代 CVS 的软件。

BitKeeper <http://www.bitkeeper.com>项目开拓性实验了某些有趣的设计思想，如“改动集”以及多个分布式代码仓库。Linus Torvalds 使用 BitKeeper 来开发 Linux 内核源码。然而，BitKeeper 的非开源许可，引起了争议，并且严重地延缓了接受该产品的过程。

15.6 运行期调试

只要拥有超过一星期编程经验的人都会知道，让程序符合正确的语法是调试中相对容易的部分。困难的是在这之后，需要了解为什么语法正确的程序并不如期望的那样运行。

Unix 传统提倡开发者通过透明性设计先人一招地解决这个问题——特别在程序设计时，考虑内部数据的流向容易被人眼和简单工具审视，并且易于建模。我们已经在第 6 章详细地涵盖了这个议题。透明设计在防止 bug 和减轻运行期调试任务两方面都是非常有价值的。

然而，透明性设计本身还不够。当需要在运行期调试一个程序时，能够检查运行期的程序状态、设置断点以及以一种可控的方式执行某个低至单一语句层次部分是极其有用的。Unix 存在一个提供工具来帮助完成这些任务的长期传统。多数开源 Unix 都拥有威力巨大的 *gdb*（也是一个 FSF 项目）支持 C 和 C++调试。

Perl、Python、Java 和 Emacs Lisp 都支持设置断点、控制执行以及一般的运行期调试操作的标准软件包或程序（包含在基本发布版本中）。Tcl，这个设计用来为小型项目开发的小巧语言，没有这方面的功能（尽管它存在可以在运行期监视变量的跟踪功能）。

牢记 Unix 哲学。将时间花费在设计质量上，而不是低层次的细节上，尽可能地自动化一切——包括运行期调试的细节工作。

15.7 性能分析

作为通用法则，程序 90%的执行时间都耗费在 10%的代码上。性能分析软件(profilers)可以帮助确定那 10%抑制程序速度的区域。这可以让程序跑得更快。

但在 Unix 传统中，profiler 有个更为重要的功能。它能够让人不去优化其余 90%的代码。这很棒，并不仅仅由于这样节省了工作。其实不去优化余下 90%代码真正有价值的效应是降低了整体复杂度，减少了 bug。

有人可能会回忆起我们在第 1 章引用的 Donald Knuth 评论"过早优化乃万恶之源"，以及 Rob Pike 和 Ken Thompson 关于这个论题的尖锐观点。这是经验之谈。做好设计。首先考虑什么是正确的。然后再调整效率。

Profiler 帮助完成这一切。如果养成使用它们的好习惯，可以改掉过早优化的坏习惯。Profiler 工具不仅改变工作的方式，也改变思考的方式。

编译型语言的 profiler 工具依赖于度量对象代码，所以它们比编译器更依赖于平台。另一方面，编译型语言的 profiler 并不关心其衡测程序的实现语言。所以在 Unix 下，一个 profiler 程序 *gprof*（1）就可以处理 C、C++和其它所有的编译型语言。

Perl、Python 和 Emacs Lisp 在它们的基本发布版本中都包含有自带的 profiler 程序；这些程序都可以移植到其宿主语言可以运行的所有平台上。Java 有内建的 profiler。但 Tcl 至今还没有 profiling 支持。

15.8 使用 Emacs 整合工具

Emacs 编辑器非常擅长的事之一就是作为其它开发工具的前端（我们在第 13 章已经从一个哲学的角度讨论过这个问题）。实际上，几乎本章讨论的所有工具都可以在 Emacs 编辑器对话中使用 Emacs 作为前端驱动，而相比这些工具单独运行来说，这个前端往往更为易用。

为了展示这一点，我们以典型的编译/测试/调试循环来一起审视 Emacs 与这些工具的组合使用。但对于它们的细节，请参考 Emacs 本身的在线帮助系统；本部分仅仅只是给出一个总揽以激发学习热情。

读然后学——这并不仅仅针对 Emacs，也是培养在程序之间寻找协作方法的思想习惯，以及培养创造这些协作方法的思想习惯。尝试以哲学指导来看待这一节，而不局限在技术层面。

15.8.1 Emacs 和 make

输入 Emacs 命令 **`ESC-x compile`**，回车后就可以启动 Make。这将在当前目录运行 *make*（1），截获 Emacs 缓冲区的输出。

这粗看用处不大。但是 Emacs 的 make 模式了解 Unix C 编译器和许多其它工具产生的错误信息格式（均带有源文件名和行号）。

如果任何由 make 运行的程序产生错误，命令 **`Ctl-X`** `(control-X-backquote)将尝试解释它们、依次定位每个错误，并弹开一个窗口载入错误文件并将光标定位至发生错误的行上[9]。

这就可以很容易一步步浏览整个编译过程，并纠正任何自上次编译后的语法错误。

15.8.2 Emacs 和运行期调试

为了捕获运行错误，Emacs 提供了类似的对符号调试器的集成——即可以使用某个 Emacs 模式在程序中设置断点并检视程序运行时的状态。通过 Emacs 窗口传送命令就可以运行调试器。无论何时调试器停止在断点上，Emacs 将解析调试器回传的源码位置相关信息，并在源码断点附近弹出窗口显示。

Emacs 的 Grand Unified Debugger 模式支持所有主流的 C 调试器：*gdb*(1)、 *sdb*(1)、*dbx*(1)和 *xdb*(1)。使用 perldb 模块的话还可支持 Perl 符号调试，同时支持 Java 和 Python 的标准调试器。内建于 Emacs Lisp 本身的功能也支持 Emacs Lisp 代码的交互调试。

在本书创作（2003 年年中）期间，Emacs 还不支持 Tcl 的调试。Tcl 的设计似乎决定了这种特性不太可能加入到 Emacs 之中。

15.8.3 Emacs 和版本控制

一旦完成了程序的语法错误修订和纠正了运行期 bug 之后，也许会要把改动保存到版本控制文档中。如果只能从 shell 运行版本控制工具，就不好责备自己忘记了这个重要的步骤。谁记得住每次编辑操作之后都必须运行 checkout/checkin 命令呢？

---

[9] 更多的信息以及编译控制命令可以参考 Emacs help 菜单下的 `p+processes->compile`。

幸好 Emacs 在这方面也提供了帮助。Emacs 内建代码实现了 SCCS、RCS、CVS 或 Subversion 的简易使用前端。单一命令 **`Ctl-x v v`** 在正访问的文件上进行下一步的逻辑版本控制操作。这些操作包括注册一个文件，检出（check out）和锁定，以及将文件检入（checkin）回去（同时允许在弹出窗口中加入修改注释）[10]。

Emacs 同时也帮助用户浏览受版本控制文件的变化历史，而且还可以撤销不想要的改动。Emacs 使得对整个文件集合或项目文件目录树进行版本控制也非常容易。总之，Emacs 做得非常好，让版本控制操作不再是件痛苦的事。

除非用惯了，不然这些功能的意义要比你所能想象的深远得多。一旦习惯了快速方便的版本控制，才会发现真正得到了自由。而正是因为知道总是可以恢复到已知良好的状态，才可以更自由地以一种灵活的探索方式进行开发，才可以试验多种变化来查验它们不同的效果。

15.8.4 Emacs 和 Profiling

令人惊奇……这也许是唯一一个开发周期中 Emacs 前端不能提供实质性帮助的阶段。Profiling 本质上是个批操作——衡测自己的程序，运行它，查看统计数据，用编辑器对代码进行速度调整，然后重复整个过程。在整个开发周期中的专用于 profiling 的部分并没有太多的余地留给 Emacs 来发挥作用。

然而，对于我们思考 Emacs 和 profiling 之间的关系有个良好的指导性理由。如果发现自己需要分析众多 profiling 报告，也许值得编写一个模式可以在 profile 报告某行上点击鼠标或敲下键盘，就可以访问源文件的相关函数部分。其实使用 Emacs 的“tags”代码，这相当容易实现。事实上，在阅读到本文的时候，也许某个读者已经编写了这样的一个模式，并且把它贡献到了公共的代码库之中。

这里所谓真正的要点同样是一个哲理。别蛮干——这会浪费时间和生产力。如果发现在低层次的机械开发部分花费了太多时间的话，先站住。应该运用 Unix 哲学。使用工具自动化或半自动化地完成任务。

然后，作为对所有继承的回报，将自己的解决方案作为开源软件放置在互联网上。帮助把程序员同行们从蛮干中解放出来。

[10] 参考 Emacs 在线文档中标题为“版本控制”一小节，以获取这些相关命令更多的细节。

15.8.5 像 IDE 一样，但更强

本章稍早时，我们断言 Emacs 具备类似那些常规集成开发环境的能力，而且只会更强。现在，已经有足够的事实证明所言非虚。可以在 Emacs 中运行整个的开发项目，敲几下键盘就可以完成底层的技术性细节，从而减少了不断切换环境的脑力开销和那种不连贯的感觉。

Emacs 带来开发风格舍弃了某些高级 IDE 的功能，例如像程序结构的图形视图。但那些都是些虚饰。Emacs 相应赋予的是灵活性和控制力。你不会被 IDE 设计者的想象局限：使用 Emacs Lisp，可以调整、定制以及增加与任务相关联的知识。同时，比起常规的 IDE 来说，Emacs 在支持混合语言开发上做得更好。

最后，可以并不局限于某组 IDE 开发者所认为适合支持的事物。通过密切注意开源社区，可以从千万的同行、以及面对同样挑战的 Emacs 使用开发者中受益。这更有效——也更有趣。

16

重用：论不要重新发明轮子

Reuse: On Not Reinventing the Wheel

When the superior man refrains from acting, his force is felt for a thousand miles.

不言之教，无为之益，天下希及之。

—*Tao Te Ching (as popularly mistranslated)*

——《道德经》

不愿做不必要的工作是程序员的一大美德。如果中国圣人老子活到今天并仍然还在传道的话，他可能会被错解为：不编之码，天下希及之。事实上，近来的译者已经建议，传统上认为等价于“不作为”或是“节制行为”的中国专有名词“无为”，或许应该解释成“最小行为”、“最有效行为”或是“按自然法则行为”，这更适合描述良好的工程实践。

牢记经济原则。每个新项目都从刀耕火种开始干起简直就是极端的浪费。请想想：和其它耗在软件开发的花费比起来，时间无疑是最宝贵和最有价值的；所以相应地，应该耗费在解决新问题，而不是对那些已存在确切解决方案的问题老调重弹。这种态度对于开发投入来说，无论是在人员资本的“软”含义，还是在投资经济收益的“硬”含义，都可以收到最好的回报。

重新发明轮子之所以糟糕不仅因为浪费时间，还因为它浪费的时间往往是平方级。走捷径往往产生粗糙、未经思考的版本，长期而言这是假性节约，但通过这种方式来节省重新发明时间的诱惑几乎总是无法抵抗的。

—Henry Spencer

避免重新发明轮子的最有效方法是借用别人的设计和实现。换句话说，重用代码。

下到单个库模块，上到整个程序，在各种级别上，Unix 都支持重用，它帮你实现脚本化和重组合。系统级的重用是 Unix 程序员区别于其他程序员的最重要行为特征；Unix 的经验是，养成良好的习惯，尝试通过最少的新发明，组合现有组件以形成原型，而非匆忙地编写独立的、只能使用一次的代码。

代码重用的品质是软件开发中如同苹果派和母爱般基本的主要美德。但是许多有其它操作系统经历的开发者进入 Unix 社区后从未学会（或者从未学好）系统级重用的习惯。浪费和重复工作相当普遍，尽管这种行为似乎既侵害代码生产者也侵害代码购买者的利益。为什么这种病态行为会持续存在？知道了原因，就走出了改正的第一步。

16.1 猪小兵的故事

程序员为什么会重新发明轮子？原因很多，从狭隘的技术原因到程序员心理状态，再到软件生产系统的经济学，方方面面都会导致如此行为，这种特有的顽疾正在肆虐。

猪小兵是个刚走出大学的程序员，拿到了第一份正式工作。让我们假设他（或她）已经知道了代码重用的价值并且满怀青春激情地准备大干一把。

小兵的第一个项目是随团队编制一个大型应用。为了实例说明的方便，让我们认为那是一个帮助终端用户能够智能构造查询和浏览庞大数据库的 GUI。项目经理已经组合了他们认为适合的工具和组件集，不仅包括开发语言，也包括许多程序库。

那些程序库对于项目来说至关重要。它们包装了许多服务——下到窗口构件和网络连接，上至诸如交互帮助的整个子系统——否则需要特别大量的额外编码，会严重影响工程预算和发布时间。

小兵有些担心发布时间。他或许缺乏经验，但他看过 Dilbert（呆伯特）漫画，还从有经验的程序员那儿听过一些传说。他知道管理上有个趋势，说得好听点儿，进度上比较“积极”。也许他已经读过 Ed Yourdon 的 Death March (死亡之旅）[Yourdon]，那书早在 1996 年就注意到，绝大多数项目的时间和资源预算都至少缩水了一半，并且会越缩越厉害。

然而小兵聪明伶俐，精力充沛。他想像出最可能成功的机会：学习分配到他手上的工具和程序库，还得机灵点儿。他活动了一下打字的手指，一头猛扎进挑战之中……然后就进了地狱。

一切都要比他想的费时和痛苦。在程序库表面光鲜的示例程序下，正在重用的组件似乎在一些边界情况下表现得无法预料或具有破坏性——而这些边界情况在他的代码中常常遇到。小兵经常奇怪写程序库的家伙究竟是怎么想的。但他没法知道，因为组件的文档不全——那些文档是技术文员写的，他们既不是程序员，想问题的方式也不像程序员。他也不能通过阅读源码来了解程序库究竟是干什么的，因为程序库是处于专有许可证下不透明的目标码。

小兵不得不为组件问题不断地编写复杂的迂回代码，使用程序库已经到了得不偿失的地步。迂回方法使得他的代码越变越糟。他碰到了程序库的软肋，库无法简单地像其规格说明那样完成某些至关重要的任务。有时他也确信肯定有某种方法可以让这个黑盒跑起来，但却无法断定究竟是什么方法。

小兵发现，随着在程序库上花费的精力越多，他的调试时间就越成指数级地上升。代码处于崩溃和内存泄漏的痛苦之中，追下来又往往发觉祸根就是那个程序库，或者是某些他无法查看和修改的代码。小兵知道再追也许会追回到自己的代码，但是没有源代码，就算想追回到自己代码也是不可能的。

小兵开始沮丧了。大学里他曾经听说在业界，一个星期完成一百行代码就可以视为是良好的业绩。那时他狂笑不已，因为在班级项目和写着玩的代码中，他的生产力是这个的许多倍。现在这不再好笑。小兵不仅仅同自己的经验缺乏斗争，也同由别人的粗心或者不胜任所制造的积压问题而斗争——这些问题他改不了，只能绕开。

项目进度在变缓。梦想成为架构师的小兵发现，自己简直成了砖瓦匠，正在试图用堆不起来的砖盖房，而且压力一大就会塌掉。而经理并不想听到新手的借口；大声地抱怨组件质量太差，那些选择组件的经理和高级人员之间肯定会找他的麻烦。而且即使能够成功说服他们，改换组件也将是一个复杂的提议，牵涉大群紧盯许可证法律条款的律师。

除非小兵非常、非常幸运，他不可能在项目的有生之年修正程序库的 bug。在清醒的时候，他也意识到库里面也有许多能工作的代码，他太注意那些 bug 和疏漏了。他很愿意能够坐下来同组件的开发者好好谈谈，他们又不是白痴，从他们的代码能看出来，他们一样是程序员，也工作在一个令人受挫的系统中。但是小兵甚至不知道他们是谁——而且即使能知道，他们就职的软件商也多半不会让他们同他讨论这个问题。

绝望中，小兵开始打造自己的砖块——用较稳定的库模拟不太稳定的库，并且开始从零编写自己的实现。用来置换的代码是他自己的，思维模式他一清二楚，并且能够反复阅读，更新认识，比起被替代的不透明组件和迂回方法所混合的代码，往往工作得相对更好也更容易调试。

小兵学到一个教训；越少用别人的代码，他的代码产量越高。这个经验满足了他的自尊。像其他所有年轻的程序员一样，在思想深处都觉得自己比别人都聪明。他的经历也似乎在表面上证实了这一点。所以小兵开始构建属于自己的工具包，一个自己用起来更顺手的工具包。

不幸的是，小兵此时获得的自己动手的习惯性思维，是一个短期的局部优化，会引发长期的问题。他或许可以编写更多行的代码，但是如果不能重用，这些代码产生的实际价值很可能会相当大幅度地降低。代码多并不等于代码好，至少在编写低层次代码和大量重复投入时是如此。

在换工作时，小兵至少还得准备经历一个挫折。他很可能发现带不走他的工具包。如果他带着在公司编写的代码走出公司大门，其旧雇主就有理由认为他侵犯了知识产权。如果承认重用了旧代码，新雇主如果知道了，也大有可能很不爽。

即使小兵能够偷偷摸摸地在新工作中使用原先的代码，他也会发现自己的工具包用处不大。新雇主也许使用一套不同的专有工具、语言和程序库。极有可能的是，在每个新项目中，小兵都不得不学习一个稍微新一点的技术并重新发明一套轮子。

这样，程序员重用代码（以及其它诸如模块性、透明性等随之而来的良好实践）便是技术问题、知识产权壁垒、行政问题以及个人自我意识的综合。成千上万的小兵们，年复一年地随着年龄的增长，变得越来越愤世嫉俗，也越来越习惯那种系统。对于多数软件行业的现状，这就是巨大的时间、资本和人力资源浪费——这还没算上商家市场策略、管理缺乏竞争、不可能期限以及所有其它阻碍工作的压力因素。

小兵经历反映的职业文化可以折射出大部分的情况。软件公司有种“非自己做不可”的强烈情结。他们对于代码重用是矛盾复杂的，一方面为了赶进度逼迫程序员使用功能不足但很有市场的商业组件，同时又拒绝重用程序员自己经过良好测试的代码。这些软件公司费力生产的是大量专用重复的软件，其实编制软件的程序员知道结果会是垃圾，但除了自己的代码，别的哪儿也动不了。

代码好不容易写出来了就决不能扔，只有不断地修修补补，即使所有的人都知道扔掉重写会更好些，这个教条，就是在这种文化里形成的最接近代码重用的对等物。这种文化产生的产品，即使其中涉及的每位人员都尽最大努力做好工作，随着时间的推移，写出的程序还是会变得越来越臃肿，bug 也越来越多。

16.2 透明性是重用的关键

我们对许多有经验的程序员讲述了猪小兵的故事。如果读者本身正好是位程序员，我们相信你会和他们一样有感同身受的无奈。如果你不是程序员却管理着一群程序员，我们真诚地期望你能从中得到启发。这个故事试图说明，反对重用的压力来自各个层面，无法预料那一大堆问题究竟出自哪个原因。

因此，对于大多数已习惯了软件行业背景的我们，常认为把这个问题的主要原因从叙述的故事中提炼出来要花费相当大的努力。但最后，这些原因其实并不十分复杂。

猪小兵的多数麻烦（也意味着大规模质量问题）归根结底是透明性——或者更确切地说，是缺乏透明性。无法修正不通内情的东西。实际上，任何具有非平凡 API 的软件，如果无法深入肌理，甚至无法正确使用。只有文档，不仅在实践上不足，在原则上同样不够；文档并不能传达代码具现的所有细微差别之处。

在第 6 章，我们评述了透明性对于优秀软件是何等的重要。只有目标码的组件破坏了软件系统的透明性。如果在尝试重用时，其源码可以被阅读或修改，那么代码重用失败的那种刺痛感要少得多。注释良好的代码本身就是良好的文档。源码中的 bug 也可以改掉。有了源码，可以装备程序来进行衡测，可以通过编译来进行调试，这样在晦涩模糊的情况下就更容易探询程序的行为。而如果需要改变程序的行为，当然也可以做到。

需要源码还有另外一个重要的原因。Unix 程序员在几十年中学到了“只有变化才是永恒的”，经验是，源码可以永续，目标码则不行。硬件平台改变了，支持库的服务组件改变了，操作系统发展了新的 API 并废弃旧的 API。一切都变了——但是不透明的二进制执行码却无法适应变化。它们是脆弱的，不能够可靠地向前移植，不得不靠日益庞大和错误百出的环境模拟代码层来支持。二进制可执行码将用户桎梏在编译构建者的设想中。源码是必需的，因为即使不想或不需要改动软件，可能还得在新的环境中重新编译以保证它能继续运行。

透明性的重要，以及代码遗留问题，是要求重用代码开源以供检验和修改的两个理由。但这并不是需要“开放源码”的完整论据；因为“开放源码”具有更深远的意义，而不仅仅只是简单地要求代码是透明的和可见的。[1]

16.3 从重用到开源

在 Unix 的早期时代，操作系统组件、函数库以及相关实用程序都是随源码一起发布的；这种开放性是 Unix 文化的生命力所在。在第 2 章我们描述了这种传统在 1984 年中断以后，Unix 是如何失去了它的原动力。我们也描述了再十年后，GNU 工具包和 Linux 是如何促使人们重新发现开放源码的价值。

今天，开源代码又一次成为所有 Unix 程序员工具箱中最强大的工具之一。相应地，尽管“开源”的明确观念以及最广泛使用的开源许可证要比 Unix 本身晚数十年，但要在如今的 Unix 文化中进行前沿开发，理解这两者是非常重要的。

开放源码和代码重用的关系，在许多地方很像浪漫爱情和有性生殖的关系；你可以用后者的术语来解释前者，但这样做就忽略了前者的趣味。开放源码并不能仅仅归纳为一个在软件开发中支持重用的策略。它是一种自然而然发生的现象，是开发者以及用户

[1] NASA（美国国家航空航天局）有意识地编制具有数十年服务期的软件；它已经意识到，需要坚决要求所有空间航空电子学软件的源码都可获取。

直谏，为了保护透明性相关优势的社会契约。同样地，存在好几种方法来促成这种理解。

本书早些时候在相关历史的描述中，我们选定的视角，集中在 Unix 和开源之间随意的文化上的关系。我们将在第 19 章讨论开源开发的规则和策略。在讨论代码重用的理论和实践时，更明确地考虑开放源码，非常有助于直接回应猪小兵故事中戏剧性表现出来的问题。

软件开发者希望他们使用的代码是透明的。更进一步，他们在换工作时不希望失去他们的工具包以及他们的专有经验。他们厌倦了成为受害者，腻烦了被生硬的工具和知识产权壁垒弄得灰心丧气，受够了不断地重新发明轮子。

这些就是开放源码的动力，从猪小兵痛苦的初步重用经历中产生的动力。这其中涉及了自我意识；设计最好的实践需要情感的投入，而不是冷漠无聊的过程。软件开发者，同其它任何类型的工匠和技师一样；他们想要成为艺术家，这并不是什么私密。他们有艺术家的动力和需求，也有拥有听众的欲望。他们不仅仅希望重用代码，他们也希望自己的代码得到重用。这种势在必行的意念驱动，超越和颠覆了任何短期经济目标的达成，也不是闭源软件生产所能够满足的。

开放源码是种从意识形态上解决这些所有问题的优先方法。如果猪小兵在重用过程中的多数问题的根源都在于闭源代码的不透明性，那么生产这种闭源代码的体制构想就应该被击个粉碎。如果还考虑商家的领域地位，就必须抨击或直接绕过，直到公司意识到它们的领域性习惯思维应该自我毁灭。代码重用竖起大旗并得到拥护者之后，开放源码就是接下来自然而然要发生的事。

相应地，自从 1990 年代晚期，在介绍代码重用的策略和战术时，如果不讨论开放源码、开源实践、开源许可证以及开源社区，就毫无意义。当然，尽管这些问题在别处可以分开讨论，但是在 Unix 世界中，它们已经无法避免地要绑在一起。

在本章的余下部分，我们会纵览有关重用开源代码的几个不同问题：评估、文档和许可证。在第 19 章，我们将更广泛地讨论开放源码开发模型，并研究向他人发布代码时所必须遵从的约定。

16.4 生命中最美好的就是“开放”

在 Internet 上，可以利用的 Unix 源代码，包括各种系统软件、应用软件、服务程序库、GUI 工具包以及硬件驱动等等确切地需要以 TB 来计算。大多数都可以使用标准工具在几分钟内编译并运行起来。只要念个咒：`./configure; make; make install`；当然，通常情况下必须在 root 用户下才能做安装部分的操作。

来自 Unix 世界以外的人们（特别是非技术人员）往往倾向于认为开源（或“自由”）软件必然比商业软件差，是假冒伪劣的，不可靠的，带来的麻烦只会比所能免除的更多。但这遗漏了重要一点：一般来说，编写开源软件的人都很在乎它，也需要它，自己使用它，而且通过发布这个软件在同行中赢得个人声誉。他们的时间也往往更少地耗费在会议、反馈设计更改或是各种官僚的开销中。他们也因此具有更强的动力和更好的立场来完成卓越的工作，远远超过那些薪水的奴隶，他们只会在专有软件公司大厦的小隔断里费力地做着呆伯特似的工作，来迎合无法达成的最终期限。

此外，开源用户社区（那些同行）不会羞于抓 bug，而且他们的标准很高。发布不够格软件的作者会承受许多的社会压力来修正或撤回代码，如果需要的话还能得到许多专家级的帮助。结果，成熟的开源软件包一般都是高质量的而且常常在功能上比任何专有等价物都要高级。这些开源软件或许看起来并不漂亮，想看懂文档或许也不容易，但其至关重要的部分通常都会工作得相当漂亮。

在同行评审效应之外，另外一个可以推测出质量上佳的理由是：在开源世界的开发者，从来不会受最终期限的压迫，不会一闭眼、一拍脑门就发布软件。因此开源实践同其余地方的一个区别就是，1.0 级别的版本实际上意味着软件可以使用了。事实上，0.90 或者更高的的版本号就相当可靠，表明代码已经是成品了，但是开发者还是不敢拿这个软件来赌自己的声誉。

如果是来自 Unix 世界以外的程序员，也许很难相信这种主张。如果是这样，想想看：在当代各种 Unix 上，C 编译器本身几乎总是开放源码的。自由软件基金的 GCC (GNU Compiler Collection，GNU 编译器集)是如此的强大可靠，文档又是如此的完善，专有的 Unix 编译器根本没有市场空间，所以 Unix 的某些商家将 GCC 移植到他们自己的平台而不是自己开发内部的编译器就再正常不过。

评估开源软件包的方法是阅读其文档和快速浏览它的部分代码。如果所见的代码编写恰当，文档完备，那么鼓励使用。如果能够证明软件包已经有些年头并且存在实质具体的用户反馈，就可以断定它是相当可靠的（无论如何还是测测为佳）。

在 README 文件以及项目新闻或源码发布历史文件中，所提到的除原作者之外的人数，是度量成熟度以及用户反馈量大小的好方法。很多人呈报修正和补丁本身就是良好的表征，既表明存在一个相当重要的用户群保持着对软件作者的敦促和警醒，也表明软件维护者是恪守职责的，能够对反馈作出响应并订正错误。当然，这也是一个暗示，如果早先的代码是充满 bug 的雷区，不用等到最近的爆炸，早就有受惊的人群踩得噼里啪啦的了。

如果软件拥有自己的网页，在线常见问题解答（FAQ，Frequently Asked Questions）列表，以及相关的邮件列表或 Usenet 新闻组，也是良好软件的表征。这些都是一个鲜活、充实、有兴趣的社区已经围绕这个软件而成长起来的标志。网页上，最近的更新以及扩展的镜像站点列表也同样是可靠的标记，表明这个项目拥活跃的用户群体。荒废的软件包不可能有这种持续的投入，因为不值得。

已经移植到了多种平台上也是个有价值的表征，说明用户群体多种多样。项目主页往往明确地大肆宣扬新的移植版本，因为这样表明了软件的可信度。

这儿是一些有关高质量开源软件的网页的实例：

- GIMP <http://www.gimp.org/>
- GNOME <http://www.gnome.org>
- KDE <http://www.kde.org>
- Python <http://www.python.org>
- The Linux kernel <http://www.kernel.org>
- PostgreSQL <http://www.postgresql.org>
- XFree86 <http://xfree86.org>
- InfoZip <http://www.info-zip.org/pub/infozip/>

看看 Linux 的各种发布版本是另一个寻找高质量软件的妙法。Linux 和其他各种开源 Unix 的发布制造者都拥有许多专业经验，知道哪些项目是最好的——这正是他们的发行版本中最大的亮点。如果已经在使用开源的 Unix，那么需要检查的就是待评估的软件包是不是已经包含在自己的操作系统版本中了。

16.5 何处找

因为在 Unix 世界可以获取的开源软件非常丰富，找到可被重用代码的能力就成为巨大资本——远远超过其它操作系统的情况。这些代码的来源形式多种多样——独立代码的摘录和实例，代码库，可以在脚本中重用的公用程序。在 Unix 下，大多数的代码重用当然不是在程序中拷贝粘贴——如果发觉自己在这样做，便可以肯定你遗忘了一个更优雅的重用方式。相应地，在 Unix 下工作，最管用的技能之一就是熟练地掌握将代码粘合在一起的各种方法，从而能够应用组合原则。

寻找可重用的代码，应该从自己的眼皮底下开始。Unix 总是以多种多样可重用公用程序以及函数库的工具包为特征；现代的版本，比如任何当前的 Linux 系统，包含数以千计可重用的程序、脚本以及函数库。简单的 **`man -k`** 加上一些关键字进行搜索常常可以得到很有用的结果。

要想在此之外看看令人吃惊的丰饶资源，可以浏览 SourceForge、ibiblio 和 Freshmeat.net。读到此书时，也可能会有类似的其它重要站点出现，但是这三个都在过去很多年中显示出了持续的价值和声望，并且似乎很有可能维持下去。

SourceForge<`http://www.sourceforge.net`>是个软件的展示站点，这些软件明确地设计来支持合作开发，并拥有相关的项目管理服务。SourceForge 不仅仅是个存放软件的地方，还提供自由的联合开发服务，在 2003 年中期，毫无疑问，是世界上最大的纯开源活动中心。

在 SourceForge 之前，最大的站点是 ibiblio <`http://www.ibiblio.org`>的 Linux 归档。ibiblio 归档是被动的，仅仅是个发布软件包的地方。然而，它确实比起多数被动站点的网页界面都要好得多（创造其网页外观的程序，是我们在第 14 章讨论 Perl 时的一个实例分析）。这个站点也是 Linux 文档项目（Linux Documentation Project）的主页，维护着许多供 Unix 用户和开发者使用的优秀资源。

Freshmeat<`http://www.freshmeat.net`>是个专注于提供新软件以及已有软件新版本发布公告的系统。它允许用户和第三方给这些版本添加评审。

这三个多用途站点包含许多语言的代码，但是多数是 C 或 C++。还有一些站点专门针对某些我们在第 14 章讨论过的解释型语言。

CPAN archive 是 Perl 语言自由有用代码的重要储存库。可以很容易地从 Perl 主页<`http://www.perl.com/perl`>访问。

Python Software Activity 是一个 Python 软件和文档的归档，可以从 Python 主页<`http://www.python.org`>访问。

Java Applets Page<http://java.sun.com/applets/>可以找到许多 Java 小应用程序以及指向自由 Java 软件的站点链接。

作为 Unix 开发者，最有价值的时间投资方法之一就是，花时间在这些站点上去了解可以获得什么东西来重用。节省下来的编码时间就是自己的。

浏览软件包的元数据（metadata）是个不错的主意，但别到此为止。也请试验一下代码。这样能够对代码究竟做些什么会有个更好的领悟，从而更有效地使用。

更一般地，阅读代码是为未来而投资。可以从中学到甚多——新技术、分解问题的新方法、不同的风格和手段。使用代码和学习代码都能得到有价值的回报。即使并不使用所研究代码中的方法，学习他人解决方案中改良的问题定义，也许能够帮助自己发现一个更好的方法。

写之前先读；培养阅读代码的习惯。很少有什么彻底全新的问题，所以几乎总是能够发现非常接近的代码，成为自己需要的一个良好起点。即使当问题真正非常新颖时，也很有可能与某人之前已经解决的问题相关，而解决方案也很可能是从某个已经存在的方案发展而来。

16.6 使用开源软件的问题

使用或者重用开源软件存在三个主要问题；质量、文档以及许可证条款。正如我们上面所看到的一样，如果花一点判断力挑选一下，一般都会发现一个或者更多的软件拥有令人肃然起敬的上乘质量。

文档通常是个更严重的问题，许多高质量的开源软件包的应用范围和它们在技术上的领先不相协调，就是因为它们的文档很糟糕。Unix 传统鼓励了太过专门的文档风格，这种风格（尽管或许会在技术上涵盖软件包所有的功能特征）往往假设其阅读者也相当熟悉应用程序的定义域，并且阅读得非常仔细。这样做也有很好的理由，我们会在第 18 章进行讨论，但这种风格呈现出一种壁垒。幸运地，从这样的文档中提炼有价值的东西，这个技能值得学习。

用软件包名字或者主题关键字加上“HOWTO”或“FAQ”字符串，用它作为关键字在网上搜索。对初学者来说，通常会发现比手册页更有用的资料。

重用开源软件（特别是在任何商业产品中）最重要的问题是理解软件包的许可证，如果存在许可证，你就会承担某些义务。在接下来的两个部分，我们将从细节上讨论这个问题。

16.7 许可证问题

任何非公共领域的东西都有一个或更多版权。在美国联邦法律中，即使一件没有版权声明的作品，其作者也拥有版权。

在版权法下确定谁能够成为作品的作者可能非常复杂，尤其是经过多人之手形成的软件。这就是为什么许可证非常重要的原因。许可证能够授权代码以某种方式使用，否则在版权法之下是禁止或者需要付费的；许可证同时也保护用户免受版权所有者任意专断行为的侵害。

在专有软件世界里，许可证条款是设计来保护版权的。条款是在尽可能地为持有人（版权所有者）保留领域范围利益，同时也授予用户某些权利的方法。版权所有者非常重要，而许可证逻辑限制相当严格，所以许可证条款中确切的技术细节通常反而并不重要。

正如后面将要看到的那样，许可证可以使人们在版权所有者希望无限期存在的条款下自由地获取代码，版权所有者多数情况下会使用版权来保护许可证。否则，仅有少数权利得以保留而多数选择都交给了用户。特别地，对于别人已经拥有的拷贝，版权所有者不能更改上面的条款。因此，在开源软件中，谁是版权所有者并不重要，但许可证条款却至关重要。

一般地，一个项目的版权所有者是该项目的领导者或赞助组织。项目转让到一个新领导者时，常常由版权所有者的变动显现出来。然而，这也并不是严格的准则；许多开源软件都有多个版权所有者，并且这也没有导致法律问题的案例记录在案。一些项目选择把版权指派给自由软件基金，理论上，自由软件基金确有为开放源码辩护的利益所在，也有可以利用来进行辩护的律师资源。

16.7.1 开放源码的资格

出于授权许可的目的，我们需要区分一个许可协议可能传达的几种不同权利。这些权利包括重新分发权，使用权，供个人使用的修改权，以及修改版本的重新发布权。

开放源码定义（Open Source Definition）<http://www.opensource.org/osd.html>是思考什么让软件成为“开放源码”或（用旧术语）“自由”的产物。在开源社区，这作为开源开发者间社会契约的一个表述而广泛接受。其在许可证上的约束加有如下的要求：

- 准予无限的复制权。
- 准予以无修改形式重新发布的无限权利。
- 准予供个人使用的无限修改权。

这个方针禁止对二进制软件修改后的重新发布施加限制；这满足了软件发布者的需求，他们希望能够毫无羁绊地转载可运行代码。这也允许作者要求修改的源码再发布时以旧源码加补丁的形式发布，这样对于他人的修改，保证了原作者取舍和审查跟踪的权利。

OSD 是“OSI Cerified Open Source”认证标志的法律定义，也是任何人所能提出的最好的“自由软件”定义。所有的标准许可证（MIT、BSD、Artistic、GPL/LGPL 和 MPL）都满足它（尽管有些，例如 GPL，具有其它的限制，在选择之前应该有所理解）。

注意，只允许非商业使用的许可证并不等同于开源许可证，即使那些许可证往往基于 GPL 或别的什么标准许可证。这样的许可证有区别地对待特别的行业、个人以及团体，而这是 OSD 条款 5 明确禁止的。

条款 5 是在几年的痛苦经历之后而加入的。仅供非商业性使用的许可证带来一个问题，如何找到一种法律检验来确认某个再发布是“商业的”。将软件作为一个产品来出售，这种情况当然毫无疑问。但如果以一种名义上的零价格同其它软件或数据一起发布，而其实际价格以整体收费又该如何？而如果软件对于整体的功用是否关键又如何区分？

没人能够回答。仅供非商业使用许可证产生了再发布者认定的不确定性，事实上恰好是个对它们自身严重的不利因素。OSD 的目标之一就是确保处于符合 OSD 的软件发布链中的人，不需要咨询知识产权律师来确定他们的权利到底是些什么。OSD 禁止将复杂的限制有区别地加诸于个人、团体以及行业，这样处理软件作品集的人就不需要面对组合激增的爆炸式问题：这样或那样处理究竟有何微妙的不同（也许甚至是冲突）。

这种关心并非没有道理。开源发布链中重要的一环就是 CD-ROM 发布者，他们收集许多非常有用的作品，从简单的软件集合 CD 到可启动的操作系统。如果那样限制，就会让这些光碟发布商生活困顿窘迫，而其它试图商业传播软件源码的行为，也受到了禁止。

另一方面，OSD 并没有讨论什么司法权法。有些国家的法律禁止出口某些限制技术到所谓的“流氓国家”。OSD 并不能反对这些，它只是说被许可人不能擅自增加自己的限制。

16.7.2 标准开放源码许可证

这里是一些你可能碰上的标准开放源码许可证条款。一般而言都使用以下列出的缩写。

MIT <**`http://www.opensource.org/licenses/mit-license.html`**>

MIT X 联盟许可证（如同 BSD 一样，但是没有广告相关的条款。）

BSD <**`http://www.opensource.org/licenses/bsd-license.html`**>

版权属于加利福尼亚伯克利大学董事会（使用在 BSD 代码上）。

Artistic License <**`http://www.opensource.org/licenses/artistic-license.html`**>

同 Perl 技术许可证完全一样。

GPL <**`http://www.gnu.org/copyleft.html`**>

GNU 通用公共许可证

LGPL <**`http://www.gnu.org/copyleft.html`**>

库（或“弱”GPL）

MPL <**`http://www.opensource.org/licenses/MPL-1.1.html`**>

Mozilla 公共许可证

我们将在第 19 章从一个开发者的角度来讨论这些许可证更多的细节问题。就本章目的而言，它们之间唯一重要的区别就是他们是不是具有传递性。如果许可证要求许可证软件任何的派生产品也同样置于许可证条款的限制之下，那该许可证就是传递的。

在这些许可证下，对于使用开放源码唯一真正需要担心的问题就是专有产品结合自由软件的情形（相对于仅仅使用开源开发工具制作的产品）。倘若许可证不是传递的，即使是直接的合并，只要在产品的文档说明中准备和包含了对正确许可证的致谢以及所使用文件的出处，就应该是安全的。

GPL 既是最广泛使用，又是最受争议的传递性许可证。它的条款 2（b），要求任何派生至 GPL 程序的作品本身也得遵从 GPL，就是这引起了争议。（条款 3（b)要求许可人必须让源码可以在物理媒介上按需索取，曾经也引起了部分争议，但是互联网的爆炸发展使得按 3（a）要求的源码文件发布极其容易，所以没有人再担心这个要求了。）

没有人能完全确定条款 2（b）中“包含或派生自”的意思，稍后几段关于什么样的使用受到“纯聚合（mere aggregation）”保护的表述也是如此。有异议的问题包括链接库以及包含遵从 GPL 许可的头文件。出现这种问题部分是因为美国的版权法并没有定义什么是派生；这留给了法庭在判例法中推敲出定义来，而在计算机软件这个领域，这个过程几乎还没有开始（到 2003 年中期止）。

一方面，“纯聚合”确实保证将专有代码同 GPL 许可的软件一起在统一介质上发布是安全的，只要它们彼此之间不互相调用和链接。它们甚至是可以处理同一种文件格式或磁盘结构的工具；在这种情况下，依据版权法，不存在一个派生自另一个的关系。

另一方面，将遵从 GPL 的代码摘出，插入在专有代码之中，或是链接遵从 GPL 的目标码到专有目标码中，肯定让该代码成为一个衍生产品，从而需要遵从 GPL 许可。

通常都认为一个程序将另一个程序作为子进程执行并不会导致其中任何一个程序成为另一个程序的派生。

产生争论的情形是动态链接共享库。自由软件基金的立场是，如果一个程序以共享库方式调用另一个程序，那么这个程序就成为了该库的派生。有些程序员认为这个声明过了头。双方都有技术的、法律的以及行政的论据来支持己方的观点，我们在这儿并不想老调重谈。既然自由基金组织编写并拥有许可证，就当 FSF 立场是正确的前提下谨慎工作，直到另有法律条文。

有些人认为条款 2（b）的表述是故意设计来感染那些商业软件的全部内容的，虽然它们仅仅只摘用了一小部分遵从 GPL 的代码；这些人更愿把它称作 GPV，或是“通用公共病毒（General Public Virus）”。另外有些人认为“纯聚合”表述涵盖了所有没有将 GPL 或非 GPL 代码混合在同一个编译或链接单元中的一切。

这种不确定已经在开源社区造成了太多的不安，所以 FSF 不得不发展出特别的、稍微缓和的“Library GPL”（已经改名为“Lesser GPL”）来打消人们的疑虑以继续使用随 FSF GUN 编译器集一起发布的运行库。

条款 2（b）的解释需要你自己选择；绝大多数律师都不会理解所涉及的技术问题，而且也没有什么判例法。事实上，经验告诉我们 FSF 从未（至少从 1984 年它创建起到 2005 年年中）以 GPL 控告过任何人，但它确实以威胁提起诉讼来强迫实行 GPL，且在所有已知的案例中都获得了成功。同时，作为另外一个经验事实，网景（Netscape）在它的商业 Netscape Navigator 浏览器中包含了遵从 GPL 的程序源码和目标码。

MPL 和 LGPL 具备的传递性比 GPL 更为有限。倘若 GPL 或非 GPL 代码之间所有的通路都通过一个 API 或其它良好定义的接口来实现，那么链接进专有代码中并不会让该专有代码成为派生产品，这在 MPL 和 LGPL 中是明确允许的。

16.7.3 何时需要律师

本节内容专门为那些考虑把纳入以上许可证标准的软件整合进闭源码产品的商业开发者而设。

经历了这么多法律措词之后，在此，我们最希望的就是赶紧发表一个严肃的权利放弃书，说明我们不是律师；如果对于利用开源软件在法律上有任何疑问，最好立即去咨询律师。

这是彻底的废话，尽管出于对法律职业的尊重。这些许可证使用的语言同法律术语一样清晰——就是为了清晰才使用书面表达——而且如果仔细阅读的话应该根本就不难理解。律师和法庭其实比你还困惑。软件版权法含混不清，在开源许可证上的判例法（在 2003 年中期）还不存在；没有人曾经因为这个而被控告。

这意味着一位律师并不太可能比一个细心阅读许可证的人拥有更好的见地。但律师常常职业性地对他们不懂的东西患有妄想症。因此，如果咨询律师，他可能更会告诉你不要随便靠近开源软件，尽管事实上他可能对技术方面根本一窍不通，或者并不见得比你更能理解作者的意图。

最后，将作品置于开源许可证之下的人们往往并不是什么大企业，没有那些鸡蛋里面挑骨头的律师群照顾；他们只是一些个体或志愿群体，主要就是想发布他们的软件。极少数的例外（那些既在开源许可证下发布软件又有钱雇佣律师的大公司）却常常在开放源码上有投资，并且也不想挑起法律麻烦，与产生开放源码的开发者社区为敌。所以，被以无辜的技术侵权罪名拖进法庭的可能性，大概会低于下星期遭雷劈的概率。

这并不是说应该把这些许可证当作笑话来对待。那对凝结在软件中的创造力和血汗未免有失敬意，而且官司轻重不说，你恐怕也不会把激怒作者、成为第一被告的经历当作享受吧。但在缺少权威判例法的情况下，能做的 99%就是明确承诺努力满足作者的要求；另外的或许可以（或许不能）通过咨询律师来达到保护自己的 1%的额外努力，而这又有什么不同呢。

Part Ⅳ

Community

17

可移植性：软件可移植性与遵循标准

Portability: Software Portability and Keeping Up Standards

The realization that the operating systems of the target machines were as great an obstacle to portability as their hardware architecture led us to a seemingly radical suggestion: to evade that part of the problem altogether by moving the operating system itself.

对于可移植性，目标机器的操作系统和其硬件结构都是障碍，意识到这一点，可能会导致相当激进的意见：完全规避问题的方法，就是移植操作系统本身。

—Portability of C Programs and the UNIX System（1978）

C 程序的可移植性和 Unix 系统（1978）

Unix 是第一款移植到不同系列处理器上的生产级操作系统（Unix 版本 6，1976－1977）。现今，Unix 可以被移植到每一款足够强大可以运行内存管理单元的新机器上，这已经毫不稀奇了。应用程序也常常在差异极大的不同硬件上运行的 Unix 间移来移去；事实上，还没听说哪次移植失败过。

移植性一直是 Unix 的主要优势。Unix 程序员往往设想硬件是易变的，只有 Unix API 才是稳定的，尽可能少地假定诸如字长、字节顺序和存储体系等机器的特殊细节。实际上，在 Unix 圈中，以任何方式超出 C 的抽象机器模型而依赖于硬件的代码，都会被认定为不良的形式，仅允许发生在诸如操作系统内核等极为特殊的情况下。

Unix 程序员已经了解到，一旦设想软件项目的生命期很短，就非常容易犯错。[1]所以，Unix 程序员往往尽量避免软件依赖于某种特殊易逝的技术，而严谨地遵循开放标准。这种考虑可移植性的编码习惯在 Unix 传统中根深蒂固，甚至应用于那些一次性小型单用途的代码中。这种习惯也始终贯穿于 Unix 开发工具的设计，以及例如 Perl、Python 和 Tcl 之类在 Unix 下发展起来的语言中。

可移植性最直接的效益是工具和应用程序无需每隔几年就重写，因为 Unix 软件比起原生的硬件平台来得长久，这是再正常不过的。今天，最初为 Unix 版本 7（1979）所编写的应用程序，不仅用在其直系后裔中，也用在那些按照 Unix 规范编写操作系统 API，但并没有从 Bell 实验室源码树共享代码的变种中，如 Linux。

间接的益处并不明显但可能更为重要。可移植性的戒律往往在架构、接口和实现上施加了一种简单化的影响。这既提高了项目成功的几率也降低了生命期的维护成本。

本章概览 Unix 标准的范围和历史。我们将讨论哪些部分在今天仍然意义重大，并描述 Unix API 中或多或少变化的部分。我们将检视某些 Unix 开发者用来保持代码可移植性的工具和惯例，同时逐步展示出对良好实践的建议。

17.1 C 语言的演化

C 语言及其附带服务接口（挑明了，就是标准输入输出库函数及其友元）的稳定性一直以来都是 Unix 编程经历的主要核心事。诞生于 1973 年的一门语言，在三十年来的频繁使用中，只有很少的变动需求，这真是非常了不起：在计算机科学和工程领域中尚无人出其右。

在第 4 章，我们论述了 C 语言如此成功是因为它可以作为计算机硬件上的薄胶合层，近似于[BlaauwBrooks]的“标准架构”。当然，成功的因素并不仅止于此。为了理解其余的内幕，我们需要简要地回顾一下 C 语言的历史。

---

[1] PDP-7 Unix 和 Linux 都是持久性出乎意料的例子。Unix 最初是作为一个研究玩具由几个研究者在项目工程间编制而出，一半是为了实验文件系统的创意，一半是为了运行一个游戏。而 Linux 则被其创造者总结为“长了腿的终端模拟器”[Torvalds]。

17.1.1 早期的 C 语言

C 语言诞生在在 1971 年，最初作为 Unix 移植到 PDP-11 的系统编程语言，基于 Ken Thompson 早期的 B 语言解析器，脱胎于 BCPL（Basic Common Programming Language），于 1966－1967 在剑桥大学诞生[2]。

Dennis M. Ritchie 的原始 C 编译器（也常常以他名字的首字母称为“DMR”编译器）在 Unix 版本 5、6、7 快速持续增长的社区中都有应用。版本 6 的 C 编译器派生了 Whitesmiths C 编译器，这个重新的实现成为了第一款商业的 C 编译器，也是软件通用型 IDRIS 的核心。但是多数现代的 C 语言实现都以 Steven C. Johnson 的“可移植 C 编译器（PCC）”为模型，该编译器在版本 7 中首次亮相，并在 System V 和 BSD 4.x 的发布中完全取代了 DMR 编译器。

在 1976 年，版本 6 的 C 语言引入了 typedef、union 和 unsigned int 声明。带初值的变量初始化语法和一些复合操作符也有改动。

最初 C 语言的参考手册是 Brian Kernighan 和 Dennis M. Ritchie 原创的《The C Programming Language》（C 编程语言），即《白皮书》[Kernighan-Ritchie]。该书出版于 1978 年，同年 Whitesmiths C 编译器问世。

白皮书描述了增强的版本 6 C 语言，包含一个涉及公用存储处理的重要例外。基于任何能够处理 FORTRAN 语言的机器都可以立即处理 C 语言的理论，Rithie 原意是仿造 FORTRAN 语言中“COMMON”声明的规则。在公用块（common-block）模型中，公用变量也许会被声明好几次；相同的声明由链接器合并。但是两个早期的 C 移植（Honeywell 和 IBM 360 大型机）恰好是那种限制公用存储或链接器较为原始或两者兼有的机器。这样，C 编译器版本 6 采用了在白皮书中描述的、较为严格的定义引用模型（要求任何公用变量至多只有一处声明，并在引用处使用关键字 **`extern`** 来标记）。

许多现存源码都依赖较为宽松的规则，所以这个决定在随着版本 7 发布的 C 编译器中被颠覆了。向后兼容的压力也阻碍了另一个转换尝试（1983 年的 System V Release 1），直到 1988 年 ANSI 标准草案才最终解决了定义引用原则。公用块公共存储依然是标准许可的变体。

---

[2] C 语言中的“C”因此代表“Common（通用）”——或者，代表“Christopher”。BCPL 最初表示“Bootstrap CPL（引导性 CPL）”——CPL 的一个非常简化的版本，CPL 是一种非常有趣但抱负过大而从未实现的牛津剑桥通用编程语言，也被亲切地称之为“Christopher's Programming Language (Christopher 编程语言)”，以这门语言的主要贡献者，计算机科学的先驱 Christopher Strachey 命名。

C 版本 7 引入了 enum，并且将 struct 和 union 的值作为第一类对象，可被赋值，可作为参数传递，也可作为函数的返回值（而不是靠地址传递）。

> V7 中的另一个主要变化是 Unix 的数据结构写在了头文件中，并可以被包含。原先的 Unix 将这些结构(如目录)打印在手册中，人们需要将其复制到代码中。毋庸多言，这是个重要的移植性问题。
>
> —Steve Johnson

System III C 版本的 PCC 编译器（也随 BSD 4.1c 一起发布）改变了 struct 声明的处理，这样不同 struct 中的同名成员不会冲突。同时引入了 `void` 和 `unsigned char` 声明。函数内的 `extern` 声明，其作用域也限制在函数体中，而不再覆盖所有位于声明以后的代码。

ANSI C 草案提议标准(The ANSI C Draft Proposed Standard)加入了 `const`（只读存储）和 `volatile`（表明在程序控制的线程中例如内存映射寄存器等需要异步修改的地方）。`unsigned` 类型修饰符泛化了，可以应用于任何类型，同时加入了一个对称的 `signed` 修饰符。也加入了 `auto` 数组、结构初始化器以及 `union` 类型的初始化语法。最重要的，加入了函数原型。

早期 C 语言最重要的变化就是，转型为定义引用和在 ANSI C 草案提议标准（Draft Proposed ANSI C Standard）中引入的函数原型。自从 1985-1986 年 X3J11 委员会关于标准草案的工作报告将委员会的意向传达给编译器的实现者之后，C 语言在本质上一直都很稳定。

早期 C 语言更详细的历史，可以参阅其设计者编写的《Ritchie93》。

17.1.2 C 语言标准

C 语言标准的发展一直是个保守的过程，原始 C 语言的精髓得以小心留存，更认可现存编译器中的实验技术而不是发明新的特征。C9X 宪章(charter)[3]文档很好地表述了这个任务。

[3]可以访问网页`<http://anubis.dkuug.dk/JTC1/SC22/WG14/www/charter>`。

第一个官方 C 语言标准化工作在 X3J11 ANSI 委员会的赞助下始于 1983 年。主要的功能增加在 1986 年末就已经解决，在这一点上，对于编程者来说，区别“K&R C”和“ANSI C”变得很普遍。

> 许多人都没有意识到 C 语言标准化努力的工作是多么的不同寻常，尤其是最初的 *ANSI C* 工作，它坚持只将经过测试的特征列入标准。很多语言的标准委员会把大量时间花在新的语言特性上，而几乎不考虑应该如何实现。确实，极少数凭空产生的 *ANSI C* 特征——例如，臭名昭著的“三字母操作符(trigraphs)”——就是 *C89* 中最讨厌最不成功的特征。
>
> —Henry Spencer

> 标准化努力的部分结果是发明了 void 指针，并且成为赢家。但是 Henry 的观点也被很好地接受了。
>
> —Steve Johnson

尽管 ANSI C 的核心早就确定了下来，关于标准库内容的争论还是拖延了好几年。正式的标准直到 1989 年末才发布，那是在许多编译器都已经实现了 1985 年的建议之后。该标准最初称为 ANSI X3.159，但在 1990 年国际标准组织(ISO)成为新的赞助方后重新设计为 ISO/IEC 9899:1990。该标准描述的语言变体通常称为 C89 或 C90。

第一本关于 C 语言和 Unix 可移植性的书籍，《Portable C and Unix Systems Programming》（可移植的 C 语言和 Unix 系统编程）[Lapin]，于 1987 年出版（在那时迫于雇主压力，此书以公司笔名出版）。第二版的《Kernighan-Ritchie》于 1988 年出版。

C89 一个次要的修订，称作修订 1/AM1/C93，在 1993 年付诸实施。该修正增加了对宽字符集和 Unicode 更多的支持。这就是 ISO/IEC 9899–1:1994。

C89 标准的修订始于 1993 年。在 1999 年，ISO/IEC 9899（通常称作 *C99*）为 ISO 所采用。该协议集成了修订 1 并增加了许多次要的特征。其中也许对大多数编程者最重要的一个就是，具备了像 C++一样可以在代码块任意点，而不是仅仅只能在开始处声明变量。同时也加入了参数个数可变的宏。

C9X 工作组的网页是 `<http://anubis.dkuug.dk/JTC1/SC22/WG14/www/projects>`，但是在 2003 年中期还没有第三个标准化工作列入计划。正在为嵌入式系统发展一个 C 语言的补遗。

在 C 语言标准化工作开始以前，可工作的兼容实现已经运行在广泛的不同系统上，这个事实极大地协助了 C 语言的标准化工作。但这也更难以论证究竟哪种特征应该加入到标准之中。

17.2 Unix 标准

1973 年用 C 语言重写后，Unix 史无前例地容易移植和修改。结果，始祖的 Unix 分别发展出了一系列早期操作系统。发展 Unix 标准最初就是为统一 Unix 系列不同分支的 API。

在 1985 年后发展的 Unix 标准在这方面相当成功——因此而成为了现代 Unix 实现极具价值的 API 文档。实际上，现实世界的诸多 Unix 都紧密地遵循公开标准，所以开发者能够（也常常这样做）更依赖诸如 POSIX 规格说明的文档，而不是手头使用中的变种 Unix 官方手册页。

实际上，在新近的开源 Unix（例如 Linux）中，就往往使用公开标准作为其操作系统功能特征的规格说明。我们在本章稍后审视 RFC 标准化过程时还会回到这一点来。

17.2.1 标准和 Unix 之战

Unix 标准发展的原动力是第 2 章叙述过的 AT&T 和 Berkeley 阵线在发展上的分裂。

4.x BSD Unix 源自 1979 年的版本 7。在 1980 年 4.1BSD 发布后，BSD 阵线很快赢得了 Unix 发展前沿的好名声。重要的新特性包括 vi 可视编辑器，从单一控制台管理多重前后台任务的作业控制功能，以及信号的改进（参见第 7 章）。迄今为止最重要的增加是 TCP/IP 网络，但是尽管 Berkeley 在 1980 年就获得了该合同，TCP/IP 三年内都没能随对外发布的版本一起交付。

但是另一个版本，1981 年的 System III，成为了 AT&T 后来发展的基础。System III 重编了版本 7 的终端接口，使之更简洁，更优雅，但同 Berkeley 的改进完全不兼容。它保留了老的（无重置）信号语义（也请参考第 7 章关于这点的讨论）。1983 年 1 月发布的 System V Release 1 整合了某些 BSD 实用程序（如 vi（1））。

在 1983 年 2 月，UniForum 进行了架通两者的第一次尝试，这是一个很有影响的 Unix 用户组。它们的 Uniforum 1983 年标准草案（UDS 1983）描述了一个“核心 Unix 系统”，由 System III 核心的一个子集和函数库加上文件锁定原语构成。AT&T 宣布支持 USD 83，但是标准只是基于 4.1BSD 的发展实践的不完全子集。在 1983 年 4.2BSD 发布的时候，这个问题加重了，它为该版本增加了许多功能（包括 TCP/IP 网络），也引入了许多跟原先版本 7 并不兼容的东西。

1984 年 Bell 运营公司的剥离以及 Unix 战争的开始（参考第 2 章）使问题更加复杂。Sun Microsystems 朝 BSD 方向领导着工作站产业；AT&T 甚至一边继续向诸如 Sun 的竞争对手授权操作系统，一边利用对 Unix 的控制作为战略武器并试图进入商务领域。为了保持竞争优势，所有商家作出的商业决策都是差异化他们的 Unix 版本。

在 Unix 内战中，在某种意义上，技术标准成为相互合作技术人员奋力推动的东西，而产品经理不是勉强接受就是积极反对。重大而重要的例外是 AT&T，当它在 1984 年 1 月发布 System V Release 2（SVr2）时，宣布了同用户组在标准设立上的合作计划。1984 年的 UniForum 草案标准第二次修订版，追踪和影响了 SVr2 的 API。后来的 Unix 标准中，除了某些 BSD 功能在效用上特别领先的领域，均倾向遵从 System V（例如，现代 Unix 标准描述了 System V 的终端控制而不是 BSD 同样功能的接口，就是这个原因）。

在 1985 年，AT&T 发布了 System V 接口定义（System V Interface Definition，SVID）。SVID 结合 *UDS84* 为 SVr2 API 提供了一个更为正式的说明。后来的版本，SVID2 以及 SVID3 遵从了 System V release 3 和 4 的接口。SVID 成为了 POSIX 标准的基础，而 POSIX 最后在系统和 C 函数库上 Berkeley/AT&T 的分歧中，大多数都偏向了 AT&T。

但趋势在好几年内都仍不明显；其间，Unix 之争仍战事频繁。例如，1985 年，网络共享文件系统就发布了两个竞争的 API 标准：Sun 的网络文件系统（Network File System，NFS)以及 AT&T 的远程文件系统（Remote File System，RFS)。Sun 的 NFS 更流行一些，因为 Sun 公司不仅愿意共享规格说明还愿意将代码公开。

这个成功的经验其实更应该值得指出，因为纯粹基于逻辑判断来说，RFS 远远更加优秀。它支持更好的文件锁定语义以及在不同系统用户身份更好的映射，并且总的来说，作出了相当的努力以期获得 Unix 文件系统语义更好更准确的细节，而不像 NFS。然而这个成功的经验却往往被忽略，甚至在 1987 年，开源 X window 系统战胜了 Sun 专有网络视窗系统（Networked Window System (NeWS)）时，也不例外。

1985 年后，主要的 Unix 标准化推进传递给了美国的电气电子工程协会（Institute of Electrical and Electronic Engineers，IEEE）。IEEE 的 1003 委员会发展了一系列的标准，

通常称作 POSIX[4]。这些标准不仅描述系统调用和 C 函数库功能，还说明了具体的 shell 语义和最小命令集，并具体化了各种非 C 编程语言的接口。它首次发布于 1990 年，1996 年发布了第二版。国际标准组织采用其作为 ISO/IEC 9945。

关键的 POSIX 标准包括：

1003.1 (1990 年颁布)

函数程序库。描述了 C 系统调用 API，大部分同版本 7 相同，除了信号机制与终端控制接口。

1003.2 (1992 年颁布)

标准 shell 和实用程序。Shell 语义几乎同 System V 的 Bourne shell 一模一样。

1003.4 (1993 年颁布)

实时 Unix。二元信号量、进程内存锁、内存映射文件、共享内存、优先调度、实时信号、时钟和定时器、IPC 消息传递、同步 I/O、异步 I/O、实时文件。

在 1996 年的第二版中，1003.4 分成了 1003.1b(实时)和 1003.c(线程)两个部分。

尽管在几个关键的领域里(比如信号处理语义上)说明不足，也遗漏了 BSD 套接字，最初的 POSIX 标准还是成为了所有后来 Unix 标准化工作的基础。它仍然作为一个权威被引用，纵使许多都是通过 POSIX Programmer's Guide(POSIX 程序员指南) [Lewine]等间接引用。实际上的 Unix API 标准仍然是“POSIX＋套接字”，以后的标准主要是增加功能以及在不常见边界情况更紧密的一致性规定。

下一个参与者是 X/Open(后来更名为 Open Group)，它是在 1984 年形成的 Unix 商家联盟。它们的 X/Open Portability Guides (XPGs)最初与 POSIX 草案平行发展，而在 1990 年之后，XPGs 整合扩展了 POSIX。POSIX 试图捕捉所有 Unix 的安全子集，而 XPG 更倾向前沿开发的普遍实现；即使是 1985 年的 XPG1，就跨越了 SVr2 和 4.2BSD，还包含了套接字。

1987 年的 *XPG2* 增加了终端处理 API，基本上是 System V 的 curses(3)。1990 年的 XPG3 融合了 X11 API。1992 年的 XPG4 完全遵从了 ANSI C 1989 标准。XPG2、XPG3

---

[4] 最初 1986 年的试用标准叫做 IEEE-IX。“POSIX”的名称是 Richard Stallman 的建议。POSIX.1 的介绍说：“应该发[pahz-icks]的音，而不是[poh-six]或别的什么。公布发音方式是为了以尝试传播一种引用标准操作系统接口的标准化方法。”

和 XPG4 极度关注国际化的支持，并描述了一套详尽的 API 来处理字符集和消息目录。

在阅读 Unix 标准的时候，也许会碰到“Spec 1170”（自 1993 年）、“Unix95”（自 1995 年）和“Unix 98”（自 1998 年）。这些认证标记都基于 X/Open 标准；现在仅仅只是历史的兴趣罢了。但是 XPG4 完成的工作成为了 Spec 1170，而 Spec 1170 又转变成第一版的“单一 Unix 规范”（Single Unix Specification，SUS）。

1993 年，包括每个主要 Unix 公司在内的 75 个系统和软件提供商对 Unix 战争作出了了断，宣布支持 X/Open 开发出 Unix 的通用定义。作为协商的一部分，X/Open 组织获得了 Unix 商标权。整合的标准变成了*单一 Unix 标准*版本 1。接下来就是 1997 年的版本 2。在 1999 年 X/Open 并入了 POSIX 的活动。

在 2001 年，X/Open（现在的 The Open Group）发布了单一 Unix 标准版本 3<http://www.unix.org/version3/>。所有 Unix API 的标准化流程最终汇合到一起。这反应了如今的现实状况；不同种类的 Unix 已经会聚在一个通用 API 集合中。并且，至少对 1980 年代的动荡记忆犹新的老一辈人来说，这太令人愉悦了。

17.2.2 庆功宴上的幽灵

但很不幸地，有个尴尬的情况——支持整合努力的旧学派 Unix 商家处于新学派开源 Unix 的严峻压力之下，在某些时候不得不抛弃（有利于 Linux）已经为确保一致性付出巨大努力的专有 Unix。

单一 Unix 规范的一致性验证检测是个昂贵的任务。每个发布都需要做一次，但这超出了大多数开源操作系统发布者的能力。无论如何，Linux 的变化如此之快，任何发布版本在获得认证时，可能都已经过时了[5]。

诸如单一 Unix 规范之类的标准并没有完全失去实用性，它们仍然对 Unix 实现者有很高的指导价值。但是 Open Group 以及其它旧学派 Unix 标准化机构如何适应开源发布的节奏（以及开源开发组低预算或零预算运作），还有待观察。

[5] 有个 Linux 发布商，英国的 Lasermoon，确实获得了 POSIX.1 FIPS 151-2 认证——它已经倒闭了，因为潜在用户对此根本不关心。

17.2.3 开源世界的 Unix 标准

在 1990 年代中期，开源社区开始了自己的标准化努力。这些努力建立在由 POSIX 及其继承标准确保的源码级兼容性之上。特别是 Linux，它从头到尾都是按 POSIX 之类类 Unix API 标准编写的。[6]

在 1998 年，Oracle 把领先市场的数据库产品移植到了 Linux 上，这场运动正是 Linux 被大型机所接受的一次重大突破。在被记者问及 Oracle 必须战胜的困难是什么的时候，负责移植的工程师的回应很有说服力：API 标准工作完成得相当出色。他回答："我们键入'make'"。

由此看来，新学派 Unix 的问题并不是在源码层次上 API 的兼容性。每个人都理所当然地认为在不同的 Linux、BSD 和专有 Unix 发布之间移植源码是轻而易举的。新问题不是源码而是二进制的兼容性。因为由于商业 PC 机硬件的胜利，Unix 的底层基础已经发生了微妙的变化。

在旧时代，每种 Unix 都运行在实际上属于它自己的硬件平台上。存在许多种类的处理器指令集和机器体系，所以应用程序若要移植就必须在源码层次上完成。另一方面，又只有极少数几个 Unix 的重要版本，相对来说具有较长的生命期。而诸如 Oracle 之类的应用程序提供商能够为三到四个硬件/软件组合分别编译和提供独立的二进制发布版本，因为他们可以通过大量的使用人群和较长的产品生命期来摊低源码移植的成本。

但是后来小型机和工作站商家淹没在了基于 386 廉价的个人机中，而开源 Unix 改变了规则。商家发现再也不能找到一个稳定的平台来发售它们的二进制程序。

首先，表面的问题是，大量的 Unix 发布者——随着 Linux 发布市场的统一，越来越清楚真正的问题是时间变化率。API 是稳定的，但是系统管理文件的预期位置、实用程序以及用户邮箱名和日志文件的前缀路径等常常发生变化。

首次标准化努力是新学派 Linux 和 BSD 社区自身中发展出来（始于 1993）的**文件系统层次标准**（Filesystem Hierarchy Standard，FHS）。此标准被集成到 Linux 标准基础（Linux Standards Base，LSB）中，它标准化了一套预期的服务库和辅助应用程序库。两个标准

[6] 进一步讨论请参考《Just for Fun》(玩玩而已)[Torvalds]。

都成为了自由标准组织（Free Standards Group）<http://www.freestandards.org/>的行为，到 2001 年，该组织已经扮演了在旧学派 Unix 商家中 X/Open 的角色。

17.3 IETF 和 RFC 标准化过程

当 Unix 社区同互联网工程师文化相结合时，也继承了从互联网工程任务组（Internet Engineering Task Force，IETF）RFC 标准化过程中形成的思维方式。在 IETF 传统中，标准必须来自于一个可用原型实现的经验——但是一旦成为标准，同标准不一致的代码就被认定是不合规范的，必须无情地抛弃。

不幸地是，这并不是标准通常发展的方式。计算机历史充满了许多这样的例子，技术标准是别有企图研究的最糟糕特征与黑暗密室政治结合的产物——这样产生的规格说明在任何曾经的实现中都找不到踪影。更糟糕的是，许多规范不是严苛得无法实际实现，就是说明不够充分，解决的问题远不如产生的困惑多。这些规范随之被塞给软件商，它们如果发现什么地方不易实现，就忽略掉标准。

标准无用最臭名昭著的例子就是，1980 年代同 TCP/IP 竞争的开放系统互联（Open Systems Interconnect）协议——它的七层模型乍看很优雅，但在实际中却被证明是过度复杂而不可实现的[7]。视频显示终端功能的 ANSI X3.64 标准是另一个恐怖故事；同标准保持一致的实现版本之间居然存在微妙的不兼容性，真是该死。即使在字符阵列终端大部分被位图显示终端所替代以后，这些也还是问题（特别地，这就是为什么 *xterm*（1）中功能和热键偶尔会失效的原因）。串行通讯的 RS232 标准也是说明不够充分，有时候似乎没有两个串行线是相似的。关于标准类似的恐怖故事真是可以写一本厚厚的书。

IETF 的哲学已经被概括为著名的“我们反对国王、总统和投票。我们信任大致的共识和可运行代码”[8]。首先，要求可工作实现将使其免于最糟的莽撞行为。实际上，它的规范更严格：

[7] 网络搜索可以找到一个流行的幽默帖子，将 OSI 七层模型和七层玉米卷比较——前者还处于劣势。

[8] 这句最初是由 IETF 的高级干事 Dave Clark 在混乱的 1992 年会议上，IETF 拒绝 OSI 协议时所说的。

(任何)候选规范在被采用为互联网标准之前，必须得到实现，对操作的正确性以及众多独立方的互操作性必须得到测试，以及必须已经使用在要求越来越高的环境中。

互联网标准过程——修订稿 3（RFC 2026）

所有的 IETF 标准都要经过 RFC（请求评注）的阶段。RFC 的提议过程故意地设置为非正式的。RFC 可以提出标准、调查结果、建议后续 RFC 的哲学基础，或者甚至是玩笑。每年 4 月 1 日愚人节 RFC 年鉴的出现就是互联网玩家中最盛大的庆祝仪式，并且产生许多如宝石般的精华标准，例如 Transmission of IP Datagrams on Avian Carriers (IP 数据报的信鸽传递，RFC 1149)[9]、Hyper Text Coffee Pot Control Protocol (超文本咖啡壶控制协议，RFC 2324)[10]、Security Flag in the IPv4 Header (IPv4 包头的安全标志位，RFC 3514)。[11]

但是搞笑 RFC 大概是唯一能够立即成为 RFC 的提议。严肃的提议实际上以"互联网草案（Internet-Drafts）"开始，通过 IETF 在几个著名主机上的目录让公众评注。没有正式身份的互联网草案个体，其提出者在任何时候都可以改动或终止。如果他们既不撤销也不提升到 RFC 状态，在六个月后草案将被移除。

互联网草案并不是规范，而软件实现者和软件商被特别禁止宣称符合某条草案，并将其按规范对待。互联网草案通常是在一个由电子邮件列表联系在一起的工作组讨论的焦点。当工作组领导认为适合的话，就把互联网草案提交给 RFC 编辑，从而被分配一个 RFC 号码。

一旦互联网草案作为一个带编号的 RFC 发布，就成为其实现者可以宣称与之相符的规格。接下来，RFC 的作者和社区将开始以实际实验来更正规格说明。

一些 RFC 就到此为止了。一个未能吸引用户和经受现场测试的规格可能被默默遗忘了，而且最后被 RFC 编辑标记为"Not recommended(不推荐)"或"Superseded(被取代)"。失败的提议通常认为是进程的日常开销，相关的提议不会因此打上耻辱的印记。

---

9 RFC 1149 见网页<http://www.ietf.org/rfc/rfc1149.txt>。不仅如此，其实现参见<http://www.blug.linux.no/rfc1149/writeup.html>。

10 RFC 2324 见网页<http://www.ietf.org/rfc/rfc2324.txt>。

11 RFC 3514 见网页<http://www.ietf.org/rfc/rfc3514.txt>。

IETF 的指导委员会（IESG，或者 Internet Engineering Steering Group）负责将成功的 RFC 推向标准之路。他们将合格的 RFC 标明为“Proposed Standard（提倡标准）”。对于具备提倡标准资格的 RFC，其规格必须稳定，经过同行评审，并且已经吸引了互联网社区的极大兴趣。当然，一个 RFC 成为提倡标准，并不绝对要求存在实现，如果有则最好不过；如果 RFC 改变或可能动摇互联网核心协议，IESG 则有权要求 RFC 提供实现。

提倡标准仍可能被修订，如果 IESG 和 IETF 确实有更好的解决方案，甚至还会被撤消。它们并不推荐在“崩溃敏感环境”中使用——不要将他们使用在空中交通控制系统或是需要精心照料的设备上。

对于提倡标准，如果至少存在两个可工作的、完备的、独立发展出来的、可互用的实现，就能够由 IESG 提升到“草案标准”状态。如 RFC2005 所说：“提升到草案标准阶段是个重要的进步，表明有充分理由相信规格是成熟而有用的。”

一旦 RFC 达到了草案标准状态，就只能更改规格说明中的逻辑错误。草案标准可随时被部署使用在崩溃敏感环境中。

当草案标准经过了实现的广泛测试并且达到了普遍接受的程度，就可以成为一个互联网标准（Internet Standard）。互联网标准保留自身的 RFC 编号，也可以申请一个 STD 序列号。在本书写作时，虽然有 3000 多个 RFC，但仅仅只有 60 个 STD。

尚未成为标准的 RFC 被标记为 Experimental（实验性）、Informational（资料性）(搞笑 RFC 就被赋予该标记)，或者 Historic（历史性）。历史性的标记被用于过时标准。RFC 2026 注释为：“（完美主义者建议这个词应该是“Historical(历史上的)”；但是，在这一点上，“历史性”一词的使用是历史上的原因。）

IETF 标准化过程有意提倡由实践而非理论驱动的标准化过程，并确保标准协议都经受过严格的同行评审和测试。这种模式的成功结果显而易见——全世界的互联网。

17.4 规格 DNA，代码 RNA

甚至在 PDP-7 的旧石器时代，Unix 程序员就比其他业界同行更倾向于认为代码是可弃的。这无疑是 Unix 传统注重模块性的产物，使其更容易在无损失的情况下抛弃和更换系统的各个子部分。Unix 程序员已经从经验中认识到补救糟糕的代码或设计比起重新开始常常更费时费事。在其它编程文化中，被迫弥补大型单个程序是种本能的反应，因为从头再来需要太多太多的工作，而在 Unix 文化则主张干脆拆毁重来。

IETF 传统反复教导我们将代码作为标准的从属物来思考。正是标准让程序可以协作，将各项技术结合起来成为比部分之和更大的整体。IETF 向我们展示了，精细的标准化过程，瞄准获得最好的实践，其实是种强有力的形式，相比于无法实现的完美理想的信誓旦旦来说，能够获得更大的成功。

1980 年后，Unix 社区越发受到这个教训的影响。从 1989 年以来的 ANSI/ISO C 标准虽并非毫无瑕疵，但考虑到其长度和重要性，它的确异常简洁和实用。单一 Unix 规范在更广泛的领域中包含三十年来的实验和改进，比 ANSI C 更为凌乱。但是标准的组成相当良好。一个强有力的证明就是，Linus Torvalds 通过它而成功从头开始编制了一个 Unix。IETF 强大的示范给 Linus Torvalds 的壮举创造了一个关键背景，并使其成为可能。

尊重已颁布标准和 IETF 过程已经在 Unix 文化中根深蒂固；故意违反 Internet STD 就是不妥当的。这一点有时候往往会造成 Unix 背景的技术人员同其它技术人员之间相互不理解，其它技术人员往往设想最流行或最广泛配置的协议实现就是定义上的正确——即使定义严重地违反标准而不能与完全符合标准的软件进行协作。

Unix 程序员可能大力反对其它种类的前规格说明，他们对已颁布标准的尊敬显得很有趣。当“瀑布模型”（首先详尽说明，然后实现，然后调试，在任何阶段都没有反向动作）在软件工程学中失宠时，在 Unix 程序员中成为笑柄其实已经好几年了。经验以及合作开发的浓厚传统，已经训练了 Unix 程序员，先原型然后循环不断地测试和演进才是更好的方法。

Unix 传统清楚地意识到良好的规格说明具有巨大的价值，但是需要像“互联网草案”和“提议标准”的方式那样，被视作是暂时的、需要订正的对象，必须通过在现场实验中的不断改进。在最好的 Unix 实践中，程序的文档就近似于规范主体的“提议标准”，需要不断修改订正。

> 与其它环境不同，在 Unix 开发中，文档常常在程序之前，或者至少同程序一起编写。对于 X11，X 核心标准在 X 第一版发布之前完成，并且自从那时起基本上就没有改动过。不同 X 系统间的兼容性更进一步地被严格的规格驱动测试所改善。
>
> 有了良好编写的规格说明，开发 X 测试套件便更加容易。在 X 规格说明中的每一项声明都转换成代码来测试其实现，在这个过程中发现了几个次要的、跟规格不一致的地方，其最终结果就成为了一个测试套件，覆盖了 X 实例库和服务器中重要的代码路径，并且不引用实现源码。
>
> —Keith Packard

生成半自动化的测试套件被证实为一个主要优势。尽管图形艺术的现场实验和发展导致对 X 设计基础的许多批判，尽管 X 的某些部分（例如安全和用户资源模型）似乎笨拙而实现过度复杂，但 X 在稳定性和跨系统发布的互用性方面达到了非同一般的良好水平。

在第 9 章我们讨论了将编码尽量往上推以最小化常数缺陷密度效应。Keith Packard 含蓄地说明 X 文档并不仅是期望功能列表，而是以高级代码形式来表述。另外一个 X 的关键开发者证实了这一点：

> 在 X 中，规格说明就是一切。有时规格存在缺陷需要修正，但是代码通常比规格说明具备更多的 bug（对任何值得着墨的规格说明）。
>
> —Jim Gettys

Jim 继续阐明 X 的过程实际很像 IETF 过程。它的功用并不是仅仅局限于构建优良的测试套件；它也意味着相关的系统行为争论可以在关于规格的功能层面解决，避免了太多实现问题的纠缠。

> 以考虑周全的规格说明来驱动开发可能会引起“bug 还是功能”的小小争论；但没有正确实现规格说明的系统就是破损不全的，必须得到修正。
>
> 我怀疑这在我们当中是如此的根深蒂固，有时反而忽略了它的威力。

> 一个在 Bellevue 以东一家小公司工作的朋友奇怪，Linux 应用程序开发者为什么可以随着应用程序发布版本同步地进行 OS 改动。在那个公司里，主要的系统级 API 频繁改动以容纳一些古怪念头，所以基本的 OS 功能必须常常随着每个应用程序一起发布。
>
> 我向他描述了规格说明所具有的威力以及实现应当如何遵从规格，然后接着断言，如果一个应用程序按接口文档得到一个非预期的结果，那么不是违反了规格，就是发现了 bug。他认为这个观念非常令人吃惊。
>
> 分辨这类 bug 再简单不过了，只要检查接口实现是否违反了规格。当然，如果有实现的源码会更简单。
>
> —Keith Packard

这种标准先行的态度对于最终用户同样有益。Bellevue 以东的那个小公司变大了，它难以兼容以前发行的办公软件，而在 1988 年为 X11 编写的 GUI 应用程序在今天的 X 实现中仍然没有改变地运行着。在 Unix 世界中，这种长寿是很正常的——这也就是为什么将标准视作 DNA 的原因。

经验表明，遵从标准、喜欢抛弃重建的 Unix 文化，虽然花费额外时间，但相比于因为没有标准提供指导和连续性，而必须不停地对代码基础库缝缝补补，往往能够产生更好的互用性。这真的或许是 Unix 最重要的教益。

Keith 最后的评注直接引出一个问题，也是随开源 Unix 的成功而提到前台的问题——开放标准和开放源码间的关系。我们将在本章末尾讨论这个问题——但在这之前，是讨论 Unix 程序员如何能够使用大量的标准和知识来获得软件可移植性的实践问题的时候了。

17.5 可移植性编程

软件可移植性通常是准空间问题：代码可以从其诞生的环境移到别的硬件和软件平台吗？但是几十年的 Unix 经验告诉我们时间上的持久性同样重要，甚至更重要。软件的未来如果可以详细地预测，最好现在就来预测——然而，在可移植性编程中，我们应该尝试考虑选定最可能持续的软件环境特征作为构建软件的基础，同时要避免不久的将来就可能消亡的技术。

Unix 二十年对详述可移植性 API 问题的关注，在很大程度上解决了这个问题。在单一 Unix 规范中描述的功能今天几乎仍然存在于现代的 Unix 平台中，将来也不会不支持。

但并不是所有的平台依赖性都同系统和库函数 API 相关。实现语言也有关系；源系统和目标系统之间文件系统设计和配置的不同也是个问题。还好，Unix 实践已经发展出解决方法。

17.5.1　可移植性和编程语言选择

可移植性编程的首要问题是实现语言的选择。所有我们在第 14 章讨论过的主要编程语言，从在全部现代 Unix 上都有兼容实现的角度来说，均具有较高的可移植性；而大多数在 Windows 和 MacOS 下也有实现。在这里，可移植性问题往往并不在于核心的编程语言，而在于支持库以及同本地环境整合的程度（尤其是 IPC、并发进程管理以及 GUI 的基础设施）。

17.5.1.1　C 的可移植性

C 语言核心的可移植性非常高。标准的 Unix 实现是 GNU C 编译器，它在开源 Unix 和现代专有 Unix 中普遍存在。GNU C 也已经移植到了 Windows 和古典的 MacOS 中，但在那里使用并不普遍，因为缺少对本地 GUI 的可移植接口。

标准输入/输出库、数学例程以及国际化支持都可以移植到所有的 C 实现中。如果小心谨慎地只使用在“单一 Unix 规范”中描述的现代 API，文件 I/O、信号、进程控制也可以移植到各个 Unix；老一些的 C 代码常常需要经过条件预处理宏才能移植，但使用 POSIX 之前接口的代码往往来自于古老专有的 Unix，而且在 2003 年这些 Unix 如果不是已经废弃就是接近废弃了。

对于 IPC、线程以及 GUI 接口，C 的可移植性问题开始有些严重了。我们在第 7 章已经讨论过 IPC 和线程的移植问题。真正实际中的问题是 GUI 工具包。许多开源的 GUI 工具包可跨越各种现代 Unix 使用，还被移植到了 Windows 和传统的 MacOS 中——Tk、wxWindows、GTK 和 Qt 是其中四个最著名的，可以通过网络搜索得到的源码和文档。但是它们中没有一个随所有平台一起发布，而且（更多的是法律而不是技术因素）没有一个能够提供所有平台原汁原味的 GUI 观感。我们已在第 15 章给出了处理这个问题的指导原则。

已经有大批关于如何编写可移植性 C 代码的书了，本书并不想成为其中的一本。我们推荐阅读 Recommended C Style and Coding Standards(C 的推荐风格和编码标准)[Cannon]以及《The Practice of Programming(程序设计实践)》[Kernighan-Pike99]）中关于可移植性的相关章节。

17.5.1.2　C++的可移植性

在操作系统层次上，所有 C 语言的移植性问题 C++都有，当然也存在一些自身的问题。其中一个增加的问题是开源的 C++编译器已经落后于专有的实现；这样，在 2003 年年中，仍然没有一个统一的像 GNU C 一样能够成为事实标准的基础。更进一步，仍然没有一款 C++编译器完全实现了 C++99 ISO 语言标准，尽管 GNU C++是最接近的一个。

17.5.1.3　Shell 的可移植性

很不幸，shell 脚本的可移植性非常糟。问题不在 shell 本身；bash（1）（开源的 Bourne Again shell）已经普遍存在，所以纯 shell 脚本几乎可以到处运行。问题是大多数的 shell 脚本大量使用了其它可移植性差的命令和过滤器，而且绝不保证在任意指定的机器上它们都存在。

这个问题可以借助一些额外的工作来克服，比如 autoconf（1）工具。但是这个问题很严重，所以大多数在 shell 中稍重量级的编程都转移到诸如 Perl、Python、Tcl 等第二代脚本语言中完成。

17.5.1.4　Perl 的可移植性

Perl 的可移植性良好。Perl 的核心版本甚至提供一套支持跨 Unix、MacOS 和 Windows 平台 GUI 的 Tk 工具包接口。然而也有个问题很讨厌。Perl 脚本常常要求来自 CPAN（Comprehensive Perl Archive Network）的插件库，无法保证它在每个 Perl 实现中都存在。

17.5.1.5　Python 的可移植性

Python 可移植性极其出色。如同 Perl 一样，Python 的主干版本甚至提供一个 Tk 包的可移植接口，可支持 Unix、MacOS 和 Windows 的 GUI。

Python 主干版本存在比 Perl 更丰富的标准函数库，但是没有等价于 Perl 程序员可以依靠的 CPAN；重要的扩展模块常常随主干 Python 的次要版本的发布一起发布。这是以牺牲空间来换取时间，使得 Python 更少成为模块丢失效应的对象，代价是 Python 的次版本号要比 Perl 发布的版本级别重要得多。在实践中，权衡似乎对 Python 更为有利。

17.5.1.6 Tcl 的可移植性

Tcl 的可移植性总的来说不错，但是随着项目复杂度的不同而有极大差异。为跨平台 GUI 编程而生的 Tk 包原生于 Tcl。同 Python 一样，语言核心的发展相对顺利，很少存在版本不兼容问题。但不幸的是，Tcl 甚至比 Perl 更依赖那些并不能保证随着每个实现一起发布的扩展功能——也没有像 CPAN 一样的地方来集中发布这些扩展功能。

因此，对于不依赖扩展的小项目，Tcl 的移植性相当高。但是大项目往往大量依赖扩展，和（同 shell 编程一样）调用在目标机器可能存在也可能不存在的外部命令；这些东西的移植性相当糟。

具有讽刺意味地，Tcl 也许吃够了容易增加扩展的苦头。当一个特殊的扩展开始引人注目，似乎可以成为标准发布中的一个部分时，一般都已经存在好几个不同的版本了。在 1995 年的 Tcl/Tk 学术研讨会上，John Ousterhout 对为什么没有在标准 Tcl 发布中加入 OO 支持而解释道：

> 想想五位大学者围坐一圈，一起叫着“杀死他，异教徒”。如果我把某个特殊的 OO 设计加入到内核中，其中一个就会说“祝福你，我的孩子，吻我的戒指吧！”，而另外四个则说“杀死他，异教徒”。

语言设计者并不一定愉快。

17.5.1.7 Java 的可移植性

Java 的可移植性特别出色——毕竟，它是以“一次编写，到处运行”作为主要设计目标的。然而，可移植性仍非尽善尽美。麻烦主要是 JDK 1.1 及老 AWT GUI 工具包（一方面）和 JDK 1.2 及新 Swing GUI 包之间的版本兼容问题。这有几个重要的原因：

- Sun 的 AWT 设计不完善，不得不用 Swing 来代替。

- 微软拒绝在 Windows 中支持 Java 开发并试图以 C#来取代 Java。
- 微软决定继续保留 IE 中对 JDK 1.1 版的小应用程序的支持。
- Sun 许可证授权让 JDK 1.2 的开源实现完全不可能，这延缓了它的部署进程（特别是在 Linux 世界）。

对于涉及 GUI 的程序，追求移植性的 Java 开发者在可预知的未来，时常面临一个选择：采用糟糕设计的 JDK 1.1/AWT 工具包取得最大可移植性（包括移植到 Microsoft Windows），或者采用更好的工具包和 JDK1.2 功能而牺牲部分可移植性。

最后，正如我们前面注意到的一样，Java 对线程的支持也存在移植性问题。Java API，不像其它抱负较小语言的操作系统接口，它勇敢地去尝试弥补不同操作系统提供的不同进程模型之间的差异；但还没有掌握诀窍。

17.5.1.8 Emacs Lisp 的可移植性

Emacs Lisp 的可移植性相当好。Emacs 安装往往频繁地升级，而严重的过时失效情况很少出现。相同的 Lisp 扩展到处都被支持，而所有的扩展都随 Emacs 本身一起发布。

而且，Emacs 的原语集相当稳定。几年前就获得了一个编辑器应有的完备性（缓冲区处理，shell 脚本支持）。仅仅只是 X 的引入损害了这个优点，并且需要感知 X 的 Emacs 模式也非常少。可移植性问题通常表现在操作系统功能 C 层次接口上的格格不入；例如，邮件代理模式的从属进程控制大概是唯一这种表征经常出现的地方。

17.5.2 避免系统依赖性

一旦选定开发语言和支持库，下一个可移植性问题通常就是系统关键文件和目录的放置：邮件池日志文件目录等等。这类问题的原型一般就是邮件池目录到底是`/var/spool/mail`还是`/var/mail`。

通常可以通过退一步重新架构这个问题来避免此类依赖性。为什么要打开邮件缓冲目录下的文件？如果需要写入，简单地触发本地邮件传输代理，来完成以获得正确的文件锁定不是更好吗？如果需要读入，通过 POP3 或 IMAP 服务器查询不是更好吗？

同类的问题在别处同样适用。如果发现需要手动打开日志文件，为什么不使用*syslog*(3)代替？通过 C 库函数调用的接口比起系统文件定位容易标准化得多。应当利用这个事实！

如果必须在代码中使用系统文件定位，最好的选择取决于是发布源码还是采用二进制形式。如果发布的是源码，我们在下个部分讨论的 *autoconf* 工具能够提供很好的帮助。如果发布的是二进制形式，良好的实践是在程序运行期试探是否可以自动地适应本地条件——例如，实地检查`/var/mail`和`/var/spool/mail`是否存在。

17.5.3 移植工具

通常可以使用我们在第 15 章介绍的开源 GNU *autoconf*（1）来处理移植性问题，进行系统配置探查，定制出 makefile 文件。如今，从事源码编译软件的人们往往希望能够键入 **`configure; make; make install`** 来干净利落地编译。在`<http://seul.org/docs/autotut/>`处有这些工具的优秀指导手册。即使是发布二进制码，*autoconf*(1)工具也能够帮助自动化处理针对不同平台的条件代码问题。

其它解决这个问题的工具中，其中两个较为知名的是与 X window 系统相关的 Imake(1)，以及由 Larry Wall（后来的 Perl 语言发明者）编制的 Configure 工具，也被许多项目采用。所有的工具至少都跟 autoconf 套件一样复杂，使用也不如以往频繁。它们无法覆盖众多的目标系统。

17.6 国际化

软件代码的国际化设计使得接口容易适应多种语言和各种字符集，对于这方面的深入讨论超出了本书的范围。然而，在 Unix 经验中有一些良好实践的突出事例。

首先，分离信息库和代码。良好的 Unix 实践应把程序使用的消息字符串同程序代码分离开来，这样不用修改代码就可以增加其它语言的消息字典。

完成此项工作最知名的工具就是 GNU 的 *gettext*，这个工具要求把需要进行国际化的原生语言字符串包装在一个特殊的宏中。该宏使用各个字符串作为各文件提供的各种语言字典主键。如果某种语言的字典不可访问（或者存在该字典但查询没有匹配返回），那么宏就简单地返回其参数，也就是隐式地退回到代码的本地语言。

尽管在 2003 年中期，gettext 本身一团乱麻，但其总体指导思想却是可靠的。对于许多项目，使用这种思想可以手工打造出这种国际化设想的轻量级版本，并收到良好的效果。

其次，在现代 Unix 中有种清晰的潮流：抛弃所有历史上与多字符集相关的记法而让应用程序原生地使用 UTF8，八位移位 Unicode 编码字符集（或者相反地说，让他们原生地使用 16 位宽字符）。UTF-8 的前 128 个字符就是 ASCII，前 256 个字符是 Latin-1，这就意味着它向后兼容使用得最广泛的两个字符集。XML 和 Java 事实上促进了这种选择，但是即使没有 XML 和 Java，趋势也会如此。

第三，使用正则表达式时，当心字符的范围。**`[a-z]`** 元素并不必然包含所有的小写字母，如果脚本或是程序应用于（比如说）德语，ß 被认为是小写字母但并没有包含在上述范围之内；法语中的重音字母也存在类似的问题。安全的方式是使用 **`[[:lower:]]`**，以及其它在 POSIX 标准中描述的符号范围。

17.7 可移植性、开放标准以及开放源码

可移植性需要标准。无论是发布传播一项标准还是敦促专有软件商遵循标准，开放源码基准实现都是已知最有效的方法。而对于开发者，已颁布标准的开源实现既极大地减轻了编码负担，也允许产品（有意或意外地）从他人的劳动中获益。

让我们设想，例如，为数码相机设计一个图像捕捉软件。既然存在（正如我们第 5 章所提到的）功能齐全经过良好测试的 PNG 读写开源库，那为什么要编写自己的格式来存储图像数据或是购买专有代码呢？

开放源码的新生（重生）同样给标准化过程带来了重要的影响。尽管并非正式要求，IETF 自从大约 1997 年前后，愈发抵制连一个开源基准实现都没有的 RFC 成为预备标准。将来与某标准是否一致，似乎愈发有可能以“是否同已经得到标准作者们认可的开源实现相一致（或者完全使用该实现）”来判定。

> 暗含的意思就是，成为标准的最好办法就是发布一个高质量的开源实现。
>
> —Henry Spencer

最后，确保代码移植性最有效的一个环节就是不要依赖于专有技术。永远不会知道所依赖的闭源库/工具/代码生成器或网络协议何时会结束生命，接口何时会以某种非向后兼容的方式改变，从而崩溃掉已有的项目。而使用开源代码，即使前沿版本的改变方式足以崩溃已有的项目，也有前行之路；因为可以获取源码，如果需要，就可以向前移植项目到新的平台。

直到 1990 年代晚期，这个建议都还是不切实际的。少数几个代替依赖专有操作系统和专有开发工具的软件还只是昂贵的实验品、学术上有待证实的观点或者小玩意。但互联网改变了一切；在 2003 年中期，Linux 和其它开源 Unix 不但存在，并且已经证明了自身完全可以是出产高质量生产级软件的平台。现在开发者有了更好的选择，而不是依赖于为垄断而设计的短期商业决策。实施防御性设计——基于开放源码编程，便不会束手无策。

18

文档：向网络世界阐释代码

Documentation: Explaining Your Code to a Web-Centric World

I've never met a human being who would want to read 17,000 pages of documentation, and if there was, I'd kill him to get him out of the gene pool.

我从没见过一个愿意阅读 17000 页文档的人，如果有，我会杀了他，这样人的基因必须抹去。

—Joseph Costello

在 1971 年，Unix 的第一个应用，是作为文档整理的平台——Bell 实验室用来整理专利文件以进行归档。那时，计算机驱动的照排还是新颖的想法，但几年后，1973 年 Joe Ossana 的 *troff*（1）格式器出台，一举决定了这门艺术的地位。

自那时起，各种复杂精致的文档格式器、排版软件、版面设计程序就已经成为了 Unix 传统中的一个重要主题。尽管 *troff*（1）令人吃惊地持久耐用，Unix 还是在这个应用领域中促生了许多其它具有突破意义的软件。现在，由万维网的发明而触发了文档实践的深远转变，Unix 开发者和 Unix 工具正站在这种转变的前沿。

在用户表示层，自从上世纪九十年代中期以来，Unix 社区的实践已经迅速地朝着"一切皆 HTML，所有引用都是 URL"的方向发展。越来越多的现代 Unix 辅助浏览器完全可看做解析确定特殊种类 URL 的网页浏览器（例如，"man:ls(1)"将 ls(1) manpage 转换成 HTML）。这解决了不少因为主文档格式太多而产生的问题，但并不彻底。文档编辑器仍然挣扎在哪种主格式最适合需求的权衡中。

本章，我们将讨论许多种不同的文档格式，以及经受了几十年考验而传承下来的文档工具，“太多”意味着“不幸”。当然，我们也会逐步发展出良好实践和风格的指导准则。

18.1 文档概念

我们要讨论的第一项区分，就是“所见即所得” (WYSIWYG)的文档程序同**以标记为中心的工具**之间的差异。大多数的桌面出版程序和字处理器都属于前者：具备图形用户界面、键入的文字可以直接插入到文档在屏幕上的表示之中，并尽可能地接近最终的打印版本。在以标记为中心的系统中，相对应地，主文本通常就是包含明确可见控制标记的纯文本，跟期望的输出完全不同。标记的源文件可以由普通的文本编辑器修改，但必须传入某个格式器程序来渲染输出以供打印或显示。

界面可视的、WYSIWYG 的风格对于早期的计算机硬件来说太昂贵了，直到 1984 年 Macintosh 个人机问世前一直都很稀有。在当今非 Unix 的操作系统中，WYSIWYG 的风格完全占据了统治地位；而另一方面，Unix 的原生文档工具，几乎都是以标记为中心的。1971 年的 Unix *troff*（1）就是个标记格式器，而且很可能是现在仍在使用的程序中最古老的一个。

以标记为中心的工具依然扮演着重要角色，因为实际上，WYSIWYG 风格的实现往往在很多情况下工作得并不好——有些是表面的，有些是深层次的。我们在第 11 章讨论过 GUI 的一般问题，WYSIWYG 的文档处理器也不可避免；任何事的结果都能看得到，就意味着任何事都得看着做。所以，即使在屏幕和打印输出达到一致了，这个问题依然存在——何况这两者从来没一致过。

实话实说，WYSIWYG 的文档处理器并不真正所见即所得。大多数程序的界面，并没有真正消除屏幕显示和打印输出的差异，只是让你看不出来而已。这样做其实违反了最小立异原则：界面的可视部分鼓励将程序作为打字机使用，但实际上并不能这么用，而你的输入又时不时地产生无法预料或是非期望的结果。

再实事求是点，WYSIWYG 系统实际依赖的是标记码，只不过额外支付了巨大的努力以期将此隐藏在一般使用中。这又违反了透明原则：因为无法了解所有的标记，就难以标记位置错误的损坏文档。

尽管存在这些问题，但如果仅仅只是想把一张图片往右拖三个字宽，把它放到一个四页小册子的封皮上，WYSIWYG 的文档处理器可以干得非常漂亮。然而一旦需要对三百页手稿的版面设计做出整体更改，便会有巨大的不便。WYSIWYG 的用户面对此类的挑战必须放弃，或是忍受要命的千百次鼠标点击的痛苦；在这样的情形中，编辑明确标记的能力是无可替代的；此时，以标记为中心的 Unix 文档工具提供了更佳的解决方案。

今天，当全世界都受到了万维网和 XML 的影响，把表现方式和结构标记在文档中区别开是再正常不过的了——前者是关于文档外观的指令，而后者是关于文档如何组织、有何用意的指令。这种差异在早期的 Unix 工具中并没有得到清晰的理解和遵从，但是理解这种设计差异非常重要，正是它导致了那些工具发展为如今的继承者。

表现级标记在文档本身中携带所有的格式信息（例如希望的空白布局和字体变化）。而在一个结构标记系统中，文档必须和一个样式单相结合，它告知格式器如何将文档中的结构标记转换为物理的版面布置。最后两种标记一起控制打印和浏览文档的物理外观，但是，如果希望既能为打印又能为网页生成良好的输出结构，结构标记有必要通过一个更高级别的间接层完成。

大多数以标记为中心的文档系统都支持宏。宏是用户定义的命令，可以由文本替换来扩展成内嵌的标记请求序列。通常，这些宏为标记语言增加了结构特征（例如声明小节标题的能力）。

> troff 宏集合（mm、me 和我的 ms 包）实际上是设计来将人们从面向格式的编辑推动到面向内容的编辑。这种思想就是将语义部分进行分类标记，以各种风格包来确定在这种样式中标题是否应该大写或者居中等等。这样，一套宏可以尝试模仿 ACM 刊物的风格，而另一套使用基本-ms 标记的宏则模仿 Physical Review（物理评论）刊物的风格。然而对于既要集中精力构建文档内容，又要注意控制外观，所有的宏都不好使，就如同网页陷入到底是读者还是作者应该控制外观的争吵一样。我常常发现那些秘书仅仅为了产生斜体而使用.AU（作者名）命令，因为发现它能产生斜体，该命令的附加效应将使他们无比烦恼。
>
> —Mike Lesk

最后，我们注意到对于小文档（商务和私人信函、小册子以及时事通讯）和大文档

（书籍、长文、技术论文以及手册）之间，作者所期望处理的事情存在重要差异。大文档往往需要更多的结构，需要一部分一部分地结合在一起，而又能够单独改动，同时需要一些自动生成功能，例如内容的目录；这些特点都倾向于以标记为中心的工具。

18.2 Unix 风格

Unix 风格的文档（以及文档工具）具备几个技术和文化特征，使之有别于其它地方的实现。首先熟悉这些鲜明的特征，便能够打下良好的背景基础，从而理解为何文档有那样的实际外观，为何文档有那样的阅读方式。

18.2.1 大文档偏爱

一直以来，Unix 文档工具主要是为应对创作庞大复杂文档的挑战而设计的。最初是专利申请和文书工作；后来是科技论文，以及各式各样的技术文档。结果，大多数 Unix 开发者渐渐喜欢上了以标记为中心的文档工具。与时下的 PC 用户不同，尽管在 1980～1990 年代早期，WYSIWYG 的字处理器非常普遍，但在 Unix 文化中并没有留下什么印记——即使在今天，年轻一辈的 Unix 玩家中，也很少发现有谁真正地喜欢那种工具。

对不透明二进制文档格式的厌烦情绪——尤其是不透明的专有二进制格式——也在拒绝 WYSIWYG 工具的过程中起到了一定作用。另一方面，PostScript（图像打印机的现行控制语言标准）刚可以使用，Unix 程序员就投入了极大的热情；这门语言整洁优美地符合 Unix 传统的域专用语言。现代的开源 Unix 系统都有优秀的 PostScript 和可移植文档格式（Portable Document Format，PDF）工具。

另一个历史结果就是，Unix 的文档工具对于包含图像的支持往往相对较弱，但是对图表、图形和数学方面排版的支持却很强——这些都是在技术论文中常常需要用到的。

Unix 对于以标记为中心系统的依恋常常被讽刺为一种偏见或是顽固的特性，但是实际上并不真的如此。同 Unix 被公认为“原始”的 CII 风格在许多地方比 GUI 更能适应高级用户的需要一样，诸如 *troff*（1）等以标记为中心设计的工具，比起 WYSIWYG 的程序更能适应高级文档管理者的需要。

偏爱大文档并不仅仅让 Unix 开发者继续对诸如 *troff* 程序等以标记为核心的格式器保有依恋，也激发了对结构标记的兴趣。Unix 文档工具的历史，是一场步履蹒跚、充满困惑、左右摇摆的运动，虽然总方向是从表现性标记转到结构性标记。在 2003 年年中，这个旅行仍未结束，但放眼放去，终点已不远。

万维网的发展意味着在大概 1993 年以后，文档工具面临的主要挑战是提高描绘多媒体文档（或者，至少是为了打印和 HTML 显示）的能力。同时，即使是普通的用户，在 HTML 的影响下，也变得更加适应以标记语言为中心的系统。这直接导致了在结构性标记上浓厚兴趣的爆发以及 1996 年后 XML 的发明。突然间，旧时代 Unix 对以标记为核心系统的依恋开始变得不再是反动，而是具有先见之明的了。

如今，在 2003 年年中，多数基于 XML 使用结构性标记文档工具的前沿开发正在 Unix 下进行。但是同时，Unix 文化并没有放弃古老的表现级标记系统的传统。HTML 和 XML 只在部分场合取代了嘎吱嘎吱作响的、穿着笨重铠甲大恐龙般的 troff。

18.2.2 文化风格

绝大多数软件的文档都是由技术人员写给可能连最小公分母都不知道的普通大众的——渊博者写给无知者。但是同 Unix 系统一起发布的文档传统地是由程序员写给程序员的。即使不是写给同行的，但在风格和格式上，也往往受到大量同 Unix 系统一起发布的、程序员写给程序员的文档所影响。

这种思想产生的差异可以用一个观察来总结：Unix 手册页传统上也包含一个叫做 BUGS 的部分。在其它地方，技术作者为了让软件产品看起来更漂亮，常常省略或一笔带过那些已知的 bug。而在 Unix 文化中，同行彼此互相事无巨细地揭露软件的已知缺陷，而用户也认为一个简单但详细的 BUGS 部分是高质量软件的表征。隐瞒了 BUGS 部分，或是改头换面为诸如 LIMITATIONS 或 ISSUES 或 APPLICATION USAGE 等轻描淡写的词语、从而打破这个约定的商业 Unix 发布版本，无一例外地走上了不归之路。

多数其它软件的文档往往总是在高深莫测和过度简化间摇摆，而经典的 Unix 文档则简洁而完善。虽然并非手拿把教，但通常指明了正确的方向。这种风格设想的读者积极而进取，愿意并能够举一反三。

Unix 程序员往往擅长于编写参考书籍，而大多数 Unix 文档也带点参考书籍或辅助备忘录的味道，这是为那些能够象文档作者一样思考但对软件还称不上专家的人编写的。答案看起来常常比实际上的隐秘和匮乏得多。然而，仔细逐字逐句地阅读，因为想知道的一切就在那里，或者可以从那里推导。仔细逐字逐句地阅读，因为话很少会说两遍。

18.3 各种 Unix 文档格式

所有主要的 Unix 文档格式，除了最近的，都具有宏扩展包支持的表现级标记。我们将按照从老到新的时间顺序讨论。

18.3.1 *troff* 和 Documenter's Workbench Tools

在第 8 章，作为如何整合一个多微型语言系统的实例，我们讨论过 Documenter's Workbench 的体系和工具。现在，我们转过来讨论这些工具用作排版系统的角色。

troff 格式器可看作是一个表示层的标记语言。最近的实现版本，诸如 GNU 项目 *groff*（1）之类，默认情况下生成 PostScript 输出，当然也可以通过选择适当的驱动来得到其它格式的输出。参看实例 18.1，是几行可能会在文档源文件中碰到的 *troff* 代码。

例 18.1 groff（1）标记实例

```
This is running text.//这是运行文本
.\" Comments begin with a backslash and double quote.//注解以反斜扛加双引号开始。
.ft B
This text will be in bold font. //这里的文本字体为粗体。
.ft R
This text will be back in the default (Roman) font.//这里的文本又回到默认的（Roman）字体
These lines, going back to "This is running text", will
be formatted as a filled paragraph.//这几行，回溯到“This is running text”被格式化为一个加载段。
.bp
The bp request forces a new page and a paragraph break.//bp 请求生成新页结束段落。
This line will be part of the second filled paragraph. //这一行属于第二加载段的部分。
.sp 3
The .sp request emits the number of blank lines given as argument//sp 请求生成给定参数数量的空行。
```

```
.nf
The nf request switches off paragraph filling.//nf 请求取消段落加载。
Until the fi request switches it back on  //直到 fi 请求切换回来
whitespace and layout will be preserved. //空白和版面继续保留

One word in this line will be in \fBbold\fR font.//该行的一个字将是\fBbold\fR
字体。
.fi

Paragraph filling is back on.//切换回段落加载。
```

troff(1)有很多其它的请求命令集，但是人们通常都不会去直接阅读它们。几乎没有文档直接用 *troff* 编写。*troff* 支持宏，通常都使用五六个宏命令包。在这些当中，压倒性最普遍的是 *man*(7)宏命令包，用来编写 Unix 手册页。例 18.2 作为一个样本供参考。

例 18.2 man 标记实例

```
.SH SAMPLE SECTION
The SH macro starts a section, boldfacing the section title.//SH 宏标志一个部分
的开始，并使标题的字体为粗体。
.P
The P request starts a new paragraph.  The I request sets its//P 请求开始一个新
的段落，I 请求将字体设置为其后指定的参数
argument in
.I italics. //在该例中为斜体。
.IP *
This starts an indented paragraph with an asterisk label.//从此开始一个以星号为
前标的缩进段落。
More text for the first bulleted paragraph.//段落更多的文本，每行以星号为前标。
.TP
This first line will become a paragraph label//这第一行成为新段落的标记
This will be the first line in the paragraph, further indented
relative to the label.//这将是新段落的第一行，相对标记有更多的缩进。

The blank line just above this is treated almost exactly like a
paragraph break (actually, like the troff-level request .sp 1).//如上的空行几
乎总是当作段落的结束（实际上，像 troff 层次的.sp 1 请求）。
.SS A subsection
This is subsection text.//这是子段文本，标题为“A subsection”
```

在历史上其它五六个 *troff* 宏指令库中，*ms*（7）和 *mm*（7）是仍在使用的两个。BSD Unix 含有自身精心制作的扩展宏指令集，*mdoc*（7）。它们在风格上与 man 宏集相似，但更精致，并且倾向于生成排版输出。

troff（1）是一个叫做 *nroff*(1)的小变种，它为诸如行式打印机和字符元终端等只支持定宽字体的设备生成输出。在终端窗口浏览的 Unix 手册页正是 *nroff* 程序提供的。

Documenter's Workbench 的工具被设计来完成技术文档工作，它在这方面做得相当漂亮，这就是为什么尽管三十年间计算机能力提高了千倍，而它一直还被人们使用的原因。这些工具在图像打印机上生成可靠质量的排版文本，也可以在屏幕上显示虽不完美但可忍受的格式手册页。

在好几个领域中，这些工具也做得很糟糕。可供选择的主要字体是有限的。图像处理得不好。在页面里很难精确地控制文本、图像或图表的位置。多语言文档的支持也不存在。还有不少其它问题，有些由来已久但不太重要，有些绝对是为了特殊目的而仓促写就的。但大多数严重的问题都是因为标记仅仅处于表示层，所以不加修改的 *troff* 源文件很难生成效果良好的网页。

无论如何，在编写本书时，manpage 仍旧是唯一最重要的 Unix 文档形式。

18.3.2 TEX

TEX（发音为/*teH*/, 浊音 h 就像口含着水发音一样）是个威力强大的排版程序，如同 Emacs 编辑器一样，最初也来自 Unix 文化之外，但现在却在 Unix 文化中落地生根。它是由著名的计算机科学家 Donald Knuth 在 1970 年代晚期发明的，那时的他腻烦了印刷排版的——特别是数学方面的——排版质量。

TEX，同 *troff*(1)一样，是以标记为中心的系统。TEX 的请求语言比 *troff* 更具威力；就其它而言，在处理图像，准确的内容页面定位，以及国际化方面都做得较好。TEX 特别擅长处理数学方面的排版，基本的字距调整，线填充以及连字符等问题也做得非常优秀，难以超越。TEX 已经成为了众多数学刊物的排板标准。现在实际上已作为开源软件，由美国数学学会（American Mathematical Society）维护。它也常被用于科学论文。

同 *troff*(1)相似，人们通常也不需要手工编写大量原始的 TEX 宏；而是使用宏命令包以及各式各样的辅助程序。一个特别的宏命令包，LATEX，几乎无所不能，而且大多数人所谓在使用 TEX 创作时实际上几乎总是指用 LATEX 编写。与 *troff* 的宏命令包一样，许多请求都是半结构性的。

TEX 一个通常用户不可见的重要用法就是，其它文档处理工具宁愿生成 LATEX 来转换成 PostScript，而不是尝试自己生成 PostScript，因为那样做更困难。我们在第 14 章作为 shell 编程而讨论的 *xmlto*（1）前端使用的就是这个策略；我们稍后要讨论的 XML-DocBook 工具链也如出一辙。

TEX 比 *troff*(1)有着更广的应用范围，而且在很多地方有更好的设计。在愈发倾向以网络为中心的世界里；TEX 存在同 *troff* 一样的基础性问题；其标记更接近表示层，而要从 TEX 源文件中自动生成网页很困难，很难不出错。

TEX 从未被 Unix 的系统文档使用，也很少使用在应用程序的文档中；对于这些任务，*troff* 就足够了。但是一些源自 Unix 社区之外的学术界已经引入了 TEX 作为文档的主要格式，例如 Python 语言就是个典型的例子。如上所述，它也大量地使用在数学和科学论文中，而且还会在那个小环境中占据好几年的统治地位。

18.3.3 Texinfo

Texinfo 是由自由软件基金发明的文档标记，其目的是为了管理 GUN 项目文档——包括诸如 Emacs 和 GUN 编译器集之类基本工具的文档。

Texinfo 是第一个为既支持排版纸面输出又支持可供浏览的超文本输出而设计的标记系统。尽管那种超文本格式并不是 HTML，而是一种更原始的类型，叫做“info”，它最初是设计在 Emacs 中浏览的。在打印方面，Texinfo 先转换成 TEX 宏然后再转换为 PostScript。

Texinfo 工具现在可以生成 HTML。但并不能很好地完整地完成这项工作，而因为许多 Texinfo 的标记都是处于表现级别，真有可能永远无法达成目标。在 2003 年年中，自由软件基金正在开发从 Texinfo 到 DocBook 的启发式转换器。在一段时间里，Texinfo 将可能继续作为一个有用的格式而存在。

18.3.4 POD

Plain Old Documentation 是 Perl 支持者使用的标记系统。它生成手册页，具备所有表示层标记的相似问题，包括不能生成良好 HTML 的顽疾。

18.3.5 HTML

自从万维网在九十年代早期进入主流社会以来，一小部分但比例越来越高的 Unix 项目直接使用 HTML 来编写文档。这种方式的问题是难以从 HTML 中生成高质量的排版输出。也存在特殊的索引问题；需要生成索引的信息在 HTML 中并不存在。

18.3.6 DocBook

DocBook 是为大规模、复杂技术文档而设计的 SGML 和 XML 文档类型定义。在 Unix 社区中使用的标记格式中这是唯一的纯粹结构性的标记语言。在第 14 章讨论的 *xmlto*(1) 工具，支持转换到 HTML、XHTML、PostScript、PDF、Windows 帮助以及其它几种次重要的格式。

几个主要的开源项目（包括 Linux 文档项目、FreeBSD、Apache、Samba、GNOME 和 KDE）已经使用 DocBook 作为首要格式了。本书也是用 XML-DocBook 编写的。

DocBook 是个大话题；我们将在总结 Unix 文档当前状态的问题之后再回来讨论。

18.4 当前的混乱和可能的出路

Unix 文档管理，目前，是一团乱麻。

在现代的 Unix 系统中，文档的首要文件形式散布在 `man`、`ms`、`mm`、TEX、Texinfo、POD、HTML 和 DocBook 之间。没有统一的方法来浏览所有的描绘版本。它们不能通过网络访问，也不能交叉索引。

Unix 社区的许多人已经意识到这是个问题。在本书写作时，大多数朝着解决这个问题方向的努力都来自于开源开发者，比起那些专业 Unix 的开发者来说，他们更积极地关心是否能够赢得非技术终端用户的接受。自从 2000 年来，实践的方向转向使用 XML-DocBook 来作为文档的交换格式。

目标虽然可望，但需要许多的努力才可及，那就是在每个 Unix 系统上都装上软件作为系统范围内的文档登记库。当系统管理员安装某个文档软件包时，需要有个步骤，将该软件包的 XML-DocBook 文档注册到登记库中去，并被转换成一个通用的 HTML 文档树，并且交叉链接到已经存在的文档上。

文档登记库软件的早期版本已经可以运行。但从其它格式到 XML-DocBook 的转换是个巨大而繁杂的步骤，当然转换工具将很快就位。其它的行政和技术问题有待解决，但这是可以解决的。而在 2003 年年中，旧格式是否必须被抛弃，并没有一个全社区的一致意见，其实那似乎是最有可能的解决方式。

相应地，我们接下来将详细讨论 DocBook 及其工具链。可以把它当作 Unix 下的 XML 介绍，当作一个对实践的实用指导以及一个重要的实例分析来阅读。同时，也是在 Unix 社区背景下，不同项目组开发者之间，如何围绕共享的标准进行合作的上佳实例。

18.5 DocBook

许多重要的开源项目都趋于使用 DocBook 作为文档的标准格式。基于 XML 标记的提倡者似乎已经赢得了理论上的胜利，支持结构层标记，反对表示层标记，并且一条高效的 XML-DocBook 工具链也有了开源实现。

然而在 DocBook 以及支持它的程序中依然被很多问题缠身。其支持者满口甚至被计算机科学标准禁止的暗语，弄出许多缩写词，而都跟编写标记以及从中生成 HTML 或 PostScript 所需要做的事并没有明显的关系。XML 标准和技术文章声名狼藉地晦涩不清。在余下的部分，我们将试图驱散笼罩在暗语行话上的这层迷雾。

18.5.1 文档类型定义

（注：为了叙述上的简便，这部分叙述有些偏颇，主要是省略了大部分的历史。在下一个部分会侧回来完整地讨论。）

DocBook 是个结构级标记语言。特别地，是 XML 的一种方言。一份 DocBook 文档其实也是 XML 文档，使用了 XML 标签作为结构标记。

对于一个文档格式器，如果需要将样式单应用到文档，并让它美观大方，就必须知道文档的整个结构。例如，为了能够正确地格式化章节标题，就需要知道书稿通常包含哪些前言、章节和附录。为了让格式器知道这些东西，就需要指定一个文档类型定义或 DTD。DTD 告诉文档格式器文档结构中有哪些元素，以什么样的次序出现。

DocBook 被称作 XML 方言，这句话的含义是，DocBook 实际上是个 DTD——一个相当庞大的 DTD，大概有 400 个左右的标签。[1]

隐藏在 DocBook 后的一类程序叫做验证解析器。如果格式化一个 DocBook 文档，第一步就是将其传递给一个验证解析器（DocBook 格式器的前端）。这个程序检查文档是否符合 DocBook DTD 以确保没有违反任何 DTD 的结构规则（否则，格式器的后端，应用样式单的部分，会变得无所适从）。

验证解析器要么抛出错误并给出文档哪处结构违反了规则，要么将文档转变成 XML 元素和文本流，并由解析器后端将样式单的信息整合在一起产生格式化后的输出。

图 18.1 揭示了整个过程。

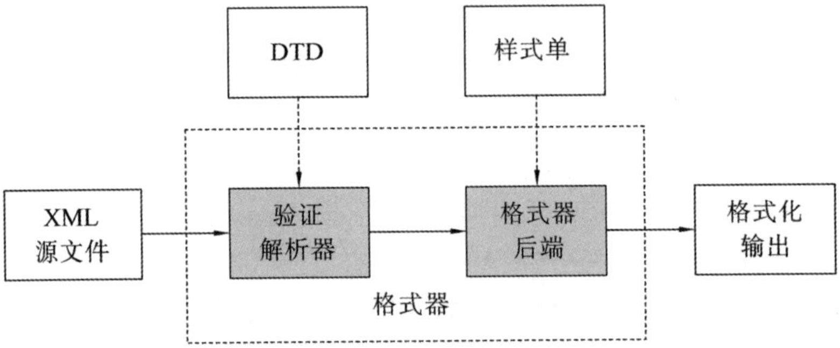

图 18.1 结构化文档处理过程

图中虚线框内的部分就是格式化软件或工具链。除了明显可见的输入以外（待格式化的文档原件），请牢记：格式器还需要两个隐含的输入（DTD 和样式单），这样才能理解随后的过程。

18.5.2 其它 DTD

先扯远一点，说说其它的 DTD，这样可能有助于澄清上一节中哪些部分是 DocBook 独有的，哪些部分是所有结构性标记语言所通用的。

[1] 用 XML 的话来说，我们所谓的“方言”其实应该叫做“应用”；我们避免这种用法，是因为跟这个词另一个更常用的意思有些混淆。

TEI<http://www.tei-c.org/> (Text Encoding Initiative)是个大型精细的 DTD，主要使用在学术界书稿文本的计算机电子稿件。TEI 基于 Unix 的工具链，使用了许多类似于 DocBook 中的工具，但是样式单（理所当然）和 DTD 截然不同。

XHTML，最新版的 HTML，也是由 DTD 描述的一个 XML 应用，阐明了 XHTML 和 DocBook 标记之间的家族相似性。XHTML 工具链包含可以将 HTML 格式化成纯 ASCII 文本的网页浏览器，也整合了许多专用的 HTML 打印功能程序。

许多其它的 XML DTD 在维护着，它们是用来在诸如信息生物和银行等领域进行结构化信息交换的。可以参阅<http://www.xml.com/pub/rg/DTD_Repositories>的列表，以对这些有个概念。

18.5.3 DocBook 工具链

通常要从 DocBook 源文件生成 XHTML，需要使用 *xmlto*(1)前端。命令看起来像这样：

```
bash$ xmlto xhtml foo.xml
bash$ ls *.html
ar01s02.html ar01s03.html ar01s04.html index.html
```

本例将把具有三个主体部分的 XML-DocBook 文档 foo.xml 转换成目录页和内容页两部分。生成一个长页面只需：

```
bash$ xmlto xhtml-nochunks foo.xml
bash$ ls *.html
foo.html
```

最后，可以这样生成 PostScript 以备打印：

```
bash$ xmlto ps foo.xml       # To make PostScript #生成 PostScript
bash$ ls *.ps
foo.ps
```

将文档转换成 HTML 或者 PostScript，需要一个引擎，将 DocBook DTD 和针对文档的恰当样式单组合起来，应用到你的文档上。图 18.2 说明了开源工具是如何完成协作过程的。

有三个程序可以解析文档并应用样式单进行转换。最常用的是 *xsltproc*，同 Red Hat Linux 一起发布的解析器。剩下的两个是 Java 程序，*Saxon* 和 *Xalan*。

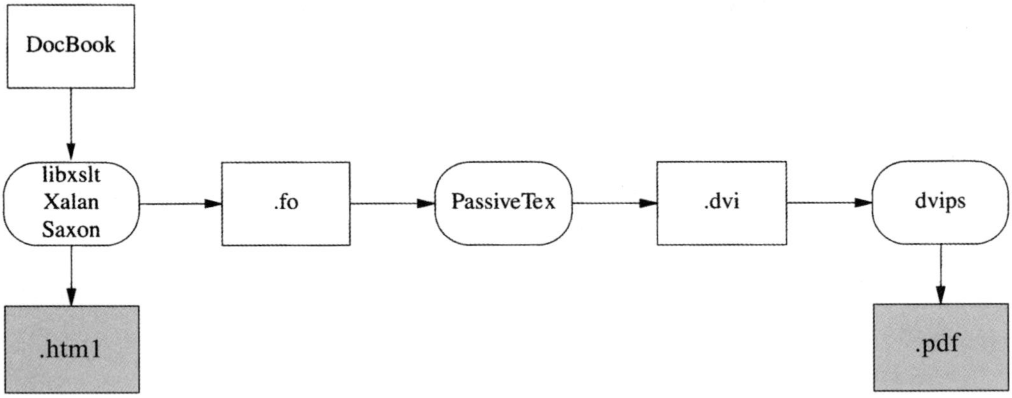

图 18.2 如今的 XML-DocBook 工具链

从 DocBook 生成高质量的 XHTML 相对容易；事实上 XHTML 只不过是另外一种 XML DTD，这一点当然有益于转换。对文档施用相当简单的样式单就可以完成 HTML 转换，这也是整个过程的结束。按照这种方式，RTF 的生成也很简单，而在 XHTML 或 RTF 基础上，必要时生成近似的纯 ASCII 文本也就是轻而易举的了。

麻烦的是打印。生成高质量的打印输出——实际上是 Adobe 的 PDF（Portable Document Format，可移植文档格式）——是困难的。需要从算法上重现人工排版中区分内容和表现精准判断。

因此，首先，样式单将 DcoBook 的结构性标记转换成另一种 XML 方言——FO (Formatting Objects，带格式对象)。FO 标记是完全表示层的；可以认为等同于 *troff* 的 XML 功能。之后，FO 标记会被转换成 PostScript，然后包装成 PDF。

在同 Red Hat Linux 一起发布的工具链中，这项工作由 TEX 的一个叫做 `PassiveTeX` 的宏命令包完成。它将 *xsltproc* 生成的格式化对象转换成 Donald Knuth 的 TEX 语言。TEX 的输出是熟知的 DVI（设备独立）格式，于是便可制成 PDF。

从 XML 到 TEX 宏，再到 DVI，最后到 PDF，这工具链简直就像老牛拉的杂牌老破车，如果这么认为，确不为过。嘎吱嘎吱，呼哧呼哧，一无是处。字体是个严重的问题，因为 XML、TEX 和 PDF 字体的工作模型都不尽相同；同样，国际化和本地化也是一场恶梦。按这种方式走到头，真是自寻烦恼。

FOP（FO-to-PostScript）会优雅得多，这是由 Apache 项目开发的从 FO 直接到 PostScript 的转换器。在 FOP 中，国际化问题，如果不算解决的话，至少很好地限制住了；XML 工具总是通过 FOP 处理 Unicode。从 Unicode 字形到 Postscipt 字体的映射也绝对是个问题。最麻烦的是这种方法尚无法工作：到 2003 年中，FOP 还处于未完成的 alpha 状态——可用，但粗糙不堪且功能不足。

图 18.3 展示了 FOP 工具链的模样。

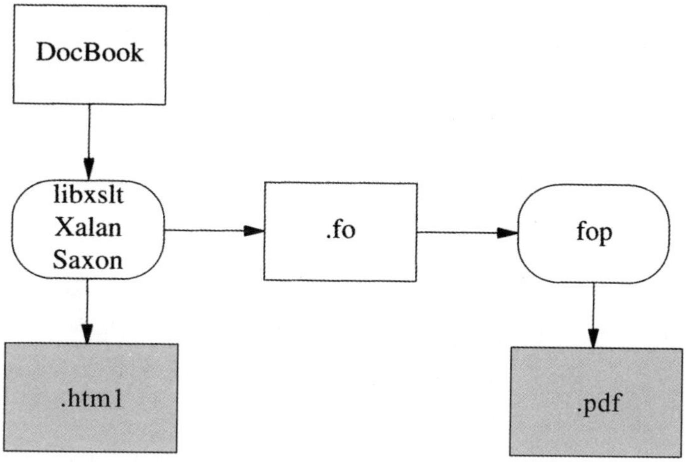

图 18.3　XML-DocBook 未来的 FOP 工具链

也存在同 FOP 的竞争者。另一个叫做 *xmlroff* [2] 项目的目标同 FOP 一样，但以 C++ 完成（因此速度较 Java 快也无需依赖 Java 环境）。在 2003 年年中，*xmlroff* 也处于未完成的 alpha 状态。

18.5.4　移植工具

DocBook 第二严重的问题是，需要大量努力将旧风格的表示层标记转换为 DocBook 标记。人们通常可以自动地将文本的表示解析成逻辑结构，因为（例如）可以从上下文中判断一个斜体部分是“强调”还是“外来词”或别的什么。

无论如何，将文本转换成 DocBook 的过程中，这种区别需要明确化。有时它们出现在旧的标记中；有时又不出现，而缺失的结构性信息必须由聪明的算法推演或是人为补足。

下面总结了从其它格式到 DocBook 的转换工具。所有这些工具都不是彻底完美的；在转换后需要检查，甚至需要人工编辑。

GNU Texinfo

自由软件基金尝试将 DocBook 作为交换格式来支持。TexInfo 具有足够的结构标记来进行良好的自动转换（人工编辑仍然需要，但不会太多），4.x 版本的 *makeinfo* 有个功能开关 `--docbook`，可以生成 DocBook。更多的信息参见 *makeinfo* 项目主页 `<http://www.gnu.org/directory/texinfo.html>`。

POD

POD::DocBook`<http://www.cpan.org/modules/by-module/Pod/>`将 Plain Old Documentation 标记转换为 DocBook。它宣称除了 L<>斜体标签，可以将所有的 POD 标签都转换成 DocBook。手册又说“嵌套的=over/=back 列表在 DocBook 中不支持”，但注意这个模块是经过大量测试的。

LATEX

一个叫做 TeX4ht`<http://www.lrz-muenchen.de/services/software/sonstiges/tex4ht/ mn.html>`的项目，按照 PassiveTEX 作者的说法，可以从 LATEX 生成 DocBook。

man pages 和其它基于 *troff* 的标记方式

这通常被认为是最大最令人厌烦的转换问题。的确，基本 *troff*（1）标记的表示层太低，自动完成转换的工具简直就是吃力不讨好。然而如果我们考虑从使用 *man*(7)之类宏命令包编写的文档源进行转换，前景就光明了许多。这些宏具备足够的结构性特征以利于自动转换。

我自己编写了一个我称之为 doclifer 的工具来做 troff 到 DocBook 的转换，因为我找不到什么软件的转换结果可以容忍。`<http://www.catb.org/~esr/doclifter/>`。支持从 *man*(7)、*mdoc*(7)、*ms*(7)、以及 *me*(7)宏转换到 SGML 或者 XML DocBook。详情请参考项目文档。

18.5.5 编辑工具

在 2003 年年中还缺乏的就是一款优秀的开源 SGML/XML 结构编辑器。

LyX <http://www.lyx.org/>是个 GUI 的字处理器，使用 LATEX 进行打印并支持 LATEX 标记的结构化编辑。有可以生成 DocBook 的 LATEX 包，以及描述在 LyX 界面中如何撰写 SGML 和 XML 的 how-to 文档<http://bgu.chez.tiscali.fr/doc/db4lyx/>。

GNU TeXMacs 项目 <http://www.math.u-psud.fr/~anh/TeXmacs/TeXmacs.html>，其目标是生成一个擅长于技术及数学材料的编辑器，包括公式的显示。1.0 版已经在 2002 年四月发布。开发者计划在未来加入 XML 支持，但目前还没有。

许多人仍然使用 *vi* 或者 *emacs* 来手工编写 DocBook 标签。

18.5.6 相关标准和实践

慢慢地可以凑起许多工具来编辑和格式化 DocBook 标记。但是 DocBook 本身只是个手段，而不是最终目的。除了 DocBook 本身之外，我们需要其它标准来达成“可搜索文档数据库”这个目标。这存在两大问题：文档编目和元数据。

ScrollKeeper <http://scrollkeeper.sourceforge.net/>直接瞄准这种需求。它提供一套简单的脚本钩子（script hook），可以使用在软件包的安装和卸载过程中，以登记和注销它们的文档。

ScrollKeeper 使用开放元数据格式（Open Metadata Format）<http://www.ibiblio.org/osrt/omf/>。这是为开源文档制作索引的标准，类似于图书馆的卡片式目录系统。该创意支持丰富的搜索功能，可通过使用卡片式目录元数据或是源文本本身。

18.5.7 SGML

先前，我们有意地忽略了 DocBook 的历史。在 XML 之前，还有个标准通用标记语言（SGML, Standard Generalized Markup Language）。

直到 2002 年年中，DocBook 的讨论必然深入到 SGML 中，包括 SGML 和 XML 的不同，包括 SGML DocBook 工具链的具体描述。现在简单了：存在 XML DocBook 的开源工具链，它甚至比 SGML 工具链工作得还好，也更容易使用。

18.5.8 XML-DocBook 参考书籍

学习 DocBook 比较困难，与之相关的站点总是堆砌长长的 W3C 标准列表，大量

SGML 理论知识以及一大堆复杂的抽象术语，这往往会吓退初学者。XML in a Nutshell(XML 技术手册》 [Harold-Means]是本详细的优秀入门书。

Norman Walsh 的 DocBook: The Definitive Guide (DocBook 权威指南》的印刷版本在 <http://www.oreilly.com/catalog/docbook/>，电子版本在<http://www.docbook.org/tdg/ en/html/docbook.html>，但它作为入门指导对读者而言简直就是灾难。我们建议阅读：

Writing Documents Using DocBook (使用 DocBook 编写文档) <http://xml.web.cern.ch/XML/goossens/dbatcern/>）。这是本优秀的入门指导书。

同样优秀的 DocBook 常见问题解答<http://www.dpawson.co.uk/docbook/>中，有许多关于 HTML 输出风格化的资料。还有一个 DocBook wiki <http://docbook.org/wiki/moin.cgi>。

最后，The XML Cover Pages <http://xml.coverpages.org/>，将会带你进入 XML 标准的世界，如果有此愿望，不妨去看看。

18.6 编写 Unix 文档的最佳实践

本章早些时候关于阅读 Unix 文档的建议正好可以反过来。在 Unix 文化环境中为他人编写文档时，别自降身价。愚弄读者，就是承认自己也是傻瓜。愚弄读者的文档同真正易于理解的文档大相径庭；前者偷懒而忽略了重要的东西，后者则要求深思熟虑以及不留情面的修订。

数量多不会被认为是质量高。尤其是，决不要因为害怕别人看不懂而省略功能细节，决不要为了面子而不对存在的问题提出警示。不愿坦露问题才会损害信誉和用户，坦白了的问题则不会。

信息密度要适中。过低过高都不好。少用屏幕截图；它们除了界面风格和观感之外往往很少带有其它信息。它们从来无法代替清晰的文字描述。

如果项目规模比较大，应该发布三种不同的文档：手册页作为参考资料，教程手册和常见问题解答列表。应该有个网站，作为发布中心（参考第 19 章关于交流的指导）。

没人喜欢庞大的手册；在其中浏览比较困难；如果确有此虞，考虑编写参考手册，手册页提供快速的摘要，并指向参考手册，以及程序如何调用的细节。

在源码中，需要包含第 19 章关于开源发布惯例部分阐述的标准维护文件，例如 README。即使是专有代码，也请遵守 Unix 的约定俗成，具备 Unix 背景的未来维护者将会很快上手。

手册页应该为传统的 Unix 用户以传统风格的命令引用形式呈现。考虑非技术用户，入门手册应该多用全称，少用缩写。而 FAQ 应该随着软件支持群体对软件常用问题及如何回答的深入了解而不断改进。

2003 年年中，最前沿的实践中，还有几个重要的习惯应该养成：

1. 使用 XML-DocBook 维护主文档。即使手册页是 DocBook `RefEntry` 文档。关于如何编写用户期望看到的手册页来解释内容和组织，这里有个非常有用的 HOWTO `<http://www.linuxdoc.org/HOWTO/mini/Man-Page.html>`。
2. 发布 XML 主文档。同时，需要发布 *troff* 源码，对主文档运行 **`xmlto man`** 就可以得到它，以备用户的系统上没有装载 *xmlto*(1)。软件的安装程序应该以常规方式进行，如果有人需要编写或者编辑文档，请引导他们使用 XML 文件。
3. 让项目的安装包支持 ScrollKeeper。
4. 从主文档生成 XHTML（使用命令 **`xmlto xhtml`**）并放到项目的网页上以供访问。

无论是否使用 XML-DocBook 作为主格式，都应该找到某个方法将文档转换为 HTML。无论软件是开源的还是专用的，用户越来越愿意通过网络找到它。将文档放在网上，其直接效应就是能够让知道软件的潜在用户和消费者更容易阅读，更容易了解软件。而其间接效应就是软件被网络搜索找到的机会更多。

19

开放源码：在 Unix 新社区中编程

Open Source: Programming in the New Unix Community

Software is like sex—it's better when it's free.
软件和性一样——越自由越好。
—Linus Torvalds

在第 2 章，作为总结，我们评述了 Unix 历史中最大规模的模式；当 Unix 实践最接近开放源码时，就欣欣向荣，反之则停滞不前。然后在第 16 章，我们又断言开源开发工具往往具备高等级质量。至于本章，我们将以简要说明开源开发怎样工作且为何这样工作作为开始。实际上，其大多数行为都只不过是 Unix 传统长期实践的强化而已。

随后我们将从抽象领域下到具体，转而描述一些 Unix 从开源社区借鉴而来的最重要的大众习惯的——特别是由社区发展的、关于如何成为良好源码发布的指导原则。其它现代操作系统的开发者同样可以沿袭大多数这些习惯并从中受益。

我们将假设你用开放源码进行开发而描述这些习惯；当然，即使是编写专有软件，多数习惯仍不失价值。基于开放源码的设想在历史上也是有用的，许多习惯在专有 Unix 中都能找到痕迹，像无处不在的工具例如 *patch*（1）、*Emacs* 和 GCC 等等都是。

19.1 Unix 和开放源码

开源开发利用了这样的事实，甄别和修改 bug 的任务适合分解成多个并行的子任务——这和实现某个特殊算法不一样。围绕某个原型设计进行邻域开发，也很适合并行处理。所以，随着正确技术和社会机制的到位，通过网络松散连接的庞大开发团队可以把工作做到出色得让你吃惊。

是的，这会让你吃惊，如果还抱守那种把秘密开发和专有控制视为必然的话。从《人月神话》[Brooks]直到 Linux 的兴起，软件工程的正统观念都是关于如何在重量级组织，例如企业和政府中，构建小型而管理紧密的团队。而实践却是紧密管理的大型团队。

在 AT&T 拆分以前的早期 Unix 社区的运作实际就是开源的典型例子。尽管拆分前的 Unix 代码在技术上和法律上是专有的，但在用户和开发者社区中，却被视作共享的。那些人们的自愿努力，受到解决问题强烈愿望的推动而自觉迸发出来。而在这些努力之中，优秀者层出不穷。的确，开源开发的方法和技术在 Unix 社区作为一种无意识的群众实践而发展，其实在 1990 后期被分析和标记之前，就已经持续了四分之一个世纪。（参考《The Cathedral and the Bazaar（大教堂和集市）》[Raymond01]和《Understanding Open Source Software Development（理解开源软件开发）》[Feller-Fitzgerald]）。

回顾过去，令人惊讶的是我们对自己的行为意味着什么是多么茫然无知。有些人的理解却很透彻；Richard Garbiel 在文章“差即是好”中表达的思想是其中最著名的，在 Brooks [Brooks] (1975)也可以找到预示，甚至远到 Vyssotsky 和 Corbató 在 Multics 的设计中的思考 (1965)。在 1990 年代中期被 Linux 唤醒之前，多达 20 年的软件开发观察中，我也没有意识到这一点。这样的经历应该让任何有见解而谦逊的人知道，是不是还有其它什么重要的统一理念依旧暗含在我们的行为中，潜藏在我们集体的眼皮底下未被发掘，不是因为复杂而是因为太简单。

开源开发的规则很简单：

1. **源码公开**。别隐藏秘密。公开代码以及产生代码的过程。鼓励第三方的同行复审。确保其他人能够自由地修改和重新发布代码。尽可能地发展合作开发者。

2．**尽早发布，经常发布**。快速的发布节奏意味着反馈迅速而有效。每次递进发布间隔越小，回应真实世界反馈的修改过程就越容易。

确保第一次的发布能够编译和运行，所有允诺的功能都可运作。通常，一个开源程序的启动版本通过至少完成最终目标的某个部分来展示项目的前景，这充分表明发起人确实可以继续这个项目。例如，字处理器的启动版本应该支持文本的输入以及文本在屏幕上的显示。

不能编译或是运行的第一次启动发布会毁掉整个项目（例如大家都知道，这差点就在 Mozilla 浏览器身上发生）。不能编译的发布表明项目开发者不能够完成项目，同样地，不能运行的程序也难以吸引其他开发者的参与，因为任何改动对程序是好是坏都不确定。

3．**给贡献以表扬**。如果不能够给合作开发者以物质奖励，就给予精神表扬。即使可以给予物质的奖励，也不要忘记人们往往是为展示才华而不是为钱努力工作。

> 规则 2 的必然推论就是，单一发布不应该视为重大的事件，无需伴随太多的附带许诺和准备。将发布过程无情地精简非常重要，这样就不再为经常发布而感到痛苦。在发布准备期，其余工作都必须停止的安排是个可怕的错误（值得一提的是，如果使用 CVS 或者类似的版本控制，处于准备期的发布应该同主干开发线分开，这样就不至于阻塞主线开发过程。）总的来说，不要把发布当作什么特别的大事；而应该当作是例行公事。
>
> —Henry Spencer

牢记：频繁发布的原因是为了缩短和加速同用户和开发者间的反馈循环。因此，精工细作，等一切完美了才发布的想法是要不得的。不要许太多愿。一步一步地来，承认和公布现有的 bug，并有信心随着时间的推移，一定会达到完美。发布点多一点儿不是坏事，不必为版本号的增加而烦恼。

开源开发利用散布在互联网上，而且主要通过 email 和网络文档交流的大型程序员团队。典型地，任何项目的多数贡献者都是为了提高软件对自身效用的回报以及声誉激励而自愿工作。一般由一个核心开发者或核心开发组来指导项目；其他贡献者可以零星地加入或离去。为了鼓励志愿者，重要的是避免在他们和核心团队之间产生社会壁垒。因此需要最小化核心团队的特权，努力模糊界限。

开源项目遵循 Unix 传统尽可能自动化的建议。使用 patch(1)工具分发递进更改。许多项目（以及所有大型的）都拥有使用诸如 CVS（回顾第 15 章的讨论）等版本控制系统的网络访问代码库。Bug 和补丁自动追踪系统的使用也很普遍。

1997 年，在黑客文化之外几乎没人能明白，这样管理大型项目并同样获得高质量的开发结果是完全有可能的。在 2003 年，这已不再是新闻；诸如 Linux、Apache 和 Mozilla 项目都已经获得了巨大的成功和非常高的公共上镜率。

抛弃秘密开发的习惯，转而支持过程的透明化和同行复审是炼金术成为化学学科最关键的一步。同样你也开始发现，开源开发标志着软件开发终于长成为一门学科。

19.2 与开源开发者协同工作的最佳实践

开源社区最佳开发实践实际上便是对分布式开发自然而然的适应；在本章中可以了解到许多行为准则，用来同其他开发者进行良好沟通。有些 Unix 约定是偶然的（例如文件的标准命名表达关于发布源的元信息），这常常可以上溯到 1980 年代早期的 Usenet，或者 GNU 项目的约定和标准。

19.2.1 良好的修补实践

多数人在发布自己的项目之前，都是从修补他人的软件而开始接触开源软件开发的。假定已经为某个基准源代码更改了一些代码，现在需要设身处地去想想，别人该怎样判断是否可以采纳这个补丁呢？

代码的质量很难判断，所以开发者往往通过提交的质量来评估补丁，在提交者的风格和交流行为中寻找线索——该提交者是否设身处地为他们着想，是否知道评估和合并新的补丁究竟该怎样。

这是鉴定代码质量相当可靠的方法。在许多年处理来自数以百计陌生人补丁的过程中，我很少看到一个考虑周全、尊重我的时间的补丁会是技术上的赝品。反过来看，经验告诉我们，看起来马马虎虎或是打包很疏懒的补丁往往实际上就是赝品。

这里有一些怎样让补丁能够被接受的技巧：

19.2.1.1 发送补丁而不是完整档案包或文件

如果改动包含了一个源代码中并不存在的新文件，当然就必须发送整个新文件。但如果修改的只是已有文件，无须发送整个文件。只须发送 diff 就行：运行 *diff*(1)命令，将基准发布版本与修改版本进行比较，并提交输出。

diff(1)命令及其对偶命令 *patch*(1),是开源开发最基本的工具。差异文件要比整个文件好，因为自从获得旧拷贝之后，接受补丁的开发者可能已经更改了主干版本。呈送开发者以一个 diff 文件，节省了别人将改动从其中分离出来的精力；也表示了对别人时间的尊重。

19.2.1.2 发送针对当前版本代码的补丁

如果发送给维护者的补丁是针对好几个版本以前的，并期望维护者会判断补丁中哪些改动已经完成，哪些是新颖独创，这样做既不能达到预期目标也有些粗鲁无礼。

追踪源码状态以及把主线代码库需要做什么的最小化补丁提交给维护者，是补丁提交者必须承担的责任。这也意味着应该发送针对当前版本的补丁。

19.2.1.3 不要包含可生成文件的补丁

在发送补丁之前需通览一遍，对于一旦维护者采用补丁、重新 make 后就能重新生成的文件，其补丁段应予删除。犯错的经典例子就是 Bison 或 Flex 产生的 C 文件。

当今最常见的错误就是，发送的 diff 文件只包含有巨大的更改段来表明你的 **`configure`** 脚本和维护者的差异。其实这个文件可以由 **`autoconf`** 产生。

这是有欠考虑的。它把接收者置于麻烦之中，需要把补丁的真实内容从一大堆乌七八糟的干扰里分离出来。当然它只是个次要的错误，同我们将要进一步探讨的内容相比，并非那般严重——但也是不好的。

19.2.1.4　不要发送与只是优化 RCS 或者 SCCS $-symbols 的补丁段

有些人喜欢在源码文件中放置一些特殊符号，在登入版本系统时会自动扩展：例如 RCS 和 CVS 使用的`$id$`构造。

如果使用自己本地的版本控制系统，更改可能会改变这些符号。这并非真正有害，因为当接收者在采用补丁而登回代码时，特殊符号可以按照维护者版本控制系统的状态设置重新扩展。但这些特殊的补丁段是干扰物，会让人分心。不发送它们更能体现考虑的周全。

这是另外一个次要的错误。如果别的大事没弄错，这是可以原谅的。但最好避免。

19.2.1.5　使用-c 或-u 格式而不是缺省的（-e）格式

diff(1)默认的（`-e`）格式非常脆弱。它不包含任何上下文，因此在得到用来修改的拷贝之后，如果基准代码中插入或者删除了任何一行，patch 工具无法得到正确结果。

拿到`-e` 格式的 diff 文件令人恼火，表明发送者如果不是位新手或马大哈，就是个菜鸟。大多数这种补丁想都不用想便可抛弃掉。

19.2.1.6　在补丁中包含文档

这非常重要。如果补丁增加了用户可见的部分或者改变了软件的功能特征，请在补丁中包含相应手册页和其它文档文件。不要期望补丁接收者会乐于为此代码编写文档，或是在代码中隐藏没有文档说明的功能特征。

针对改动做好文档体现了一些好习惯。首先，已经为试图说服的维护者设身处地考虑过了。其次，表明对改动后的效果了如指掌，可以向其余不能查看代码的人解释清楚。第三，表示了对软件最终用户的关心。

良好的文档常常是区分“可靠的贡献”和“匆忙而邋遢的改动”最显著的特征。如果花费了足够的时间和心思来做好文档，最后就会发现让多数开发者接受补丁的道路已经走完了 85%。

19.2.1.7 在补丁中包含解释

补丁应该包含一份说明，来解释为什么补丁是必须和有用的。这个说明并不直接给软件用户而是给接受补丁的维护者。

说明可以很短——实际上，我见过的一些最有效的说明仅仅是“请参看补丁中的文档更新”。但必须表明正确的态度。

正确的态度非常有帮助，是对维护者时间的尊重，也是从容而谦逊的自信。表现出对所修补的代码充分理解，展示对维护者问题的认同，这些都是有益的。对于觉察到的应用补丁风险预先说明同样大有裨益。下面是一些经验丰富的开发者所发送的各种解释示例：

“我已经发现代码中有两个问题，X 和 Y。我改掉了 X，但是我并没有试图去解决 Y 问题，因为我对牵涉到的代码还不理解。”

“修改了一个当输入过长时的 coredump。我在修改的时候，试图寻找另外的溢出错误。我发现有一个可能在 blarg.c 中，在第 666 行附近。你能确定在每个传输中发送端产生的字节不会多于 80？”

“你是否已经考虑使用 Foonly 算法来解决这个问题？在 <http://www.example.com/~jsmith/foonly.html>处有个好的实现。”

“补丁解决了当前的问题，但我意识到内存分配被不恰当地复杂化了。在我这里可以工作，但在发布前你应该进行重负荷测试。”

“这可能太过于花哨，但无论如何我还是提交了。也许你会知道一个实现这种功能的更简洁的方法。”

19.2.1.8 在代码中包含有用的注释

在合并补丁之前维护者希望能够对更改有准确的理解确。当然，这并不是一成不变的法则；如果确实同维护者存在很好的合作工作记录，他也许在半自动化地检查前就只会随意地瞄上一眼。但是任何帮助维护者理解代码和降低不确定性的作为都会提高补丁被接受的几率。

代码中良好的注释可以帮助维护者理解代码。糟糕的则不然。

以下是个糟糕的注释例子：

```
/* norman newbie fixed this 13 Aug 2001 */
```

这没有任何用处。只是在维护者的代码中间，无端地加入了践踏领土的泥泞靴印。如果维护者接受了补丁（不太可能），他几乎肯定会抛弃这段注释。如果希望获得声望，应该在工程的 News 或 History 文件中包含一个补丁段。这样维护者更可能接受。

以下是良好的注释例子：

```
/*
 * This conditional needs to be guarded so that crunch_data() never
 * gets passed a NULL pointer. <norman_newbie@foosite.com>
 */
```

这样的注释表明，不仅理解了维护者的代码，也理解了维护者对接受你的改动所需要的信心。这种注释正好给予维护者对于更改的信心。

19.2.1.9 如果补丁被拒绝，别往心里去

存在许多理由，一个补丁可能会遭到拒绝，这并不存在怀疑和责备的意思。记住多数软件维护者都处于相当沉重的时间压力之下，并很保守地接受补丁，生怕一不小心项目代码就会崩溃。有时候重新提交改进后的补丁会有所帮助，有时候不会。大家都不容易。

19.2.2 良好的项目、档案文件命名实践

随着诸如 ibiblio、SourceForge 以及 CPAN 维护者工作量的增加，一个不断发展的趋势就是，项目提交部分或整体会由程序来处理（而不是完全由人来处理）。

对于项目和档案文件的命名而言，更重要的是需要采用更适合计算机程序可以解析和理解的规则模式。

19.2.2.1 使用 GNU 风格的命名法：主干加 major.minor.patch 的编号法

如果档案文件都是类似 GNU 风格的名称，主干前缀全小写且只包含字母和数字，后接连字号，后再接版本号、扩展和其它后缀，对大家都有帮助。

具备这些部分的名称，其良好的通用形式顺序如下：

1. 项目前缀
2. 横杠

3. 版本号
4. 点
5. “src" 或 "bin" (可选)
6. 点号或横线 (更倾向点号)
7. 二进制类型和选项 (可选)
8. 归档和压缩扩展名

这种风格的名称主干可以包含连字号或下划线来分隔音节；横线实际上更常用些。把相关的项目联合成组，给予一个通用的主干名前缀，并以连字符结束，也是个良好的实践。

假设正好有个叫做“foobar”的项目，主版本号为 1，次版本号或发布号为 2，补丁级别为 3。如果只有一个档案部分（假定为源代码），则文件名称看起来应该像这样：

foobar-1.2.3.tar.gz

源文件档案。

foobar.lsm

LSM 文件（假定提交到 ibiblio）

不要使用如下这样的命名方式：

foobar123.tar.gz

这让许多程序看起来像一个叫做“foobar123”没有版本号的项目档案。

foobar1.2.3.tar.gz

这对许多程序而言像是“foobar1”项目版本 2.3 的档案。

foobar-v1.2.3.tar.gz

许多程序误认为这是称作“foobar-v1”的项目。

foo_bar-1.2.3.tar.gz

下划线给人们带来发音、打字和记忆的困难。

FooBar-1.2.3.tar.gz

除非喜欢看起来像出售的熏肠，否则不要这样。这也给人们带来发音、打字和记忆的困难。

如果必须区分源码和二进制档案，或是区分不同的二进制码，或是表达某种文件名的编译选项，请紧接在版本号之后加上文件扩展名。也就是，像这样做：

foobar-1.2.3.src.tar.gz

源码。

foobar-1.2.3.bin.tar.gz

二进制，类型没有指定。

foobar-1.2.3.bin.i386.tar.gz

i386 二进制。

foobar-1.2.3.bin.i386.static.tar.gz

i386 静态链接二进制。

foobar-1.2.3.bin.SPARC.tar.gz

SPARC 二进制。

请不要使用像“foobar-i386-1.2.3.tar.gz”之类的名字，因为程序难以从名字主干中识别出类型的插入词（如“-i386”）。

区分主要和次要发布的约定很简单：补丁号为修正错误和次要功能；次版本号为兼容的新功能，而主版本号为不兼容的更改。

19.2.2.2 尊重适当的本地约定

有些项目和社区，对于命名和版本号有良好的约定，并不需要遵从以上的建议。例如，Apache 模块就像 mod_foo 一样命名，并配有自身的版本号以及协同工作的 Apache 版本。同样地，Perl 模块的版本号可以像浮点数一样命名（例如，可能会发现 1.303 而不是 1.3.3 的版本号），Foo::Bar 模块的 1.303 发行版通常命名为 Foo-Bar-1.303.tar.gz。（另一方面，Perl 自身，在 1999 下半年转换回使用 19.2.2.1 中描述的约定。）

查询和尊重特殊社区和开发者的约定；而对于一般的使用，遵守如上 19.2.2.1 中的指导。

19.2.2.3 努力选择唯一且容易键入的名称前缀

主干前缀应该适用于整个项目文件，并且应该容易读写和记忆。所以，不要使用下划线。没有极特殊的理由，也不要大写或双大写——这会弄乱人眼自然的浏览顺序，并且看起来像自作聪明的销售小花招。

如果两个不同的项目存在相同的主干名称会让人们感到迷惑。因此在第一次发布前就尝试检查是否存在冲突。两个地方可以完成此项检查任务，一个是 ibiblio `<http://metalab.unc.edu/pub/Linux>`的索引文件，一个是 Freshmeat `<http://www.freshmeat.net>`的应用程序索引。另一个检查的好地方是 SourceForge `<http://www.sourceforge.net>`；做一个名称搜索。

19.2.3 良好的开发实践

这里有些作法，可以让项目有别于不起眼而易于湮没的项目，能吸引众多奉献者，从而成为成功项目。

19.2.3.1 不要依赖专有代码

不要依赖专有语言、函数库或者其它代码。即使在最有利的情况下这样做都充满风险；而在开源社区中，这是彻头彻尾的无礼行为。开源开发者不相信他们无法评审的源码。

19.2.3.2 使用 GNU 自动工具

配置选择应该留到编译期。开源发布的一个巨大优势就是允许软件包适应编译期发现的环境。这至关重要，因为这可以让软件包运行在连开发者都从未预见的平台上，并且允许软件社区的用户定制自己的移植。只有最大规模的开发组才买得起所有硬件，以及雇用足够的员工来支持种类有限的平台。

因此：使用 GNU 自动化工具来处理移植性问题，进行系统配置探测，以及量身定制 makefile 文件。今天，人们在编译源码时期望能够键入 **`configure; make; make install`** 就可以得到一个简洁的编译——并且是正确的。关于这些工具的优秀指南可见`<http://seul.org/docs/autotut/>`。

autoconf 和 *autoheader* 都是成熟的软件。*automake* 如前所述，在 2003 年年中仍然脆弱，到处是 bug；可能必须维护自己的 `Makefile.in`。幸运的是，它是自动化工具中重要性最小的一个。

无论使用何种配置方法，编译时软件不应向用户咨询系统的信息。安装软件包的用户并不一定知道问题的答案，这种方法从一开始就注定是失败的。在编译或安装时软件必须能够自己决定所需的全部信息。

但是 *autoconf* 不应该认为是对一团乱麻式设计的许可。如果可能，编程应遵循 POSIX 标准以及尽可能少地向系统询问配置信息。应尽量保持最少的“ifdef”——或者，最好根本不要有。

19.2.3.3 先测试再发布代码

良好的测试套件使得团队在发布前能够非常容易地执行回归测试。建立强大而便于使用的测试框架，以便逐步把测试增加到软件之中，测试套件就不那么专用和错综复杂，开发者也就无需培训了。

测试套件的发布也使得，社区用户可以在将贡献发转回制作组之前能够测试他们的代码片段。

鼓励开发者在他们的桌面和测试机上使用迥异的平台，这样在日常开发中，代码的移植性就可以不断得到检验。

代码随着自己使用的测试套件一起发布，并且测试套件可以由 **`make test`** 来运行，这是非常好的实践，并且可以增强对自己代码的信心。

19.2.3.4 发布前对代码进行健全检查

“健全检查（sanity check）”的意思是：使用可以获得的每一款工具来检查每个人类易犯的错误。使用工具捕捉到的错误越多，用户和自己需要对付的就越少。

如果正用 GCC 编写 C/C++，带-Wall 选项测试编译，并且在每个发布之前清除掉所有的警告信息。使用能够找到的每一款编译器编译代码——不同的编译器常常会发现不同的问题。特别地，在一个真正的 64 位机器上编译软件。底层的数据类型在 64 位机器上可能有所改变，所以常常会发现新的问题。寻找商业 Unix 系统并且对软件运行 lint 程序以进行检查。

使用查找内存泄漏和运行期错误的软件；Electric Fence 和 Valgrind 就是其中两款可以开源获得的优秀软件。

对于 Python 项目，PyChecker `<http://sourceforge.net/projects/pychecker>`是个很有用的检查工具。它常常能捕捉到许多不平凡的错误。

如果编写 Perl 程序，可使用 perl `-c`（或是`-T`，如果可用的话）检查代码。并虔诚地使用 perl `-w` 以激活警告以及“use strict”来限制不安全的结构和语句。（进一步的讨论参考 Perl 文档。）

19.2.3.5 发布前对文档和 README 进行拼写检查

对软件的文档、README 文件和软件中的错误信息进行拼写检查。马虎的代码，编译时产生警告信息的代码以及 README 文件或报错信息里的拼写错误，都会让用户认为软件加工草率、不负责任。

19.2.3.6 推荐的 C/C++移植性实践

如果编写 C 程序，应完全使用 ANSI 功能特征。特别应使用函数原型，可以帮助发现跨模块冲突。旧式风格的 K&R 编译器早就成为历史了。

不要用编译器的专门特征，例如 GCC 的-pipe 选项或支持嵌套函数的功能。这会导致其他人在移植到非 Linux、非 GCC 系统时遇到麻烦。

需要移植的代码应被隔离在一个单独区域的一组源文件（例如，一个 os 子目录）中。涉及不同编译器、库以及操作系统接口的移植码应该抽象到该目录的文件中。

移植层是一个库（或者可能仅仅就是头文件中的一套宏），抽象了程序使用到的某个操作系统的一些 API。移植层使软件更容易被移植到新的平台。开发团队中往往没人了解移植的目标平台（例如，存在成百上千种不同的嵌入式操作系统，没有人知道它们之间的重要冲突）。通过创造一个分离的移植层，了解平台的专家就有可能无需理解任何移植层之外的事情而进行软件移植。

移植层也简化了应用程序。软件很少需要全功能的、更为复杂的系统调用，例如 *mmap*(2)和 *stat*(2)，并且配置如此复杂的接口也往往让程序员错漏百出。一个具备抽象接口的移植层（例如，某个叫做`__file_exists`的 *stat*(2)调用替代物）使你可以从系统导入有限的、必需的功能，从而简化了应用程序中的代码。

基于所需功能而不是平台来编写移植层。尝试为每个支持的平台创建单独的移植层会导致多重更新的维护梦魇。一个“平台”至少总是基于两方面来选择：编译器和库/操作系统发布版本。在某些情况下，应该是三方面，就像当 Linux 商家选择一个独立于操作系统发布版本的 C 语言库的时候。M 个商家、N 个编译器以及 O 个操作系统发布版本，平台的数目很快就增大到任何最大开发团队都力所不及的地步。另一方面，通过利用语言和系统标准，例如 ANSI 和 POSIX 1003.1，功能特征集总是相对有限的。

移植性的选择既可以基于代码行数也可以基于编译文件。在同一个平台上，真正的实现是选择备选代码中的某几行，或是几个不同的文件中的某一个并没有本质区别。经验原则是，当实现存在重大不同时（例如在 Unix 和 Windows 中的共享内存映射），应把为不同平台的移植代码分离到不同的文件中，而当区别比较微小时（例如，是使用 `gettimeofday`、`clock_gettime`、`ftime` 还是 `time` 来获取当前时间），将移植代码放在单一文件中。

在移植层之外的任何地方，注意这条建议：

> `#ifdef` 和`#if` 是最后一招，这通常是思路不当、产品过度差异化，无理由“优化”或是无用垃圾聚集的先兆。在代码中，它们就是诅咒。GNU 的 `/usr/include/ stdio.h` 就是典型的悲剧。
>
> —Doug McIlroy

在移植层`#ifdef` 和`#if` 的使用是允许的（如果控制得当）。在此之外，应该尽量限制使用，只用于有条件地触发`#include`。

决不要占用系统其它部分的命名空间，包括文件名、错误返回值以及函数名。若有共享命名空间的地方，应做好文档说明。

选择一个编码规范。有关规范选择的争论会永无休止地进行下去——但无论如何，在编写软件过程中支持多重编码规范是太困难太昂贵了，难以达到，所以必须选择某个通用的规范。严格地坚持编码规范，代码的一致和干净优先级最高；而编码规范自身的细节倒远在其次。

19.2.4 良好的发行制作实践

这些指导描述了软件的发行应该如何去做，以供他人更好地下载、获取以及解包。

19.2.4.1 确保打包文件总是解包到单一的新目录下

初出茅庐的奉献者最要避免的错误就是编制的打包文件，在解包时往往将发行版本中的文件和目录解包到当前目录中，这很可能会覆盖已经存在的文件。决不要这样做。

相反地，应确保所有的档案文件都有一个共同的、以项目名命名的目录部分，如此一来它们可以解包到一个直接位于当前目录下的顶级目录。为了方便，该目录名应该同 tarball 的主干名相同。这样，例如，一个叫做 `foo-0.23.tar.gz` 的文件包，希望能够解压到一个叫做 `foo-0.23` 的子目录中。

例 19.1 展示了一个 makefile 技巧，假设发行的目录名为“foobar”，而 SRC 包含一系列发布文件，可以这样来完成：

例 19.1 tar 文件包制作过程

```
foobar-$(VERS).tar.gz:
 @ls $(SRC) | sed s:^:foobar-$(VERS)/: >MANIFEST
 @(cd ..; ln -s foobar foobar-$(VERS))
 (cd ..; tar -czvf foobar/foobar-$(VERS).tar.gz 'cat foobar/MANIFEST')
 @(cd ..; rm foobar-$(VERS))
```

19.2.4.2 包含 README 文件

在源码发行版本中包含一个路标文件 README。按照古老的习俗（从 1980 年以前发端于 Dinnis Ritchie 本人，而 80 年代早期在 Usenet 上传播开来），这是勇敢的开拓者在解包源码之后阅读的第一个文件。

README 文件应该短小精简容易阅读。确保只是一份介绍，而不是长篇累牍。在 README 文件中应该包括如下的良好内容：

1. 项目的简短描述。
2. 指向项目站点的链接（如果存在）。
3. 开发者编译环境的注意事项以及潜在的移植性问题。
4. 描述重要文件和子目录的路标。
5. 编译及安装的指令或者指向同样内容的文件（通常是 `INSTALL` 文件）。
6. 维护者光荣榜列表或者指向同样内容的文件（通常是 `CREDITS` 文件）。
7. 项目的最近新闻或者指向同样内容的文件（通常是 `NEWS` 文件）。
8. 项目邮件列表地址

曾经有段时间，该文件通常命名为 READ.ME，然而这与浏览器存在严重的不兼容问题，所有的浏览器往往都假定.ME 后缀表示该文件并非文本，只能下载而不能浏览。这种做法已被废除。

19.2.4.3 尊重和遵从标准文件命名实践

甚至在阅读 README 文件之前，勇敢的开拓者可能已经快速浏览了软件解包后顶级目录中的文件名。这些文件名本身也承载了信息。坚持一定标准的命名习惯，可以让开拓者得到有价值的线索，以得知接下来该浏览什么样的文件。

这里是些标准的顶级文件名及其含义。当然，并不是每个发行版本都需要所有文件。

README

最先被阅读的路标文件。

INSTALL

配置、编译和安装指导。

AUTHORS

项目贡献者列表（GNU 惯例）。

NEWS

最近的项目新闻。

HISTORY

项目历史。

CHANGES

修订版本之间重大更改的日志。

COPYING

项目许可证条款（GNU 惯例）。

LICENSE

项目许可证条款。

FAQ

项目常见问题解答的纯文本文档。

注意整体上的习惯，文件名一律大写表明是关于软件包的供人阅读的元信息，而不是关于编译构件的。README 文件源自早期自由软件基金的开发经验。

拥有FAQ文件可以让你省很多力气。当关于项目的某个问题经常出现时，就加到FAQ文件中；然后引导用户在发送问题或者错误报告之前首先阅读FAQ文件。一个发展良好的FAQ可以减少项目维护者一个数量级的负担，甚至更多。

为每个发布编写一份标有时间戳的HISTORY或NEWS文件是非常有价值的。别的不说，这可以帮助确定在专利侵犯诉讼案中的先前证明（虽然还未在任何人身上发生，但最好先预备着）。

19.2.4.4 为可升级性设计

随着新版本的不断发布，软件也不断变化着。有些更改无法向后兼容。相应地，设计软件的安装布局时，应认真考虑，以确保多个软件版本能在同一系统中共存。对于库来说这尤其重要——不能强求所有的客户端程序都同API的更改保持同步的升级速度。

Emacs、Python以及Qt项目对此有个良好的实践：以版本号来命名目录（另一项被FSF作为惯例的实践）。Qt库安装后的层次类似这样（${ver}是版本号）：

```
/usr/lib/qt
/usr/lib/qt-${ver}
/usr/lib/qt-${ver}/bin          # Where you find moc
/usr/lib/qt-${ver}/lib          # Where you find .so
/usr/lib/qt-${ver}/include       # Where you find header files
```

正是由于这种组织，多重版本才可共存。客户端程序必须指定其需要的版本，当然，需要付出点小的开销，不要弄乱相关接口。这个良好实践避免了象Windows臭名昭著的“DLL地狱”的失败模式。

19.2.4.5 在Linux下提供RPM

在Linux下可安装二进制软件包的事实标准格式是Red Hat Package Manager，即RPM。在多数流行的Linux发行中均得到支持，其它所有的Linux的发行版本实际也有支持（除了Debian和Slackware；Debian可以从RPM安装软件）。相应地，在项目站点同时提供可安装的RPM和源码包是个绝佳的主意。

在源码包文件中包含RPM的spec文件，并设置一个选项可以从makefile生成RPM，这也是个好主意。spec文件应该具备.spec扩展名；这样才能让*rmp* -t选项在压缩包中找到它。

额外的风格要点，编写可以自动生成 spec 文件的 shell 脚本，自动分析项目的 makefile 或 version.h 文件而插入正确的版本号。

注意：如果应用源码 RPM，应使用 BuildRoot 让程序在/tmp 或/var/tmp 下编译。如果不这样，在运行 make install 的过程中，安装过程将会把文件安装到最终的位置。即使文件有冲突或是并未想要实际安装时，这个过程也会发生。在完成以后，文件已经安装而系统的 RPM 数据库却毫不知晓。此类糟糕的 SRPM 行为，是个雷区，应该远离。

19.2.4.6 提供校验和

提供二进制文件的校验和（压缩包、RPM 等等）。这将允许人们验证文件是否损坏或是否被木马程序侵入。

尽管有好几个命令来干这个（例如 **sum** 以及 **cksum**），但最好还是使用一个密码安全的哈希函数。GPG 软件包的---detach-sign 选项提供这种能力；也可以使用 GNU 命令 **md5sum**。

对于发布的每个二进制文件，项目网页应该列出校验和及其生成命令。

19.2.5 良好的交流实践

软件和文档，如果除自己之外无人知晓它们的存在，那将毫无益处。要是将项目放到互联网上，则可以帮助招揽用户和合作开发者。这里是一些标准的做法。

19.2.5.1 在 Freshmeat 上发布通告

可以在 Freshmeat<http://www.freshmeat.net>上发布通告。这个组织的读者群众多，也是网络技术新闻的主要提供者。

不要设想用户从头一直阅读自己的通告。所以在通告中应该一直保留至少一句关于软件目的的说明。糟糕的说法像这样：“宣告 FooEditor 最新的发布版，现在速度快了十倍。”优秀的例子是：“宣告最新的 FooEditor 发布版，为盲打者设计的文本编辑器，现在速度快了十倍。”

19.2.5.2 在相关的主题新闻组上发布通告

找到一个直接与应用程序相关的 Usenet 主题组，然后在那儿发布通告。但应该克制，只在与代码实现功能相关的地方张贴。

如果（例如）正发布使用 Perl 语言编写的 IMAP 服务器查询程序，就一定应该张贴到 `comp.mail.imap`。而不应该张贴到 `comp.lang.perl` 上，除非程序也同样是 Perl 前沿技术的启发实例。

通告应包含项目网站的 URL。

19.2.5.3 建立一个网站

如果试图围绕项目建立坚实的用户和开发者社区，那应该拥有一个项目网站。网站上需要包含如下一些标准的东西：

- 项目说明（项目存在的理由、项目受众等等）。
- 项目源码的下载链接。
- 如何加入项目邮件列表的指导。
- 常见问题回答列表（FAQ）。
- 项目文档的 HTML 版本。
- 相关或竞争项目的链接。

优秀项目网站的实例请参考第 16 章。

建立网站的一个简单方法就是将项目放到那种专门提供免费主机服务的站点上。在 2003 年年中，最重要的两个站点是 SourceForge（这是专有合作工具的展示和测试站点）以及 Savannah（作为一种意识形态的声明，它存放了很多开源项目）。

19.2.5.4 提供项目邮件列表

私有的开发用途的邮件列表可以让项目合作者以此交流和交换补丁，这是个标准的惯例。一些人希望能尽早得到项目进展信息，你应该为他们准备一个通告列表。

如果正在管理一个名为“foo”的项目，开发者列表应该是 `foo-dev` 或 `foo-friends`；通告列表应该是 `foo-announce`。

一个非常重要的决策是“私有”开发列表到底应该有多私有。在设计讨论中更广泛的参与常常是件好事，但是如果列表相对开放，迟早就会有些用户在其上询问一些初级问题。如何最好地解决这个问题的答案各种各样。仅有文档告知新用户不要在开发列表中询问初级问题不是个办法；必须以某种方式加以强调。

通告列表应严格控制。通信量最多一月几条；这个列表的整体目标是，向希望知道某些重要事情何时发生的人们提供信息，但并不需要知道日常繁冗的细节。如果这个列表在他们的邮箱中开始带来严重的混乱，许多人会立刻取消订阅。

19.2.5.5 发布到主要的档案站点

关于主要开源存档站点的详细说明参考第 16 章“何处找”部分。应该将软件包发布到这些站点上。

其它重要的站点包括：

- The Python Software Activity <http://www.python.org> site (for software written in Python).
- The CPAN <http://www.language.perl.com/CPAN>, the Comprehensive Perl Archive Network (for software written in Perl).
- The Python Software Activity <http://www.python.org>（Python 程序）。
- The CPAN <http://www.language.perl.com/CPAN>, the Comprehensive Perl Archive Network（Perl 程序）。

19.3 许可证的逻辑：如何挑选

许可证条款的选择涉及这样的决定，软件作者是否希望对人们怎样处理软件施加某些限制。

如果根本就不想做任何限制，应该把软件放到公共域里去。在每个文件头都包含如下的文本是很恰当的做法：

```
Placed in public domain by J. Ramdom Hacker, 2003. Share and enjoy!
```

这样做就等于放弃了版权。任何人都可以对代码的任何地方做任意改动。再也没有比这更自由的了。

但是很少有开源软件是真正像这样发布在公共域的。一些开源开发者希望能够使用他们对代码的所有权来确保代码可以保持开放的状态（这往往采取 GPL）。而另外一些仅仅期望控制代码的合法公开；所有开源许可证共通的一点就是对软件不作任何担保。

19.4 为什么应使用某个标准许可证

同开放源码定义保持一致并广泛为人所知的许可证，已经具备长期建立的传统默认解释。开发者（以及他们关心的用户）知道这些许可证究竟意味着什么，并且理性地承担所涉及的风险和折衷。因此，如果可能，应使用 OSI 站点所载的许可证之一。

如果必须编写自己的许可证，请确保得到 OSI 的认证。这可以避免许多的争论和额外开销。除非曾经亲身经历过，不然你无法想象 Usenet 上许可证谴责战的激烈程度；许可证被认为是涉及开源社区核心价值近似神圣的盟约，人们的情绪都变得非常激动。

更进一步，如果许可证在法庭上当作证词，已经确立的传统解释的存在或许就非常重要。到本书写作时（2003 年年中）还没有案例支持或反对任何开源许可证。然而，法律原则是（至少是在美国，并且或许其它存在习惯法的国家，例如英国和其余的英联邦国家），法庭应按照产生许可证和契约的社区所能预料的行为和实践来解读许可证和契约。这样，就有充分的理由相信，当最后不得不由法庭系统来处理的时候，开源社区的实践将有决定意义。

19.5 各种开源许可证

19.5.1 MIT 或者 X Consortium 许可证

最宽松的自由软件许可证是这样的，授予无限权利的拷贝、使用、修改和对修改拷贝的再发行，只要在所有修改的版本中保留版权和许可证条款。接受这种许可证就意味着放弃控告维护者的权利。

可以在 OSI 站点 <http://www.opensource.org/licenses/mit-license.html>找到标准 X Consortium 许可证的模板。

19.5.2 经典 BSD 许可证

比上面稍严一点的许可证，授予无限权利的拷贝、使用、修改，以及对修改拷贝的再发行，只要在所有修改的版本中保留版权和许可证条款，并且在广告和软件包相关的文档中包含致谢。受让者也必须放弃控告维护者的权利。

最初的 BSD 许可证是这类许可证最著名的。在血统上可以追溯回 BSD Unix 的自由软件文化中，这个许可证甚至使用在离伯克利数千英里之外的地方编写的自由软件上。

BSD 许可证的次要变种更改了版权所有人和删除了对广告的要求（实际上等价于 MIT 许可证），也并非不常见。注意在 1999 年年中，加州大学技术转让办公室(Office of Technology Transfer of the University of California)废除了 BSD 许可证中的广告条款。所以 BSD 软件中的许可证的限制已经更宽松了。如果选择 BSD 方式，我们强烈推荐使用新式（没有广告条款的）而非旧式许可证。广告条款被废除了，因为这导致了确定授权广告构成时，在法律和过程上的极端复杂性。

可以在 OSI 站点<http://www.opensource.org/licenses/bsd -license.html>找到 BSD 许可证的模板。

19.5.3 Artistic 许可证

下一个稍严点的许可证授予无限的拷贝、使用和本地修改的权利。允许再发行修改后的二进制版本，但是限制修改源码的再发行以保护作者和自由软件社区的利益。

Artistic 许可证为 Perl 而设计，广泛使用在 Perl 开发者社区，它就是此类许可证。它要求被修改的文件包含“显著声明”，表示已经被修改过。也要求发布更改者让更改可以自由获取，并努力将其传播回自由软件社区。

可以在 OSI 站点<http://www.opensource.org/licenses/artistic -license.html>找到 Artistic 许可证的拷贝。

19.5.4 通用公共许可证

GNU 通用公共许可证（及其派生，Library 或“Less”GPL）是最广泛使用的单一自由软件许可证。如同 Artistic 许可证一样，若修改后的文件带有“显著声明（prominent notice）”则允许修改源码再发布。

GPL 要求，如果程序包含了任何处于 GPL 涵盖下的部分，则整个程序都处于 GPL 涵盖之下。（触发这项要求的确切情况并不会让每个人都能清晰理解）。

实际上这些特殊的要求使得 GPL 比其它常用的许可证都要严格。（在针对同样的目标问题时，Larry Wall 编写的 Artistic 许可证回避了这个问题。）

可以在FSF的copyleft 站点<http://www.gnu.org/copyleft.html>找到指向GPL 的链接以及如何应用的指导。

19.5.5 Mozilla 公共许可证

Mozilla 公共许可证支持开源软件，但是可以链接闭源的模块和扩展。它要求发行的软件(被涵盖代码，Covered Code)仍然保持开源，但附加软件，如果通过良好定义的 API 来调用，允许保持闭源。

可以在 OSI 站点<http://www.opensource.org/licenses/MPL-1.1.html>找到 MPL 许可证的模板。

20

未来：危机与机遇

Futures: Dangers and Opportunities

The best way to predict the future is to invent it.

预测未来最好的方法就是去创造未来。

1971 年 *XEROX PARC* 会议上的发言

—Alan Kay

历史远未结束。Unix 将继续成长变化。围绕 Unix 的社区和传统也将继续演进。试图预见未来有些投机，但我们也许可以从两个方面预测：首先，看看 Unix 是如何应对过去的设计挑战的；其次，确定需要解决的问题和有待开拓的机会。

20.1 Unix 传统中的平质和偶然

为了理解 Unix 的设计在未来会如何变革，我们可以先看看 Unix 编程风格在过去的日子里是如何随时间而变化的。这种努力将我们直接引领到理解 Unix 风格的一个挑战面前——区分平质属性和偶然属性。也就是说，分辨出哪些特征是从暂时的技术中发展而来的，而哪些又是紧密联系于核心的 Unix 设计挑战——如何正确地模块化和抽象化的同时而保持系统的透明和简洁的。

这种区分可能是困难的，因为那些偶然发展而来的特征有时会变成平质功用。作为实例，考虑我们在第 11 章讨论过的“沉默是金”的 Unix 接口设计原则；该原则最初是为了适应缓慢的电传打字机，但因为输出简明扼要的程序更容易跟脚本组合而流传至今。今天，在大多数程序都通过 GUI 可视运行的普遍环境下，又有了第三个用处：寡言的程序不会分散或浪费用户的注意力。

另一方面，一些曾经是 Unix 本质的特征由于特定成本比例的变化而成为了偶然属性。例如，旧学派 Unix 偏爱的程序设计（以及像 *awk*（1）的微型语言），逐行处理输入流或者逐条记录地处理二进制文件，并需要在块与块之间维护上下文，由精心制作的状态机代码实现。另一方面，新学派 Unix 的设计就幸福多了，可以假定程序把全部输入读进内存而可以在需要时随机访问。实际上，现代各种 Unix 提供 *mmap*（2）操作允许程序员将整个文件映射到虚拟内存中，而 I/O 序列化操作的读盘写盘操作则完全被隐藏了。

这种变革以存储操作的经济性换取更简单透明的代码。这是出于内存成本比程序员时间廉价的调整。1970—1980 年代旧学派 Unix 设计同 1990 年后新学派 Unix 设计之间的许多差别都可以回溯到相对成本的巨大转变上，今天，所有的机器资源相对于程序员时间来说，比起 1969 年要廉价好几个数量级。

回顾过去，我们可以甄别出三个特殊的技术变化驱动了 Unix 设计风格中的重大变革：网络互联、位图图形显示以及个人计算机。在每场革新中，Unix 传统都通过抛弃不再合适的偶然属性、寻找新方法来适应新技术的核心观念，从而成功战胜了挑战。生物进化也以同样的方式。进化生物学家有个法则：“不要以为历史起源确定了当前效用，反之亦然”。概要地看看 Unix 是如何适应这些变化的，或许会提供一些线索，让我们认识到 Unix 将如何适应未来我们预测不到的技术变迁。

第 2 章描述了第一个变化：互联网的兴起，并从历史文化的角度，讲述了在 1980 年后 TCP/IP 如何将最初的 Unix 和 ARPANET 文化融合为一体。在第 7 章，有关诸如 System V STREAMS 之类的过时 IPC 和网络互连方法的材料，表明在接下来的十年里，许多错误的开始、失足以及死胡同迷惑了 Unix 开发者。关于协议、关于不同机器间的网络互连与同一机器上不同进程的通讯之间到底是什么样的关系，那时有太多混乱。[1]

[1]有好几年似乎 ISO 的七层互联网标准可能战胜 TCP/IP。ISO 标准由欧洲标准委员会提出，他们在政治上害怕采用任何诞生自五角大楼的技术。唉，意气用事盖过了技术的敏锐。结果证明是过度复杂和十分无用的，请细节有关参考[Padlipsky]。

最后当 TCP/IP 胜出以及 BSD 套接字重申 Unix 本质上一切都是字节流的隐喻时，迷惑便一扫而空。IPC 和网络互联都普遍使用 BSD 套接字，而两者的老方法大部分弃而不用，同时，通信双方是否位于同一主机对 Unix 软件来说也就更无关紧要了。1990～1991 年间万维网的发明便是合乎逻辑的结果。

1984 年，TCP/IP 出现的几年之后，位图图形以及 Macintosh 机登场时，带来了一个更加困难的挑战。最初来自 Xerox PARC 和苹果公司的 GUI 非常漂亮，但是系统的太多层次都捆绑在一起，让 Unix 程序员对这种设计感到很不舒服。Unix 程序员当下的反应就是让分离机制与策略成为一个明确准则；到 1988 年，X 窗口系统将其确立下来。通过将 X 窗口构件与完成底层图形操作的显示管理器分离，他们创造了一种架构，按 Unix 的标准是模块化的、清晰的，并且随着时间，可以很容易在此基础上发展出更好的策略来。

但那只是问题较为容易的部分。困难部分在于决定 Unix 是否应该拥有统一的界面策略；而如果是，又是什么。通过专有工具包（例如 Motif）来建立统一界面策略的几个不同努力已经宣告失败。如今，在 2003 年里，GTK 和 Qt 彼此争当这个角色。而在 2003 年这个问题的争论也还没有结束，我们在第 11 章讨论过的各种 UI 风格同时并存的持续状态似乎很明显。新学派 Unix 设计保留命令行方式，并通过编写许多在两种风格都可以使用的 CLI 引擎＋GUI 界面组合，来解决 GUI 和 CLI 方式之间的冲突。

个人计算机作为技术本身并没有带来什么主要的设计挑战。386 以及后来的芯片，性能足够强大，所以围绕其设计的系统在成本比例上同 Unix 非常成熟的小型机、工作站和服务器相似。真正的挑战是 Unix 潜在市场的变化；硬件价格的全面走低，让个人计算机吸引了更广泛的、不太懂技术的用户群。

专有 Unix 软件商习惯了把更强大系统卖给高深技术买家的丰厚利润，从未对这个实际上更广泛的市场表示出兴趣。理所当然，朝终端用户桌面系统努力的第一次重大启动产生于开源社区，并由于本质的意识形态原因而不断增加。到了 2003 年年中，市场调查显示 Linux 已经占到大约 4%～5%的份额，接近了苹果分司的 Macintosh。

无论 Linux 是否会充分地做得更好，Unix 社区反应的本质已经很清楚。我们在第三章 Linux 的分析中检视了这一点。这包括采取一些取自别处的新技术（例如 XML），并且付出了许多努力将 GUI 移植到 Unix 世界。但是在主题 GUI 和安装包之下，主要的重心依然是模块化和清晰的代码——为严肃、高度可靠的计算和通信提供正确的基础设施。

诸如 Mozilla 和 OpenOffice.org 的大规模桌面开发始于 1990 年代末，其发展历史很好地展示了我们所说的重点。在上述两个开发例子中，社区反馈中最重要的议题并不是要求增加新特征，也不是安排发布日期——而是对巨大的单体程序的厌恶以及一致感觉在那些巨大程序成为障碍之前，必须瘦身、重构、分解成块。

尽管伴随着许多创新，但所有对这三个技术的响应都保持着 Unix 的设计准则——模块化、透明性、机制同策略分离及其它我们在本书早前描绘的品质。Unix 程序员在 30 年风雨中学到最有经验的回应，就是回到最初的准则——优先从流、命名空间、进程等 Unix 基本抽象中得到更多效用，而不是增加新的东西。

20.2 Plan 9：未来之路

我们知道 Unix 的未来看起来会怎样。它被称作“来自贝尔实验室的 Plan 9”[2]，由在贝尔实验室编制了 Unix 的研究组设计。Plan 9 尝试重做 Unix，做更好的 Unix。

设计者在 Plan 9 中尝试应对的核心设计挑战是整合图形和无处不在的网络互联，使它们成为好用的 Unix 式框架。他们保留了 Unix 的选择，尽可能多地通过单一大型文件层次命名空间来访问系统服务。实际上，他们是在此基础上改进；许多在 Unix 中需要通过不同专用接口的功能，比如 BSD 套接字、*fcntl*（2）以及 *ioctl*(2)，在 Plan 9 中都可通过在类似设备的专用文件上使用最普通的读写操作来完成。为了可移植性和易访问性，几乎所有设备接口都是文本的而非二进制的。许多系统服务（包括视窗系统在内）都是文件服务器，以特殊文件或目录树来表示服务资源。通过将所有的资源都表示成文件，Plan 9 把访问不同服务器资源的问题转变成访问不同服务器文件的问题。

[2] 名字来源于 1958 年的电影，《Plan 9 from Outer Space》（外层空间第九计划），该片被当作“最糟糕的”而写进历史。（不幸的是，榜单似乎并不正确，1966 年有部甚至更糟的影片叫做《Manos: The Hands of Fate》（Manos：命运之手），少数看过的人可以作证）。文档，包括描述架构的技术文件，以及可以安装在 PC 机上的完整源码和发布包，都可以通过搜索短语“Plan 9 from Bell Labs”得到。

Plan 9 将这种“比 Unix 更 Unix”的文件模式和一个全新的概念整合在一起：私有命名空间（private namespace）。每个用户（实际上，每个进程）都可以拥有自己的系统服务视图，通过创建自己的文件服务器装配树（mount tree）。有些文件服务器的装配树将由用户手动设置，其它的在登录时自动建立。这样（如同 Plan 9 from Bell Labs 的技术资料指出的一样）“`/dev/cons` 总是指终端设备，而`/bin/date` 则指 date 命令正确的运行版本，但是这些名字代表的文件依赖于环境，例如执行 **`date`** 机器的架构等等”。

Plan 9 最重要的特征是，无论何种实现，所有挂载的文件服务器都具备相同的类文件系统接口。有些可能相对于本地文件系统，有些相对于通过网络访问的远程文件系统，有些相对于在用户空间运行的系统服务器实例（比如窗口系统或另一种网络栈），还有些相对于内核接口。对于用户和客户端程序而言，它们没有区别。

Plan 9 技术资料中的有个例子就是实现 FTP 访问远程站点。在 Plan 9 下并没有 *ftp*(1) 命令，而存在一个 ftpfs 文件服务器，每个 FTP 连接看起来就像是挂载一个文件系统。在挂载点下，对于文件和目录的 open、read 以及 write 命令，都由 *ftpfs* 自动地转换为 FTP 协议事务。这样，所有普通的文件处理工具，例如 *ls*(1)、 *mv*(1) 以及 *cp*(1)都可以正常工作：无论是在 FTP 装配点下，还是跨越到其它用户眼中的命名空间。用户（或是脚本和程序）能够注意到的唯一不同就是不尽一致的检索速度。

Plan 9 还有许多其它值得推荐的地方，包括一些问题重重 Unix 系统调用接口的再造、摒弃了超级用户概念的，以及许多其它有趣的再思考。它的血统没有污点，设计优雅，而且揭露了 Unix 设计中的一些严重错误。

同大多数二次系统不同，在许多地方 Plan 9 都创造了比其前身更简洁更优美的体系。但它为什么没有统治世界呢？

有人会提出许多特殊的理由——缺乏重大的市场努力、文档的稀少、许可证和费用的困惑和阻碍。对于那些不熟悉 Plan 9 的人，似乎它的主要功能就是作为关于操作系统研究有趣论文的题材。但在先前，Unix 自身已经就超越了各种障碍吸引了无数为之献身的追随者，最后遍布全球。但为什么 Plan 9 没有呢？

深入到历史长河的调查也许会揭开一个不同的故事，但是在 2003 年，看起来 Plan 9 的失败仅仅是它的改进尚不足以取代它的前任。对比 Plan 9，Unix 似乎明显嘎吱作响，锈迹斑斑，但是 Unix 的工作完成得很棒足以保持它的地位。这是个教训，提示雄心勃勃的系统架构师：更优秀解决方案的最危险敌人，就是一个现存的、足够优秀的代码库。

一些 Plan 9 的思想已被吸收进现代的 Unix，尤其是在更革新的开源版本中。FreeBSD 具备一个/proc 文件系统，几乎完全借 Plan 9 的模型，可以用来查询或控制运行的进程。FreeBSD 的 *rfork*(2) 以及 Linux 的 *clone*(2)系统调用也借自 Plan 9 的 *rfork*(2)。Linux 的 /proc 文件系统，除了当前进程信息，也附加保存了许多类 Plan 9 设备文件的综合信息，几乎全部使用文本接口来查询和控制内核。Linux 2003 年的实验性版本也实现了逐进程的装配点，这是迈向 Plan 9 私有命名空间的一大步。不同的开源 Unix 版本现在朝着系统范围内支持 UTF-8 的方向努力，而 UTF-8 正是一种实际上为 Plan 9 而发明的编码。[3]

随着时间的推移，可能就会那样，随着 Unix 内部架构某些部分的渐渐老化，越来越多的 Plan 9 思想将整合进 Unix 中。这是 Unix 未来一个可能的发展路线。

20.3 Unix 设计中的问题

Plan 9 洗涤了 Unix；但在 Unix 的基础设计概念集上真正所加的全新的概念只有一个（私有命名空间）。但是还有别的基本设计概念存在严重问题吗？在第 1 章，我们接触了几个 Unix 存在争论的失败之处。既然开源运动已经将 Unix 的未来设计交回到程序员和技术员手中，那些问题就不再是我们必须永远忍受的定局了。我们将重新检视它们以更好应对 Unix 未来应该如何发展的问题。

20.3.1 Unix 文件就是一大袋字节

Unix 文件仅仅是个字节大袋子，而没有其它文件属性。特别是没有能力存储有关文件类型的信息，以及指向文件实际数据之外相关应用程序的指针。

更普遍地，一切都是字节流，甚至包括硬件设备也是字节流。这种隐喻在早期的 Unix 中取得了巨大的成功，而且，在某些地方，例如，被编译的程序不能够产生传递回编译器的输出，的的确确是个真正的进步。管道和 shell 编程也正是从这个隐喻上发轫的。

[3] UTF-8 如何诞生的传说涉及 Ken Thompson、 Rob Pike、一次新泽西的午餐以及彻夜疯狂的编程 <http://www.cl.cam.ac.uk/~mgk25/ucs/utf-8-history.txt>。

但是 Unix 的字节流隐喻太过重要，以至于如果软件对象的某些操作不是特别适合字节流或是文件操作（创建、打开、读写删除）的话，那么 Unix 就存在整合的困难。GUI 对象尤其是个问题，例如图标，窗口，以及正在操作的文档。在 Unix 世界经典的模型中，“一切都是字节流”这个隐喻的唯一扩展方式就是 `ioctl` 调用，使用内核空间声名狼藉的后门。

Macintosh 系列操作系统的发烧友往往对此咆哮不已。他们提倡一种模型，其中，单一文件名可以既有数据“分支”又有资源“分支”。数据分支对应于 Unix 的字节流，而资源分支则是名/值对的集合。而 Unix 支持者更喜欢文件数据自描述的方式，这样，同种类的元数据都有效地存放在该文件中。

Unix 方法的问题在于写文件的每个程序都必须清楚自描述的方式。这样，例如，如果我们需要文件携带类型信息在其中，涉及该文件的每个工具都得小心，要么原封不动地保留该类型域，要么解析之后重写。尽管这在理论上可以实现，但在实践中太脆弱了。

另一方面，支持文件属性会产生难以应付的问题，什么样的文件操作应该保留文件属性。很明显，具名文件的复制应该拷贝源文件的数据及属性，但是如果我们 *cat*(1)文件，将其输出重定向到一个新的名字又该如何？

答案依赖于属性实际上是否真是文件特性，还是以某种特殊方式作为不可见的前编码或后编码与文件数据捆绑在一起。这样问题又变为：属性对何种操作可见？

远在七十年代，Xerox PARC 文件系统设计就在这个问题中不断挣扎。它们创造了一个序列化打开(open serialized)调用，返回同时包含内容和属性的字节流。如果应用在目录上，就返回目录属性和目录中所有文件的序列化结果。这种方法是不是一直都有改善，并不清楚。

Linux 2.5 已经支持附带任意名/值对来作为文件特性，但在写作本书时，并没有为太多的应用程序所用。Solaris 最近的版本也有几乎等价的特征。

20.3.2 Unix 对 GUI 的支持孱弱

Unix 的经历证明了使用众多隐喻作为框架的基础是个威力巨大的策略（回忆我们在第 13 章关于框架和共享上下文的讨论）。现代 GUI 核心的可视隐喻（文件由图标表示，打开靠点击，点击会激发某个设计好的处理程序，通常能够创建和编辑这些文件）也证明了是成功而持久的。自从 Xerox PARC 在七十年代先驱性开拓以来，这些就紧紧地抓住了用户和界面设计者。

尽管最近做出了相当多的努力，在 2003 年，Unix 仍然只是蹩脚地、勉强地支持这种隐喻——层次太多，约定太少，构建程序太过于简陋。Unix 老手典型的反应就是怀疑这折射出 GUI 隐喻本身更深层次的问题。

> 我认为产生这样的问题部分是由于我们仍未正确理解隐喻。例如，在 Mac 上，把一个文件拖到垃圾桶去是删除，但把文件拖到某个磁盘上却又是复制，而打印时却又不能把文件拖到打印机的图标上去，那需要通过菜单才能完成。我还能够继续举例下去。它像 OS/360 上的文件操作，那会儿还没有 Unix 简单（但不简陋）的文件思想。
>
> —Steve Johnson

对于类似的效应，在第 11 章我们引用了 Brain Kernighan 和 Mike Lesk 的话。但是这个疑问并不能简单归罪于 GUI 就停止了，因为尽管 GUI 存在许多缺点，但终端用户却有巨大的需要。设想，如果我们能够在设计用户交互层面上，把隐喻弄正确明白，Unix 就能够优雅地支持它了？

答案是：也许不能。我们在思考字节袋子模型是否先天不足时就接触到这个问题。Macintosh 风格的文件属性或许可以帮助提供一种机制，支持更为丰富的 GUI。然而这似乎并不是完整的答案。我们需要仔细思考，才能得出结论，一个真正强大的 GUI 框架究竟是什么样的——而且，同样重要地，又如何同现存的 Unix 框架整合在一起。这是个难题，需要基础性的顿悟，但在喧闹而令人困惑的大众软件工程或学术研究中还未出现。

20.3.3 文件删除不可撤销

有过 VMS 经验的人，或是还记得 TOPS-20 的人，往往怀念这些系统的文件版本功能。删除或打开并修改现存文件，实际上只是以一种包含版本号的可预知方式重命名文件，只有对版本文件明确的删除操作才会真正地删除数据。

Unix 没有这种功能，其小小代价是，在因打字疏忽或 shell 通配符结果不符而错误删除文件，把用户惹怒。

这个问题好像并没什么可预见的前景，会在操作系统级别上得到更改。Unix 开发者喜欢清晰、简单的操作，用户告诉什么他们就做什么，即使用户指令等于 “向我开枪”的命令。Unix 开发者本能的辩解就是重申：保护用户免受自我损害，应该是 GUI 或应用程序级别的事，而非操作系统。

20.3.4 Unix 假定文件系统是静态的

某种角度上，Unix 世界的模型完全是静态的。程序的运行总被设想为暂时的，所以文件和目录环境在整个执行中都可以当成静态的。如果某个指定的文件或目录发生了改变，没有标准的、良好的方式来让系统通知应用程序。当编写长期运行的用户界面软件，如果又希望知道环境的改变时，这就会成为重大的问题。

Linux 具有文件和目录更改通知功能[4]，有些 BSD 的版本也复制了这个功能，但尚无法移植到其它 Unix。

20.3.5 作业控制设计拙劣

除了挂起进程（在本身，微不足道地增加了调度程序负担，并不是那么令人讨厌）的能力之外，作业控制就是在多重进程中切换终端。不幸地，操作系统只做了最简单的部分——确定触发了哪个键——而把所有难题当皮球似地踢给了应用程序，例如保存和恢复屏幕的状态。

该功能真正良好的实现对于用户进程应该完全不可见：没有专用的信号，不需要保存和恢复终端模式，不需要应用程序定时重绘屏幕。其模型应该是，虚拟的键盘必要时连接到真正的键盘（如果没有连接，在请求输入时会遭到阻塞），以及一个虚拟屏幕，必要时可以显示在真正的屏幕上（当没有显示时，无所谓阻塞不阻塞输出）；而以同样的多路复用方式，系统应该可以多路复用磁盘、处理器等等，而用户程序根本就不受影响。[5]

正确的做法要求 Unix tty 驱动跟踪整个当前屏幕的状态，而不仅仅只是支持行缓存区，并且当一个挂起的进程恢复到前台运行时，需要在内核级知道终端的类型（可以求

---

[4]在 *fcntl*（2）下查找 `F_NOTIFY`。

[5]本段基于 Henry Spencer 在 1984 年的分析。他继续注意到作业控制对于 POSIX 及后来的 Unix 标准是需要和适合认真考虑的，因为它渗透到了每个程序，所以在任何应用程序到系统的接口都必须考虑。因此，POSIX 认可了这个错误设计，而正确的解决方案却因“不在讨论范围”而甚至没有考虑过。

助于一个后台进程）才可以正确地恢复。如果没有做好，Unix 内核不能够从一个终端分离某个对话，例如 xterm 或 Emacs 作业，然后又将其配接到另一个终端（可能是不同类型的）。

随着 Unix 的使用已经转向 X 显示和终端模拟器，作业控制就变得相对不那么重要了，而也就没有曾经那样的破坏力了。然而，仍然讨厌的是没有 suspend/attach/detach 等操作，这种功能对于在不同登录中保留终端对话的状态非常有用。

叫做 *screen*（1）的通用开源程序解决了这些问题中的好几个[6]。然而，必须显式地由用户调用，既然这样，就不能保证在每个终端对话都拥有其功能；同时，在功能上与之重叠的内核级代码也还没有移除掉。

20.3.6 Unix API 没有使用异常

C 语言缺乏抛出附带数据的命名异常的机制。因此，Unix API 中的 C 函数用与众不同的的返回值（通常是-1 或 NULL）并设置全局变量 errno 来报告错误。[7]

回顾过去，这的确是许多微妙错误的发源之地。匆匆忙忙的程序员常常忽略返回值检查。因为没有异常抛出，补救原则也被破坏了；程序流程继续进行，直到错误情形在后来的执行中表征出某种失败或数据损失。

异常的缺失也意味着某些理应简单的任务——例如在具备 Berkeley 风格信号的 Unix 版本上，从信号处理程序中退出——不得不由复杂的代码来实现，从而成为移植的障碍，和众多错误的渊薮。

这个问题也可能（且通常是）隐藏在 Unix API 对诸如 Python 和 Java 之类具备异常的语言的接口中。

异常机制的缺乏实际上也牵连出一个更大的问题；由于 C 语言是弱类型语言，所以使用 C 语言实现的高级语言之间，其通信也是问题多多。多数现代的语言都将诸如链表和字典作为基本数据类型——但是，因为这些在通用 C 语言中没有规范的表示，所以在类似 Perl 和 Python 之间尝试传递链表就是一个非自然的行为，需要许多胶合代码。

存在解决更大规模问题的技术，例如 CORBA, 但是却往往涉及运行期的转换，并且

[6] <http://www.math.fu-berlin.de/~guckes/screen/>是 *screen*(1)的项目站点。

[7] 对于非程序员，异常抛出是程序从函数过程中间跳出的一种方法。它并不是真正的退出，因为在某个封装的过程中，抛出的异常可以被捕获代码中途拦截。异常往往用来表示错误或是不希望的情形，意味着试图继续正常处理逻辑是毫无意义的。

太过重量级，令人不舒服。

20.3.7 *ioctl*(2)和 *fcntl*(2)是个尴尬

ioctl(2)和*fcntl*(2)机制提供一种在设备驱动中插入钩子的方法。原始的、历史的*ioctl*(2)用法，就是设置波特率以及设置串行通信驱动中的帧比特，所以就产生了这个名字（“I/O控制”）。后来，其它驱动函数可以使用 *ioctl* 调用，而 *fcntl*(2)作为一个钩子函数增加到了文件系统中。

年复一年，`ioctl` 和 `fcntl` 调用不断增加新的用法。但常常缺乏文档，也常常产生移植性问题。每一个都带来一大堆繁杂的宏定义来描述操作类型和特殊的参数值。

根本的问题同“字节大袋子”一样；Unix 的对象模型孱弱不堪，没有留下自然的空间放置太多增加的辅助操作。设计者不得不在不满意的解决方案中胡乱选择：`fcntl/ioctl` 在`/dev` 中检查设备、新的专用系统调用、或是通过特殊用途虚拟文件系统钩子加载进内核里去（例如，在 Linux 以及别的地方的`/proc`）。

还不清楚在未来，Unix 的对象模型是否会得到加强或如何加强。如果类 MacOS 的文件属性成为 Unix 的通用特征，在设备驱动上调节各式具名属性就可以接替 `ioctl/fcntl` 现在的作用（这样至少不需要在接口可以使用前定义一堆宏）。我们已经看到 Plan 9 使用具名文件服务器或文件系统作为基础对象，而不是文件/字节流，这提供了另外的可能方法。

20.3.8 Unix 安全模型可能太过原始

或许 root 用户权限太大，对于系统管理功能，Unix 应该具备粒度更细的能力或是 ACL（Access Control Lists，访问控制列表），而不是只有一个什么都能做的超级用户。站在这一边的人们或许会辩解，许多系统程序通过 set-user-ID 就会拥有永久的 root 用户权限；一处被攻破，就意味着全面沦陷。

然而论据是不充分的。现代 Unix 允许指定用户帐户分属多个安全权限组。通过使用执行许可以及在程序可执行时 set-group-ID，每个组的作用就可以像文件程序的 ACL。

理论可行，却很少使用，可以这样认为，对 ACL 的需求在实践上远比理论少。

20.3.9 Unix 名字种类太多

Unix 统一了文件和本地设备——都是字节流。但是通过套接字访问的网络设备在不同的命名空间却具有不同的语义。而 Plan 9 展示了文件同本地及远程（网络）设备可以平滑地统一在一起，并且所有这些事情都可以通过一个命名空间来管理，当然，命名空间可以根据每个用户甚至是每个程序动态地调整。

20.3.10 文件系统可能有害论

拥有文件系统根本就是个错误？自从 1970 年代晚期起就一直存在有趣的研究，研究持续对象存储，研究根本没有全局共享文件系统，而将磁盘存储当作巨大交换区，做任何事情都通过虚拟对象指针来完成的操作系统。

这条阵线上现代的努力（例如 EROS[8]）提示这样的设计可以提供大量的好处，包括被证实的安全策略一致性以及更高的性能。然而必须注意到，如果 Unix 是个失败，它所有的竞争者都同样是失败；没有作为主要产品的操作系统都跟随 EROS 的领导。[9]

20.3.11 朝向全局互联网地址空间

也许 URL 扬名得还不够。关于 Unix 未来的方向，我们把最后的话留给 Unix 的发明者；

> 我未来的理想就是开发一个文件系统的远程接口（也就是 Plan 9），然后使其在互联网成为标准实现，取代现在的 HTML。那实在是酷毙了。
>
> —Ken Thompson

[8] http://www.eros-os.org/

[9] Apple Newton、AS/400 小型机以及 Palm 手持设备上的操作系统可以认为是例外。

20.4 Unix 的环境问题

Unix 旧有的文化在开源运动中大部分进行了自我再造，在灭亡的边缘挽救了我们，但这也意味着开放源码的问题现在就是我们自己的问题。

问题之一就是如何让开源开发获得持续的经济支持。我们重新植根于 Unix 早期的合作开放进程。我们已经在很大程度上，在抛弃私用专有系统的技术争论上取得胜利。我们已经想出了许多方法，在比 1970～1980 年代更平等的地位上，同市场和管理人员合作，并且在许多地方我们的革新都获得了成功。在 2003 年，开源 Unix 和它的核心开发组，达到了如大型机般受人尊敬和权威的地位，这在 1990 年代中期是不敢想象的。

我们已经走过了很长的路，但是我们还有更长的路要走。我们知道哪种商业模式在理论上管用，而且我们现在甚至可以指出一些零星的成功，展示了那些商业模式在实践中也确实运营良好；当然，现在我们必须显示那种模式可以可靠地运营更长的时间。

这并不一定是个容易的转变。开放源码将软件业转变成服务业。服务提供商（想想医疗和法律行业）并不会注入更多资本的比例来扩张；那些仅仅尝试追加固定成本，就期望得到高产出的做法，注定会被饿死。合理的选择可以归结为卖唱（通过小费或捐款），经营街角小店（一种小型的、低开销的服务商务），或是找到一个富有的赞助人（某些大商家为其商业目的而需要使用及修改开源软件）。

总而言之，技工的小时工资随着汽车的降价而上升[10]，同样的原因，雇用软件开发者的费用也会如预料中地提高。而个人和商家也越来越难以获得投资。会有许多程序员富裕起来，但是仅有少数几个能成为百万富翁。这实际上是进步的标志，无能的就被竞争出局。但这也将表示整个软件环境气候的一大变化，可能意味着投资者将失去他们仅存的、在赞助软件启动中很少的利益。

[10]更完整的讨论，参见《The Magic Cauldron》[Raymond01]。

一个有关真正大型软件商维护越来越困难的子问题是如何组织终端用户测试。历史上，Unix 文化首要关注内部架构，这意味着，能够提供最终用户舒适界面的价值，从未被我们当作程序构建的基础。如今，尤其是把在目标瞄准同微软和 Apple 竞争的开源 Unix 中，这一点正在改变。但是最终用户界面需要实际用户系统地测试——这存在一些挑战。

实际最终用户测试需要机构、专家以及一定水准的管理，然而以分布自愿团体为特征的开源开发却难以部署这些。也许因此，开源的字处理器、电子表格以及其它生产型应用程序不得不留在由大商家赞助的研究计划手中，例如 OpenOffice.org，只有它们才能提供那种开销。开源开发者往往认为单一商家就意味着单点失败，并且非常担心这种依赖，但更好的解决方案还没有发展出来。

这些是经济问题。我们还有其它更政治化的问题，因为成功招徕敌人。

有些是老对头啦。微软要成为计算机世界不可动摇垄断者的野心，使得在我们知道我们卷入战争的五年前，就把打败 Unix 作 1980 年代中期该公司的战略目标。在 2003 年年中，尽管好几个成长性市场遭到 Linux 大范围的侵占，微软仍然是世界上最富有和最强大的软件公司。微软很清楚地知道必须打败新学派的开源 Unix 以求生存。而为了获胜，必须毁灭或是羞辱产生它的文化。

Unix 借开源社区之手回来了，而同互联网自由文化的结合，也带来了新的敌人。好莱坞和媒体巨头感到了互联网深深的威胁，对不受控制的软件开发发起了多重攻击。现存的法案，例如 Digital Millennium Copyright Act 已经被用来起诉那些为媒体权势不喜的软件开发者（最臭名昭著的案件就是针对能够复制加密 DVD 的 DeCSS 软件）。预期的计划例如所谓的可信计算平台联盟（Trusted Computing Platform Alliance）和微软的 Palladium 威胁[11]要让开源开发成为非法活动——而如果开放源码消亡了，Unix 也很可能随之消亡。

Unix、黑客以及互联网一起反对微软和好莱坞及媒体巨头。这是我们需要获胜的斗争，不仅是出于我们传统的专业主义、我们对技艺的热爱，以及共有的部族忠贞，还有更重要的原因使这个斗争如此重要。政治可能性渐渐成形于通信技术——谁可以使用、谁应该检查以及谁可以控制。政府和法人对网络内容的控制，对什么人可以利用计算机的控制，都是对政治自由一个长期严重的威胁。恶梦般的场景就是这样，垄断商家和中央独裁，永远的自然同盟者，相互勾结并炮制理论，越来越多地制订规章、

[11]参考 TCPA FAQ<http://www.cl.cam.ac.uk/~rja14/tcpa-faq.html>，由一个著名安全专家所做的一个相当毛骨悚然的可能性分析摘要。

无情镇压以及罗织电子言论罪名。在反对这一切的斗争中，我们是自由的战士——不仅仅是为了我们自己的自由，也同样是为了所有人的自由。

20.5 Unix 文化中的问题

围绕在 Unix 社区的文化问题，同 Unix 自身的技术问题以及伴随成功而来的挑战同样重要。至少存在两个重大的问题：小挑战是内部转型，大挑战是我们要克服历史上的优越感。

小挑战是老学究与新派开源大众之间的摩擦。Linux 的成功，特别地，对许多老一辈的 Unix 程序员来说并不完全舒服。部分是由于代沟的问题。Linux 小子们吵闹活泼天真愉悦的狂热行为激怒了老一辈，他们自从七十年代就接触 Unix 了，而且（常常公正地）认为自己更有智慧。而小子们在老一辈失败的地方不断取得成功的事实更激化了这种现象。

在 2000 年，当花了三天时间参加了一个 Macintosh 开发者会议之后，我愈发清晰地意识到了更大的心理问题。沉浸在一个同 Unix 世界假设基础完全相反的编程环境中真是个给人启迪的经历。

Macintosh 程序员最为关心用户体验。他们是建筑设计师和装饰家。他们由外而内进行设计，首先就问“我们需要支持哪种交互？”，然后构建隐藏其后的程序逻辑来满足用户界面设计的需求。这就会导致程序外观非常漂亮而内部结构脆弱摇摆。一个声名狼藉的例子，在 MacOs 9 以前的发布版本中，内存管理器有时对于那些退出但仍占用内存的程序，竟然要求用户手动回收内存。Unix 支持者本能地反感这类病态设计；他们不能理解 Macintosh 的人怎么能够忍受这些。

比起来，Unix 程序员先考虑基础设施。我们是水管工和砖瓦匠。我们的设计由里而外，构建强大的引擎以解决抽象定义问题（例如“我们如何通过不可靠的链接和硬件而获得从 A 点到 B 点的可靠信息包流交换”）。然而引擎外，我们的包装难看，甚至接口常常相当丑陋。date(1)、find(1)和 ed(1)就是臭名昭著的例子，但还有其它成百上千的程序也是这样。Macintosh 人也本能地反感这种病态设计；他们也不能理解 Unix 的人怎么能够忍受这些。

两种设计哲学都有正确的一面，但是两个阵营却难以理解彼此的立场。Unix 开发者典型的反应就是把 Macintosh 软件当作是给无知人的绣花枕头而抛弃，然后继续构建能够吸引其它 Unix 开发者的软件。如果终端用户并不喜欢，那是终端用户的不对；他们了解多了之后，会回来的。

在许多地方，这种狭隘思想已经为我们工作得很好。我们是互联网和万维网的守护者。我们的软件和我们的传统统治了重大计算，统治了必须是全天候可靠的、宕机时间最少的应用程序。我们真正极端擅长构建坚实的内部结构；虽非完美，但无论如何没有其它的软件技术文化能够在任何地方接近我们的纪录，这是非常值得骄傲的。

问题是我们愈发必须直面的挑战，是需要更多丰富视图的挑战。世界上大多数的计算机都不是放在服务器机房里，而是在那些终端用户手中。在 Unix 早期的日子里，在个人计算机之前，我们的文化把自身部分定位为大型机神父，那个大铁玩意管家的反叛者。后来，我们吸收了早期小型机狂热者给人们以力量的理想。但是今天，我们成为了神父；成为了网络和大铁块的守护者。我们潜在的要求是，如果想使用我们的软件，就必须学会像我们一样思考。

在 2003 年，在我们的态度中存在深深的矛盾——精英和大众之间的摩擦。我们希望影响和改变这世界 92%的人，对他们来说，计算机就意味着游戏、多媒体、漂亮的 GUI 界面、（对他们来说最技术的）邮件软件、字处理器以及电子数据表。我们正花费主要努力在诸如 GNOME 以及 KDE 等设计来给予 Unix 美妙外观的项目。但在内心深处，我们仍旧认为自己是精英，不能或不想去甄别或是倾听以王大婶为代表的普通用户需求。

对于非技术最终用户，我们构建的软件往往不是令人迷惑无法理解，就是样子难看故意屈尊似的，又或两者兼有。即使我们怀着尽可能高的热情尝试去做对用户友好的事，却可悲地前后矛盾。对于完成这份工作，我们从旧学派 Unix 继承的许多态度和反应都是不恰当的。即使我们想要倾听或帮助王大婶，我们也不知道如何去做——我们设计了我们的服务类目、关心她并提供“解决方案”，但她却发现这同她存在的问题一样可怕。

我们在文化上面临的巨大挑战是，我们是否能够不再过分依赖那些已经很好地为我们工作过的设想——我们是否能够承认，不仅是在思想上，也是在日常实践的施行上，承认 Macintosh 支持者也抓住了要点。他们的要点也是基于普遍实际，而非 Mac 专用方式，在“The Inmates Are Running the Asylum [Cooper]”，一部具有深刻见解和充分论证的书籍中，其作者称（别管偶尔的一些奇谈怪论），交互设计也包含了大量坚实的真理，需要为每个 Unix 程序员所知道。

我们可以避开这一点；我们可以保留教父地位，祈求碰到最好最聪明的少数人——一小撮关注我们历史作用的知识精英——作为软件内部架构和网络的守护者。但如果我们这样做，就很可能走向衰落，直到最后失去几十年来一直支持我们的动力。自有别的东西去服务人们；自有别的东西会赢得动力和金钱并拥有未来 92%比例的软件。而这个可能成功的机会，无论是不是属于微软，都将使用我们所不喜欢的软件和实践来完成。

或者我们真正接受这个挑战。开源运动正努力这样去做。但在过去用来解决其它问题的相同工作和思想是不够的。我们的态度必须在根本上有所转变，虽然困难。

在第 4 章，我们讨论了抛弃设想限制以及在解决技术问题上“抛弃过去”的重要性，建议同禅宗思想类似的超然和“初衷”。我们拥有一个需要更多种类的分离工作。我们必须学会在王大婶面前虚心，并且放弃某些我们长期坚持的、曾使我们如此成功的偏见。

明显地，Macintosh 文化已经开始同我们的文化相融合——MacOS X 拥有 Unix 的底层架构，并且在 2004 年 Mac 开发者（虽然在某些方面有所斗争）进行了思想上的调整来学习注重内部架构的 Unix 美德。我们的挑战将是，相互地，吸纳 Macintosh 以用户为中心的美德。

还有几个表明 Unix 文化摆脱其狭隘性的迹象。其中之一就是 Unix 开源社区似乎开始融入被称为“敏捷编程”[12] 的运动。我们在第 4 章注意到，Unix 程序员已经愉快地抓住了重构的概念，那就是敏捷编程思想的重点之一。

重构，以及其它的敏捷编程概念，例如单元测试和围绕情景设计，似乎清晰地说明和突出了那些迄今已经在 Unix 传统广泛但隐性流传的实践。另一方面，Unix 传统可以给敏捷编程带来长期经验的积累和教训。随着开源软件不断获得市场份额，可以想象这些文化将会融合在一起，如同过去互联网和早期 Unix 文化在 1980 年后的融合一样。

20.6 信任的理由

Unix 的未来充满难题。我们确实想让它走好吗？

三十多年来，我们在应对挑战中兴盛起来。我们开拓了软件工程中最好的实践。我们创造了今天的互联网和万维网。我们编制了有史以来最庞大、最复杂、最可靠的软件系统。我们打破了 IBM 的垄断，我们正在开展反对微软霸权的运动，并且已经深深地震慑了它。

---

[12] 更详细的敏捷编程介绍，参考《Agile Manifesto》（敏捷宣言）<http://agilemanifesto.org/>

而无论如何，胜利并不是全面的。在 1980 年代，我们同意专有权对 Unix 的占领，这几乎毁了我们自己。长期以来，我们忽视了低端市场，忽视了非技术的终端用户，因此让微软钻了空子，大幅度地降低了软件的质量标准。甚至精明的观察家多次断言我们的技术、我们的社区、我们的价值死亡了。

但我们总是可以重振旗鼓地王者归来。我们犯了错，但我们从错误中汲取了教训。我们的文化薪火相传；我们已经从早期的学院黑客、ARPANET 实验者、微机狂热者以及其它许多文化中汲取了精华。而开源运动已经复兴了我们早年的激情和理想，今天，我们的力量，我们的规模将远胜过去。

迄今为止，打赌 Unix 玩家会输的人总是聪明一时糊涂一世。我们能赢——只要我们想赢。

附录 A

缩写词表

Glossary of Abbreviations

The most important abbreviations and acronyms used in the main text are defined here.

本书中最重要的简称和缩写定义如下。

API

Application Programming Interface（应用编程接口）。同可链接程序库或操作系统内核或两者通信的过程调用集。

BSD

Berkeley System Distribution；也作 Berkeley Software Distribution；名字具体来源已不可考。在 1976 到 1994 年之间，由加利福尼亚大学伯克利分校计算机科学研究组发布的 Unix 版本统称为此，许多开源 Unix 都从此继承而来。

CLI

Command Line Interface（命令行界面）。有些人认为太陈旧了，但在 Unix 世界仍然很有用。

CPAN

Comprehensive Perl Archive Network。`<http://cpan.org/>`，Perl 模块和扩展的网络中心库。

GNU

GNU's Not Unix (GNU 不是 Unix)！自由软件基金的项目，原意是开发一个 Unix 的克隆版本，但完全自由的软件；GNU 是其递归的缩写名。这个项目并没有取得完全成功，但是产生了许多现代 Unix 开发的基本工具，包括 Emacs 和 GNU 编译器集(GNU Compiler Collection，GCC)。

GUI

Graphical User Interface（图形用户界面）。应用程序界面的现代风格，与老式 CLI 或 roguelike 风格不同，使用鼠标、窗口及图标，由 Xerox PARC 中心在 1970 年代创造。

IDE

Integrated Development Environment（集成开发环境）。代码开发的 GUI 工作台，功能包括符号调试器、版本控制以及数据结构浏览。在 Unix 下通常并不使用，原因在第 15 章讨论过。

IETF

Internet Engineering Task Force（互联网工程任务组）。负责定义诸如 TCP/IP 之类互联网协议的实体。一个松散平等的组织，主要由技术人员构成。

IPC

Inter-Process Communication（进程间通信）。独立地址空间运行进程的数据传输方法。

MIME

Multipurpose Internet Mail Extensions（多用途互联网邮件扩展）。一系列的 RFC，描述了在 RFC-822 邮件中内嵌二进制和 multipart 信息的标准。除了使用在邮件传输之外，MIME 也被一些重要的应用协议(如 HTTP 和 BEEP)作为基础使用。

OO

Object Oriented（面向对象）。一种编程风格，将处理的数据和处理数据的代码封装在一种称作对象的闭合容器内。相比之下，非面向对象编程更容易暴露内部的数据结构和代码。

OS

Operating System（操作系统）。机器的基础软件；完成任务调度、分配存储空间以及在应用程序之间提供默认的用户界面。操作系统提供的功能及其一般性的设计哲学，强烈影响着围绕其宿主机而成长起来的编程风格和技术文化。

PDF

Portable Document Format（可移植文档格式）。控制打印机和其它成像设备的 PostScript 语言，设计来将数据流输出给打印机。而 PDF 是一系列的 PostScript 页，并包入标记描述，可以方便作为显示格式使用。

PDP-11

Programmable Data Processor 11(可编程数据处理器 11)。可能是历史上最成功的单一大型机设计；于 1970 年首次发布，1990 年结束发布，并且是 VAX 的直接祖先。PDP-11 是第一款主要的 Unix 平台。

PNG

Portable Network Graphics（可移植网络图形）。万维网联盟（The World Wide Web Consortium）的位图图形图像标准和推荐格式。这是二进制图像格式的一个优雅设计，曾在第 5 章讨论。

RFC

Request For Comment（请求评注）。一个互联网标准。当其文档作为提议被提交、处于某种目前虽不存在但期望的正式承认过程时，就称为 RFC。而正式的承认过程从未实体化。

RPC

Remote Procedure Call（远程过程调用）。使用 IPC 方法，试图创造一种错觉，进程间互相交换数据就像是在同一地址空间，这样可以方便地(a)共享复杂的数据结构，和(b)就像函数库互相调用一样，忽略时延和其它的性能考虑。想维持这种错觉异常困难。

TCP/IP

Transmission Control Protocol/Internet Protocol(传输控制协议/互联网协议)。自 1983 年从 NCP（网络控制协议）转变而来的互联网基本协议。提供可靠的数据流传输。

UDP/IP

Universal Datagram Protocol/Internet Protocol(通用数据报协议/互联网协议)。提供小型数据包的不可靠低迟延传输。

UI

用户接口（界面）。

VAX

正式名称 Virtual Address Extension（虚拟地址扩展）：由 DEC（后来同 Compaq 合并，再后来又与 HP 合并）开发的经典大型机设计。VAX 第一次发布是在 1977 年。1980～1990 年间，VAX 是最重要的 Unix 平台之一。针对微处理器的再实现正在开发中。

附录 B

参考文献

References

Event timelines of the Unix Industry <http://snap.nlc.dcccd.edu/learn/drkelly/hst-hand.htm> and of GNU/Linux and Unix <http://www.robotwisdom.com/linux/timeline.html> are available on the Web. A timeline tree of Unix releases <http://www.levenez.com/unix/> is also available.

[Appleton] Randy Appleton. *Improving Context Switching Performance of Idle Tasks under Linux*. 2001. Cited on: *158*.

Available on the Web <http://cs.nmu.edu/~randy/Research/Papers/Scheduler/>.

[Baldwin-Clark] Carliss Baldwin and Kim Clark. *Design Rules, Vol 1: The Power of Modularity*. MIT Press. 2000. ISBN 0-262-024667. Cited on: *83*.

[Bentley] Jon Bentley. *Programming Pearls* (2nd Edition). Addison-Wesley. 2000. ISBN 0-201-65788-0. Cited on: *215*.

The third essay in this book, "Data Structures Programs", argues a case similar to that of Chapter 9 with Bentley's characteristic eloquence. Some of the book is available on the Web <http://www.cs.bell-labs.com/cm/cs/pearls/>.

[BlaauwBrooks] Gerrit A. Blaauw and Frederick P. Brooks. *Computer Architecture: Concepts and Evolution*. Addison-Wesley. 1997. ISBN 0-201-10557-8. Cited on: *98, 394*.

[Bolinger-Bronson] Dan Bolinger and Tan Bronson. *Applying RCS and SCCS*. O'Reilly & Associates. 1995. ISBN 1-56592-117-8. Cited on: *367*.

Not just a cookbook, this also surveys the design issues in version-control systems.

[Brokken] Frank Brokken. *C++ Annotations Version*. 2002. Cited on: *329*.

Available on the Web `<http://www.icce.rug.nl/documents/cplusplus/cplusplus.html>`.

[BrooksD] David Brooks. *Converting a UNIX .COM Site to Windows*. 2000. Cited on: *59*.

Available on the Web `<http://www.securityoffice.net/mssecrets/hotmail.html#_Toc491601819>`.

[Brooks] Frederick P. Brooks. *The Mythical Man-Month* (20th Anniversary Edition). Addison-Wesley. 1995. ISBN 0-201-83595-9. Cited on: *12, 14, 300, 438*.

[Boehm] Hans Boehm. *Advantages and Disadvantages of Conservative Garbage Collection*. Cited on: *323*.

Thorough discussion of tradeoffs between garbage-collected and non-garbage-collected environments. Available on the Web `<http://www.hpl.hp.com/personal/Hans_Boehm/gc/issues.html>`.

[Cameron] Debra Cameron, Bill Rosenblatt, and Eric Raymond. *Learning GNU Emacs* (2nd Edition). O'Reilly & Associates. 1996. ISBN 1-56592-152-6. Cited on: *352*.

[Cannon] L. W. Cannon, R. A. Elliot, L. W. Kirchhoff, J. A. Miller, J. M. Milner, R. W. Mitzw, E. P. Schan, N. O. Whittington, Henry Spencer, David Keppel, and Mark Brader. *Recommended C Style and Coding Standards*. 1990. Cited on: *410*.

An updated version of the *Indian Hill C Style and Coding Standards* paper, with modifications by the last three authors. It describes a recommended coding standard for C programs. Available on the Web `<http://www.apocalypse.org/pub/u/paul/docs/cstyle/cstyle.htm>`.

[Christensen] Clayton Christensen. *The Innovator's Dilemma*. HarperBusiness. 2000. ISBN 0-066-62069-4. Cited on: *52*.

The book that introduced the term "disruptive technology". A fascinating and lucid examination of how and why technology companies doing everything right get mugged by upstarts. A business book technical people should read.

[Comer] Douglas Comer. "Pervasive Unix: Cause for Celebration". *Unix Review*, October 1985, p. 42. Cited on: *34*.

[Cooper] Alan Cooper. *The Inmates Are Running the Asylum*. Sams. 1999. ISBN 0-672-31649-8. Cited on: *476*.

Despite some occasional quirks and crotchets, this book is a trenchant and brilliant analysis of what's wrong with software interface designs, and how to put it right.

[Coram-Lee] Tod Coram and Ji Lee. *Experiences—A Pattern Language for User Interface Design*. 1996. Cited on: *266*.

Available on the Web <`http://www.maplefish.com/todd/papers/Experiences.html`>.

[DuBois] Paul DuBois. *Software Portability with Imake*. O'Reilly & Associates. 1993. ISBN 1-56592-055-4. Cited on: *363*.

[Eckel] Bruce Eckel. *Thinking in Java* (3rd Edition). Prentice-Hall. 2003. ISBN 0-13-100287-2. Cited on: *341*.

Available on the Web <`http://www.mindview.net/Books/TIJ/`>.

[Feller-Fitzgerald] Joseph Feller and Brian Fitzgerald. *Understanding Open Source Software*. Addison-Wesley. 2002. ISBN 0-201-73496-6. Cited on: *438*.

[FlanaganJava] David Flanagan. *Java in a Nutshell*. O'Reilly & Associates. 1997. ISBN 1-56592-262-X. Cited on: *341*.

[FlanaganJavaScript] David Flanagan. *JavaScript: The Definitive Guide* (4th Edition). O'Reilly & Associates. 2002. ISBN 1-596-00048-0. Cited on: *206*.

[Fowler] Martin Fowler. *Refactoring*. Addison-Wesley. 1999. ISBN 0-201-48567-2. Cited on: *90*.

[Friedl] Jeffrey Friedl. *Mastering Regular Expressions* (2nd Edition). O'Reilly & Associates. 2002. ISBN 0-596-00289-0. Cited on: *188*.

[Fuzz] Barton Miller, David Koski, Cjin Pheow Lee, Vivekananda Maganty, Ravi Murthy, Ajitkumar Natarajan, and Jeff Steidl. *Fuzz Revisited: A Re-examination of the Reliability of Unix Utilities and Services*. 2000. Cited on: *9*.

Available on the Web <`http://www.opensource.org/advocacy/fuzz-revisited.pdf`>.

[Gabriel] Richard Gabriel. *Good News, Bad News, and How to Win Big*. 1990. Cited on: *298, 438.*

Available on the Web <http://www.dreamsongs.com/WorseIs-Better.html>.

[Gancarz] Mike Gancarz. *The Unix Philosophy*. Digital Press. 1995. ISBN 1-55558-123-4. Cited on: *xxviii.*

[GangOfFour] Erich Gamma, Richard Helm, Ralph Johnson, and John Vlissides. *Design Patterns: Elements of Reusable Object-Oriented Software*. Addison-Wesley. 1997. ISBN 0-201-63361-2. Cited on: *xxxii.*

[Garfinkel] Simson Garfinkel, Daniel Weise, and Steve Strassman. *The Unix Hater's Handbook*. IDG Books. 1994. ISBN 1-56884-203-1. Cited on: *5.*

Available on the Web <http://research.microsoft.com/~daniel/unix-haters.html>.

[Gentner-Nielsen] Don Gentner and Jacob Nielsen. "The Anti-Mac Interface". *Communications of the ACM*, Association for Computing Machinery. August 1996. Cited on: *261.*

Available on the Web <http://www.acm.org/cacm/AUG96/antimac.htm>.

[Gettys] Jim Gettys. *The Two-Edged Sword*. 1998. Cited on: *7.*

Available on the Web <http://freshmeat.net/articles/view/122/>.

[Glickstein] Bob Glickstein. *Writing GNU Emacs Extensions*. O'Reilly & Associates. 1997. ISBN 1-56592-261-1. Cited on: *343.*

[Graham] Paul Graham. *A Plan for Spam*. Cited on: *218.*

Available on the Web <http://www.paulgraham.com/spam.html>.

[Harold-Means] Elliotte Rusty Harold and W. Scott Means. *XML in a Nutshell* (2nd Edition). O'Reilly & Associates. 2002. ISBN 0-596-00292-0. Cited on: *117, 434.*

[Hatton97] Les Hatton. "Re-examining the Defect-Density versus Component Size Distribution". *IEEE Software*, March/April 1997. Cited on: *86.*

Available on the Web <http://www.cs.ukc.ac.uk/people/staff/lh8/pubs/pubis697/Ubend_IS697.pdf.gz>.

[Hatton98] Les Hatton. "Does OO Sync with the Way We Think?" *IEEE Software*, 15(3). Cited on: *328.*

Available on the Web <http://www.cs.ukc.ac.uk/people/staff/lh8/pubs/pubis698/OO_IS698.pdf.gz>.

[Hauben] Ronda Hauben. *History of UNIX*. Cited on: *34.*

Available on the Web <http://www.dei.isep.ipp.pt/docs/unix.html>.

[Heller] Steve Heller. *C++: A Dialog: Programming with the C++ Standard Library*. Prentice-Hall. 2003. ISBN 0-13-009402-1. Cited on: *329.*

[Hunt-Thomas] Andrew Hunt and David Thomas. *The Pragmatic Programmer: From Journeyman to Master*. Addison-Wesley. 2000. ISBN 0-201-61622-X. Cited on: *xxix, 90.*

[Kernighan95] Brian Kernighan. *Experience with Tcl/Tk for Scientific and Engineering Visualization*. USENIX Association Tcl/Tk Workshop Proceedings. 1995. Cited on: *335.*

Available on the Web <http://www.usenix.org/publications/library/proceedings/tcl95/full_papers/kernighan.txt>.

[Kernighan-Pike84] Brian Kernighan and Rob Pike. *The Unix Programming Environment*. Prentice-Hall. 1984. ISBN 0-13-937681-X. Cited on: *xxviii, 325, 331, 356.*

[Kernighan-Pike99] Brian Kernighan and Rob Pike. *The Practice of Programming*. Addison-Wesley. 1999. ISBN 0-201-61586-X. Cited on: *xxvii, xxix, 410.*

An excellent treatise on writing high-quality programs, surely destined to become a classic of the field.

[Kernighan-Plauger] Brian Kernighan and P. J. Plauger. *Software Tools*. Addison-Wesley. 1976. ISBN 201-03669-X. Cited on: *14.*

[Kernighan-Ritchie] Brian Kernighan and Dennis Ritchie. *The C Programming Language* (2nd Edition). Prentice-Hall Software Series. 1988. ISBN 0-13-110362-8. Cited on: *94, 326, 395, 397.*

[Lampson] Butler Lampson. "Hints for Computer System Design". *ACM Operating Systems Review*, Association for Computing Machinery. October 1983. Cited on: *26*.

Available on the Web <http://research.microsoft.com/~lampson/33-Hints/WebPage.html>.

[Lapin] J. E. Lapin. *Portable C and Unix Systems Programming*. Prentice-Hall. 1987. ISBN 0-13-686494-5. Cited on: *397*.

[Leonard] Andrew Leonard. *BSD Unix: Power to the People, from the Code*. 2000. Cited on: *35*.

Available on the Web <http://dir.salon.com/tech/fsp/2000/05/16/chapter_2_part_one/index.html>.

[Levy] Steven Levy. *Hackers: Heroes of the Computer Revolution*. Anchor/Doubleday. 1984. ISBN 0-385-19195-2. Cited on: *44*.

Available on the Web <http://www.stanford.edu/group/mmdd/SiliconValley/Levy/Hackers.1984.book/contents.html>.

[Lewine] Donald Lewine. *POSIX Programmer's Guide: Writing Portable Unix Programs*. O'Reilly & Associates. 1992. ISBN 0-937175-73-0. Cited on: *400*.

[Libes-Ressler] Don Libes and Sandy Ressler. *Life with Unix*. Prentice-Hall. 1989. ISBN 0-13-536657-7. Cited on: *35*.

This book gives a more detailed version of Unix's early history. It's particularly strong for the period 1979–1986.

[Lions] John Lions. *Lions's Commentary on Unix 6th Edition*. Peer-To-Peer Communications. 1996. 1-57398-013-7. Cited on: *34*.

PostScript rendering of Lions's original floats around the Web. This URL may be unstable <http://www.upl.cs.wisc.edu/~epaulson/lionc.ps>.

[Loukides-Oram] Mike Loukides and Andy Oram. *Programming with GNU Software*. O'Reilly & Associates. 1996. ISBN 1-56592-112-7. Cited on: *350, 357*.

[Lutz] Mark Lutz. *Programming Python*. O'Reilly & Associates. 1996. ISBN 1-56592-197-6. Cited on: *337*.

[McIlroy78] M. D. McIlroy, E. N. Pinson, and B. A. Tague. "Unix Time-Sharing System Forward". *The Bell System Technical Journal*, Bell Laboratories. 57 (6, part 2), 1978, p. 1902. Cited on: *11*.

[McIlroy91] M. D. McIlroy. "Unix on My Mind". In: *Proc. Virginia Computer Users Conference*, Volume 21, p. 1–6. Cited on: *32*.

[Miller] George Miller. "The Magical Number Seven, Plus or Minus Two". *The Psychological Review*, 63, 1956, pp. 81–97. Cited on: *88*.

Available on the Web <http://www.well.com/user/smalin/miller.html>.

[Mumon] Mumon. *The Gateless Gate*. Cited on: *149*.

A good modern translation is available on the Web <http://www.ibiblio.org/zen/cgi-bin/koan-index.pl>.

[OpenSources] Sam Ockman and Chris DiBona, eds. *Open Sources: Voices from the Open Source Revolution*. O'Reilly & Associates. 1999. ISBN 1-56592-582-3. Cited on: *61*.

Available on the Web <http://www.oreilly.com/catalog/opensources/book/toc.html>.

[Oram-Talbot] Andrew Oram and Steve Talbot. *Managing Projects with Make*. O'Reilly & Associates. 1991. ISBN 0-937175-90-0. Cited on: *357*.

[Ousterhout94] John Ousterhout. *Tcl and the Tk Toolkit*. Addison-Wesley. 1994. ISBN 0-201-63337-X.

[Ousterhout96] John Ousterhout. *Why Threads Are a Bad Idea (for most purposes)*. 1996.

An invited talk at USENIX 1996. There is no written paper that corresponds to it, but the slide presentation is available on the Web <http://home.pacbell.net/ouster/threads.pdf>.

[Padlipsky] Michael Padlipsky. *The Elements of Networking Style*. iUniverse.com. 2000. ISBN 0-595-08879-1. Cited on: *103, 462*.

[Parnas] Parnas L. David. "On the Criteria to Be Used in Decomposing Systems into Modules". *Communications of the ACM*. Cited on: *85*.

Available on the Web at the ACM Classics page <http://www.acm.org/classics/may96/>.

[Pike] Rob Pike. *Notes on Programming in C*. Cited on: *12*.

This document is popular on the Web; a title search is sure to find several copies. Here is one <`http://www.lysator.liu.se/c/pikestyle.html`>.

[Prechelt] Lutz Prechelt. *An Empirical Comparison of C, C++, Java, Perl, Python, Rexx, and Tcl for a Search/String-Processing Program* <`http://www.ubka.uni-karlsruhe.de/cgi-bin/psview?document=ira/2000/5`>. Cited on: *324*.

[Raskin] Jef Raskin. *The Humane Interface*. Addison-Wesley. 2000. ISBN 0-201-37937-6. Cited on: *254*.

A summary is available on the Web <`http://humane.sourceforge.net/humane_interface/summary_of_thi.html`>.

[Ravenbrook] *The Memory Management Reference*. Cited on: *22*.

Available on the Web <`http://www.memorymanagement.org/`>.

[Raymond96] *The New Hacker's Dictionary* (3rd Edition). MIT Press. 1996. ISBN 0-262-68092-0. Cited on: *45, 298*.

Available on the Web at Jargon File Resource Page <`http://www.catb.org/~esr/jargon`>.

[Raymond01] Eric S. Raymond. *The Cathedral and the Bazaar* (2nd Edition). O'Reilly & Associates. 1999. ISBN 0-596-00131-2. Cited on: *49, 438, 473*.

[Reps-Senzaki] Paul Reps and Nyogen Senzaki, eds. *Zen Flesh, Zen Bones*. Shambhala Publications. 1994. ISBN 1-570-62063-6. Cited on: *xxix*.

A superb anthology of Zen primary sources, presented just as they are.

[Ritchie79] Dennis M. Ritchie. *The Evolution of the Unix Time-Sharing System*. 1979. Cited on: *30*.

Available on the Web <`http://cm.bell-labs.com/cm/cs/who/dmr/hist.html`>.

[Ritchie93] Dennis M. Ritchie. *The Development of the C Language*. 1993. Cited on: *396*.

Available on the Web <`http://cm.bell-labs.com/cm/cs/who/dmr/chist.html`>.

[RitchieQED] Dennis M. Ritchie. *An Incomplete History of the QED Text Editor*. 2003. Cited on: *304*.

Available on the Web <`http://cm.bell-labs.com/cm/cs/who/dmr/qed.html`>.

[Ritchie-Thompson] Dennis M. Ritchie and Ken Thompson. *The Unix Time-Sharing System*. Cited on: *33*.

Available on the Web <`http://cm.bell-labs.com/cm/cs/who/dmr/cacm.html`>.

[Saltzer] James. H. Saltzer, David P. Reed, and David D. Clark. "End-to-End Arguments in System Design". *ACM Transactions on Computer Systems*, Association for Computing Machinery. November 1984. Cited on: *123*.

Available on the Web <`http://web.mit.edu/Saltzer/www/publications/endtoend/endtoend.pdf`>.

[Salus] Peter H. Salus. *A Quarter-Century of Unix*. Addison-Wesley. 1994. ISBN 0-201-54777-5. Cited on: *12*.

An excellent overview of Unix history, explaining many of the design decisions in the words of the people who made them.

[Schaffer-Wolf] Evan Schaffer and Mike Wolf. *The Unix Shell as a Fourth-Generation Language*. 1991. Cited on: *162*.

Available on the Web <`http://www.rdb.com/lib/4gl.pdf`>. An open-source implementation, *NoSQL*, is available and readily turned up by a Web search.

[Schwartz-Christiansen] Randal Schwartz and Tom Phoenix. *Learning Perl* (3rd Edition). O'Reilly & Associates. 2001. ISBN 0-596-00132-0. Cited on: *333*.

[Spinellis] Diomidis Spinellis. "Notable Design Patterns for Domain-Specific Languages". *Journal of Systems and Software*, 56(1), February 2001, p. 91–99. Cited on: *207*.

Available on the Web <`http://www.dmst.aueb.gr/dds/pubs/jrnl/2000-JSS-DSLPatterns/html/dslpat.html`>.

[Stallman] Richard M. Stallman. *The GNU Manifesto*. Cited on: *39*.

Available on the Web <`http://www.gnu.org/gnu/manifesto.html`>.

[Stephenson] Neal Stephenson. *In the Beginning Was the Command Line*. 1999. Cited on: *262*.

Available on the Web `<http://www.cryptonomicon.com/beginning.html>`, and also as a trade paperback from Avon Books.

[Stevens90] W. Richard Stevens. *Unix Network Programming*. Prentice-Hall. 1990. ISBN 0-13-949876-1. Cited on: *177*.

The classic on this topic. Note: Some later editions of this book omit coverage of the Version 6 networking facilities like `mx()`.

[Stevens92] W. Richard Stevens. *Advanced Programming in the Unix Environment*. Addison-Wesley. 1992. ISBN 0-201-56317-7. Cited on: *xxv*.

Stevens's comprehensive guide to the Unix API. A feast for the experienced programmer or the bright novice, and a worthy companion to *Unix Network Programming*.

[Stroustrup] Bjarne Stroustrup. *The C++ Programming Language*. Addison-Wesley. 1991. ISBN 0-201-53992-6. Cited on: *329*.

[Tanenbaum-VanRenesse] Andrew S. Tanenbaum and Robbert van Renesse. *A Critique of the Remote Procedure Call Paradigm*. EUTECO'88 Proceedings, Participants Edition. 1988. Cited on: *179*.

[Tidwell] Doug Tidwell. *XSLT: Mastering XML Transformations*. O'Reilly & Associates. 2001. ISBN 1-596-00053-7. Cited on: *194*.

[Torvalds] Linus Torvalds and David Diamond. *Just for Fun: The Story of an Accidental Revolutionary*. HarperBusiness. 2001. ISBN 0-06-662072-4. Cited on: *394, 402*.

[Vaughan] Gary V. Vaughan, Tom Tromey, and Ian Lance Taylor. *GNU Autoconf, Automake, and Libtool*. New Riders Publishing. 2000. ISBN 1-578-70190-2. Cited on: *364*.

A user's guide to the GNU autoconfiguration tools. Available on the Web `<http://sources.redhat.com/autobook/>`.

[Vo] Kiem-Phong Vo. "The Discipline and Method Architecture for Reusable Libraries". *Software Practice & Experience*, 30, 2000, p. 107–128. Cited on: *100*.

Available on the Web `<http://www.research.att.com/sw/tools/vcodex/dm-spe.ps>`.

[Wall2000] Larry Wall, Tom Christiansen, and Jon Orwant. *Programming Perl* (3rd Edition). O'Reilly & Associates. 2000. ISBN 0-596-00027-8. Cited on: *333*.

[Welch] Brent Welch. *Practical Programming in Tcl and Tk*. Prentice-Hall. 1999. ISBN 0-13-022028-0. Cited on: *335*.

[Williams] Sam Williams. *Free as in Freedom*. O'Reilly & Associates. 2002. ISBN 0-596-00287-4. Cited on: *46*.

Available on the Web <`http://www.oreilly.com/openbook/freedom/index.html`>.

[Yourdon] Edward Yourdon. *Death March: The Complete Software Developer's Guide to Surviving "Mission Impossible" Projects*. Prentice-Hall. 1997. ISBN 0-137-48310-4. Cited on: *377*.

附录 C

贡献者

Contributors

Anyone who has attended a USENIX conference in a fancy hotel can tell you that a sentence like "You're one of those computer people, aren't you?" is roughly equivalent to "Look, another amazingly mobile form of slime mold!" in the mouth of a hotel cocktail waitress.

只要在大饭店参加过会议的人就会跟你说这么一句：“你是搞计算机的，不是吗？”基本上等同于酒店鸡尾酒会女招待嘴里的“瞧，粘土人还能动呢！”

—Elizabeth Zwicky

Ken Arnold 是创造 4BSD Unix 发布版的成员之一。他编写了最初的 curses(3)库，也是最初的 rogue(6)游戏作者之一。他也是 Java Reference Manual (Java 参考手册)的合作作者之一，是 Java 和 OO 技术的头牌专家之一。

Steven M. Bellovin 于 1979 年在北卡罗莱纳大学创造了 Usenet(同 Tom Truscott 和 Jim Ellis)。在 1982 年加入 AT&T 贝尔实验室，在那里，他完成了安全领域、密码系统、以及 Unix 系统和其它操作系统网络的前沿研究。他是互联网工程任务组的积极成员，以及美国国家工程院（National Academy of Engineering）的成员。

Stuart Feldman 是 Bell 实验室 Unix 开发组的成员之一。他编写了 *make*(1)和 *f77*(1)，他现在是 IBM 负责计算研究的副总裁。

Jim Gettys 同 Bob Scheifler、Keith Packard 一起，是 1980 年代晚期 X 窗口系统的主要架构者之一。他编写了 X 库的相当部分，编写了 X 许可证，以及清晰地指出了“机制而不是策略"的 X 设计中心信条。

Steve Johnson 编写了 *yacc*(1)，并用它编写可移植 C 编译器（Portable C Compiler，PCC），从而取代了最初的 DMR C 编译器，成为后来 Unix C 编译器的鼻祖。

Brain Kernighan 已经是 Unix 社区良好风格的最好诠释者。他已经编著或合著了好几本不可或缺的、关于 Unix 传统的经典作品，包括《The Practice of Programming (编程实践)》、《The C Programming Language (C 编程语言)》、《The Unix Programming Environment (Unix 编程环境)》。在 Bell 实验室时，他合作开发了 *awk*(1)语言，并在 troff 系列工具的开发中发挥了主要的作用，包括 *eqn*(1)（同 Lorinda Cherry 合编），*pic*(1)，以及 *grap*(1)（Jon Bentley）。

David Korn 编写了 Korn shell，在风格上，是几乎所有现代 Unix shell 设计的先驱。他创造了 UWIN，为被迫使用 Windows 者设计的 Unix 模拟器。David 也在文件系统和移植工具的设计研究中有相当成就。

Mike Lesk 是 Bell 实验室最初 Unix 研究组的成员之一。除了许多其它的贡献以外，他还编写了 ms 宏命令包，*tbl*(1)和 *refer*(1) 字处理工具，*lex*(1)词法分析生成器，以及 `UUCP` (Unix-to-Unix copy program)。

Doug McIlroy 在贝尔实验室领导创造了 Unix 的研究组，发明了 Unix 管道。他编写了 *spell*(1)、*diff*(1)、*sort*(1)、*join*(1)、*tr*(1)以及其它经典的 Unix 工具，同时帮助定义了 Unix 文档的传统风格。他也在存储分配算法、计算机安全以及数学定理自动证明方面做出了开拓性的工作。

Marshall Kirk McKusick 实现了 4.2BSD 快速文件系统，并且是 Berkeley Computer Systems Research Group (CSRG)的计算机机研究科学家，亲历了 4.3BSD 和 4.4BSD 的开发和发布。

Keith Packard 是最初 X11 代码的主要贡献者。在 1999 年开始的第二阶段开发中，Keith 重写了 X 的渲染代码，使其性能更强而体积大幅减少，从而可用于手持电脑和 PDA 中。

Eric S. Raymond 自从 1982 年就一直在编写 Unix 软件。在 1991 年，编辑了《The New Hacker's Dictionary (新黑客字典)》，并一直从历史和人类学角度研究 Unix 社区和互联网黑客文化。在 1997 年，这个研究产生了《The Cathedral and the Bazaar(大教堂和集市)》，帮助定义（或重新定义）和激发了开源运动。他现在维护着三十多个开源软件项目以及十几个关键的 FAQ 文档。

Henry Spencer 是 1970 年代 Unix 走出 Bell 实验室时第一次拥抱 Unix 浪潮中程序员的领袖。他的贡献包括公共域的 *getopt*(3)，第一款开源的字符串处理函数库，以及使用在 4.4BSD、后来作为 POSIX 标准参考的开源正则表达式引擎。他也是著名的 C 语言专家。他是 C News 的合作者，而且多年来都一直是 Usenet 的理性之声以及最受尊敬的老常客。

Ken Thompson 发明了 Unix。

附录 D

无根的根：无名师的 Unix 心传

Rootless Root: The Unix Koans of Master Foo

编者导言

《无根的根》这部心传的收录集在西山纯净的空气中得以保存数十年，它的发现在学术圈中掀起轩然大波。这些出土文稿是否为早期 Unix 教义的新发现？抑或仅是后世高明的赝品？那些半神秘的人物，像尊者 Thompson、Ritchie 和 McIlroy，是否以此发展出我们所处时代的教义？

答案无法确知。各方争论均被收入那本经典之作，《编程之道》(The Tao of Programming).[1]但是《无根的根》在论调风格上都与那本 James 松散诗化的逸闻译作有显著差异，所有一切都围绕着卓越而谜一般的无名师。

[1] The Tao of Programming 可查看网页<http://www.canonical.org/~kragen/tao-of-programming.html>.

把 AI Koans(AI 心传)与之相提并论颇为恰当；[2]在 AI Koans 中也可发现《无根的根》作者的着笔痕迹。它和 Loginataka(箴言剧)也有密切关联；[3]实际上，《无根的根》和 Loginataka 大有可能是出自一人之手笔，此人正是无名师。

Tales of Zen Master Greg(禅祖 Greg 传说)也值得一说，[4]对“九寸钉”的引用已经使人对其古老程度产生怀疑，它对《无根的根》影响微乎其微。

毫无疑问，可以认为标题借鉴了 Mumon 的禅宗经典读物[5]《无门之门》（The Gateless Gate）。数个心传都可看作是对 Mumon 的回应。

无名师应该归于东派(New Jersey)还是西派(尊者 Thompson 往 Berkeley 的划时代之旅)。如果不能回答这个问题，我们甚至也许无法宣称无名师确实存在。它也许只是一群教师，也许是一批达摩尊者。

即使把无名师的传说附会在单独的人身上，那他最看重的学生 Nubi 怎么办？Nubi 是个有血有肉的形象，是个完美的门徒。也许有人会想起佛祖最喜爱的追随者阿难达的传说，但他的性格特质在神话传说中并没留下痕迹，而佛祖也是永恒的谜。

最终，我们可做的便是讲述故事的本原，抽丝剥茧，挖掘其中真意。

《无根的根》还在编写之中，素材的整理和解释都是难题。难题解开后，将被收录到未来版本中。

---

[2] AI Koans 可查看网页<http://www.catb.org/~esr/jargon/html/Some-AI-Koans.html>.

[3] The Loginataka 可查看网页<http://www.catb.org/~esr/faqs/loginataka.html>.

[4] Tales of Zen Master Greg 可查看网页<http://www.gu.uwa.edu.au/users/greg/>.

[5] The Gateless Gate 可查看网页<http://www.ibiblio.org/zen/cgi-bin/koan-index.pl>.

无名师与万行码

无名师曾对来访的程序员说：“Unix 传统上认为，一行 shell 脚本胜过万行 C 程序。”

这个程序员自以为对 C 极其精通，说：“这不可能。Unix 内核正是用 C 实现的。”

无名师回道：“确是如此。不过，Unix 传统上认为，一行 shell 脚本胜过万行 C 程序。”

程序员颇为沮丧：“但是在 C 中我们可领会到尊者 Ritchie 的智慧。我们与操作系统和机器合而为一，可以获取无与伦比的性能。”

无名师回道：“诚如你言。不过，Unix 传统上认为，一行 shell 脚本胜过万行 C 程序。”

程序员冷笑着想愤然离去。无名师向学生 Nubi 颔首示意，Nubi 在黑板上写下一行 shell 脚本，问道：“尊敬的程序员，看看这行管道。用纯 C 实现，是不是要一万行 C 代码？”

程序员沉吟念诵。最终他承认如此。

“你需要多长时间来实现和调试那个 C 程序？”Nubi 问道。

“很长”，来访程序员承认。“但傻子才会干这个而不去完成更有价值的任务。”

“那么谁更了解 Unix 传统？”无名师问道。“是写一万行代码的，还是看到任务的无谓而不去编码的？”

听到此，程序员眼中一亮。

无名师与脚本狂

无名师和学生吃早饭时，从黑客大陆来了个陌生访客。

“I hear y00 are very l33t，”他说。“Pl33z teach m3 all y00 know”。(我听说你很牛，请把你会的都教给我。)

无名师的学生面面相觑，都没听懂这类粗鄙言语。无名师微笑道：“你想弄懂 Unix？”

“I want to b3 a wizard hax0r”，陌生人回答，“and 0wn ever3one's b0xen。”(我想当个顶尖黑客，能掌握所有人的机器。)

“我不教这个”，无名师答道。

陌生人很激动。“D00d, y00 r nothing but a p0ser”，他说。“If y00 n00 anything, y00 wud t33ch m3。”(哥们儿，敢情你没真本事啊，你要知道点儿东西就教给我了。)

“有条路，”无名师说，“可以将你带入真知。”他在纸上写了个 IP 地址。“黑掉这台机器，这对你来说应该不费什么力气，它的管理员不称职。回来后告诉我你发现了什么。”

陌生人鞠了一躬就离开了。无名师把他的早饭吃完。

几天过去了，几个月过去了。没人再想起陌生人。

数年过去了，黑客大陆来的陌生人回来了。

“你混蛋！”他说，“我黑掉了那台机器，你说的没错，太容易了。但是我被 FBI 抓起来扔进监狱了。”

“好”，无名师说，“你可以继续下一课了。”他在另一张纸上写了个 IP 地址交给陌生人。

“你疯了？”陌生人喊道。“经过这事，我再也不黑别人的机器了。”

无名师脸现微笑。“这里就是”，他说，“真知的开始。”

听到此，陌生人眼中一亮。

无名师的双路论

无名师如是教导学生：

“达摩教义有条准线，这在尊者 McIlroy 的符咒“做一件事并做好”中得到体现。它强调软件应当具有简单一致的行为，这符合 Unix 惯例，人和其它程序便都很容易想象其心理模型。

“但达摩教义还有另一条准线，体现在尊者 Thompson 的符咒“有怀疑，用穷举”中，很多经文都教导我们现在得到的 90%，比等不来的 100%更有价值。它强调实现的健壮性和简单性。

“现在告诉我：什么程序符合 Unix 传统？”

想了一会儿后，Nubi 沉思道：

“老师，这些教义有冲突。”

“简单的实现往往对边缘情况有欠考虑，比如资源耗竭、无法关闭竞争窗口以及在未完成事务中超时等等。”

“发生边缘情况时，软件行为往往不规律、难以猜测。这当然不是 Unix 传统。”

无名师颔首同意。

“另一方面，大家都知道精巧的程序很脆弱。更进一步说，每个对边缘情况的修正往往牵扯到程序的核心算法，还牵扯处理其它边缘情况的代码。”

“于是，对边缘情况防患于未然、确保描述的简单性，反而会使得代码过分复杂、bug 成堆、根本无法发售。这当然不是 Unix 传统。”

无名师颔首同意。

“那么，什么是正确的达摩道？”Nubi 问道。

无名师说：

“当鹰飞翔时，它忘记爪子与地面相触？当虎捕食时，它忘记腾空的一刻？VAX 只重三斤！”

听到此，Nubi 眼中一亮。

无名师与方法论

无名师和学生 Nubi 在圣地行走，无名师习惯在晚间为城市和乡村的 Unix 新门徒布道。

一次，聆听者中混入了一名方法论者。

“优化程序时不对热点进行反复衡量，就像渔夫把网撒入空湖中。”无名师说。

“那么，”方法论者说，“管理资源时不持续地衡量你的产能，不也像渔夫将网撒入空湖中么？”

“我一次碰到一个渔夫时，他正将网撒入船下的湖中，”无名师说，“他摸了好一会儿船底，像在寻找他的船。”

“但是，”方法论者说，“如果他把网撒入湖中，为什么还要找船呢？”

“因为他不会游泳。”无名师答道。

听到此，方法论者眼中一亮。

无名师的 GUI 论

一晚，无名师和 Nubi 参加一个程序员的探讨会。有个程序员问 Nubi 和他的老师来自哪所学校。当得知他们是 Unix 大道的追随者时，程序员颇为不屑。

“Unix 命令行工具太粗糙太落后”，他讥讽道。“现代的、设计得当的操作系统可以在图形用户界面中做任何事情。”

无名师一言不发，只是指着月亮。旁边的一条狗对着他的手狂吠。

“我不明白。”程序员说。

无名师依然缄默，指着一幅佛祖像，然后又指着一扇窗。

“你想说什么？”程序员问。

无名师指着程序员的头，接着指着一块大石。

“请把话说清楚！”程序员要求道。

无名师深深蹙眉，轻拍程序员的鼻子两下，把他扔到旁边的垃圾箱中。

程序员试图从垃圾堆挣扎出来之时，那条狗跑过来在他身上便溺。

此时，程序员眼中一亮。

无名师与 Unix 狂

一个 Unix 狂热者听说无名师掌握 Unix 大道真知，便跑来求教。无名师对他说：

“当尊者 Thompson 发明 Unix 时，他并不理解它。随后他理解了，受益了，不再发明了。”

“当尊者 McIlroy 发明管道时，他只知道它将传递软件，并不知道它能传播思想。”

“当尊者 Ritchie 发明 C 时，他将程序员放到缓冲溢出、堆损坏和烂指针 bug 的地域中惩罚。”

“说实话，这些尊者既瞎又蠢！”

狂热者对无名师的用词极为愤怒。

“这些智者”，他抗议道，“给了我们 Unix 的大道。我们嘲笑他们，就是混淆是非，比转世为牲畜和 MCSE 还不如。”

“你的代码全无污点和缺陷？”无名师问。

“不，”狂热者承认，“没人不犯错。”

“这些尊者之智，”无名师说，“就是了解自身之愚。”

听到此，狂热者眼中一亮。

无名师的 Unix 传统论

一学生对无名师说：“我们听说 SCO 公司把握着纯正的 Unix。”

无名师颔首。

学生继续说，“我们还听说 OpenGroup 公司也把握着纯正的 Unix。”

无名师颔首。

“这怎么可能？”学生问。

无名师答道：

“SCO 确实把握着 Unix 源码，但是 Unix 的源码不是 Unix。OpenGroup 确实把握着 Unix 的名称，但 Unix 的名称不是 Unix。”

“那么，什么是 Unix 传统？”学生问。

无名师答道：

“非源码。非名称。非思想。非实物。恒变，不变。”

“Unix 传统是简单和空。正是简单，正是空，才使得它更强胜飓风。”

“以自然法则前行，在程序员手中，吸纳各种优良设计。与之竞争的软件最终必与之相像；空，空，真空，虚无，万岁！”

听到此，学生眼中一亮。

无名师与最终用户

无名师又一次布道时，一个最终用户听说了他的智慧，跑来求教。

他对无名师三鞠躬。“我欲学习 Unix 大道，”他说，“但是弄不懂命令行。”

一个旁观的新门徒开始嘲讽最终用户，说他脑子一锅粥，说只有经训练者、有智慧者才配使用 Unix。

无名师抚手不语，命这个嘲笑最终用户的新门徒前坐，坐到最终用户身边。

“告诉我，”他对新门徒说，“你写过什么代码，有过什么突出设计。”

新门徒嗫嚅了两句，然后沉默了。

无名师转向最终用户。“告诉我”，他问，“为何你要寻求大道？”

“我用的软件并不能令我满意”，最终用户答，“既不稳定，也不美观。听说 Unix 之道尽管艰难，但超越一切，我愿抛去一切诱饵和虚像。”

“那么，”无名师问，“你为何想尽办法让软件帮你做事？”

“我是个建筑工”，最终用户答道，“这座城里的很多房屋都出自我手。”

无名师转向新门徒。“家猫也能欺负老虎”，无名师说，“但是猫叫永远比不过虎吼。”

听到此，新门徒眼中一亮。

Colophon

No proprietary software was used during the composition of this book. Drafts were typeset from XML-DocBook master files created with *GNU Emacs*. PostScript generation was performed with Tim Waugh's `xmlto`, Norman Walsh's XSL stylesheets, Daniel Veillard's *xsltproc*, Sebastian Rahtz's PassiveTeX macros, the TeTeX distribution of Donald Knuth's TEX typesetter, and Thomas Rokicki's *dvips* postprocessor. All the diagrams were composed by the author using `pic2graph` driving *gpic* and `grap2graph` driving Ted Faber's *grap* implementation (`grap2graph` was written by the author for this project and is now part of the *groff* distribution). The entire toolchain was hosted by stock Red Hat Linux. Production typesetting was done by Alina Kirsanova.

The cover art is a composite of two images from the original *Zen Comics* by Ioanna Salajan. It was adapted and colored mainly by Jerry Votta, but the author and GIMP had a hand in the work.

索引

Index

读者评论

Comments

UNIX 之禅宗

作为一个多年的开源（Open Source）拥趸，像《UNIX 编程艺术》（*The Art of Unix Programming*）这样的好书自然不能错过。大约一周前我无意中在公司的书柜中发现了它，立刻开始投入阅读。现在，我已经开始边读第二遍边做读书笔记了。

开篇的译序很有趣，第一句话就写道：

“大多数译序是给作者说好话，顺便带动一下译本销量的，本篇是一个例外。”

这是我见过的最棒的序言开头之一，在表明了自己独特的观点和立场的同时，译者还有效地激起了读者的好奇心。我记得看到这儿当场就笑了。

中间还有一段是这样的：

“本书翻译历经一年多的时间，之前我曾经约略翻过纸版，偶尔见到一些合我胃口的言论，于是心有灵犀认为这书不错；然而等译到中途，便发现 ESR 实在是美国愤青，这便是课外读物和工本教程给读者的不同感受了。翻译的过程对译者而言是精读的过程，但希望读者能用它来打发堵车、候机、等人时的无聊时间，这本书适合从任何一篇翻起。”

ESR 指的是原作者 Eric S. Raymond。“美国愤青”这词难为译者如何想来，让人忍俊不禁！最后一句话让人深切地感受到三位译者（姜宏、何源和蔡晓俊）的谦逊和诙谐。

说完了译者序，再看看作者序。其中前两段话是我感同身受、极为赞赏的：

“知识和专能差异巨大，凭借知识可以推断出该做什么，而专能让你甚至在无意之间，条件反射似的把事情做好。

这本书确实有关‘知识’，但更着眼于‘专能’。你将学到那些 UNIX 专家们都不自知的 UNIX 开发知识。少一点技术，多一些共享文化：显见和隐微的，直观和潜流的——这是本书和大多数 UNIX 书籍不同的地方——不止于方法，更重乎理念。”

“工程和设计的每个分支都有自己的技术文化。在大多数工程领域中，就一个专业人员的素养组成来说，有些不成文的行业素养具有与标准手册及教科书同等重要的地位（并且随着专业人员经验的日积月累，这些经验常常会比书本知识更重要）。资深工程师们在工作中会积累大量的隐形知识，他们用类似禅宗‘教外别传’的方式，将其通过言传身教传授给后辈。”

这两段话很清晰地表明了作者对于理念和素质的崇尚态度。我觉得一个人所拥有的理念和素质，远远比他所表现出来的专业技能重要得多。具备了好的理念和高超的素质，专业技能不过是实现这一理念、展现这一素质的工具而已。这就好像一名艺术家假以时日便可使用电脑创作出杰出的作品，而一名 Photoshop 专家却往往只能产出平庸之作一样。《UNIX 编程艺术》这本书，由于作者 ESR 深厚的技术功底、对文化和哲学的独特视角，以及对自由和开源类似宗教般的狂热和偏执，成为“极客”（geek）们提升理念和素质的最佳读物之一。

▶ 上海盛大网络发展有限公司　用户体验设计师 丁宇
BLOG：http://dingyu.me/blog/

形而上者谓之道

这本书是智者的言论，作者的经验学识让他所见所想都不同于我们，当一切成为历史，沉淀下来的就是这些闪光的思想。

但对于性能应该放到最后才考虑，有见仁见智的观点：对于性能，应该将其等同于风险，来评估预测和管理控制，特别是大型软件，开发周期长、人员多、成本高，用户要求成熟度高的软件产品更应该重视性能所带来的设计风险和最终交付成本。

作者果然不负我的期望，写出了 UNIX 的思想和文化。我以前对 UNIX 没什么了解，只是安装过几次 LINUX，SOLARIS 也只是摸过而已。作者从历史讲到文化，再从文化来评价各个操作系统以及技术，他的观点比较客观，能让我信服，也让我对 UNIX 有了一个大局观。将一个事物以对比的方式指点江山地评论，让人看起来确实很过瘾。

作者所讲的 UNIX 的核心思想是：模块化、透明性和机制与策略的分离。模块化是从运行的角度来看的，一个程序就是一个模块，它靠 OS 的 MMU 来独立化，但可以有效地通过各种手段来通信。透明性是指通信协议都尽量文本化，通过文本输入和输出，

TCP/IP 通信也尽量以 HTTP 等的模式来进行，仅在为性能做优化时使用二进制数据，这使得程序的动作很透明，可以知道程序在做些什么。机制与策略的分离就是把算法实现尽量做成库，而与交互有关的都进行封装或用脚本来驱动，更高的就是 GUI 的整合形成解决方案。另外一个很重要的思想是编程时要以数据来驱动，数据可以帮助查看程序状态，方便调试，方便理解。

作者还强调，UNIX 下的编程文化是一种轻松的编程文化。

▶ UNIX 程序员　陈峰

BLOG：http://swiminger.blogbus.com/

感谢译者

大师级作品，精彩的翻译，作者将 UNIX 的历史如数家珍，娓娓道来，让我如身临其境。从 1969 年到如今，美国人之所以可以一直领导计算机技术的发展，就是因为这些年的经历为他们打下了坚实的基础。对于计算机的新新人类，历史是一面镜子，能帮我们在未来找到方向，UNIX 的历史就是计算机的历史。

在技术方面，作者也用 UNIX 文化下的精彩产物向我们说明了软件开发的很多道理，提出了很多原则。虽然这些已经不是什么新鲜概念，但以作者的身份和一个个活生生的实例，也可以让我们更加容易理解这些必须掌握的概念，不需要再用自己的实践来重走一些弯路。

真希望以后能多读一些这样的书。

▶ UNIX 爱好者　傑傑劉

BLOG：http//www.lj1984.com/

Windows 设计的反思

每一个希望设计软件的人员，都有必要阅读这本书。对那些在 Windows 下开发的程序员，Raymond 的话可能刺耳，耐着性子听吧，中国的 UNIX 程序员有哪一位不是从 DOS、Windows 下转过来的呢？

想当初 DEC 解体，微软挖走了 DEC 公司那一帮操作系统大牛，这才有了 Windows NT，有了 Windows 虚拟内存，直到现在 Windows XP 也和 NT 一脉相承。很少有人批评 Windows 的内核和 API（Windows 是符合 POSIX 的）。但在软件用户接口设计方面，UNIX

与 Windows 的一开始就沿着两个截然相反的方向发展。UNIX 崇尚命令行，崇尚对自己的操作负责，崇尚有计划、有条理的工作。Windows 却认为用户可能会粗心，用户可能根本就不喜欢计算机，但不得不学习计算机（多痛苦啊），好了，Windows 告诉你“不用记什么命令，用鼠标点一下就行”。一句话，Windows 统治了桌面。

我到觉得将这本书作为对 Windows 设计的反思可能更好。一个 UNIX 程序员很有可能已经按书中所讲的在设计软件了，比如他可能将配置文件放在/etc/下，并不是因为他很懂 UNIX 编程的艺术，他仅仅是在按惯例做事。而 Windows 程序员，同样是按惯例做事，他会将配置放在注册表中，作为 Windows 程序员他不是不知道注册表会膨胀，但他能打破惯例，在 C 盘建一个 dot 文件吗？

比打口水战更有意义的，可能是 UNIX 与 Windows 的相互学习吧。有容乃大，如果说 UNIX 与 Windows 的设计理念完全不同，无法融合，学习两种不同的思维方式对我们来说也不是件坏事，你说呢？

顺便提一句，我和译者何源同名，只是此何源而非彼何源。

▶ C++程序员　何源

BLOG：http://www.cppblog.com/lambdacpp/

发泄级毒物

相信对绝大多数 UNIX 程序员而言，书中所阐述的基本都是每天稀疏平常、实践到烂的东西。我翻来覆去读这本书的原因就是用它来照耀充满着这个宇宙空间的伟大的 Win32 社区，品味他们的愚蠢。对一名 UNIX 程序员来讲，这是一种黑色幽默式的消遣；同时，还能一泄每天 Win32 喇叭给人造成的烦躁和不安的感觉。这种发泄，让我更深深地爱上了这本书。

▶ UNIX 爱好者　沈崴

BLOG：http://www.douban.com/people/wilhelm

反侵权盗版声明

电子工业出版社依法对本作品享有专有出版权。任何未经权利人书面许可，复制、销售或通过信息网络传播本作品的行为；歪曲、篡改、剽窃本作品的行为，均违反《中华人民共和国著作权法》，其行为人应承担相应的民事责任和行政责任，构成犯罪的，将被依法追究刑事责任。

为了维护市场秩序，保护权利人的合法权益，我社将依法查处和打击侵权盗版的单位和个人。欢迎社会各界人士积极举报侵权盗版行为，本社将奖励举报有功人员，并保证举报人的信息不被泄露。

举报电话：(010)88254396；(010)88258888

传　　真：(010)88254397

E－mail：dbqq@phei.com.cn

通信地址：北京市万寿路173信箱　电子工业出版社总编办公室

邮　　编：100036